Grundzüge

einer

llgemeinen Pflanzengeographie.

Von

Dr. Joakim Frederik Schouw,

Professor.

Aus dem Dänischen übersetzt

vom

Verfasser.

Mit 4 Tafeln und einem pflanzengeographischen Atlasse.

Berlin 1823.

Gedruckt und verlegt

bei G. Reimer.

Vorwort.

Nachdem die Werke eines Humboldt und Wahlenberg schon früh eine entschiedene Vorliebe für pflanzengeographische Untersuchungen in mir erweckt, und diese durch eine Gebirgsreise in Norwegen im Jahre 1812 noch gesteigert war, entstand einige Jahre später der Wunsch einen Theil des südlichen Europas in pflanzengeographischer Hinsicht zu untersuchen. Dieser Wunsch wurde durch eine Reise in Italien und Sicilien in den Jahren 1817 — 1819 erfüllt, und ich fing nach der Rückkehr an, meine Materialien zu bearbeiten, um dem Publikum die Resultate derselben vorzulegen. Bald fühlte ich aber, ungeachtet der trefflichen bereits erschienenen pflanzengeographischen Arbeiten, wie wenig die Grundsätze der Wissenschaft noch festgestellt sind, und wie nothwendig solche doch einer Darstellung der pflanzengeographischen Verhältnisse eines einzelnen Landes vorangehen müssen. Ich glaubte daher der Bekanntmachung meiner Reise die Grundzüge einer allgemeinen Pflanzengeographie vorausschicken zu müssen, welche ich bereits im Jahre 1820 in einer Vorlesung aufgestellt habe *).

So wie dieser Versuch in Hinsicht des Inhalts der Nachsicht des Lesers bedarf, so wird sie auch hinsichtlich der Sprache nothwendig, welche meine Muttersprache nicht ist.

Die Druckfehler, welche, da ich nicht selbst die Correktur besorgte, um so leichter entstanden sind, bitte ich im Voraus zu berichtigen.

Copenhagen im Herbst, 1822.

Der Verfasser.

*) Der Plan zu dieser Vorlesung ist in Sprengels neuen Entdeckungen. 2. Band. Leipzig, 1821. 8vo p. 343. aufgenommen.

Inhalts-Verzeichniß.

Einleitung.

1ste Abtheilung.

Von den äußeren Momenten, welche die örtlichen Verhältnisse der Pflanzen bestimmen.

Einleitung.

§. 1.

Begriff, Definition und Namen der Wissenschaft.

So lange eine Wissenschaft noch im Entstehen ist, müssen das Wesen, der Gegenstand und die Grenzen derselben nur unbestimmt bleiben, und es schwebt denjenigen, welche sie bearbeiten, ein mehr oder weniger undeutliches Bild vor. Hat sie aber schon bedeutende Fortschritte gemacht, dann wird es nothwendig sie in ihrem ganzen Umfange zu überschauen, das Fremdartige, welches durch eine fragmentarische Behandlung so leicht mit derselben sich vermischt, davon zu trennen, und den Begriff der Wissenschaft so festzusetzen, daß diese ein logisches Ganzes und keine zufällige Vereinigung von Bestandtheilen verschiedener Art, bildet. Nimmt man nun Rücksicht auf das, was die Schriftsteller der Pflanzengeographie als Hauptgegenstand behandelt haben, so wie auch auf die Benennung derselben, und sucht man hiermit einen bestimmten Begriff zu verbinden, so scheint diese Wissenschaft: „die Lehre von den Verhältnissen der Pflanzen zur Erdoberfläche" zu seyn. So wie man aber die Geographie der Länder von der Geschichte derselben unterscheidet, so scheint es auch nothwendig die Lehre von den jetzigen Verhältnissen der Pflanzen zur Erdoberfläche und die von dem Ursprunge und den späterhin erlittenen Veränderungen der Pflanzen, d. h. die Pflanzengeographie und die Geschichte der Pflanzen als zwei besondere Wissenschaften zu unterscheiden *). Jene nimmt nur auf das gegenwärtige Rücksicht, der Gegenstand dieser aber ist in der Zeit fortschreitend; jene, als vollendet, ist nur auf Erfahrungen begründet, diese nimmt, wie jede andre historische Wissenschaft, auch auf Wahrscheinlichkeiten und Vermuthungen Rücksicht, wenn Erfahrungen fehlen. Daß diese beiden Wissenschaften übrigens in einem sehr genauen Verhältnisse stehen, und besonders die Pflanzengeographie die vorzüglichste Grundlage der botanischen Geschichte ist, kann dieser Trennung wohl nicht entgegen stehen, indem dadurch überdies der Annahme leerer Hypothesen im Ge-

---

*) Diese Trennung findet man in Voigts System der Botanik. Jena, 1808. 8. S. 3., Humboldts Flora Fribergensis, p. IX., Jahrbücher der Gewächskunde 1. B. 1. H. S. 10. und in Decandolles und Sprengels Grundzügen p. 333. Dagegen sind beide Wissenschaften vereinigt unter dem Namen: Geschichte der Pflanzen, in Willdenows Grundriß der Kräuterkunde p. 479, unter dem Namen: geographische Geschichte der Pflanzen in Stromeyers specimen; und mit der Benennung Pflanzengeographie bei Decandolle, Artikel: Géographie botanique im Dictionnaire d'agriculture und Dictionnaire des sciences naturelles T. 18. p. 359, bei Humboldt in Essai sur la géographie des plantes, prologomena ad nova genera etc. und bei mehreren Verfassern.

biete der Pflanzengeographie leichter vorgebeugt wird *). Um so viel mehr scheint diese Benennung Beifall zu verdienen, als man in einer naheverwandten Wissenschaft, in der Mineralogie, die mineralogische Geographie von der Geogonie unterscheidet **).

Die Pflanzen-Geographie belehrt uns, diesem Begriffe zufolge, nur über die jetzigen Verhältnisse der Pflanzen zur Oberfläche der Erde; und in diesem Lehrbuche werden daher alle Untersuchungen über den Ursprung der Pflanzen und deren spätere Veränderungen gänzlich mit Stillschweigen übergangen ***).

Es scheint ferner, daß die Lehre vom Einwirken der äußeren Momente auf die Pflanzen nicht füglich als Theil der Pflanzengeographie anzusehen sey, wenn dieses auch von geschätzten Schriftstellern angenommen wird †). Freylich sind es diese äußeren Momente, be-

*) Z. B. die Willdenowische Eintheilung Europas in gewisse Hauptfloren, welche keinesweges auf wirklich stattfindenden Vegetationsunterschieden, sondern auf willkührlicher Annahme einer Wanderung der Pflanzen von den Bergen, begründet ist.

**) Doch kann die Geogonie nicht völlig der Geschichte der Pflanzen gegenüber gestellt werden; sie müßte dann nicht nur die Entstehung der anorgischen Körper darstellen, sondern auch die späteren Veränderungen derselben, und verdiente alsdann eher den Namen mineralogische Geschichte (Humboldt Flora Fribergensis). Es versteht sich, daß man in der Zoologie ebenfalls die Geographie und Geschichte der Thiere unterscheiden muß, wenn dies auch nicht von Zimmermann (geographische Geschichte des Menschen und der allgemein verbreiteten vierfüßigen Thiere, Leipzig 3. B. 1778 — 83. 8vo angenommen ist.

***) Diese Untersuchungen wünsche ich einst zum Gegenstand eines Handbuches der Pflanzengeschichte zu machen.

†) Decandolle Dictionnaire des sciences naturelles T. 18. p. 362.

sonders aber die klimatischen, welche die Verhältnisse der Pflanzen zur Erdoberfläche begründen, und die Kenntniß derselben ist deshalb dem Pflanzengeographen durchaus nothwendig; allein nach einer richtigen wissenschaftlichen Ansicht scheint die Lehre von dem Einfluße der äußeren Momente auf die Pflanzen einen Theil der Pflanzenphysiologie zu bilden, in welcher sie auch von den mehresten Verfassern mehr oder weniger ausführlich behandelt wird. In der Pflanzengeographie aber dürfen die Sätze derselben nur als Lehnsätze aufgenommen werden, so wie dies mit vielen Sätzen aus der allgemeinen Physik, der Meteorologie, der Klimatologie und anderen Theilen der physischen Geographie der Fall ist. Daß diesen Lehnsätzen in der Pflanzengeographie eine ausführliche Behandlung gewidmet wird, ist eine Folge ihrer Wichtigkeit; sie gehören aber deshalb eben so wenig zur Pflanzengeographie, als viele Sätze der Chemie zur Medicin, obgleich sie in dieser Wissenschaft wichtige Lehnsätze sind. Noch weniger ist die Kenntniß der Mittel, wodurch die Natur für die Erhaltung der Pflanzen sorgte *), oder die Kenntniß der natürlichen Verwandtschaften der Pflanzen **), Gegenstand der oft genannten Wissenschaft. —

Die Pflanzengeographie behandelt also nur die jetzigen Verhältnisse der Pflanzen zur Erdoberfläche; diese Verhältnisse aber können aus einem doppelten Gesichtspunkte betrachtet werden; entweder werden nämlich die Pflanzen, sowohl die einzelnen Arten als die Gattungen und die größeren Pflanzengruppen, als Object der

*) Willdenows Grundriß p. 479.

**) Humboldt Prolegomena p. XII.

Forschungen dargestellt, die Verhältnisse zur Erde als Eigenschaften derselben; oder die Erde wird als Object angesehen, die auf der Oberfläche derselben stattfindenden Vegetations-Unterschiede als Eigenschaften. Die Verhältnisse der Pflanzen zur Erdoberfläche können füglich mit dem Namen der örtlichen Verhältnisse der Pflanzen belegt werden. Diese örtlichen Verhältnisse aber sind theils solche, welche einem jeden Individuum einer gewissen Pflanzenform beigelegt werden, theils solche, die nur der ganzen Art, Gattung oder höheren Gruppe, keineswegcs aber den einzelnen Individuen zukommen. Daß Salicornia herbacea im salzigen Boden vorkommt, daß Lathraea squamaria auf den Wurzeln der Bäume wächst, ist eine Eigenschaft, die ein jedes Individuum der Art besitzt; allein daß die Buche in Europa, im Niveau des Meeres von 47° — 59° n. Breite und im südlichen Italien in verticaler Ausbreitung von 3000 — 5500 P. F. über dem Meere gedeiht; daß die Schotenpflanzen gegen die Pole zu abnehmen, — daß die kreuzblüthigen Pflanzen innerhalb der Wendekreise fast durchaus fehlen; — sind Eigenschaften, welche nicht den einzelnen Individuen, sondern nur der Art oder der Familie als solcher zukommen. Jene örtlichen Verhältnisse nenne ich das Vorkommen der Pflanzen. Diese lassen sich auf zwei Hauptverhältnisse den Verbreitungsbezirk (oder die Verbreitungssphäre) und die Vertheilungsweise zurückführen*).

*) Diese Begriffe werden in der Folge genauer entwickelt, und die Ursachen angeführt werden, weshalb ich der Eintheilung der örtlichen Verhältnisse in Statio und Habitatio nicht gefolgt bin. Den Ausdruck Vorkommen der Pflanzen glaube

Dem so entwickelten Begriffe der Pflanzengeographie zufolge, läßt diese Wissenschaft sich wohl folgendermaßen definiren: „eine Wissenschaft, welche die jetzigen Verhältnisse der Pflanzen zur Erdoberfläche lehrt," oder ausführlicher: „eine Wissenschaft, welche das Vorkommen, die Verbreitungsbezirke und die Vertheilungsweise der Pflanzen, wie sie jetzt bestehen, so wie auch die jetzigen Vegetationsverschiedenheiten der Erdoberfläche, mit Berücksichtigung der äußeren Momente, darstellt.

Den früheren Versuchen, den Begriff der Pflanzengeographie festzusetzen, glaube ich nicht beipflichten zu können. Willdenow in seinem Grundrisse p. 479. definirt die Geschichte der Pflanzen (in welcher aber auch die pflanzengeographischen Gegenstände behandelt werden) folgendermaßen: „es ist die Wissenschaft von dem Einflusse des Klimas auf die Vegetation, von den Veränderungen, welche die Pflanzen durch die Revolutionen der Erde wahrscheinlich erlitten haben, von der Verbreitung der Pflanzen auf der Erdoberfläche, deren Wanderungen, und endlich wie von der Natur für die Erhaltung der Pflanzen gesorgt ist." Von diesen Gegenständen aber gehört, meiner Meinung nach, nur die Verbreitung der Pflanzen zur Pflanzengeographie, erschöpft aber keinesweges den Gegenstand derselben, da man nicht bloß die Begrenzungsverhältnisse, sondern

---

ich in Analogie mit der Mineralogie annehmen zu dürfen, in welcher Wissenschaft man durch diesen Ausdruck die äußeren Verhältnisse, unter welchen sich die Fossilien befinden, andeutet.

auch die äußeren Umstände, unter welchen die Pflanzen sich befinden, so wie auch die Vertheilungsweise derselben, kennen muß. Der erste in der Definition angeführte Gegenstand gehört, wie schon bemerkt, zur Physiologie der Pflanzen, der letzte größtentheils auch; die durch Erdrevolutionen erlittenen Veränderungen der Pflanzen und die Wanderungen derselben gehören zur Geschichte der Pflanzen, erschöpfen aber auch nicht ihren Gegenstand; denn zu derselben gehören wohl auch die Entstehung der Pflanzen, die Vernichtung der ausgestorbenen Pflanzenarten, und die Veränderungen, welche durch andere Ursachen als durch die Revolutionen der Erde, z. B. durch Cultur, hervorgebracht sind. Stromeyers Specimen enthält keine eigentliche Definition, wohl aber eine Aufzählung der wichtigsten Gegenstände; allein hier ist, wie schon oben bemerkt, die Geographie und Geschichte vereinigt. Humboldt hat bei Aufzählung der zur Pflanzengeographie gehörigen Gegenstände, in Essai und Prolegomena, wahrscheinlich nicht die Absicht gehabt, eine Definition zu geben *). Decandolle, im Dictionnaire d'agriculture, meint, sie sey „derjenige Theil der Gewächskunde, in welchem man die Kenntniß des natürlichen Vaterlandes der Pflanzen und der Gesetze, nach welchen sie über die Erdoberfläche vertheilt sind, zu erforschen strebt." Diese Definition aber scheint das Vorkommen der Pflanzen, so wie auch das Verhältniß der Pflanzen zum Höhenunterschiede, auszuschließen; denn diese Verhältnisse lassen sich wohl schwerlich unter dem Namen Vaterland begreifen, ein Ausdruck, der auch leicht zu Mißverständnissen Anlaß ge-

*) cfr. Jahrbücher der Gewächskunde, 1. B. 1. H.

den kann, da er oft zur Bezeichnung des Landes, wo eine Pflanze ihre ursprüngliche Heimath hat, benutzt wird; endlich scheint das durch Kunst erweiterte Vaterland der Pflanzen auch Gegenstand der Pflanzengeographie seyn zu müssen (cfr. §. 3.). Im Dictionnaire des sciences naturelles dagegen giebt der nämliche Verfasser folgende Definition: „eine methodische Forschung der Erfahrungen, welche die Vertheilung der Pflanzen auf der Erdoberfläche und der mehr oder weniger allgemeinen Gesetze, die aus jenen Erfahrungen sich abstrahiren lassen;" aber nach dieser Definition wird sowohl das Vorkommen als das Verbreitungsverhältniß der Pflanzen ausgeschlossen, wenn man nicht das Wort Vertheilung (distribution) in einem sehr weitläuftigem Sinne nimmt, welcher wohl schwerlich mit Etymologie und Sprachgebrauch übereinstimmend seyn dürfte.

Es scheint das Wort „Pflanzengeographie *)" bei dem ersten Anblick die Erde als Gegenstand der Wissenschaft anzudeuten, und die Benennung einen Widerspruch zu enthalten. Wenn man aber bedenkt, daß diese Wissenschaft das Verhältniß zwischen der Erde und den Pflanzen bestimmt, und daß sie von einem zwiefachen Gesichtspunkte zu behandeln ist; bald so, daß die Erde als Object die Vegetation als Beschaffenheit; bald aber so, daß die Pflanzen als Object und die Verhältnisse zur Erdoberfläche als Beschaffenheiten erscheinen; so ist der Widerspruch nur scheinbar. Insofern die Wissenschaft von dem ersteren Gesichtspunkte behandelt wird, bildet sie einen Theil der physischen

*) Dieser Name ist alt, denn nach Haller bibliotheca botanica T. I. p. 479. soll schon Menzel sich des Wortes bedient haben.

Geographie, und erhält dann passend den Namen botanische Geographie (geographia botanica), nach dem letzteren Gesichtspunkte dagegen, ist sie ein Theil der Botanik, und wird „Geographie der Pflanzen" oder „geographische Gewächskunde" oder „Ortslehre der Pflanzen" (geographia plantarum s. botanica geographica s. topologia plantarum) zu benennen seyn. Es scheint mir daher am zweckmäßigsten die ganze Wissenschaft: Pflanzengeographie (Phytogeographia) und deren zwei Haupttheile: botanische Geographie und Ortslehre der Pflanzen zu nennen.

Da also der Name Pflanzengeographie das Wesen der Wissenschaft ausdrückt und überdies durch den Gebrauch schon Bürgerrecht gewonnen hat, so scheint es nicht nothwendig eine neue Benennung einzuführen. Statistik der Pflanzen würde schwerlich so passend seyn, da man aus dieser Benennung auf eine Untersuchung des ganzen jetzigen Zustandes der Vegetation und nicht allein auf eine Untersuchung der Verhältnisse zur Erdoberfläche, schließen möchte.

§. 2.

Verhältniß der Pflanzengeographie zu andern Wissenschaften.

Die Pflanzengeographie läßt sich natürlich als ein Theil der Gewächskunde oder Botanik (Phytologia) ansehen, da diese Wissenschaft alle die Pflanzen betreffenden Gegenstände umfaßt. Sie ist ferner ein Theil der beschreibenden Botanik (Phytographia), weil man in diesem Theile der Botanik, eben so wohl als in dem, welcher die äußeren Formen und den inneren Bau behandelt, die Beschaffenheiten der Pflanzen darstellt; allein da sie die Pflanzen nicht isolirt, sondern im Verhältnisse zur äußeren Welt berücksichtiget, nähert sie sich allerdings dem forschenden oder speculativen Theile der Botanik. Auch hierin erblicken wir einen Unterschied der Geographie und der Geschichte der Pflanzen, denn die letztere ist nicht beschreibend.

Aus einem andern Gesichtspunkte kann, wie schon oben angedeutet ist, die Pflanzengeographie als ein Theil der physischen Geographie und folglich der allgemeinen Geographie betrachtet werden, wenn nämlich diese Wissenschaft in einem so weitläuftigen Sinne genommen wird, daß sie die Erdoberfläche und die sich darauf befindenden Körper beschreibet. Die Geschichte der Pflanzen dagegen ist kein Theil der physischen Geographie, weil sie nicht beschreibend ist, wohl aber der Geschichte der Erde, insofern diese nicht nur die Ereignisse der anorganischen sondern auch die der organischen Körper behandelt. Beide Wissenschaften, die Geographie und die Geschichte der Pflanzen, können endlich als Theile der Geologie angesehen werden, dies Wort in einem so weiten Sinne genommen, daß es alle physischen Wissenschaften umfaßt, deren Gegenstand die Erde und ihre Bewohner ist.

Die übrigen Verhältnisse der Pflanzengeographie zu andern Wissenschaften, werden aus §. 4 und 5 erhellen.

§. 3.

Eintheilung.

Außer der schon in §. 1. erwähnten Eintheilung der Pflanzengeographie in die Ortslehre der Pflanzen und die eigentliche botanische Geographie, zerfällt diese Wissenschaft, wie die mehrsten, in die theoretische, welche die Kenntniß der jetzigen Verhältnisse der Pflanzen zur Erdoberfläche darstellt, und die practische, welche die so erworbene Kenntniß auf andere Wissenschaften, Künste oder die Geschäfte des bürgerlichen Lebens anwendet. Ferner ist die Pflanzengeographie entweder allgemein, indem sie die örtlichen Verhältnisse der Pflanzen für die ganze Erde, oder speciel, indem sie dieselben nur für ein besonderes Land, Gebirg u. s. w. berücksichtiget. Eine allgemeine Pflanzengeographie ist noch nicht geliefert worden, von speciellen hat man in neuern Zeiten verschiedene bekommen, unter welchen die Werke Humboldts über Südamerika, und die von Wahlenberg über Lappland, die Schweiz und die Carpathen vorzügliche Aufmerksamkeit verdienen.

F. Decandolle gedenkt in dem Dictionnaire d'agriculture auch einer agronomischen Geographie, welche die geographischen Verhältnisse der zum Ackerbau benutzten Pflanzen behandeln sollte. Die geographischen Verhältnisse dieser Pflanzen scheinen mir aber in der Pflanzengeographie ihren Platz haben zu müssen; man könnte alsdann mit der nämlichen Befugniß eine Forstgeographie, Geographie der Gartengewächse u. s. w. als besondere Wissenschaften aufstellen. Insofern man bei der Darstellung der örtlichen Pflanzenverhältnisse vorzugsweise die Anwendung berücksichtiget, werden sie in der praktischen Pflanzengeographie behandelt.

Zufolge des in §. 1. gegebenen Begriffes, zerfällt dieses Handbuch der allgemeinen Pflanzengeographie in drei Abtheilungen. Die erste enthält die aus der Pflanzenphysiologie, Meteorologie, Klimatologie und andern physischen Wissenschaften entlehnten Sätze, welche der Kenntniß der örtlichen Pflanzenverhältnisse nothwendig vorausgehen müssen; diese Abtheilung stellt nämlich die äußeren Momente dar, welche die örtlichen Verhältnisse der Pflanzen bedingen. Die zweite Abtheilung betrachtet die verschiedenen Pflanzenformen mit Rücksicht auf ihre örtlichen Verhältnisse, enthält also die Ortslehre der Pflanzen (Topologia plantarum); die dritte endlich untersucht die Vegetations-Verschiedenheiten, welche die verschiedenen Theile der Erdoberfläche darbieten; ist also die eigentliche botanische Geographie (Phytogeographia sensu strictiori).

§. 4.

Quellen und Hülfsmittel.

1. Die übrigen Theile der Botanik. Die Hauptquellen der Pflanzengeographie sind diejenigen Werke, welche die Pflanzen unterscheiden und beschreiben. Die allgemeinen Werke, welche alle bekannten Arten umfassen (species plantarum, systemata u. s. w.) würden die wichtigsten und nützlichsten Quellen seyn, wenn die Verfasser den pflanzengeographischen Verhältnissen gehörige Aufmerksamkeit gewidmet hätten; allein diese werden so kärglich, unvollständig und oft unrichtig angegeben, daß diese allgemeinen Werke eine sehr geringe Ausbeute geben. Oft wird ein ganz specieller Standort von einer sehr ausgebreiteten Pflanzenart angeführt, oft sind nicht einmal alle diejenigen

Standörter angegeben, welche aus den im Werke selbst angeführten Synonymen sich ableiten lassen; die Höhe über dem Meere, auf welcher die Pflanzen vorkommen, ist fast nie erwähnt, oft nicht einmal ob die Pflanze in den Alpen, auf den Bergen oder in der Ebene wächst. Das Vorkommen wird gewöhnlich auch sehr unvollständig angeführt. Erst in Decandolles System wird den örtlichen Verhältnissen gebührende Aufmerksamkeit gewidmet, und dieses Werk wird daher auch für die Pflanzengeographie sehr wichtig werden.

Nützliche Beiträge zur Kenntniß der geographischen Verhältnisse der Familien und Gattungen geben die Monographien; gewöhnlich ist die Synonymie vollständiger und die örtlichen Verhältnisse sind ausführlicher als in den allgemeinen Werken behandelt; wird wie in Browns Monographie der Proteaceen eine pflanzengeographische Uebersicht vorausgeschickt, so ist der Nutzen um so bedeutender. Weil sie aber doch nur die geographischen Verhältnisse der abgehandelten Familien und Gattungen geben, so sind in dieser Rücksicht die Floren wichtiger. Wenn eine Flora nicht nur die Arten aufzählt und beschreibt, sondern auch eine Einleitung über die sämmtlichen physischen Beschaffenheiten des Landes oder der Gegend liefert, wird sie für unsern Zweck um so vorzüglicher. In den ältern Floren waren dergleichen Einleitungen nicht selten *), später aber meinten die Floristen ihre Pflicht durch Aufzählung und Beschreibung der Arten erfüllt zu haben, und sich ein größeres Verdienst zu erwerben, wenn sie

*) Haller historia stirpium Helvetiae.
Linné Flora Lapponica.

die Zahl der oft wirklich aufgestellten Arten recht groß machten, als wenn sie die Vegetation des Landes mit den climatischen Verhältnissen in Verbindung brachten. Nur in der neuesten Zeit hat man angefangen, die Wichtigkeit jener allgemeinen Uebersicht der Landesbeschaffenheit für die Floren einzusehen. Als Muster einer Flora in dieser Rücksicht verdient besonders die Flora lapponica von Wahlenberg angeführt zu werden.

Außer den eigentlichen Floren, sind botanische Beschreibungen einzelner Gebirge oder anderer Theile eines Landes, welche man botanische Chorographien benennen könnte *), gute Quellen der Pflanzengeographie. Außer den Eigenschaften, welche solche Werke, ihrem nächsten Entzwecke nach, haben müssen, nämlich Kritik in Rücksicht der Arten, Sorgfalt in Darstellung der Synonymie, Genauigkeit der Beschreibungen u. s. w., fragt es sich in Hinsicht der Floren, welche Pflanzen in denselben aufgenommen werden müssen. Einige Floristen führen nur solche Pflanzen an, die vermeintlich ursprünglich wild sind, nicht aber solche, welche verwildert sind; — andere nehmen auch diese auf, wenn sie ziemlich häufig vorkommen, schließen aber die angebauten Pflanzen aus; einige endlich nehmen auch bald mehrere oder wenigere von den angebauten auf **).

*) Z. B. Pollini viaggio al Lago di garda e al monte Baldo. Hartmann Beskrifning pa Åreskutsjället.

**) Keiner hat wohl in dieser Rücksicht den Gegenstand einer Flora weiter ausgedehnt als Seetzen (über die Pflanzenverzeichnisse gewisser Gegenden. Usteri Annalen, 16 St. 1795, 8vo); er meint nämlich, daß in der Flora eines Landes alle Pflanzen, die entweder gebaut werden oder gebaut werden können, aufgenommen werden müssen. Er glaubt es sey unerlaubt, ja grausam (!) Pflanzen, die uns nützlich

Dem Begriff einer Flora zufolge, sowohl an und für sich als mit Rücksicht auf die Pflanzengeographie, gehören eigentlich nur die wildwachsenden Pflanzen in dieselbe; indessen scheint es mir zweckmäßig, daß in einem Anhange die vorzüglichsten angebauten Pflanzen, das heißt solche, welche man allgemein anbaut, aufgenommen werden; also Getraidearten und solche Gewächse, die Gegenstand des Ackerbaues sind, die allgemein gebauten Gartengewächse, Bäume welche in Forsten und Alleen benutzt werden u. s. w., nicht aber Blumen, die von Kunstgärtnern oder Blumisten gezogen werden, Bäume und Sträucher, die in Lusthölzern benutzt werden u. s. w. Ein Hauptzweck einer Flora ist nämlich, mit Hülfe derselben die im Lande gefundenen Pflanzen bestimmen zu können; stößt nun aber der Anfänger auf eine angebaute Pflanze, die durch Zufall außer dem zum Ackerbau bestimmten Orte wächst, so wird er leicht irre geführt, wenn die Pflanze in der Flora nicht angeführt ist. Dem Pflanzengeographen aber ist auch die Kenntniß der gebauten Pflanzen eines Landes oder einer Gegend wichtig. In Rücksicht auf die Pflanzen, welche jetzt zwar wild vorkommen, allein entweder sicher oder doch wahrscheinlich fremden Ursprunges sind, thut man wohl am besten sie aufzunehmen, doch mit genauer Angabe der Gründe oder Vermuthungen eines fremden Ursprunges. In den mehrsten pflanzengeographischen Untersuchungen wird ein solcher

---

sind, das Bürgerrecht zu verweigern. Man sieht leicht, daß nach dieser Ansicht in einer Flora Dänemarks die meisten nordamerikanischen und nordasiatischen Gewächse; in einer Flora von Sicilien ein großer Theil der tropischen Pflanzen angeführt werden müßte.

Ursprung ein gleichgültiger Umstand; in den pflanzengeschichtlichen Untersuchungen ist er allerdings von Bedeutung; — allein solche Pflanzen gänzlich zu übergehen würde vielleicht mehr schädlich als nützlich seyn, da der fremde Ursprung oft manchem Zweifel unterworfen ist; und folglich viele Pflanzen aus einer Flora mit Unrecht ausgeschlossen würden. Nachrichten über die Wanderungen der Pflanzen, die eben ein wichtiger Gegenstand der Geschichte der Pflanzen sind, werden in Floren oder botanischen Beschreibungen einzelner Länder oder Gegenden auch am besten aufgehoben. Der Bequemlichkeit halber könnte man in seiner Flora dergleichen zweifelhafte Bürger mit einem Zeichen von den übrigen unterscheiden. Es entsteht bei dieser Gelegenheit auch die Frage, ob in einer Flora diejenigen Meerpflanzen, welche vom Meere ausgeworfen werden und nicht zugleich am Ufer wachsen, — aufgenommen werden dürfen. Nach strengen Grundsätzen ließe sich wohl dagegen einwenden', daß diese Pflanzen eben so wenig unter den Erzeugnissen des Landes angeführt werden können, als die amerikanischen Holzarten von welchen Stämme als Treibholz am Ufer Islands gefunden werden, zu der Flora dieses Landes gehören. Auf der andern Seite ist zu bemerken, daß die mehrsten dieser Meerpflanzen von benachbarten Felsen kommen, und daß einige derselben, nämliche solche, die nur im Meere vorkommen, sonst in keiner Flora aufzunehmen seyn würden, und also leicht ganz unbeschrieben blieben.

Die Physiologie und die Chemie der Pflanzen bieten dem Pflanzengeographen wichtige Hülfsmittel dar. Diese Wissenschaften lehren uns den Einfluß

der

der äußeren Momente auf die Pflanzen und führen uns dadurch zur Kenntniß der Ursachen, welche die geographischen Verhältnisse der Pflanzen bestimmen. — Auch die Pflanzenanatomie ist insofern nützlich, weil in der Pflanzengeographie der Einfluß des Klimas und der übrigen Momente auf den inneren Bau der Pflanzen zu berücksichtigen ist. Die botanische Systemlehre ist, insofern sie die künstlichen Systeme betrifft, hier ohne Nutzen; — die Kenntniß der natürlichen Pflanzengruppen und deren Verwandtschaften dagegen ist in der Pflanzengeographie von der größten Bedeutung; denn die Verhältnisse dieser Gruppen zur Erdoberfläche sind ein Hauptgegenstand dieser Wissenschaft.

2. Die verschiedenen Theile der Physik, besonders aber der Meteorologie. Durch Hülfe dieser Wissenschaften nämlich, in Verbindung mit der Pflanzenphysiologie wird es uns möglich die Verhältnisse der Pflanzen zur Erdoberfläche zu erklären.

3. In dieser Hinsicht ist auch die physische Geographie wichtig. Die Bildung und Lage der Länder, die Richtung und Höhe der Gebirge u. s. w. haben auf die Vegetation einen wesentlichen Einfluß; besonders wichtig aber und unentbehrlich ist derjenige Theil der physischen Geographie, der uns mit dem Zustande der Atmosphäre in den verschiedenen Theilen der Erde bekannt macht, welchem wohl passend der Name Klimatologie beigelegt werden könnte. —

4. Die Chemie der anorganischen Körper, die Mineralogie und die Geognosie erläutern den Einfluß des Bodens auf die Pflanzen und das Verhältniß dieser zu den Bergformationen. Die Zoologie dagegen ist in der Pflanzengeographie von keiner Be-

deutenden Wichtigkeit; eine Vergleichung zwischen den geographischen Verhältnissen der Pflanzen und denen der Thiere ist zwar von Interesse, gehört aber zu der Lehre, welche die organischen Verhältnisse sämmtlicher organischen und anorganischen Körper darstellt. —

In Reisebeschreibungen, in Werken und Abhandlungen topographischen und statistischen Inhaltes, in Büchern über den Ackerbau, das Garten- und Forst-Wesen; — finden sich oft zerstreute Bemerkungen und Andeutungen, die dem Pflanzengeographen von Nutzen sind.

§. 5.

Nutzen.

Zur richtigen Kenntniß der Arten ist die Geographie der Pflanzen nicht ohne Nutzen. Die Erfahrungen, daß die nämliche Pflanze die in fettem Boden keine Stacheln hat, in magrem Boden mit Stacheln besetzt wird; — daß die nämliche Art im feuchten Boden glatt, im trocknen behaart ist; — daß die Pflanzen auf den Bergen kleiner werden, aber im Verhältniß weit größere Blumen tragen, u. s. w. beugen vielen Irrthümern bei Bestimmung der Arten vor. Die Kenntniß der, einzelnen Theilen der Erde eigenthümlichen, Pflanzenformen kann bei Bestimmung einer unbekannten Pflanze, deren Vaterland aber bekannt ist, bisweilen nützlich werden.

Der Pflanzenphysiologie giebt die Pflanzengeographie gute Ausbeute; denn obgleich jene Wissenschaft den Einfluß der äußeren Momente auf die Pflanzen lehrt, und die Pflanzengeographie von dieser Lehre Nutzen ziehen sollte, so ist man wegen des unvollkommenen Zustandes der Physiologie oft genöthigt den entgegengesetzten Weg einzuschlagen, und von den örtlichen Verhältnissen der Pflanzen die Regeln von dem Einflusse der äußeren Momente zu abstrahiren. Dies gilt auch von der Pflanzenchemie.

Die Systemlehre kann von der Pflanzengeographie bisweilen Nutzen ziehen; — die Kenntniß der Vertheilung einer Pflanzengruppe kann uns manchmal zur Eintheilung derselben einen nützlichen Wink geben; man muß aber hiebei mit Vorsicht verfahren, und keine Eintheilung auf die geographische Vertheilung allein begründen, sondern nur wenn sie zugleich von Verschiedenheiten in den übrigen Beschaffenheiten der Pflanzen begleitet ist. Derjenige Theil der Botanik aber, der aus der Pflanzengeographie den größten Vortheil zieht ist ohne Zweifel die Geschichte der Pflanzen; denn die jetzige Vertheilung der Pflanzen giebt die vorzüglichsten und sichersten Materialien zu derselben.

Dem Zoologen, besonders aber dem zoologischen Geographen bietet die Pflanzengeographie bedeutende Beiträge dar; denn die Vegetation ist eine nothwendige Bedingung der Thierwelt (insofern von Landthieren die Rede ist), und die Verbreitungssphären so wie die Vertheilung der Pflanzen begründen oft die der Thiere. Dem Arzte und dem Pharmaceuten ist die Kenntniß der örtlichen Verhältnisse der Arzneipflanzen, so wie der vegetativen Erzeugnisse jeder Zone und jedes Landes durchaus nothwendig. Aehnliche Gründe machen die Pflanzengeographie zu einer wichtigen Hülfswissenschaft für die Anthropologie. — Dem Naturphilosophen, der die Natur in ihrem ganzen Umfange und die einzelnen Theile derselben in ihrem

Wirkungsverhältnisse betrachtet, müssen die in der Pflanzengeographie entwickelten Gesetze willkommen seyn.

Für die botanische Gärtnerei ist die Pflanzengeographie die Grundlage; denn das Haupterforderniß dieser Kunst ist die Kenntniß des Vorkommens und der Verbreitungsbezirke der Pflanzen. Aus diesen Grunde ist sie auch für den Ackerbau, das Forstwesen, die gewöhnliche Gärtnerei, von Bedeutung — denn die Grundlage aller dieser ist die Kenntniß der Verhältnisse zwischen den Pflanzen und den äußeren Momenten, welche durch Erfahrungen über das Vorkommen und die Verbreitungsbezirke am besten erläutert werden. Die Fragen: welche Gegenden als Wald, welche als Acker oder Wiese zu benutzen sind; welche fremden Bäume und Kräuter mit Vortheil in ein Land eingeführt werden können, und eine Menge ähnlicher Fragen, werden durch Hülfe der Pflanzengeographie beantwortet. Es ist indessen nicht zu läugnen, daß auf dem jetzigen Standpunkte der Wissenschaft, diese eher von der Landöconomie, Forstwissenschaft und Gartenkunst unterstützt wird; sicher wird sie aber, zu einem bedeutenden Grade der Entwicklung gebracht, reichlich jene Vortheile vergelten können. —

Als wichtig für Ackerbau, Forstwesen u. s. w. hat die Pflanzengeographie auch für die Staatsöconomen Interesse. Eine gute pflanzengeographische Karte kann z. B. oft einen bessern Ueberblick über die productive Kraft eines Landes und die Möglichkeit selbige zu erweitern geben, als viele statistische Tabellen. Vielen kostbaren Projecten wird durch genaue Kenntniß der gegenseitigen Verhältnisse des Klimas und der Vegetation vorgebeugt.

§. 6.

Geschichte und Litteratur.

Eine Wissenschaft entsteht nicht auf einmal; die Hauptideen existiren als hingeworfene im Vorbeigehen berührte Gegenstände, werden auch wohl einzeln abgehandelt, ehe man ahnt, daß diese Ideen dereinst einen selbstständigen Zweig unseres Wissens ausmachen werden. So auch die Hauptideen der Pflanzengeographie. Daß die Pflanzen in einem bestimmten Verhältnisse zu dem Klima stehen, daß die Arten, Gattungen und Familien nicht zufällig, sondern nach bestimmten Naturgesetzen auf der Erdoberfläche vertheilt sind, war zu auffallend, um nicht jedem aufmerksamen Beobachter in die Augen zu fallen; allein der Erfahrungen waren nur zu wenige, die Neigung der mehrsten Botaniker bei der bloßen Kenntniß der äußeren Formen stehen zu bleiben, war zu allgemein, und die Pflanzenphysiologie stand auf einer sehr niedrigen Stufe; dies veranlaßte, daß man die örtlichen Verhältnisse der Pflanzen nicht als ein Ganzes im Zusammenhange betrachtete, sondern nur hie und da im Vorbeigehen darauf aufmerksam machte. In Reisebeschreibungen, in einigen Floren und physiologischen Werken findet man daher die ersten Ideen der Pflanzengeographie, aber zerstreut und ohne inneren Zusammenhang.

Tournefort (voyage au Levant) sah auf dem Berge Ararat, daß die Vegetation sich nach der Höhe über der Meeresfläche ändere, daß am Fuße die Pflanzen Kleinasiens, auf der mittlern Höhe die von Frankreich, auf der Spitze die lappländische Flora sich zeigte. Linné führte diese Idee in seiner Abhandlung de tellaris habitabilis incremento, weiter aus, gab in seiner Philosophia botanica und einer Abhandlung, Stationes plantarum, eine Terminologie der Standörter und behandelte in einer andern Abhandlung, coloniae plantarum, die Migration der Pflanzen. Seine Flora lapponica enthält nicht bloß eine Aufzählung der lappländischen Pflanzen, sondern macht auch aufmerksam auf die Verschiedenheiten der Vegetation, welche die verschiedenen Standörter und die verschiedene Höhe über dem Meere hervorbringen. Aehnliche allgemeine Ansichten enthält Hallers historia stirpium Helvetiae und Forskåls Flora aegyptico-arabica. Adanson bemerkte in seinem Werke, familles des plantes, daß die Schirmpflanzen innerhalb der Wendekreise fast fehlen, und leitete auch auf andere Weise die Aufmerksamkeit auf die Vertheilung der Pflanzenfamilien. Saussure wurde durch seine vielen pflanzenphysiologischen Versuche auf den Einfluß des Klimas aufmerksam; er berücksichtigte besonders die Höhe welche die Pflanzen über dem Meer erreichten, und war vielleicht der erste, der zu diesem Zwecke Barometermessungen benutzte. Reynier lieferte im Journal de Physique eine Abhandlung über den Einfluß des Höhenunterschiedes auf die Vegetation. Ramond gab Beiträge zur Bestimmung der Höhe welche die Pflanzen in den Pyrenäen erreichen. Young bestimmte die nördlichsten Grenzen der wichtigsten angebauten Pflanzen, des Oelbaumes, des Weins und des Mais. Girand-Soulavie unterschied für das südliche Frankreich die Region der Orangen, des Oelbaums, des Weinstocks, der Castanie und die der Alpen, und gab dadurch einen Wink zu der pflanzengeographischen Ein theilung eines Landes. In verschiedenen Handbüchern z. B. Wildenows Grundriß und Senebier physiologie vegetale T. 5. findet man wohl gewöhnlich ein Capitel, mit verschiedener Ueberschrift, worin die pflanzengeographischen Gegenstände abgehandelt werden, aber freilich nur fragmentarisch und mit andern Gegenständen vermischt.

Auf diesem Standpunkte stand die Pflanzengeographie zu Ende des vorigen Jahrhunderts; in dem jetzigen hat sie Riesenschritte gemacht. Strohmeyer gab in seiner Dissertation 1800 einen Entwurf der Wissenschaft, der er den Namen geographische Geschichte der Pflanzen beilegt, und behandelt einen Theil derselben, nämlich die Grenzen der Pflanzenwelt. Treviranus Biologie 2. B. enthält manches zur Pflanzengeographie gehöriges; er war ohne Zweifel der erste, der mit einer gewissen Vollständigkeit auf die Vertheilung der Pflanzenfamilien aufmerksam machte; er theilte die Erdoberfläche in Regionen oder Hauptfloren; allein die wenigen vorhandenen Materialien machten, daß die von ihm aufgestellten Gesetze größtentheils unzuverlässig sind. L. von Buch beachtete auf seiner Reise in Norwegen und Lappland die pflanzengeographischen Phänomene; er bestimmte mit Hülfe des Barometers die Höhe der Pflanzen über dem Meer, und suchte auch die Mitteltemperatur, bei welcher die Pflanzen vorkommen, festzusetzen. Decandolle theilte Frankreich in Regionen nach der Vegetationsverschiedenheit und behandelte den Einfluß der Höhe auf die Pflanzen. Im Jahre 1807 erschien Humboldts essai sur la géographie des plantes und Tableau physique des regions aequinoctiales. Sein Essai war zwar nur eine

Skizze; das tableau enthielt auch keineswegs eine vollständige Vergleichung des Klimas mit der Vegetation; allein da er das wichtigste der Wissenschaft hervorhob, da er auf eine frappante Art so viele früher nur isolirt betrachtete physische Phänomene vereinigte und durch eine Zeichnung die Sache noch mehr versinnlichte; mußten diese Werke nothwendig ein allgemeines Interesse für die Sache erwecken und Epoche machen. Seine „Ansichten der Natur" wirkten zu nämlichem Zwecke. — Darauf folgten die Werke Wahlenbergs. Seine Flora lapponica brachte die Pflanzengeographie um vieles weiter. Er war wohl der erste, der recht deutlich zeigte, daß die Mitteltemperatur keinen sichern Maaßstab der Vegetation abgiebt, und daß man auf die Vertheilung der Wärme in den verschiedenen Jahreszeiten Rücksicht nehmen muß; er war der erste, welcher eine ausführliche Vergleichung der Vegetation, so wie die Vertheilung der Familien vollständig darstellte, und es ist nur zu bedauern, daß er die Linneischen und nicht die Jussieuischen Familien wählte. Später lieferte dieser Verfasser zwei gleichfalls sehr wichtige Werke, nämlich über die nördliche Schweitz und über die Carpathen; er befolgte in diesen in der Hauptsache die nämliche Darstellungsweise als in jener Flora; berichtigte seine frühere Theorie über die Erdtemperatur als Maaßstab der Vegetation, und gab seinen Ansichten eine größere Allgemeinheit, weil er Schweden mit der Schweitz und beide mit den Carpathen verglich. In einer Abhandlung, im Magazin der Gesellschaft naturforschender Freunde, machte er auf den Unterschied der Küsten- und Continental-Vegetation aufmerksam. Beiträge zur Kenntniß der pflanzengeographischen Verhältnisse auf dem Caucasus lieferten Engelhardt und Parrot. Im Jahre 1814 machte R. Brown seine general remarks on the botany of Terra australis bekannt. In dieser Abhandlung ist die Vertheilung der Pflanzenfamilien mit vieler Kritik und Gründlichkeit behandelt, des Verfassers genaues Studium der natürlichen Verwandtschaften und die vielen Mittel, welche ihm zur Vergleichung der Pflanzen Neuhollands mit denen andrer Welttheile zu Gebote standen, mußten dieser Arbeit einen bedeutenden Grad von Vollendung geben. Dagegen ist der Einfluß des Klimas auf die Vegetation gar nicht berücksichtigt.

Bis jetzt war man bei einzelnen Ländern stehen geblieben und wagte nicht allgemeine Gesetze für die ganze Erde aufzustellen. Diesen Schritt that Humboldt im Jahre 1815 in der Einleitung zum botanischen Theil seiner Reise, und machte so zum zweiten Male Epoche. Kurz nachher, nämlich 1817, erschien seine Abhandlung sur les lignes isothermes, welche die Lehre von der Vertheilung der Wärme auf der Erdoberfläche in ein System brachte, und deshalb, so auch weil sie eine Menge pflanzengeographischer Materialien enthält, für den Pflanzengeographen unentbehrlich ist. Zur nämlichen Zeit lieferte Decandolle einen interessanten Beitrag zur Pflanzengeographie Frankreichs und zur Lehre von dem Einflusse des Höhenunterschiedes, und im folgenden Jahre lieferte R. Brown eine Uebersicht über die Vegetation am Flusse Congo nach dem Herbarium von Christ. Smith; in welcher er, so wie in jener über Neuholland, vorzüglich die Vertheilung der Familien berücksichtigt; doch enthält sie auch Untersuchungen über die Identität einiger Congopflanzen mit denen in entferntern Ländern gefundenen. Aehnliche Uebersichten lieferte Hornemann für Guinea und Dänemark, und v. Buch für die canarischen Inseln. —

In dem folgenden Litteratur-Verzeichnisse habe ich nicht nur die Werke und Abhandlungen angeführt, welche diese Wissenschaft zum Haupt-Gegenstande haben; sondern auch solche, die nur einzelne hieher gehörige Bemerkungen enthalten, wenn sie von einiger Bedeutung waren. —

Adanson (M.) familles des plantes, 2 parties. Paris 1763. 8vo.

Bartling (F. T.) dissertatio geographico-botanica de littoribus ac insulis maris liburnici Hannoverae 1820. 8vo.

Bonnemaison géographie botanique du Département du Finisterre (Journal de Botanique. Vol. 3.) 8vo.

Bory de St. Vincent voyage dans les quatre principales iles des mers d'Afrique T. 1 — 3. Paris 1804. 8vo.

Bossi (L.) Applicazione del sistema di geographia botanica del sign. Decandolle al regno d'Italia (Giornale della società d'incorraggiamento. 7. N. III. Septbr. 1809.)

Bové (A) dissertatio inauguralis de methodo Floram regionis cujusdam conducendi. Edinb. 1817. 8vo.

Brisseau-Mirbel (C. F.) Elémens de physiologie végetale et de botanique. Part. I — II. Paris 1815. 8vo.

Brocchi (G. B.) memoria sulla valle di Fassa. Milano 1811. 8vo.

Brown (R.), on the Proteaceae of Jussieu. Transactions of the linnean Society. Vol. 10. T. I. London 1810. 4to.

— general remarks geographical and systematical on the botany of Terra australis. London 1814. 4to.

— observations, systematical and geographical on Prof. Smiths collection of plants from the vicinity of the river Congo. (Tuckey (J. K.) narrative of an expedition to explore the river Zaire and a Journal of Prof. Chr. Smith etc. London 1818 4to.).

Buch (L. v.) über die Temperatur von Rom (Gilberts Annalen der Physik. 1806. 3. Band, 2. St. pag. 236. 8vo.).

— Reise durch Norwegen und Lappland. 2 Bände. Berlin 1810. 8vo.

— über die Gränzen des ewigen Schnees im Norden (Gilberts Annalen 1812. 5. S. p. 1.).

— Allgemeine Uebersicht der Flora auf den canarischen Inseln (Abhandlungen der Königlichen Akademie der Wissenschaften zu Berlin, aus den Jahren 1816 — 17. Berlin 1819. 4to.).

Decandolle (A. P.) et Lamarck (J. B. de) Flore française. 3ième édit. T. I. Partie 1. Paris 1805. 8vo.

— raports des voyages botaniques et agronomiques, imprimés parmi ceux de la société d'agriculture de Paris 1808 — 1814 8vo.

— mémoire sur la géographie des plantes de France (mémoires de la société d'Arcueil T. 3. Paris 1817. 8vo.).

— regni vegetabilis systema naturale, vol. 1 — 2; Paris 1818 — 21. 8vo.

— article: géographie agricole et botanique. Dictionnaire d'agriculture. Paris 1819. 8vo.

— article: géographie botanique. Dictionnaire des sciences naturelles. T. 18. Paris 1820. 8vo.

Delile (A. R.) Florae aegypticae illustratio. Description de l'Egypte. Histoire naturelle T. 2. Paris 1812. folio.

Engelhardt (M. v.) und Parrot (F.) Reise in die Krim und den Kaukasus. 2 Theile. Berlin 1815. 8vo.

Flörke (H.) Ueber die Abstufungen der Vegetation im Salzburgischen Gebirge. (D. H. Hoppes Taschenbuch auf das Jahr 1800. Regensburg. 8vo.).

Forskål (P.) Flora aegyptico-arabica. Hauniae 1775. 4to.

Forster (G.) Plantae magellanicae (Commentationes societatis Goettingensis. ad. ann. 1787 — 88. Vol. 9. Göttingae 1789. 4to.).

— Vorläufige Schilderung des Nordens von Amerika (Kleine Schriften 3. Th. Berlin 1794. 8vo.).

Forster (J. R.) Bemerkungen auf seiner Reise um die Welt. Berlin 1783. 8vo.

Giraud-Soulavie Géographie physique des végétaux de la France méridionale (Histoire naturelle de la France méridionale. 2 Part. T. 1. Paris 1782. 8vo.).

— géographie de la nature (Rozier observations sur la Physique etc. T. XVI. Paris 1780. 4to.).

Gmelin (I. G.) Flora sibirica. Petropoli. T. I. 1747. 4to.

Haller (A. v.) Historia stirpium indigenarum Helvetiae. T. 1. Bernae 1768. folio.

Hartmann (C. T.) Beskrifning paa Åreskutfjället (Beschreibung des Berges Areskutan); — Kongl. Vetenskaps Akademiens Handlingar 1814. 8vo.

— Physiographiska Observationer under en Reså genom vestliga Delen af Gestrikland, Helsingland och Jemtland (Physiographische Beobachtungen auf einer Reise durch den westlichen Theil von Gestrikland u. s. w.). — ibid 1818. 8vo.

Hornemann (J. W.) fragmentariske Bemorkninger paa en Reise i Norge (fragmentarische Bemerkungen auf einer Reise in Norwegen). — Skandinavisk-Litteratur-Selskabs Skrifter 3 Aarg. 2. B. Kyöbenhavn 1807.

— observationes de indole plantarum guineensium. Hauniae 1819. 4to.

— Bemärkninger angaaende Forskielligheden af Vegetationen i de danske Provindser (Bemerkungen über die Vegetationsverschiedenheiten in den dänischen Provinzen). Danske Videnskabers Selskabs Skrifter. Kjöbenhavn 1821. 4to.

Humboldt (A. v.) Florae Fribergensis specimen et aphorismi ex doctrina physiologiae chemicae plantarum. Berolini. 1793. 4to.

— et A. Bonpland Essai sur la géographie des plantes accompagné d'un tableau physique des régions équinoctiales. Paris 1807 fol.

— Ansichten der Natur. I. Band. Tübingen 1808. 12mo.

— Essai politique sur le royaume de la nouvelle Espagne. T. 3sieme. Paris 1811. 8vo.

— De distributione geographica plantarum secundum coeli temperiem et altitudinem montium. Prolegomena ad nova genera et species plantarum etc. Vol. I. Paris 1815. 4to; auch für sich: Paris 1817. 8vo, und ein Auszug: sur les lois que l'on observe dans la distribution des formes végétales. Paris 1816. Hiermit kann verglichen werden: „Einige Bemerkungen über zwei die Pflanzengeographie betreffende Werke des Hrn. v. Humboldt," in Jahrbücher der Gewächskunde 1. B. 1. Heft. Berlin und Leipzig 1818. 8vo.

— voyage aux regions équinoctiales du nouveau continent. Partie historique. T. I — VI. Paris 1816 — 20. 8vo.

— Des lignes isothermes et de la distribution de la chaleur sur le globe (mémoires de la societé d'Arcueil. T. 3. Paris 1817. 8vo.).

— sur les lois que l'on observe dans la distribution des formes végétales (Dictionnaire des sciences naturelles T. 18. p. 422. Strasbourg et Paris 1821. 8vo.).

Kasthöfer (Kl.) Bemerkungen über die Wälder und Alpen des Bernerischen Hochgebirges. Aarau 1818. 8vo.

Kielmann, Ueber die Vegetation auf den Hochgebirgen (Heppes botanisch. Taschenb. 1805. 8vo.)

Lavy Stationes plantarum Pedemontis indigenarum. Taurini 1801. 8vo.

Link (H. F.) Florae Goettingensis specimen sistens vegetabilia solo calcareo propria. Göttingae 1789 8vo.

— Auch in Usteri delectus opusculorum botanicorum. Vol. I. Argentorati 1790. 8vo.

— Einige Bemerkungen über den Standort der Pflanzen (Usteri Annalen der Botanik 14 St. 1795. 8vo.).

— Die Urwelt und das Alterthum, erläutert durch die Naturkunde. I. Th. Berlin 1821. 8vo.

Linné (C.) De telluris habitabilis incremento. 1743. (Amoenitates academicae. Vol. 2. Holmiae 1751. 8vo.).

— Stationes plantarum. 1754. (ibid. Vol. 4. Holmiae 1759).

— Coloniae plantarum. 1768. (ibid. Vol. 8. Erlangae 1785).

— Flora Lapponica. Cura J. E. Smith. Londini 1792. 8vo.

— Philosophia botanica. Edit. 4. cura Sprengel. Halae 1809. 8vo.

Pallas (P. S.) Reise durch verschiedene Provinzen des russischen Reichs. Frankfurt und Leipzig. 3 Theile 1776 — 78. 8vo.

— Flora Rossica. T. 1. P. 1 — 2. Lipsiae 1789 — 90. 8vo.

Pollini (C.) Viaggio al lago di Garda e al monte Baldo. Verona 1816. 8vo.

Rafinesque-Schmaltz (C.) Osservazioni sopra il clima della Sicilia (Lo specchio delle scienze o giornale enciclopedico di Sicilia 1814. fasc. I.)

— Chlora Ethnensis (Recupero Storia naturale e generale dell'Etna. Catania 1815 4to)

Ramond (L.) Observations faites dans les Pyrenées. 2 vol. Paris 1789. 8vo.

— Etat de la végétation au sommet du Pic du midi (Decade philos. polit. et litter. l'an 4 de républ. No. 60. Usteri Neue Annalen der Botanik 15. St. 1797. 8vo).

— De la végétation sur les montagnes (Annales du Muséum d'histoire naturelle. T. 4. Paris 1804. 4to.

Reynier (L.) De l'influence du climat sur la forme et la nature des végetaux (Journal d'histoire naturelle. T. 2. Paris 1792 4to).

Ritter (C.) Tafel der Culturgewächse in Europa. Schnepfenthal ohne Jahr *).

Rudolphi (K. A.) Ueber die Verbreitung der organischen Körper (Beiträge zur Anthropologie und allgemeinen Naturgeschichte. Berlin 1812. 8vo).

Saussure (H. B.) Voyages dans les alpes. 4 Tom. Neufchatel 1779 — 96. 4to.

Schouw (J. F.) Dissertatio de sedibus originariis plantarum. Hafniae 1816. 8vo.

Seetzen (U. J.) Ueber die Pflanzenverzeichnisse gewisser Gegenden. Usteri Annalen 16. S. 1795. 8vo.

Senebier (J.) Physiologie végetale T. 5. Genève l'an 8. 1801. 8vo.

Smith

*) In Sprengels Grundzügen S. 333. werden sechs Karten angegeben, die mir aber nicht bekannt sind.

Smith (Christ.) nogle Jagttagelser især over Iisfieldene, paa en Fieldreise i Norge 1812 (einige Bemerkungen vorzüglich über die Gletscher, auf einer Gebirgsreise in Norwegen). — Topographisk-statistiske Samlinger, udgivne af Selskabet for Norger Vel. 2 Deels 2 Bind. Christiania. 1817 8vo.

— Journal (Tuckey narrative etc. vide R. Brown).

Sprengel (K.) über die Natur und den Bau der Gewächse. Halle 1812 8vo.

— und Decandolle Grundzüge der wissenschaftlichen Pflanzenkunde. Leipzig 1820. 8vo.

Sternberg (C. v.) Reise in den rhätischen Alpen im Sommer 1804. Nürnberg 1806. 8vo.

— botanische Wanderung in den Böhmer-Wald. Nürnberg 1806.

Stromeyer (F.) Dissertatio sistens historiae vegetabilium geographicae specimen. Göttingae 1800. 4to.

Thunberg (C. P.) et Robsahm Dissertatio geographiam plantarum cultarum adumbrans. Upsaliae 1813. 4to.

Titford Sketches towards a hortus botanicus americanus; table of climates and habitats of plants. London 1811 4to *).

Tournefort (J. P.) Relation d'un voyage du Levant. Vol. 3. Lyon 1717. 8vo.

Treviranus (G. R.) Biologie oder Philosophie der lebenden Natur. 2ter Band. S. 31 — 137. Göttingen 1803. 8vo.

*) Kenne ich nur aus Sprengels Grundzügen.

Villars Histoire des plantes de Dauphiné. T. 1 — 3. 1786 — 89. 8vo.

Volney (C. F.) Tableau du climat et du sol des états unies de l'Amerique. Vol. I — II. Paris 1803. 8vo.

Wahlenberg (G.) Kamtschadalische Laub- und Lebermoose (Magazin der Gesellschaft naturforschender Freunde zu Berlin. 1811. 3 Quart. Berlin. 4to).

— Flora lapponica. Berolini 1812. 8vo.

— Tentamen de vegetatione et climate in Helvetia septentrionali. Turici 1813. 8vo.

— Flora Carpathorum principalium. Göttingae 1814. 8vo.

Willdenow (L.) Beiträge zur geographischen Geschichte des Pflanzenreichs. (Usteri neue Annalen 16. St. 1797. 8vo.)

— Einige Bemerkungen über die Pflanzen der Klasse Syngenesia (Magazin der Gesellschaft naturforschender Freunde zu Berlin 1807 2 Quart. 4to).

— Grundriß der Kräuterkunde. Berlin 1810. 8vo.

— Allgemeine Bemerkungen über den Unterschied der Vegetation auf der nördlichen und südlichen Halbkugel der Erde. ibid. 1811. 2 Quart. 4to.

Winch (N. J.) Essay on the geographical distribution of plants trough the countries of Northumberland etc. Newcastle 1819. 8vo.

Young (A.) Travels in France in the years 1787 — 1789. Bury St. Edmunds. 1792. 4to.

Yule (J.) On the physical distribution of Coniferae and their affinity with the Ephedraceae Edinb. Philosophical Journal. 1819. No. 11).

1ste Abtheilung.

Von den äußeren Momenten, welche die örtlichen Verhältnisse der Pflanzen bestimmen.

§. 1.

In dieser Abtheilung, welche als Einleitung zu den beiden übrigen zu betrachten ist, werden vorzüglich folgende Fragen zu beantworten seyn: 1. welche äußeren Momente bestimmen die örtlichen Verhältnisse der Pflanzen? 2. auf welche Weise wird es uns möglich, die Verschiedenheiten der einzelnen Momente auf der Erdoberfläche kennen zu lernen? und 3. wie lassen sich diese Verschiedenheiten auf eine für die Vergleichung mit den Orts-Verhältnissen der Pflanzen bequeme Art darstellen. Die erste Frage wird in der Pflanzenphysiologie und Pflanzenchemie beantwortet, die beiden letzteren gehören theils zu den verschiedenen Theilen der Physik, besonders aber zu der Meteorologie, theils zu der Geognosie, der Oryktognosie, der anorganischen Chemie und der Hydrographie; und es sind deshalb Lehnsätze aus diesen sämmtlichen Wissenschaften, welche gegenwärtige Abtheilung bilden. —

Die Darstellung der Verschiedenheiten aber, welche die äußeren Momente in den verschiedenen Theilen der Erdoberfläche zeigen, (z. B. die Darstellung der Vertheilung der Wärme), und die uns die physische Geographie, besonders aber die Klimatologie liefert; habe ich erst in der dritten Abtheilung gegeben; weil in dieser zugleich die auf der Erdoberfläche stattfindenden Vegetationsverschiedenheiten abgehandelt werden; und diese Zusammenstellung beiderlei Verschiedenheiten für die Vergleichung vortheilhaft schien.

Obgleich wir schwerlich von allen Wirkungsverhältnissen der Pflanzen zur übrigen Natur eine vollständige und genaue Kenntniß besitzen, so wissen wir doch wohl so viel, daß es möglich wird die wichtigsten Momente anzugeben, welche die Ortsverhältnisse der Pflanzen bedingen. Wir werden in der Folge (3. Abth.) oft die Erfahrung machen, daß die jetzt wirkenden äußeren Momente zur Erklärung aller pflanzengeographischen Phänomene nicht ausreichen. Es wird daher nothwendig, außer jenen auch jetzt unbekannte Ursachen anzunehmen, die bei der Entstehung der Pflanzen wirksam waren. Die Untersuchung derselben gehört aber zur Geschichte der Pflanzen. Jene Momente lassen sich, meiner Meinung nach, auf folgende zurückführen.

Die Pflanzen leben auf der **Oberfläche** der Erde, und werden von dem **Luftkreise** umgeben; beide wirken auf sie ein.

I. **Die Eigenschaften des Luftkreises**, welche auf die örtlichen Verhältnisse der Pflanzen wirken, sind:

1. Die Wärme desselben.
2. Die Feuchtigkeit.
3. Die Durchsichtigkeit, und die davon abhängige Einwirkung des Lichtes.
4. Die Dichtigkeit und der davon abhängige Druck.
5. Die Bewegung (Winde).
6. Der electrische Zustand.

II. Die Oberfläche der Erde zerfällt in Land und Wasser.

A. Bei dem Lande:
1. Die Bestandtheile des Bodens; — die oryktognostische und geognostische Beschaffenheit desselben.
2. Der Aggregat-Zustand, die Oberfläche und die Farbe des Bodens.
3. Die Wärme des Bodens.
4. Die Feuchtigkeit desselben.

B. Bei dem Wasser
1. Die chemische Beschaffenheit desselben.
2. Die Wärme.
3. Die Bewegung (Strömungen).

Man wird vielleicht gegen diese Eintheilung bemerken, daß nicht nur die Oberfläche der Erde und der sie umgebende Luftkreis, sondern daß auch Körper außerhalb der Erde auf die Pflanzen einwirken, daß dies wenigstens mit der Sonne, welche den Pflanzen Wärme und Licht giebt, der Fall ist. Allein die Wärme der Sonne wirkt nur mittelbar durch die Atmosphäre, den Boden und das Wasser auf die Pflanzen, und der Einfluß des Lichtes ist gleichfalls von der Beschaffenheit der Atmosphäre und des Wassers abhängig; ferner scheint man, bei einer Untersuchung der Wirkungsverhältnisse zwischen den Pflanzen und den äußeren Momenten, durch die Aufzählung der näheren Ursachen einen deutlicheren Begriff von der Sache zu bekommen, als wenn man zu den ferneren hinaufsteigt, deren Erklärung richtiger andern physischen Wissenschaften überlassen wird. —

Als wirkende Momente können die Lage der Länder im Verhältniß zu den Himmelsgegenden, die Nähe des Meeres, die Höhe über demselben u. s. w. nicht angeführt werden; denn zwar haben diese auf die örtlichen Verhältnisse der Pflanzen einen bedeutenden Einfluß, allein sie können nicht als selbstständige und einfache Momente angesehen werden; sie wirken nur mittelbar, insofern sie nämlich zu Veränderungen in den oben angeführten Momenten z. B. der Wärme oder Feuchtigkeit Anlaß geben; und gewöhnlich wirken sie auf mehrere von diesen zugleich *).

Uebrigens findet zwischen den auf die Pflanzen wirkenden Momenten eine so genaue Verbindung und gegenseitige Einwirkung Statt, daß fast immer mehrere derselben zugleich wirksam sind. So wirkt z. B. die Temperatur des Luftkreises auch auf dessen Feuchtigkeit, denn je höher jene ist, um so viel größer ist die Menge von Dünsten, welche die Luft aufzunehmen vermag, und eine verminderte Temperatur bringt Verdichtung und Niederschläge der Dünste hervor; allein die Dünste haben wiederum auf die Temperatnr einen we-

*) Decandolle, Dictionnaire des sciences naturelles T. 18. p. 362 führt folgende Momente an: Temperatur, Licht, Wasser (besser Feuchtigkeit), Boden, Atmosphäre

sentlichen Einfluß; von den Hydrometeoren ist die Durchsichtigkeit und die Dichtigkeit der Luft abhängig; — Veränderungen der Temperatur und der Feuchtigkeit bringen Winde hervor; die letzteren aber wirken wieder auf jene ein; sowohl die Temperatur als auch die Feuchtigkeit des Bodens werden zum Theil durch die Luft bestimmt, wirken aber auch auf diese; die Temperatur des Meeres so wie dessen Bewegungen hängen zum Theil von denen der Luft ab, diese aber werden wiederum zum Theil durch jene bedingt u. s. w.

§. 2.

Daß die Temperatur des Luftkreises *) auf die Pflanzen wirkt, ist ein durch so viele tägliche Erfahrungen bewiesener Satz, daß ein Beweis für diesen Einfluß eigentlich überflüssig wird. Wir bemerken, daß

*) E. Halley a discours concerning the proportional heat of the sun in all latitude. Philosoph. transact. 1693. Mainan sur la cause generale du froid en hiver et de la chaleur en été; mem. de l'acad. des sciences. l'année 1729. Paris 1731. 4. Ejusd. nouvelles recherches etc. ibid. l'annee 1765. Paris 1768. 4to. Euler determinatio caloris et frigoris graduum pro singulis terrae locis ac temporibus. Commentarii Petrop. T. XI. (1739), Petropoli, 4to. T. Mayer de variationibus thermometri accuratius definiendis. Opera inedita. Vol. 1. Apinus cogitationes de distributione caloris per tellurem. Cotta Traité de météorologie. Paris 1774. 4to. Ejusd. mémoires pour servir de suite et du supplement au traite de meteorologie Paris 1788. 4to. J. H. Lambert Pyrometrie. Berlin 1779. 4to. Ephemerides societatis meteorologicae palatinae. Manhemii 1781 — 1791. 4to. R. Kirwan an estimate of temperature. London 1787 8vo. Lesley an experimental inquiry into the nature and propagation of heat. London 1804. Prevost sur la chaleur rayonnante. A. Humboldt des lignes isothermes etc.

in unsern nördlichen Klimaten die Vegetation im Winter größtentheils unterbrochen wird; daß jede Pflanze, um zu keimen, blühen und reife Frucht zu tragen, einer gewissen Temperatur bedarf; daß wir durch künstliche Wärme solche Pflanzen ziehen können, die bei der natürlichen Wärme des Landes nicht fortkommen u. s. w. Eben so einleuchtend ist es, daß die Temperatur unter den verschiedenen Momenten, welche die örtlichen Pflanzenverhältnisse bestimmen, der wichtigste ist. Bei einer Vergleichung verschiedener Grade der Breite, bemerken wir in der Vegetation auffallende Unterschiede, selbst wenn die mittlere Temperatur nur um wenige Grade abweicht; während ein ziemlich bedeutender Unterschied der Hydrometeore einen weit geringern Einfluß zeigt, so findet man oft beinahe die nämlichen Pflanzenarten an zwei Orten, von welchen auf den einen doppelt so viel Regen jährlich fällt, als auf den andern. Aehnliche Verhältnisse finden bei der verschiedenen Beschaffenheit des Bodens und der übrigen äußeren Momente Statt.

Wie nun die Wärme auf die Pflanzen einwirkt, ob nur mechanisch auf die festen und flüssigen Theile derselben, oder, was wohl wahrscheinlicher ist, zugleich physiologisch durch Erweckung der verschiedenen Aeußerungen der Lebensthätigkeit; sind Fragen, welche noch nicht befriedigend beantwortet worden, dem Pflanzenphysiologen aber zur Auflösung überlassen werden müssen. —

Wünschen wir dagegen die Verschiedenheiten der Wärme in den Zonen und übrigen Theilen der Erde kennen zu lernen, dann können wir zwei verschiedene Wege einschlagen; — entweder berechnen wir theoretisch die Sonnenwärme, welche nach der Stellung und Bewegung der Erde einer Zone oder einem gegebenen Orte zukommt; und dies ist die ältere Methode; — oder wir vergleichen die in verschiedenen Theilen der Erdoberfläche gemachten Thermometer-Beobachtungen, und abstrahiren aus diesen Erfahrungen allgemeine Naturgesetze. —

Halley, Mairan, Euler und Lambert sind es, welche die Vertheilungsgesetze der Wärme auf der Erdoberfläche zufolge einer theoretischen Berechnung der einer jeden Zone zukommenden Sonnenwärme entworfen haben *); allein die aus diesen Theorien hergeleiteten Folgerungen, stehen mit den wirklichen Beobachtungen in einem so großen Widerspruche, daß sie, in der Pflanzengeographie wenigstens, als unbrauchbar zu betrachten sind **). Es liegt aber auch schon in der Natur der Sache, daß eine nur aus dem Verhältnisse der Erde zur Sonne berechnete Vertheilung der Wärme mit den Erfahrungen nicht übereinstimmend seyn kann. Selbst wenn die Erdoberfläche völlig eben und überall von gleichartiger Beschaffenheit wäre, würde eine solche Berechnung bedeutende Schwierigkeiten mit sich führen und schwerlich befriedigende Resultate geben. Wenn auch die beiden wichtigen Coefficienten — der Winkel nämlich, unter welchem die Sonnenstrahlen die Erde berühren, und die Länge der Zeit, in welcher die Sonne auf einen gegebenen Ort wirkt, — jeder für sich leicht zu berechnen sind; so ist dagegen die Bestimmung des

*) Die Versuche von T. Mayer und Kirwan sind theils auf Theorie theils auf Erfahrungen begründet. —

**) Humboldt lignes isothermes.

gegenseitigen Verhältnisses der beiden keine leichte Aufgabe. Ferner ist die Wärme eines Ortes nicht nur das Produkt von der Sonnenwärme, welche dieser Ort unmittelbar empfängt, sondern auch von der Wärme der benachbarten ja selbst entfernteren Gegenden, da die Atmosphäre in immerwährender Bewegung ist, und die Wärme von einer Luftschicht und einer Luftcolonne der andern mitgetheilt wird, — insofern man auf diese Weise nicht nur die mittlere Temperatur des Jahres, sondern auch die der verschiedenen Jahreszeiten und Monathe, berechnen will, darf es auch nicht übersehen werden, daß die Temperatur für eine gegebene Zeit nicht nur das Produkt der in derselben empfangenen Sonnenwärme ist, sondern auch das der vorhergehenden; denn je wärmer die Luft bereits ist, um so viel höher wird, bei gleicher Wirkung der Sonne, die Temperatur ausfallen. So zeigt uns die Erfahrung, daß die höchste tägliche Wärme nicht zur Epoche des höchsten Sonnenstandes, sondern einige Stunden später; die größte jährliche Wärme nicht im Sommer-Solstitium; sondern im July oder August eintrifft. Ferner müßte die indirekte Wirkung der Sonnenwärme auch in Anschlag gebracht werden. In der heißen Zone findet wegen der höheren Temperatur eine stärkere Ausdünstung Statt, diese setzt aber die Temperatur herab. Der Boden wird nicht so schnell erwärmt als die Atmosphäre, verliert aber auch nicht so leicht seine Wärme; — deshalb ist die Temperatur des Bodens im Sommer niedriger als die der Atmosphäre; und dem Boden wird deshalb von der Atmosphäre Wärme mitgetheilt; im Winter findet das umgekehrte Verhältniß Statt; diese Wechselwirkung des Bodens und der Luft ist nicht in allen Theilen der Erde gleich; z. B. anders da, wo im Winter der Boden mit einer Schneedecke versehen ist, als da wo dieses nicht der Fall ist.

Allein gesetzt auch, daß alle diese und mehrere Modificationen der Haupt-Coefficienten einer genauen Berechnung unterworfen werden könnten; so würden wir doch dadurch nur eine solche Vertheilung der Wärme erhalten, die eine ebene und gleichförmige Erdoberfläche voraussetzte; und nicht eine solche, welche in der Wirklichkeit auf einer Oberfläche Statt findet, die durch die verschiedene Vertheilung des Wassers und des Landes, durch die höchst verschiedene Form und das verschiedene Niveau der Länder, die Richtung und Neigung der Berge u. s. w. eine große Mannigfaltigkeit darbietet.

Diese Betrachtungen leiten uns denn zu dem Schluße, daß wir durch theoretische Berechnung vergebens die für pflanzengeographische Untersuchungen wichtige Kenntniß der Temperatur-Verhältnisse zu erhalten streben; und daß wir also hier den Weg der Erfahrung einschlagen müssen. Aber auch hier begegnen uns keine geringen Schwierigkeiten. —

Der erste Umstand, welcher die Vergleichung der Temperatur-Verschiedenheiten der Erdoberfläche schwierig macht, ist Mangel an einer hinlänglichen Anzahl von Beobachtungen aus allen Theilen der Erde. Erst nach der Entdeckung des Thermometers, oder vielmehr erst nachdem dies Instrument durch Bestimmung der beiden festen Punkte comparabel wurde, war es möglich dasselbe bei Untersuchung der klimatischen Verschiedenheiten zu benutzen. Réaumur verschickte seine Thermometer in alle Welttheile und munterte zu Beobachtungen auf. Cotte veranlaßte gleichfalls viele Beobachtungen und sammelte eine große Menge derselben *), nur Schade, daß sie nicht nach einer gemeinschaftlichen Norm angestellt sind. — Vorzüglicher sind deshalb die von der meteorologischen Gesellschaft in Manheim veranlaßten und herausgegebenen Beobachtungen **); denn diese Gesellschaft überschickte den Correspondenten Instrumente, welche im Voraus mit einander verglichen waren, und legte ein Schema bei, wonach die Beobachtungen überall auf die nämliche Weise angestellt wurden. Allein die Wirksamkeit dieser Gesellschaft dauerte leider zu kurz. — Durch den Eifer indessen, den sowohl diese als mehrere Meteorologen für meteorologische Beobachtungen erweckten, so wie auch wegen der Nothwendigkeit solcher Beobachtungen für die Astronomie, ist man doch in Europa so weit gekommenen, daß jede bedeutende Stadt, so wie auch viele kleinere Städte und Oerter eine Reihe von mehrjährigen Beobachtungen aufzuweisen vermögen. Nur für Gebirgsgegenden fehlt es uns noch sehr an Materialien. Die Manheimer = Gesellschaft veranlaßte die Beobachtungen auf dem St. Gothardt (6390 P. F. über dem Meere) und auf dem Peissenberge (3084 P. F.); und diese waren die einzigen Punkte von einer einigermaßen bedeutenden Höhe, deren klimatische Verhältnisse durch Beobachtungen untersucht waren, bis der um die Meteorologie so sehr verdiente Pictet auf

*) Traité sur la météorologie. Paris 1774, 4to. und mémoires pour servir de suite et du supplement au traité etc. Paris 1788. 4to

**) Ephemerides societatis meteorologicae Palatinae 1781 — 1791. Manheim. 4to.

dem St. Bernhards-Berge 7668 P. F. über dem Meere ein meteorologisches Observatorium stiftete; wo man täglich auf die nehmliche Art und mit gleichen Instrumenten als in Geneve beobachtet *).

Für die übrigen Welttheile ist die Zahl der meteorologischen Beobachtungen sehr geringe. Zwar kennen wir, besonders durch die Bestrebungen Humboldts, recht wohl die klimatischen Verhältnisse des tropischen Amerikas, und dies zum Theil von Punkten auf bedeutender Höhe über dem Meere, weil hier Städte in einem Niveau liegen, auf welchem in Europa kaum einzelne Wohnungen sich befinden; — allein von Nordamerika kennen wir nur die Ostküste einigermaßen, und von der temperirten Zone des südlichen Amerikas nur wenige Punkte. Die in Afrika angestellten Beobachtungen beschränken sich auf wenige von der Nordküste, vom Vorgebirge der guten Hoffnung und von der Westküste; — in Asien haben wir einige Beobachtungen aus Siberien, Indien und Kleinasien; aber im Ganzen ist doch der klimatische Zustand von diesem großen Continente, so wie von Afrika, sehr mangelhaft. —

Es ist folglich nicht zu läugnen, daß, um die Gesetze der Wärmevertheilung nach Erfahrungen zu entwerfen, es uns noch zu sehr an Materialien gebricht; indessen ist es sicher, daß diese wenigen Materialien uns

*) In der Bibliothéque universelle Sept. 1819 habe ich den Vorschlag gemacht ein ähnliches Observatorium in dem sogenannten englischen Hause auf dem Etna (9200 Fuß über dem Meere und also wohl die höchste Wohnung in ganz Europa) zu stiften. Aus der nämlichen Zeitschrift März 1821. erhellt es, daß man hoffen darf, Pictet werde diesen Plan in Ausführung bringen.

den wahren Gesetzen näher bringen als alle theoretischen Calcule. Hierzu kommt noch, daß die an einzelnen Orten angestellten Beobachtungen außer dem Beitrage, den sie zu den allgemeinen Gesetzen für die Vertheilung der Wärme auf der Erdoberfläche abgeben, uns eine genaue Kenntniß von den Temperatur-Verhältnissen jener Orte selbst, und folglich einen bedeutenden Beitrag zur speciellen Klimatologie, darbieten; in welcher letzteren Rücksicht jene theoretischen Berechnungen, selbst wenn sie den größten Grad der Vollkommenheit erreichten, ohne oder von höchst unbedeutendem Nutzen seyn würden.

Der zweite Umstand, welcher der Vergleichung von meteorologischen Beobachtungen im Wege steht, ist der Mangel an Uebereinstimmung der Instrumente. Zwar ist man in der neueren Zeit darin einig geworden, daß man das Quecksilber-Thermometer den übrigen vorzieht; weil Quecksilber unter allen Fluidis, mit Ausnahme einiger Oehle, die stärkste Wärme verträgt ohne zu sieden, und auch, nach dem Aether und Weingeist, die größte Kälte ohne zu frieren; weil es dabei sehr sensibel, und seine Ausdehnung mit der von festen Körpern sowohl, als auch von Luftarten, proportionell ist. Allein wenn auch die zu vergleichenden Beobachtungen mit Quecksilber-Thermometern gemacht sind; so liegt doch schon in der Bearbeitung der Thermometer ein nicht unbedeutendes Hinderniß für die Vergleichung. Wenn zwei Thermometer völlig übereinstimmen sollen, wird es nothwendig, daß beide Röhren eben so sorgfältig calibrirt sind, daß man mit der nämlichen Behutsamkeit die Röhre von jedem Luft- oder Dampf-Partikel befreit habe; daß der Sied- und der Null-

Punkt mit der nämlichen Genauigkeit bestimmt, die Scala auf beiden eben so gut eingetheilt sei u. s. w. — Hieraus erhellt es, wie schwierig es sey, daß zwei Thermometer, besonders wenn sie zu verschiedener Zeit und von verschiedenen Künstlern gearbeitet sind, völlig übereinstimmen können. Dieses Hinderniß für die Vergleichung meteorologischer Beobachtungen läßt sich natürlich nur alsdann heben, wenn die benutzten Instrumente im Voraus verglichen sind oder später verglichen werden; dies ist aber in den wenigsten Fällen ausführbar. Indessen ist es zu bemerken, daß, wenn die Instrumente gut gemacht sind, der Unterschied gewöhnlich nur eine oder wenige Decimale der reaumurschen Grade beträgt. Die verschiedene Eintheilung der drei jetzt gebräuchlichen Thermometer, des reaumurschen, fahrenheitschen und hundertgradigen, steht dagegen der Vergleichung nicht im Wege, sondern macht sie nur umständlicher und mühsamer; denn da das reaumursche Thermometer bei dem Gefrierpunkte des Wassers 0° und bei dem Siedpunkte 80° zeigt; das hundertgradige die nämlichen Punkte hat, der Raum aber zwischen beiden in hundert anstatt achtzig Grade getheilt ist; das fahrenheitsche endlich beim Siedpunkte 212° bei dem natürlichen Gefrierpunkte 32° und bei dem künstlichen 0°; so sieht man leicht, daß alle drei durch eine einfache Reduction zu gleicher Benennung gebracht werden können. —

Eine **dritte** und weit bedeutendere Schwierigkeit liegt in den täglichen Epochen, unter welchen die Beobachtungen angestellt werden. Man begreift leicht, daß, wenn man z. B. in Copenhagen täglich nur des Morgens beobachtet, in Christiania dagegen am Mittage, die in der letzteren Stadt angestellten Beobachtungen eine höhere Mitteltemperatur geben werden, als die in der ersteren, obgleich in der Wirklichkeit das Klima von Copenhagen gemäßigter ist. Die Thermometer-Beobachtungen werden aber zu sehr verschiedenen Tageszeiten gemacht. Die von der Manheimer-Gesellschaft veranlaßten Beobachtungen sind täglich zu drei verschiedenen Stunden, um 7 Uhr Morgens, um 2 Uhr und 9 Uhr Nachmittags angestellt; und wenn auch diese Epochen willkührlich gewählt scheinen und nicht die zweckmäßigsten sind, so haben sie doch den Vortheil der gemeinschaftlichen Uebereinstimmung. Eine andre auch sehr häufig benutzte Methode ist bei Sonnen-Aufgang und Untergang und am Mittage zu beobachten. Nach einer dritten, die jetzt nach und nach häufiger wird, beobachtet man nur zweimal, nämlich bei Sonnenaufgang und 2 bis 3 Stunden nach Mittag. Aber außer diesen Methoden, welche die gewöhnlichsten sind, findet man auch Beobachtungen zu zwei oder drei andern Epochen, z. B. zu denen, wo der höchste und niedrigste Barometerstand eintrifft, auch nur zu einer z. B. am Mittage, oder zu einer andern Stunde; bald das ganze Jahr hindurch zu der nämlichen, bald zu einer nach den verschiedenen Jahreszeiten veränderten. —

Es wird wohl leicht einleuchten, daß es, bei Untersuchung der täglichen Temperaturen, um aus diesen die monatlichen und jährlichen zu berechnen, vorzüglich darauf ankommt, das wahre tägliche Medium zu erhalten; daß aber doch auch die täglichen Maxima und Minima keinesweges zu vernachläßigen sind. Was nun die beiden letzteren betrifft, so erhalten wir sie entweder mit Hülfe eines sogenannten Thermometrographs

d. h. ein Thermometer, welcher mit zwei in der Röhre angebrachten Indices den höchsten und niedrigsten Stand in Abwesenheit des Beobachters angiebt *); — oder dadurch, daß wir unsere Beobachtungen zu denjenigen Epochen des Tages anstellen, an welchen der höchste und niedrigste Stand gewöhnlich eintreffen. Die erste dieser Methoden würde die beste seyn, wenn das Instrument vorzüglich gut wäre, und die mechanische Einrichtung desselben nicht der Genauigkeit im Wege stände **). In Rücksicht des Medium wird man sich der Wahrheit um so viel mehr nähern, je öfterer die Beobachtungen am nämlichen Tage angestellt werden, wenn übrigens zwischen den verschiedenen Epochen der Zeitraum gleich ist; — da aber eine große Menge täglicher Beobachtungen zu umständlich wird, und man bis jetzt noch kein Instrument erfunden hat, welches sämmtliche, während der Abwesenheit des Beobachters eingetroffene Veränderungen der Temperatur anzeigt; — so wird es uns höchst wichtig eine Methode auszufinden, bei welcher wir ein Medium, welches sich dem wahren möglichst nähert, erhalten können. Könnten wir ausserdem die Gesetze erforschen, welche den täglichen Gang der Temperatur, abgesehen von den zufälligen Oscillationen, bestimmen, und das gegenseitige Verhältniß kennen lernen, welches zwischen den zu verschiedenen Epochen des Tages Statt findenden Tempe-

*) Bernouilli ist wohl der erste Erfinder dieses Instruments: vide van Swinden Dissert. sur la comparaison des thermomètres. Amst. 1778. 8vo. Cfr. auch James Six in philos. transact. vol. 72, 74, 78.

**) Vergleiche hiermit L. Howard the climate of London Vol. 1 — 2. London 1818.

raturen obwaltet; — dann würde es auch möglich seyn, die verschiedenen Beobachtungen auf dieselbe Benennung zurückzuführen. —

Die in der neuesten Zeit gewöhnlich benutzte Methode um das wahre tägliche Medium zu erhalten, ist, die halbe Summe des Maximum und des Minimum dafür anzunehmen, es seyen nun diese beiden Extreme durch einen Thermometrographen gegeben, oder mit Wahrscheinlichkeit geschlossen aus Beobachtungen zu den Epochen des Tages angestellt, wo sie in der Regel Statt finden. Diese beiden Epochen sind, nach der gewöhnlichsten Meinung bei Sonnen-Aufgang und 2 bis 3 Stunden nach Mittag. Es ist freilich wahrscheinlich, daß man bei dieser Methode dem wahren Medium sich mehr nähert als bei den früheren; allein man muß doch dabei gestehen, daß sie, so lange keine wirkliche Erfahrungen sie bestätigen, immer unzuverlässig sey. Nur dann würde sie sicher seyn, wenn das Thermometer sowohl im Steigen als im Fallen eine arithmetische Progression befolgte, diesem widerspricht aber, wie wir unten sehen werden, die Erfahrung; ja selbst wenn die Progression arithmetisch wäre, hätte die Methode, wenigstens so wie sie gewöhnlich angewandt wird, den Fehler, daß sie nur das Medium aus dem Minimum und dem Maximum jedes Tages nimmt, welches allenfalls nur den Gang der Temperatur von Sonnenaufgang zum Maximum vorstellen könnte, und nicht zugleich das Medium aus dem Maximum des vorhergehenden und dem Minimum des nachfolgenden Tages *).

*) Humboldt lignes isothermes p. 494.

Durch Darstellung des täglichen Ganges der Temperatur mittelst mehrerer Parabeln und Berechnung des Flächeninhalts zwischen diesen und einer construirten Abscissenlinie, hat Tralles *) auf eine sinnreiche Art eine neue Formel erfunden, mit deren Hülfe aus zwei täglichen Beobachtungen, nämlich einer in der Nacht und einer zur Zeit des täglichen Maximum, ein, wie es scheint, sicheres Medium sich berechnen läßt. Seine Regel ist: die mittlere Temperatur des Tages ist gleich der observirten Nachttemperatur + dem Unterschied zwischen dieser und dem Maximum, multiplicirt mit $\frac{1}{36}$ der Stundenzahl des Tages.

Z. B. die Observation um 1 Uhr in der Nacht sey = 10°,0, das Maximum des Tages 16°, 0 und die Stundenzahl 12:

M. T. = 10°,0 + 0,333 (16 — 10) = 10° + 2°,00 = 12°,00

Allein es läßt sich sowohl gegen diese Methode als gegen jene, welche die halbe Summe der beiden Extreme als Medium annimmt, die wohlbegründete Einwendung machen, daß ihnen als nur auf theoretische Berechnungen gegründet, nicht eher zu trauen sey, als bis man, mittelst wirklicher Erfahrungen über den täglichen Gang der Temperatur, von ihrer Richtigkeit überzeugt ist. Was die Trallessche Methode besonders betrifft, so fordert sie eine Nachtobservation, welche bei den früher angestellten Beobachtungen wohl nie gemacht ist, und kann also nicht dazu dienen Observationen zu corrigiren, wohl aber als Regel für die Zukunft

*) Ueber die Bestimmung des mittlern Wärmegrades eines Ortes, besonders für Berlin. Abhandlungen der Akademie der Wissenschaften in Berlin 1818 — 1819. Berlin 1820.

nützlich seyn, obgleich wohl eine solche Nachtobservation den mehrsten unbequem seyn wird.

Diejenigen, welche durch wirkliche Beobachtungen den Gang der täglichen Wärme zu erforschen sich bemüht haben, wählten hierzu entweder einzelne Tage mit heiterem Himmel und ruhiger schöner Witterung; oder sie setzten dergleichen Untersuchungen durch tägliche Beobachtungen in längerer Zeit fort.

Im Jahre 1715 stellte bereits Lambert *) dergleichen Versuche in Chur an; er beobachtete vom 13 bis 17. Juli das Thermometer jede Stunde von 7 Uhr Morgens bis Abends um 10 oder 11 Uhr. Das Minimum von Wärme tritt, nach diesen, immer bei der ersten Morgen-Beobachtung ein; allein dieses ist wahrscheinlich nicht das wahre Minimum, weil die erste Beobachtung nach Sonnenaufgang angestellt ist; das Maximum traf in den drei Tagen um 3 Uhr N. M. ein, am vierten aber um 3½ Uhr; das Medium läßt sich nicht ausmitteln, weil von 10 oder 11 Uhr Abends bis 7 Uhr Morgens die Beobachtungen fehlen. Niebuhr **) stellte in Arabien auf 15° nördl. Breite ähnliche Beobachtungen an. Er observirte an einem Tage im Jenner und an einem im Monat Juli von 6 Uhr Morgens bis 11 Uhr Abends jede Stunde. Die höchste Temperatur fand Statt im Jenner 2 Uhr N. M. im Juli 3 Uhr N. M.; die niedrigste Temperatur bei der ersten Morgen-Beobachtung.

---

*) Pyrometrie p. 328.

**) Reisebeschreibung nach Arabien. 1ster B. p. 492. Kopenhagen. 1774.

Genauere Versuche wurden in dieser Hinsicht von Prof. Pictet *) bei Geneve in den Jahren 1779 und 1781 angestellt. Er wählte dazu zwei heitere und ruhige Tage, nämlich den 16ten August 1779 und den 19ten März 1781. An jenem Tage beobachtete er den Stand des Thermometers jede halbe Stunde von 4 Uhr 40′ V. M. bis 9 Uhr 30′ N. M.; — die Temperatur der fehlenden Stunden ergänzte er mittelst der Voraussetzung eines arithmetischen Verhältnisses in der Abnahme der Wärme von der letzten Abend-Observation bis zur ersten Observation des folgenden Morgens; diese Observationen gaben ihm folgende Resultate:

Max. 22°,4 — 3 Uhr N. M.
Min. 9°,6 — 10 Minuten vor Sonnenaufgang.

Diff. 12°,8
Med. 16°,0

Medium von sämmtlichen 48, angestellten oder supponirten Thermometerständen: 16° 1, womit die Temperatur von 8 Uhr V. M. und 7½ N. M. am nächsten übereinstimmt. Am 19 März 1781 observirte er jede Viertelstunde, allein nur von 6 Uhr 5′ V. M. bis 7 Uhr 35′ N. M. Die Resultate sind:

Max. 15° 3 traf um 2 Uhr 5′ ein.
Min. 0′,5 bei Sonnen-Aufgang

Diff. 14° 8
Med. 7°,9

*) Essai sur le feu. Genève 1790. p. 212 et seq. und Bibliothèque universelle. August. Septb. 1817 bei Ankündigung des Humboldtischen Werkes des lignes isothermes. —

Das Medium dagegen aus sämmtlichen wahren oder supponirten Temperaturen, giebt der Verfasser zu 5°8 an. Ich muß hier bemerken, daß bei dieser letzteren Zahl ein Rechnungs- oder Druckfehler sich eingeschlichen haben muß; denn bei Benutzung der originalen Beobachtungen, welche der Verfasser mir gütigst mittheilte, erhielt ich als Medium aus sämmtlichen Beobachtungen 6°,4; welches, wenn schon bedeutend, doch nicht so sehr von dem Medium aus den Extremen abweicht. Diese letztere Temperatur traf Vormittags um 8 Uhr 20', Nachmittags nach der letzten Observation ein.

Humboldt *) stellte sowohl in der heißen als in der temperirten Zone ähnliche Beobachtungen an; diese gaben ihm folgende Resultate: daß das Maximum um 2 oder 3 Uhr nach Mittag, das Minimum bei Sonnen-Aufgang oder ein wenig früher eintrat, und daß man, ohne Fehler von Bedeutung zu machen, das Medium aus den beiden täglichen Extremen für das wahre Medium annehmen kann.

Selbst habe ich im Septbr. 1818 auf dem Etna in einer Höhe von 9200 Fuß über dem Meere den Gang der Temperatur in zweimal vier und zwanzig Stunden untersucht. Diesen Untersuchungen zufolge, trifft das Minimum kurz vor Sonnenaufgang ein, das Maximum zwischen 2 — 3 Uhr Nachmittags **). Blackwall ***) stellte dergleichen Beobachtungen in Crumpsall am 15ten

*) Des lignes isothermes p. 496. et seq., Voyage, part. hist., besonders vol. 4. p. 310 et seq.

**) Bibliothèque universelle, 1819. Sept. et Octbr.

***) Annales of Philosophy 1821. Octbr.

Juni 1821 jede halbe Stunde an; das Maximum 19°44 traf 3 Uhr N. M., das Minimum 7,77 2 Uhr nach Mitternacht ein; das Medium von diesen Extremen ist 13°,61; das Medium aus 49 Beobachtungen 13°,55. Ein Thermometer von Six gab als Maximum 18°,33, als Minimum 7°,94, wovon das Medium 13°,13 ist.

Allein man kann gegen diese Beobachtungen, welche größtentheils an heiteren ruhigen Tagen angestellt sind, die Einwendung machen, daß sie uns allenfalls nur den Gang der Temperatur an solchen Tagen zeigen, wo die Sonnenstrahlen frei und ungehindert wirken; und es wird immer großem Zweifel unterworfen seyn, ob die vielen übrigen äußern Umstände die auf die Temperatur Einfluß haben, gegenseitig ihre Wirkungen vernichten. —

Von Beobachtungen zu einer bedeutenden Anzahl Stunden täglich in einem längeren Zeitraume fortgesetzt, kenne ich nur die, welche von dem Portugiesen Bento Sanchez Dorta in sämmtlichen Monaten des Jahres 1785 in Rio Janeiro angestellt und den Schriften der Lissaboner-Akademie T. 2 einverleibt sind; die welche der Abbé Vincenzo Chiminello in Padua unternahm, und die von Törnsten in Schweden auf 63° N. Br. angestellten. Der letztere lieferte in den Schriften der Stockholmer-Akademie *) eine Tafel, worin der tägliche Gang der Temperatur durch Curven für jedes Drittel des Monats gegeben wird: allein nur die beiden täglichen Extreme sind durch Hülfe einer Reihe von zehnjährigen Beobachtungen bestimmt;

*) Kongl. Vetenskaps-Akademiens nya Handlingar T. XVII. 1796. p. 203.

die Temperatur der übrigen Stunden nur auf zerstreute Beobachtungen in 400 Tagen begründet, bei welchen man überdies eine genauere Angabe der Methode vermißt. Die beiden ersten suchten eigentlich nur den täglichen Gang des Barometers zu erforschen, mußten aber dabei auch das Thermometer beobachten. Die originale Abhandlung des Dorta ist mir nicht zu Händen gekommen, allein nach einer Tabelle in Gilberts Annalen 1819 St. 6. p. 202 vermuthe ich, daß die Beobachtungen von 6 Uhr Vormittags bis 10 Uhr Nachmittags angestellt sind; es wird nur der Zuwachs der Temperatur für jede zweite Stunde angeführt. Man kann folglich nicht sicher das Medium herausbringen, und auch nicht wissen, wann die niedrigste Temperatur eintritt. Die höchste fällt zwischen 2 — 4 Uhr Nachmittags. Weit vollständiger und brauchbarer sind die Beobachtungen Chiminello's. Die Resultate findet man in Toaldo saggio meteorologico sulla vera influenza degli astri. Ed. 2. Padova 1781. 4to p. 11. et seq., in 2 Abtheilungen von Chiminello: Risultati di osservazioni barometriche etc. und Ricerche sopra la causa piu efficace dell doppio flusso e riflusso cotidiono dell' atmosfera in Saggi scientifici e letterarii dell' academia di Padova T. 1. Padova 1786. 4to p. 195 et 208 und in Ephemerides societatis meteorologicae Palatinae, anni 1789. Manheimii 1793. 4to. p. 354 et 355. Diese Beobachtungen sind mit einem gegen Norden und in freier Luft gestellten Quecksilber-Thermometer erst im ganzen Jahre 1778, später vom 7. Mai bis 22. August 1779 und endlich vom 3. Decbr. 1779 bis zum 6ten Januar 1780, folglich im Ganzen in ohngefähr 16 Monaten angestellt. Im Sommer beobachtete er jede Stunde von 4 Uhr V. M. bis 11 Uhr N. M., mitunter bis 12 Uhr; im Sommer 1779 fügte er hierzu noch eine Nachtobservation, alternirte aber mit den drei Stunden 1, 2, 3 Uhr *); so daß er folglich für jede dieser Nachtstunden jeden dritten Tag eine Observation hatte, im ersten Sommer machte er in diesen Stunden nur 7 bis 8 Observationen monatlich. Im Winter beobachtete er zu jeder Stunde von 7 Uhr Vormittag bis 10 Uhr Nachmittag, observirte mitunter um 11 und 12 Uhr N. M. und 5 bis 6 Uhr V. M.; und machte überdies in jeder Nacht wenigstens eine Observation, wechselte aber auch hier mit den Stunden ab. Auf diese Weise bekam er eine Folge von 10080 Beobachtungen in 506 Tagen oder 12144 Stunden. Für die Stunden, wo keine Beobachtungen gemacht waren (2064 also ohngefähr $\frac{1}{6}$) interpolirte er nach den Regeln von Lalande, und lieferte sodann eine Uebersicht des täglichen Temperatur-Ganges auf wirklichen Beobachtungen begründet; welche man wohl nicht leicht vollständiger erhalten wird.

Ich will jetzt die Gesetze darstellen, welche man für den täglichen Gang der Wärme aus diesen Beobachtungen Chiminellos entwerfen kann, und dabei untersuchen in wie fern solche auch außer Padua geltend seyn möchten. Vorläufig verdient bemerkt zu werden, daß der Umstand, daß diese Stadt unter ohngefähr 45° der Breite, also vom Aequator und vom Pole gleich weit entfernt liegt, für die Erweiterung der Anwendbarkeit solcher Gesetze vortheilhaft sey.

1) In Hinsicht des Zeitpunktes, wo das Maximum

---

*) Um die Stunde genau zu treffen, bediente er sich eines Weckers

und das Minimum der Wärme eintreffen, geben die Beobachtungen folgende Resultate.

	Max.	Min.		Max.	Min.
	N. M.	V. M.		N. M.	V. M.
Januar	2 Uhr	7 Uhr	Juli	2 Uhr	4 Uhr
Februar	3 -	7 -	August	3 -	4 et 5 -
März	3 -	6 -	September	3 -	5 -
April	3 -	5 -	October	3 -	5 -
Mai	2 et 3 -	4 -	November	2 -	7 -
Juni	2 -	4 -	December	2 -	7 -

Im Durchschnitte für das ganze Jahr trifft alsdann das Maximum $2\frac{1}{2}$ Stunde nach Mittag, das Minimum $5\frac{1}{2}$ nach Mitternacht oder kurz vor Sonnen-Aufgang ein. Diese Resultate stimmen mit den Beobachtungen von Humboldt in Südamerika und Europa, von Dorta in Rio Janeiro, von Lambert in Chur, von Niebuhr in Arabien, von Pictet in Geneve und mit den meinigen auf dem Etna u. s. w. sehr wohl überein; also mit Beobachtungen auf sehr verschiedener Breite, Länge und Höhe über dem Meer. Die einzige bedeutende Ausnahme, die ich gefunden habe, ist, daß nach Wahlenberg *) in Lappland zu der Jahreszeit, in welcher die Sonne nie über dem Horizont sichtbar ist, die höchste Temperatur manchmal des Morgens Statt findet.

Es läßt sich hieraus der Schluß machen, daß man, in Ermangelung eines guten Thermometrographs, ohne bedeutenden Fehler die Temperaturen bei Sonnenaufgang und 2 bis 3 Stunden nach Mittag, als das wahre Minimum und Maximum annehmen kann.

2) Vergleichen wir das Medium sämmtlicher 24 Stunden mit dem Medium aus den Extremen, oder dem nach Tralles Methode berechneten Medium; so

---

*) Flora Lapponica pag. XLIII

findet man eine weit größere Uebereinstimmung als es sich aus den oben angeführten Beobachtungen, besonders den Pictetschen, erwarten ließ. Folgende Tabelle zeigt diese Verhältnisse:

	A Med. aus 24 Stunden	B Med. aus Max. und Min.	C Med. nach der Methode v. Tralles.	Unterschied zwischen A und B	Unterschied zwischen A und C
Januar *)	3,72	3,87	3,63	+ 0,15	— 0,09
Februar	4,89	4,94	4,96	+ 0,05	+ 0,07
März	7,74	7,63	7,77	— 0,11	+ 0,03
April	13,03	12,96	13,04	— 0,07	+ 0,01
Mai	19,97	19,85	19,70	— 0,12	— 0,27
Juni	21,93	21,89	21,76	— 0,04	— 0,17
Juli	26,06	26,03	25,94	— 0,03	— 0,12
August	22,80	22,99	22,93	+ 0,19	+ 0,13
September	18,38	18,58	18,29	+ 0,20	— 0,09
October	14,92	15,20	14,92	+ 0,28	— 0,00
November	7,73	8,35	7,60	+ 0,62	— 0,13
December	3,84	4,33	3,67	+ 0,49	— 0,17
Winter **)	4,15	4,38	4,09	+ 0,23	— 0,06
Frühling	13,58	13,48	13,50	— 0,10	— 0,08
Sommer	23,59	23,63	23,54	+ 0,04	— 0,05
Herbst	13,68	14,04	13,60	+ 0,36	— 0,08
Jahr	13,75	13,88	13,68	+ 0,13	— 0,07

*) In den Ephemeriden l. c. werden die stündlichen Media nicht nach den Monaten angegeben, sondern nach den Himmelszeichen. Durch Interpolation habe ich diese Media auf die Monate gebracht, um die Vergleichung mit den an andern Orten angestellten Beobachtungen zu erleichtern. Dies gilt auch von den übrigen unten angeführten aus jenen Beobachtungen gezogenen Temperatur-Verhältnissen. Bei der Interpolation ist die dritte Differenz als constant angenommen. — Daß zwischen den Zahlen in der Rubrique B und denen in Tab. II. bisweilen ein Unterschied von ein oder ein Paar Hunderttheile eines Grades Statt findet, rührt daher, daß die Zahlen in B nach den chiminellischen Maximis und Minimis ohne Rücksicht der Stunde, in der Tabelle II. aber die monatlichen Temperaturen für jede Stunde besonders berechnet sind. Für den Gebrauch ist dieser kleine Unterschied übrigens ohne allen Einfluß. Diese Bemerkung gilt auch hinsichtlich der unten angeführten Differenzen zwischen den täglichen Maximis und Minimis.

**) d. h. Decbr. — Febr. u. s. f.

Von diesen beiden Methoden kommt also die Tralles'sche in den mehrsten Fällen dem wahren Medium am nächsten; — nach beiden aber sind die Abweichungen von diesem weit geringer als die der monatlichen und jährlichen Media verschiedener Jahre gewöhnlich zu seyn pflegen, — und im ganzen so unbedeutend, daß man sie hier, wo wir doch immer nur der Wahrheit uns nähern, übersehen darf. Nur in den Wintermonaten werden die Abweichungen nach der ersten Methode bedeutender, und es wäre hier deshalb vielleicht eine Correction mittelst dieser Tabelle zweckmäßig. Diese große Uebereinstimmung zwischen einer theoretischen Berechnung und einer langen Reihe von Beobachtungen flößt übrigens Vertrauen ein. —

Wo es also möglich ist, würde man am besten die Trallessche Methode anwenden; wo nicht, läßt sich das wahre Medium auch aus den beobachteten täglichen Extremen ziehen.

3) Wünschen wir zu wissen, zu welchen Stunden des Tages eine der mittleren am mehrsten sich nähernde Temperatur eintrifft; so geben die paduanischen Beobachtungen folgenden Aufschluß:

	Vormittag	Nachmittag		Vormittag	Nachmittag
	Uhr	Uhr		Uhr	Uhr
Januar	10—11	8—9	Juli	7—8	7—8
Februar	9—10	9—10	August	8—9	7—8
März	9—10	9—10	September	8—9	8—9
April	9—10	9—10	October	9—10	7—8
Mai	7—8	8—9	November	9—10	6—7
Juni	7—8	7—8	December	9—10	7—8

Aus der Tafel erhellt es, was auch zu erwarten war, daß die Länge des Tages die Stunde, wo das Medium eintrifft, verändert; — allein hieraus folgt denn auch, daß es an Orten unter verschiedener Breite nicht immer zu der nämlichen Stunde als in Padua eintritt. — Da nun überdies, wie wir nachher sehen werden, das Thermometer eben zu den Epochen, in welche das Medium fällt, Vormittags im schnellsten Steigen, Nachmittags im schnellsten Fallen ist, — so scheint es nicht wahrscheinlich, daß man bei einer Beobachtung zu dem Zeitpunkte, wo das Medium zu erwarten wäre, selbst wenn man diesen nach den Jahreszeiten veränderte, das wahre Medium sicher erhalten würde. Ueberdies bleibt bei dieser Beobachtungsmethode das Maximum und Minimum gänzlich unbekannt.

4. Die Chiminellischen Beobachtungen zeigen uns ferner, daß der Unterschied zwischen beiden Extremen nicht das ganze Jahr hindurch sich gleich bleibt.

Unterschied des Maximum und Minimum.

Januar	3,45 C.	Juli	9,35	Winter	3,87
Februar	4,02	August	9,19	Frühling	6,07
März	4,97	September	6,87	Sommer	8,38
April	5,45	October	4,45	Herbst	5,49
Mai	7,69	November	5,15	Jahr	5,94
Juni	6,61	December	4,15		

Der Unterschied der beiden Extreme ist also am geringsten um die Zeit des Jahres, wo die niedrigste Temperatur eintrifft, und umgekehrt; und zwischen beiden Epochen findet ein ziemlich ununterbrochenes Steigen und Fallen Statt. —

Dieses bestätigt sich bei einer Vergleichung mit den besten Beobachtungen an andern Orten.

Unterschied des täglichen Maximum und Minimum.

	Geneve *)	Zürich **)	Chur ***)	St. Bernhard †)	Palermo ††)
Januar	3,77 C.	4,0	4,9	3,8	5,2
Februar	5,48	4,7	5,9	5,3	6,1
März	7,10	6,5	8,2	7,4	7,1
April	3,60	8,2	8,9	6,9	6,2
Mai	8,98	9,5	10,1	7,5	8,0
Juni	8,85	8,7	9,6	7,7	8,1
Juli	8,73	9,0	9,3	5,3	8,2
August	9,07	8,3	8,8	4,9	7,9
September	7,90	7,3	8,2	4,9	7,5
October	6,09	6,2	7,1	3,9	7,0
November	4,57	3,5	4,8	3,1	5,9
December	3,75	3,3	4,1	3,7	5,0
Winter	4,33	4,0	4,9	4,3	5,4
Frühling	8,23	8,1	9,1	7,3	7,1
Sommer	8,88	8,7	9,2	5,9	8,1
Herbst	6,19	5,7	6,7	3,9	6,8
Jahr	6°,91	6°,4	7°,4	5°,3	6°,9

*) Nach 10jährigen Beobachtungen. Bibliothèque universelle. 1817. T. 6.

**) Wahlenberg de climate et vegetatione Helvetiae pag. LXVII.

***) ibid. pag. LXX.

†) Nach 3jährigen Beobachtungen von Septbr. 1817 — Septbr. 1820 cfr. Bibliothèque universelle.

††) Nach Marabittis 5jährigen Beobachtungen. Cfr. Schina Topografia di Palermo. Palermo 1818. Not. p. 68 — 69.

Diese Übereinstimmung zwischen Orten der temperirten Zone auf verschiedener Breite und Höhe über dem Meere, scheint ein allgemeines Naturgesetz vorauszusetzen. Der größere Unterschied der Extreme in den wärmern Monaten rührt wohl vorzüglich daher, daß die Sonne länger wirkt, und deshalb zu einer größeren Erwärmung der Atmosphäre Anlaß giebt. Zwar scheint es, als müßte dagegen in den Wintermonaten die Abkühlung bedeutender seyn und der Unterschied also zwischen den beiden Extremen sich gleich bleiben; allein die Abkühlung der Atmosphäre während der Nacht ist, wie wir unten sehen werden, bei weitem nicht so bedeutend, als die Erwärmung während des Tages. Dabei ist auch zu bemerken, daß im Sommer in der Regel die Luft heiterer ist, wodurch die unmittelbare Wirkung der Sonnenstrahlen befördert wird. —

Daß dieser Unterschied der verschiedenen Monate gegen den Aequator zu allmählig abnehmen muß, liegt in der Natur der Sache. Schon bei einer Vergleichung Palermos mit Padua, Chur oder Zürich wird dies bemerkbar. Nach den oben gedachten Beobachtungen Dortas in Rio Janeiro ist der Unterschied zwischen der Temperatur um 6 Uhr Morgens und der höchsten täglichen Temperatur in sämmtlichen Monaten ohngefähr gleich. — Aehnliches findet in Calcutta Statt *). —

Man würde vielleicht meinen, daß gegen die Pole hin der Unterschied der Jahreszeiten in dieser Hinsicht bedeutender seyn würde; allein die Erfahrung lehrt uns das Gegentheil; denn nach Wahlenberg's Flora lappo-

*) Asiatick researches. T. 2. p. 471. Calcutta 1790. 4to.

nica pag. XLVIII. sind in Enontekis in Lappland die monatlichen Unterschiede der Extreme folgende:

Januar	4,96	Juli	4,56
Februar	4,96	August	4,06
März	7,16	September	4,53
April	5,40	October	4,93
Mai	3,91	November	4,43
Juni	4,03	December	5,76
			4°91

Dies läßt sich jedoch auch erklären: Wenn nämlich im Sommer die Sonne entweder gar nicht oder nur kurze Zeit unter den Horizont tritt, dann kann beinahe keine Abkühlung der Atmosphäre Statt finden; und wenn im Winter die Sonne gar nicht oder nur kurze Zeit über den Horizont steigt, kann wiederum keine Erwärmung geschehen; — und so hält sich der Unterschied der Extreme in allen Jahreszeiten ohngefähr gleich. —

In Hinsicht des jährlichen Unterschiedes zwischen den beiden Extremen, zeigen schon die bereits angeführten Beispiele, daß derselbe keinesweges überall gleich ist. Auch müssen hier, wie man leicht einsieht, die Lage des Ortes und dessen andere klimatische Verhältnisse wirksam seyn. In einem eng eingeschlossenen Thale wird die Atmosphäre bedeutender erwärmt als in der Ebene unter übrigens gleichen Umständen; in Küstengegenden wird wegen der wenig heiteren Luft die Erwärmung nicht so bedeutend seyn als in den Binnenländern. Indessen ist wohl oft der wirkliche Unterschied nicht so bedeutend, als die Beobachtungen denselben angeben;

denn

denn die Lage des Observatoriums, die Höhe desselben über dem Boden haben einen höchst bedeutenden Einfluß auf das tägliche Maximum und Minimum, — und man ist auch nicht sicher, daß die Observationen uns immer das wahre Maximum und Minimum liefern; besonders gilt dieses in Hinsicht des letzteren, da die Beobachter nicht immer gewissenhaft genug sind, wirklich bei Sonnenaufgang zu beobachten. —

Humboldt *) meint, es sey der Unterschied zwischen dem täglichen Medium und der täglichen Mittagstemperatur, welche in Paris 3° gefunden ist, auf bedeutender Höhe über dem Meere weit geringer; und führt als Beleg an, daß derselbe auf dem St. Gothardt (6390 Par. Fuß) nur 1° ist; woraus sich denn auch ein geringerer Unterschied der Extreme erwarten ließe **). Hierfür spricht zwar auch, daß in Peißenberg (3084 Fuß) der Unterschied zwischen den Temperaturen um 7 Uhr V. M. und 2 Uhr N. M. nur 3°,0 beträgt ***), und also zwischen den Extremen nicht viel größer seyn kann. Allein diese Regel wird doch sehr zweifelhaft, wenn man bemerkt, daß auf dem St. Bernhard (7668 F.) der Unterschied zwischen dem Maximum und Minimum 5°,3 beträgt †) und in Tegernsee (2300 Fuß) der Unterschied zwischen der Temperatur von 7 Uhr und der von 2 Uhr nach 4jährigen Beobachtungen 4°,8 beträgt ††), folglich zwischen den Extremen wahrscheinlich 5°,5 oder mehr.

*) Lignes isothermes p. 492.

**) Nach Wahlenberg Flora Lapp. p. XLVIII. ist der letztere 3°,28.

***) Ephemerides societatis meteorologicae palatinae.

†) v. oben pag. 147.

††) Ephemerides soc. meteor. palat.

Ob der jährliche Unterschied der täglichen Extreme sich nach der geographischen Breite verändert, wage ich auch nicht zu bestimmen. In Enontekis ist er 4°,9, folglich nicht viel geringer als in der temperirten Zone, nach Dorta's Beobachtungen in Rio Janeiro ist der mittlere Unterschied zwischen der Temperatur um 6 Uhr Morgens und der höchsten täglichen Temperatur nur 2°,9; allein die Beobachtungen Humboldts in Caracas **) scheinen einen so kleinen Unterschied nicht zu bestätigen, und zweijährige Beobachtungen in Calcutta geben 3°,7 C. als Unterschied der Extreme ***).

5. Rücksichtlich aller in 24 Stunden Statt findenden Temperaturveränderungen, geben uns die Chiminellischen Beobachtungen folgende Aufschlüsse.

Nach einem jährlichen Medium:

			C.
Steigt das Therm. von	5 — 6 U. V. M.		0,37
	6 — 8	—	1,41
	8 — 10	—	1,88
	10 — 12	—	1,31
	12 — 2 U. N. M.		0,62
Fällt dagegen von	2 — 4	—	0,51
	4 — 6	—	1,36
	6 — 8	—	1,19
	8 — 10	—	0,86
	10 — 12	—	0,60
	12 — 2 U. V. M.		0,52
	2 — 4	—	0,48
	4 — 5	—	0,07

*) Voyages, partie histoirique T. IV. p. 310 et seq.

**) l. c.

Dieses leitet zu folgenden Schlüssen:

a. In der Nähe des täglichen Maximum und des täglichen Minimum findet eine bedeutende Retardation des Temperaturganges, oder beinahe eine Stockung desselben, Statt.

b. Das schnellste Steigen fängt einige Zeit nach dem Minimum an und dauert nach den Jahreszeiten 3 bis 4 Stunden; alsdann wird das Steigen etwas schwächer. Das schnellste Fallen tritt gleichfalls nach dem Maximum ein und dauert ohngefähr eben so lange; nachher ist das Fallen geringer und ziemlich gleichförmig, doch nicht völlig, sondern schneller im Anfange als spät in der Nacht.

c. Das Fallen ist bei weitem nicht so beschleunigt als das Steigen; welches schon daraus erhellt, daß das Minimum bei Sonnenaufgang, das Maximum zwei oder drei Stunden nach Mittag eintrifft. —

d. Man würde folglich sehr irren, wenn man den Gang der Temperatur als nach einer arithmetischen Progression fort- und rückschreitend betrachten wollte.

Die in Tafel I. gegebenen Temperaturcurven werden die Uebersicht erleichtern.

Alle vorhergehenden Untersuchungen überzeugen uns von der Nothwendigkeit einer Correction für Observationen, die zu verschiedenen Zeitpunkten des Tages angestellt sind, wenn wir auf solche bauend die klimatischen Verhältnisse verschiedener Gegenden darstellen wollen. Da, wie wir bereits gesehen haben, die Temperaturveränderungen keinesweges einer arithmetischen Progression folgen, so würden die Correctionen, die man unter Voraussetzung einer solchen vornehmen wollte, fehlerhaft werden. Wenn z. B. die Beobachtungen um 8 Uhr V. M. und 12 Uhr Mittags angestellt waren, und man von den zu diesen Zeitpunkten Statt findenden Temperaturen nach einer arithmetischen Progression die höchste und niedrigste Temperatur, und mittelbar auch die Mitteltemperatur, berechnen wollte, so würde man das Maximum zu hoch, das Minimum zu niedrig bekommen; und das daraus berechnete Medium würde immer unsicher bleiben. Hätte man nur eine tägliche Observation, so ließe sich auf diese Weise gar keine Correction vornehmen. —

Dagegen bin ich der Meinung, daß man, doch mit einiger Vorsicht, die Chiminellischen Observationen dazu benutzen könnte um Beobachtungen zu prüfen und zu corrigiren, die nicht zu solchen Epochen gemacht sind, daß sie das wahre Medium geben können. Man müßte alsdann untersuchen, wie groß nach den Chiminellischen Beobachtungen der Unterschied sey zwischen dem aus den Thermometer-Ständen der gegebenen Zeitpunkte gezogenen Medium und dem wahren, und dieser Unterschied müßte dann von dem aus den gegebenen Beobachtungen erhaltenen Medium entweder abgezogen, oder demselben hinzugefügt werden. Die mehrsten Beobachtungen der Manheimer-Gesellschaft sind um 7 Uhr V. M. und 9 Uhr N. M. angestellt; nehmen wir fürs erste nur auf das jährliche Medium Rücksicht, so geben uns die Beobachtungen Chiminellos:

Jährliches Medium	7 U. V. M.	12,09
	2 U. N. M.	16,67
	9 „ „ „	13,09
	Medium	13,95
	wahres Medium *)	13,67
	Unterschied	0,28

Ein Medium also aus Beobachtungen zu diesen drei Stunden angestellt, wird dadurch corrigirt, daß man diese Correctionszahl 0,28 davon abzieht.

Hätte man nur zwei tägliche Beobachtungen z. B. um 8 Uhr und 2 Uhr, so würde die Correction folgende seyn.

Jährliches Medium	8 Uhr	12,86
	2 „	16,67
	Medium	14,76
	Wahres Medium	13,67
	Differenz	1,09

Und eben so bei einer Observation z. B. am Mittage:

Jährliches Medium 12	= 16,05
Wahres Med.	= 13,67
Differenz	2,38

Die Zuverläßigkeit dieser Correctionsmethode erfährt man am besten durch Vergleichung von Observationen, die an demselben Orte aber in Hinsicht der täglichen Epochen nach verschiedenen Methoden angestellt sind; wenn die Verschiedenheiten der Resultate sich nämlich mittelst einer solchen Correction gegenseitig aufhe-

*) Cfr. Fol II.

ben. In Palermo hat man auf dem Observatorium zu 3 täglichen Epochen 8 Uhr, 12 Uhr und bei Sonnenuntergang beobachtet; diese Beobachtungen geben als Medium 17°50 *); in der nämlichen Stadt ist von Marabitti zu zwei Epochen, bei Sonnenaufgang und zur Zeit des täglichen Maximum beobachtet; und diese Beobachtungen geben 17°,05 **). Nehmen wir aber auf die Chiminellischen Beobachtungen Rücksicht, so finden wir:

Jährliches Med.	8 Uhr	12,86	6 Uhr	11,45
	12 "	16,05	2 "	16,67
	6 "	14,80		
			Med.	14,06
	Med.	14,57		
Med. von 6 und 2 Uhr		14,06		
	Diff.	0,51		

Wenn wir also von jenem Medium 17°50 diese Differenz subtrahiren, so bekommen wir 16°99 also beinahe die nämliche Zahl, welche die Marabittischen Beobachtungen geben. —

Auch für jeden Monat läßt sich eine besondere Correctionszahl bilden; indessen je kleiner die Zeittheile sind, um so leichter können bei den Chiminellischen Beobachtungen, die doch immer nur 16 Monate enthalten, Abweichungen von einem Normalgange Statt gefunden haben; und man läuft auf diese Weise leicht Gefahr, daß die Correctionszahl selbst Fehler enthält. — Ich halte es deshalb zweckmäßiger nur für jede der 4 Jah-

*) D. Scinà Topografia di Palermo. Palermo, 1818. 8vo p. 116.

**) ibid annotaz. p. 69.

reszeiten eine besondere Correctionszahl zu bilden, und selbige für alle 3 Monate dieser Jahreszeit zu benutzen. Ich liefere indeß in Tafel II. die Resultate der Chiminellischen Beobachtungen, sowohl für das ganze Jahr, als für die vier Jahreszeiten und 12 Monate *).

Es versteht sich, daß, wenn man diese Correctionsmethode auf Observationen aus der heißen Zone anwenden wollte, hier, weil kein Unterschied der Jahreszeiten Statt findet, nur eine jährliche Mittelcorrectionszahl zu benutzen wäre; ich will aber keinesweges läugnen, daß ich die Anwendung jener Chiminellischen Beobachtungen als Correctionsmittel für die heiße, so wie auch für die Polarzone immer zweifelhaft finde, so lange noch nicht der Gang der Temperatur in diesen Zonen genauer bekannt ist. Was aber die tempe-

*) Rücksichtlich der Tabelle in den Manheimer Ephemeriden muß bemerkt werden, daß die in der letzten Reihe gegebenen jährlichen Media für jede Stunde des Tages nicht mit den Durchschnitten der vorhergehenden monatlichen Media übereinstimmen. Rechnungs- oder Druckfehler können hier nicht angenommen werden, da keine der Zahlen einem solchen Medium entspricht. Dieser Mangel an Uebereinstimmung, dessen Ursache ich nicht zu enträthseln vermag, darf das Vertrauen in die Beobachtungen selbst indessen nicht geringer machen; denn erstlich sind die Abweichungen sehr unbedeutend, und das gegenseitige Verhältniß, worauf es hier nur ankömmt, ist beinahe überall das nämliche, und zweitens stimmen die für die vier Jahreszeiten gegebenen Media (mit Ausnahme von einem Paar unbedeutender Druck- oder Rechnungsfehler) völlig mit der monatlichen überein. Daß die Zahlen, welche Chiminello selbst in saggi scientifici T. I. p. 220 anführt, weder mit der Tafel in den Ephemeriden, noch mit meiner Tafel übereinstimmten, rührt daher, daß er sie nur aus den im Jahre 1778 angestellten Beobachtungen gezogen hat. —

rirte Zone betrifft, glaube ich, daß sowohl die oben angeführten Beispiele, als die Uebereinstimmung der Chiminellischen Beobachtungen mit andern und unter sich, den Nutzen derselben als Correctionsmittel unumstößlich darlegen. Uebrigens sieht man leicht, daß diese Correctionsmethode uns um so sicherer das wahre Medium giebt, je größer die Zahl der täglichen Beobachtungen ist; bei einer einzigen täglichen Beobachtung wird dieselbe weniger genau, denn wir haben oben bemerkt, daß der Unterschied der beiden Extreme, nicht überall gleich ist, und daß die Chiminellischen Beobachtungen einen im Vergleich mit andern ziemlich kleinen Unterschied geben.

Wenn daher an einem nahen und unter gleichen äußeren Verhältnissen gelegenen Orte der Unterschied zwischen der Temperatur einer gewissen Stunde und der wahren mittleren Temperatur bekannt wäre; so würde man diesen vielleicht besser zur Correction benutzen, — z. B. wenn man an einem Orte nicht weit von Paris nur am Mittage Beobachtungen angestellt hätte, so würde man als Correctionszahl besser 3° benutzen können, weil nach Humboldt *) dieser Unterschied zwischen dem Medio aus Mittagsbeobachtungen und dem wahren Medio in Paris Statt findet, als 2°3, den Unterschied nach den Chiminellischen Beobachtungen.

Uebrigens können, durch Hülfe der Chiminellischen Beobachtungen, nicht nur die Media, sondern auch die Maxima und Minima corrigirt werden. —

*) Lignes isothermes p. 492.

Der vierte Umstand, welcher bei Anwendung von Thermometer-Beobachtungen die Vergleichung erschwert, ist der, daß die Thermometer nicht auf gleicher Höhe über dem Boden angebracht sind. Daß aber die verschiedene Höhe des Thermometer einen bedeutenden Einfluß äußert, zeigen die Beobachtungen Pictet's *). Er beobachtete gleichzeitig und zu jeder halben Stunde zwei Thermometer, das eine in einer Höhe von 5 Fuß (A), das andere in einer Höhe von 75 Fuß über dem Boden (B); und erhielt folgende Resultate. In der Morgendämmerung stand B höher als A; näherte sich aber allmählig diesem bis ohngefähr 2 Stunden nach Sonnenaufgang, zu welcher Zeit sie gleich waren; nachher und bis zu dem Zeitpunkte, wo die höchste Temperatur eintrat, stieg das Thermometer A mehr als das andere B; der größte Unterschied war 2°5 C.; nach diesem Zeitpunkte näherten sie sich wieder und wurden kurz vor Sonnenuntergange gleich; hernach aber nahm B eine höhere Temperatur an und der Unterschied von B nahm sehr schnell zu, so daß er am Ende der Dämmerung 2°5 C. betrug; — welcher Unterschied auch am nächsten Morgen Statt fand. Pictet wiederholte diese Versuche an mehreren Orten und fand sie bestätigt. Es scheint also, daß in den wärmeren Stunden des Tages die oberen, in den kälteren die niederen Luftschichten kühler sind; und daß folglich der Unterschied der beiden täglichen Extreme in jenen geringer wird als in diesen, durch Vergleichung von Beobachtungen, die in längeren Perioden an dem nämlichen Orte, aber

*) Essai de physique. Génève, 1790. Cop. 8. 8vo. Bbilio-théque universelle 1817. Août et Septbr.

in verschiedener Höhe angestellt sind, finde ich dies bestätigt. Nach 4jährigen Beobachtungen des Professor Piazzini auf dem Observatorio zu Pisa *) ist der mittlere Unterschied zwischen den Beobachtungen bei Sonnenaufgang und 2 Stunden nach Mittag nur 4°,35 C. nach 2jährigen Beobachtungen von Tilli in dem dortigen botanischen Garten neben dem Observatorium ist der Unterschied zwischen den Beobachtungen um 8 Uhr Morgens und 2 Uhr Nachmittags dagegen 6°,91 **). —

Dieser Unterschied hat indessen auf die jährlichen und monatlichen Media keinen bedeutenden Einfluß; weil die größere Temperatur in dem einen Theile des Tages die geringere des andern ausgleicht. Dies erhellt sowohl aus den Versuchen Pictets, als aus den bereits gedachten Beobachtungen in Pisa; — denn obgleich der Unterschied der Extreme nach Tilli von dem Unterschied nach Piazzinis Beobachtungen so bedeutend abweicht; so wird doch das jährliche Medium nach Tilli 16°,42 C. (mit Hülfe der Chiminellischen Beobachtungen corrigirt 15°,72 C.***), nach Pizzani 15°,79. Auf die Maxima und Minima hat aber der Höhenunterschied einen bedeutenden Einfluß. Hier darf ich indessen keine Correction vorschlagen, so lange wir keine in dieser Hinsicht an verscheidenen Orten in verschiedener Höhe und durch längere Zeit hindurch angestellten Beobachtungen besitzen. —

*) Manuscript.

**) Osservazioni botanico-meteorologiche fatte in Pisa dal Dott G. L. Tilli 1777 et 1779. Doch muß bemerkt werden, daß Tilli sich eines Weingeistthermometers bediente. —

***) Dies Beispiel liefert einen neuen Beweis für die Anwendbarkeit der aus den Chiminellischen Beobachtungen gezogenen Correctionsmethode. —

Die fünfte Schwierigkeit liegt in der verschiedenen Art, auf welche das Thermometer angebracht wird; und dessen äußeren Umgebungen. Daß das Thermometer in den Schatten gestellt werden muß, darin ist man ziemlich einig; obgleich es sehr zu wünschen wäre, daß man zugleich auch in der Sonne beobachtete; denn in pflanzengeographischer Rücksicht dürften solche Beobachtungen und die Kenntniß des Unterschiedes zwischen dem Thermometerstande im Schatten und in der Sonne nicht unwichtig seyn. Es ist aber bei der Wahl eines zweckmäßigen Locales für das Thermometer viel zu beobachten. Es darf nicht so angebracht werden, daß von einem gegenüber befindlichen Gegenstande die Sonnenstrahlen zurückgeworfen werden; folglich nicht einer Mauer oder einem nahen Hügel gegen über; die umgebende Luft muß frey, nicht eingeschlossen seyn; also das Thermometer in keinem verschlossenen Zimmer oder engen Hausraume angebracht werden; auch darf es nicht der Wand oder Mauer, woran es angebracht ist, zu nahe seyn u. s. w. Da nun in dieser Hinsicht nicht immer gleiche Vorsicht angewandt wird; so kann man nicht geradezu und ohne nähere Kenntniß der localen Verhältnisse die an verschiedenen Orten angestellten Thermometerbeobachtungen miteinander vergleichen. Hieher gehört auch der Umstand, gegen welche Himmelsgegend das Thermometer gestellt ist. Freilich wird es jetzt in der Regel gegen Norden angebracht, weil man dann in unserer Hemisphäre am leichtesten das Thermometer in immerwährendem Schatten haben kann; — allein bisweilen stößt man auf Beobachtungen, die gegen andere Himmelsgegenden angestellt sind. Es wäre außerdem interessant, den Unterschied zu kennen, welcher die nach den Himmelsgegenden verschiedene Lage (Exposition) mit sich führt. In dieser Rücksicht hat der berühmte italienische Astronom Toaldo einige Beobachtungen angestellt *); er stellte in einem viereckigen Thurme zu Padua, dessen vier Seiten gerade gegen die vier Himmelsgegenden gerichtet waren, vier gleiche Thermometer, und observirte den Stand von allen in 100 Tagen (vom 23. April bis 20. Juli 1785) zu jeder Stunde von 8 Uhr Morgens bis 8 Uhr Abends. Er liefert indessen in der gedachten Abhandlung nur die Resultate von 22 Tagen; sämmtliche in diesen Tagen angestellte Beobachtungen summirt er, doch besonders für jede Himmelsgegend, und erhält dann als Verhältniß der vier Summen für Nord, Ost, Süd und West: 52, 53, 54, 55. Man sieht aber leicht ein, daß es hier nicht auf das Verhältniß der Summen ankömmt; sondern daß man für jede Himmelsgegend ein besonderes Medium haben, und dann die Differenz der verschiedenen Media untersuchen muß. Die einzelnen Media wären dadurch auszumitteln, daß man die Summen mit der Zahl der Beobachtungen dividirte; allein da es aus der Abhandlung nicht deutlich erhellt, ob täglich 12 oder 13 Beobachtungen angestellt sind, so bleibt hier einige Unsicherheit, obgleich der Fehler nicht bedeutend werden kann. Nimmt man 13 tägliche Beobachtungen an, so bekömmt man folgende Media und Differenzen:

	Therm. Cent.	Differenzen		
Nord	22,82			
Ost	23,17	0,35		
Süd	23,65	0,48	0,83	
West	24,07	0,42	0,90	1,25

*) Memoria della qualità fisiche delle plaghe. Saggi scientifici di Padova. T. 2. Padova. 1789 p. 121.

Darf man diesen Beobachtungen trauen, so ist die Wirkung, welche die Lage gegen die Himmelsgegenden hervorbringt, nicht so bedeutend, als man sich vielleicht vorstellt. Daß die westliche Exposition wärmer ist, als die südliche, läßt sich wohl daraus erklären, daß gegen Westen die Luft, wenn die Sonnenstrahlen zu wirken anfangen, bereits lange erwärmt ist. Daß übrigens das gegenseitige Verhältniß nicht den ganzen Tag über gleich ist, sondern sich nach der Stelle der Sonne auf dem Himmelsbogen richtet, begreift man leicht. Toaldo hat deshalb für die Vormittags und die Nachmittags-Stunden die Summen besonders angeführt. Da er wahrscheinlich zum Vormittage alle Beobachtungen vor 2 Uhr N. M. rechnet; so habe ich am Vormittage 6 am Nachmittage 7 Observationen vorausgesetzt, und bekomme alsdann folgende Media:

	Vormittag				Nachmittag				Differenz des Vor- u. Nachmittags.
	Therm. Cent.	Differenzen der Himmelsgegenden			Therm. Cent.	Differenzen der Himmelsgegenden			
Nord	22,41				23,17				+0,76
Ost	24,35	+1,94			22,19	−0,98			−2,16
Süd	23,79	−0,56	+1,38		23,54	+1,35	+0,37		−0,25
West	22,11	−1,68	−2,24	−0,30	25,75	+2,21	+3,56	+2,58	+3,64

Hiernach ist die Folge der Himmelsgegenden, nach der höheren Temperatur geordnet, am Vormittage: Ost, Süd, Nord, West, am Nachmittage: West, Süd, Nord, Ost. Obgleich diese nur in einer Jahreszeit angestellten Beobachtungen uns einen ohngefähren Begriff des gegenseitigen Verhältnisses der Himmelsgegenden zu liefern vermögen, würde es doch übereilt seyn, mit Hülfe derselben Beobachtungen, die nicht gegen Norden angestellt sind, zu corrigiren.

Es stehen also der Anwendung meteorologischer Beobachtungen bedeutende Schwierigkeiten entgegen Wir dürfen indessen nicht die Hoffnung aufgeben, auf diesem Wege zur Kenntniß der Vertheilung der Wärme zu gelangen. Vergleichen wir gute Beobachtungen von nahe gelegenen Orten, so finden wir in der Regel einen ziemlichen Grad von Uebereinstimmung; bei Vergleichung von meteorologischen Beobachtungen aus mehreren Orten in der großen lombardisch-venetianischen Ebene habe ich unter den genauen Beobachtungen nur wenige Abweichungen gefunden *). Und vergleichen wie Orte auf verschiedener geographischen Breite aber übrigens unter ähnlichen Umständen, so finden wir auch eine ziemlich regelmäßige Abnahme. Einige Schwierigkeiten lassen sich, wie oben bemerkt, durch Correctionen abhelfen; und wenn auch dies mit den übrigen nicht der Fall ist, so können wir doch durch eine kritische Untersuchung den größern Fehlern entgehen. Endlich erfordern viele pflanzengeographische Untersuchungen keinesweges den größten Grad der Genauigkeit, B. eine Vergleichung der verschiedenen Hauptzonen oder die Vertheilung der großen Pflanzengruppen; man kann hier jene Correctionen in den mehrsten Fällen unterlassen. —

Es fragt sich endlich, wie die aus den Thermometer-Beobachtungen gezogenen Temperatur-Verhältnisse am zweckmäßigsten dargestellt werden können, um eine für die pflanzengeographische Vergleichung bequeme Uebersicht zu gewähren. In älteren Zeiten begnügte man

*) Diese und ähnliche Uebereinstimmungen hat schon Humboldt bemerkt; Lignes isoth. pag. 510, die Note.

sich, bei Darstellung der klimatischen Verhältnisse, mit Angabe der jährlichen Extreme von Wärme und Kälte; man sieht aber leicht, daß man hierdurch einen höchst unvollkommenen Begriff von dem Klima erhält; denn die Extreme treten selten ein und haben deßhalb auf die Vegetation im allgemeinen einen unbedeutenden Einfluß; an einem Orte können die Extreme der Wärme weit die an einem andern Orte übersteigen, und dieser Ort kann doch im ganzen ein gemäßigtes Klima haben: und eben so wenig geben die Extreme der Kälte einen Beweis für die Kälte des Klimas das ganze Jahr hindurch. Sibirien hat, auf einer Breite, wo zuweilen das Quecksilber friert, eine vortheilhaftere Vegetation als das Nordcap, wo der Winter im Verhältniß zur Breite sehr mild ist u. s. w. Später sah man die Nothwendigkeit ein, sich ein jährliches Medium zu verschaffen; dies zog man aber aus mehrjährigen Maximis und Minimis; und es mußte daher noch immer unbestimmt und willkührlich bleiben. Endlich nahm man das Mittel aus den Temperaturen sämmtlicher Tage; und kam so der Wahrheit um vieles näher. Es versteht sich, daß hier die Beobachtungen eines oder weniger Jahre nicht hinreichen, sondern daß man, besonders in der temperirten und kalten Zone eine Reihe von mehreren (10, 15, 20) haben muß, um sichere Resultate auszumitteln; indessen ist der Unterschied der verschiedenen Jahre kleiner, als man sich vielleicht vorstellt. Humboldt *) bemerkt, daß nach einer Menge von Beobachtungen aus Städten zwischen 47° — 49° n. Br. dieser Unterschied gewöhnlich nur 1°,0 bis 1°,5

*) Lignes isoth. p. 557 et seq.

beträgt. Nach Beobachtungen in 53 Jahren auf dem Observatorio in Milano *) ist das Medium von sämmtlichen Jahren 12°,81 C.; das Medium für das kälteste aller dieser Jahre (1816)=10°,96, und das Medium für das wärmste Jahr (1802)=14°,43. Nach siebenjährigen Beobachtungen in Rom **) ist das Medium von sämmtlichen Jahren 15°,5 C.; für das wärmste Jahr 16°,5 für das kälteste 14°,9. Nach 24jährigen Beobachtungen zu Geneve (1796 — 1819) ***) ist das Medium der sämmtlichen jährlichen Media = 9°,92, vom wärmsten Jahre (1811) 11°,11, vom kältesten (1816) 8°,86.

Allein wenn auch das jährliche Medium uns einen genaueren Begriff von den Temperatur-Verhältnissen giebt als die Extreme, und folglich für die Vegetation ein besserer Maaßstab ist; so reicht dies doch, besonders in der temperirten und kalten Zone keinesweges hin. An zwei verschiedenen Orten kann die mittlere Temperatur gleich seyn, und doch sowohl in Rücksicht des Klimas als der Vegetation ein bedeutender Unterschied Statt finden; denn die mittlere Temperatur zeigt uns höchstens nur die Menge der Wärme, welche ein gewisser Ort enthält, aber nicht wie diese Quantität in den verschiedenen Jahreszeiten vertheilt ist. Enontekis in Lappland hat eine jährliche mittlere Temperatur

*) Angelo Cesaris del clima della Lombardia. Atti della società Jtaliana. T. 18. Modena 1818.

**) Opuscoli astronomici di G. Calandrelli et A. Conti. Roma 1813. 4to. Opuscoli astronomici di G Calandrelli, A. Conti e G. Ricchebach. Roma 1818, 4to. —

***) Bibliothéque britannique et universelle.

tur = —2°,86, das Hospitium von St. Gotthard — 0°,90, und doch findet man dort Fichten- und Birken-Waldungen, während man sich hier über der Baumgrenze befindet *). Auf den Andes-Gebirgen ist bei einer mittleren Temperatur von + 1°,5 die Erde mit ewigem Schnee bedeckt **).

Es wird also, um die Temperatur-Verhältnisse eines Ortes genauer zu kennen, nothwendig seyn, die mittleren Temperaturen der vier Jahreszeiten, und der einzelnen Monate zu suchen. — Dies gilt um so mehr, je specieller die Untersuchung ist, z. B. wenn von den Temperatur-Verhältnissen, welche einer gewissen Pflanzenart am zuträglichsten sind, die Rede ist, es ist alsdann nothwendig besonders die Temperaturen derjenigen Epochen des Jahres zu kennen, welche die Haupt-Epochen in den Lebensäußerungen der Pflanze sind; z. B. die Blüthezeit, der Zeitpunkt in welchem sich die Blätter enthalten, oder die Frucht reift u. s. w. Die mittleren Temperaturen für kleinere Zeittheile als Monate zu geben z. B. für 10 Tage wie Wahlenberg, oder wohl gar für jeden einzelnen Tag, wie Toaldo in seinem meteorologischen Calender ***) gethan hat, scheint mir in der Pflanzengeographie nicht zweckmäßig; denn in sehr kleinen Zeiträumen ist die Temperatur der verschiedenen Jahre so abweichend, daß ein für solche Epochen berechnetes Medium von den wirklich Statt findenden Temperatur-Verhältnissen außerordentlich ab-

*) Wahlenberg Flora lapponica.

**) Humboldt Prolegomena. pag. XLIX.

***) Calendario meteorologico generale e perpetuo per la marca trevigiana. Venezia 1775.

weicht; und oft zwischen den 10 ersten und 10 letzten Tagen eines Monates das umgekehrte Verhältniß von dem was die Media geben, eintrifft.

Es ist ferner, um zu einer genauen Kenntniß der Temperatur-Verhältnisse zu gelangen, nicht hinreichend die Media des Jahres, der Jahreszeiten und der Monate zu kennen; auch die Maxima und Minima haben Bedeutung. Wenn ein Ort, unter übrigens gleichen Umständen, Extremen von Hitze oder Kälte mehr ausgesetzt ist als ein anderer, so wird auch dies eine Veränderung der Vegetation, besonders in Hinsicht der angebauten Pflanzen hervorbringen; denn da sich diese außerhalb ihrer ursprünglichen Temperatursphäre befinden, so sind sie auch gegen die Extreme, besonders der Kälte, empfindlicher. So gedeiht der Oelbaum nicht wohl in dem Thale östlich von Triest, weil dies dem sogenannten Borra-Wind und dadurch bedeutender Kälte ausgesetzt ist. Auch ist der Unterschied zwischen der Tag- und Nacht-Temperatur, oder zwischen den täglichen Extremen wichtig, wenn auch nicht von der Bedeutung, welche Wahlenberg *) ihm beilegt. —

Der verschiedene Zweck der Untersuchung muß übrigens bestimmen, zu welchem Grade von Ausführlichkeit die Temperatur-Verhältnisse anzugeben sind. Ausführlicher bedarf man sie bei Vergleichung von benachbarten Orten oder Ländern, oder bei Untersuchungen über die Verhältnisse einer einzelnen Art; — als wenn die großen Hauptzonen verglichen, oder die Verhältnisse großer Pflanzengruppen untersucht werden sollen.

Um eine leichtere und zur Vergleichung bequemere

*) Flora Carpathorum.

Uebersicht des jährlichen Temperaturganges zu erhalten, sind die **Temperaturcurven** sehr zweckmäßig. Man zeichnet nämlich eine rubrizirte Tafel, in welcher oben die Monate, an der Seite die Grade des Thermometer angebracht werden (Taf. III.); die mittlere Temperatur jedes Monats wird durch einen Punkt in dem Viereck angedeutet, welcher dem gegebenen Grade der Skale entspricht. Eine durch sämmtliche Punkte gezogene Linie giebt alsdann eine bildliche Darstellung des jährlichen Ganges der Temperatur. Die **Größe** des Flächenraumes zwischen dieser Curve und der Linie, welche durch den Nullpunkt der Scala gezogen ist, giebt uns einen Begriff von der Quantität von Wärme, welche der gegebene Ort hat; so z. B. ist auf Taf. III. dieser Raum größer für Havanna als für Palermo, für diese Stadt größer als für Geneve und Enontekis *). Für den letzten Ort wird nach der Ansicht, welche dem Reaumurischen und hundertgradigen Thermometer zum Grunde liegt, die Wärmequantität Minus, denn der größte Theil der Curve steht unter 0°. In diesem Falle und überhaupt, wenn die Curve zum Theil unter den Gefrierpunkt fällt, könnte man auch zwei Curven construiren, eine positive und eine negative, deren gegenseitiges Verhältniß vielleicht einen anschaulicheren

---

*) Die hierzu benutzten Beobachtungen sind: Ferrers dreijährige Beobachtungen auf Havanna (Bulletin de la société philomatique 1814 p. 189). Marabittis 5jährige Beobachtungen in Palermo (Scinà topografia di Palermo, Not. p. 68 — 69); die in Genf angestellten Beobachtungen von 1808 bis 1817. Bibliotheque universelle; und die vom Pastor Grape zu Enontekis in 3 Jahren gemachten Beobachtungen (Wahlenberg Flora lapponica p. XLIV).

Begriff geben würde. Die Form der Curve zeigt dagegen, wie die Wärme in den verschiedenen Theilen des Jahres vertheilt ist; ist die Curve hoch, so ist der Wärmeunterschied der Jahreszeiten bedeutend; der Sommer ist im Verhältniß zur mittleren Temperatur warm, der Winter kalt; ist die Curve dagegen niedrig, dann ist der Unterschied zwischen Winter und Sommer geringer (Cfr. Enontekis und Havanna). Ferner zeigt die Curve, welcher Monat der wärmste, welcher der kälteste ist; ob die Abnahme und die Zunahme der Temperatur gleichförmig ist, oder ob sie bald beschleunigt, bald retardirt wird, ja zuweilen beinahe ins Stocken geräth. —

Wenn man neben einer solchen Curve für den mittleren Stand des Thermometers noch zwei hinzufügte für die monatlichen Maxima und Minima (nach einem Mittel mehrerer Jahre) und ebenfalls zwei Curven für die täglichen Maxima und Minima (nach einer Mittelzahl für die einzelnen Monate), so würde man sogleich eine bildliche Darstellung der sowohl monatlichen als täglichen Abweichungen von den Mediis erhalten (Taf. IV.).

Da in der Polarzone und dem nördlichen Theile der temperirten Zone die Vegetation nur während des kürzeren Theiles des Jahres thätig ist, so ist es in diesen Ländern besonders wichtig die Temperatur zu kennen, welche während des Vegetationscyklus Statt findet. —

Es ist daher zweckmäßig diesen Theil der Temperaturcurve von dem übrigen abzuschneiden mittelst einer Linie von dem Punkte, welcher die Anfangs-Epoche dieses Cyklus bezeichnet, bis zu dem Punkte, welcher der

Schlußepoche desselben entspricht *). Die Bestimmung dieser beiden Epochen wird freilich mehr oder weniger willkührlich; allein es scheint doch, daß hier die Belaubung und Entlaubung der Bäume (frondescentia et defrondescentia) die natürlichsten Epochen bilden.

Wünschte man für einen bestimmten Ort einen, wenige Zahlen enthaltenden, Ausdruck für die wichtigsten Temperatur-Verhältniße, welcher bei minder ausführlichen Untersuchungen anwendbar wäre; so könnte man ihn folgendermaßen geben: die mittlere jährliche Temperatur, die mittlere Temperatur der drei Sommer- und der drei Winter-Monate, des wärmsten und des kältesten Monates, welche vier letzteren Zahlen als zwei Brüche geschrieben werden können **), und endlich der mittlere Unterschied der täglichen Extreme; z. B.

Palermo	17°,0	$\frac{22°,6}{11°,4}$	$\frac{23°,7}{10°,9}$	6°,9
Enontekis	−2°,8	$\frac{+12°,8}{-17,6}$	$\frac{+15°,3}{-18°,1}$	4°,9

In den Polarländern und dem kälteren Theile der temperirten Zone, könnte man noch eine Zahl hinzufügen, welche die mittlere Temperatur während des Vegetationscyclus angiebt; — oder diese Zahl den Sommer- und Winter-Temperaturen substituiren. — Wahlenberg schlägt in seinem Tentamen §. 38 vor, die Zahl der von der Curve eingeschlossenen Quadrate der rubricirten Tafel, als Maasstab für die Vegetation zu benutzen; ich sehe aber nicht ein, daß man dadurch ei-

---

*) Wahlenberg Tentamen Tab. II.

**) Humboldt lignes isothermes a. m. Gr.

nen genaueren Begriff bekömmt, als durch Angabe der während des Cyklus Statt findenden Mitteltemperatur. —

Diese verschiedenen Arten, die Temperatur-Verhältnisse durch Zahlen und Curven darzustellen, gelten eigentlich nur, wenn man solche für eine bestimmte Zone, ein gewisses Land oder eine gewisse Gegend geben will; um die Vegetationsverschiedenheiten der Erdoberfläche damit in Verbindung zu setzen. Will man dagegen für eine gewisse Pflanze die Temperaturverhältnisse angeben; dann müssen, außer den bereits angeführten Momenten, auch die Media, Maxima und Minima derjenigen Monate bemerkt werden, in welche die Hauptepochen der Lebensthätigkeit dieser Pflanze fallen. Auch hier ist die Anwendung der Curven zweckmäßig. Man könnte hier erstlich zwei Curven geben, welche die Grenzen der Temperatursphäre der Pflanze bezeichnen; und dann eine dritte für die Verhältnisse, welche ihr am zuträglichsten sind. Wenn die Pflanze selbst in dem heißesten Klima vorkömmt, und also nur seine Polargrenze hat, dann sind nur zwey Curven nöthig. Aehnliches gilt von den höheren Pflanzengruppen (Gattungen und Familien). —

§. 3.

Nächst der Temperatur der Atmosphäre ist der Feuchtigkeitszustand derselben ohne Zweifel der wichtigste Moment für die örtlichen Verhältnisse der Pflanzen *). Dies läßt sich schon daraus abnehmen,

*) Ueber die Feuchtigkeits-Meteore (Hydrometeore) siehe: H. B. Saussune essais sur l'hygrometrie. Neufchatel, 1783. 4to.

daß das Wasser wenn auch nicht, wie einige gemeint haben, den einzigen, doch wohl den vorzüglichsten Nahrungsstoff für die Pflanzen abgiebt. Zwar wird bei den mehrsten Pflanzen das Wasser vorzüglich aus dem Boden mittelst der Wurzel gezogen; allein die Feuchtigkeit des Bodens hängt wesentlich von den in der Atmosphäre Statt findenden Niederschlägen ab. —

Auch nehmen einige Pflanzen, besonders aber die Saftpflanzen, ihre Nahrung größtentheils aus der Atmosphäre. Die Einwirkung des Wassers oder der Feuchtigkeit ist übrigens so sehr in die Augen fallend, daß man hier nur nöthig hat sich auf die täglichen Erfahrungen zu berufen. Die Pflanzen vertrocknen bei anhaltender Dürre oder sterben gänzlich ab; die Wiesen und Felder bekommen nach dem Regen ein lebhafteres Grün; in einigen Gegenden der heißen Zone hört in der trocknen Jahreszeit die Vegetation fast ganz auf, in der feuchten Jahreszeit dagegen tritt sie in ihrer ganzen Fülle hervor; — in Gegenden, wo beinahe gar kein Regen fällt, ist die Vegetation kärglich, z. B. in einigen Theilen von Afrika; in solchen dagegen, wo ein bedeutender Grad von Feuchtigkeit sich mit einer

---

J. A. de Luc. Untersuchungen über die Atmosphäre, übersetzt von S. T. Gehler. Leipzig 1776 — 78. 2 B. 8vo.

Ejusd. Idée sur la meteorologie. London 1786 et 1787. Vol. 2.

Hube über die Ausdünstung und ihre Wirkungen in der Atmosphäre. Leipzig 1790.

Zylius Prüfung der Theorie des Hrn. de Luc vom Regen. Berlin 1795.

Daltons Abhandlungen in memoirs of the society of Man- [illegible]

hohen Temperatur vereinigt, erreicht die Pflanzenwelt, sowohl rücksichtlich der Individuenzahl als der Mannichfaltigkeit oder Artenzahl, ihre höchste Stufe z. B. in den niederen Berggegenden Südamerikas. Auch in der temperirten Zone bieten die feuchten Küstengegenden eine Vegetation dar die von der der trockneren Binnenländer in mehrfacher Rücksicht abweicht. —

Allein die verschiedenen Grade der Feuchtigkeit bringen doch keine solche Verschiedenheiten der Vegetation hervor, als die Grade der Wärme. Zwischen zwei Orten unter der nämlichen Breite, wovon der eine am Meere oder in der Nähe eines Berges, der andere vom Meere und Gebirge entfernt liegt, kann ein größerer Unterschied der jährlichen Regenmenge Statt finden, als zwischen zwei Orten die 30 — 40 Breitengrade von einander entfernt liegen; — und doch kann in jenem Falle der größte Theil der Pflanzen beiden Orten gemeinschaftlich seyn; in diesem, nur wenige Arten, oder vielleicht gar keine, in beiden vorkommen.

In Hinsicht der Feuchtigkeit bemerkt man in der Atmosphäre, der Oberfläche der Erde und dem Meere einen immerwährenden Kreislauf. Dünste steigen aus der Erde, den Pflanzen und dem Meere in die Atmosphäre hinauf; schweben in dieser theils unsichtbar, theils sichtbar als Wolken und Nebel; — gehen in den tropfbar-flüssigen Zustand über und kehren in dieser Form zur Erde und dem Meere zurück.

Ausdünstung (Evaporation) nennt man in meteorologischer Hinsicht das Phänomen, daß ein der Luft ausgesetzter flüssiger Körper allmählig an Volumen abnimmt. Dieses bemerken wir, wenn wir ein Gefäß mit Wasser der Einwirkung der Atmosphäre aussetzen;

wir sehen, daß die Erdrinde nach einem Regen so schnell trocknet, daß man nicht annehmen kann es sey alles Wasser von dem Boden eingesogen, — bei einem gewissen Temperaturverhältnisse werden die Dünste sichtbar z. B. auf einer Wiese am Abend eines warmen Sommertages u. s. w. Der Grad der Ausdünstung wird wesentlich durch die Temperatur bestimmt, es sey nun die Erklärung dieses Phänomens, daß Wärmestoff sich mit dem Wasser vereinigt und Dünste bildet, richtig oder nicht. Wenn die nämliche Quantität Wasser im Sommer und im Winter in die Luft gestellt wird, so dünstet in gleicher Zeit im Sommer weit mehr aus. Der Boden trocknet schneller bei einer höheren Temperatur. Selbst die Ausdünstungen der Menschen und Thiere sind im Sommer bedeutender. Allein die Temperatur ist nicht das einzige Moment der Ausdünstung. Unter übrigens gleichen Umständen ist die Ausdünstung größer in freier Luft als in einem verschlossenen Zimmer, größer bei windiger Witterung als bey Windstille. Dies wird nach Dalton dadurch begreiflich, daß es für jeden Temperaturgrad ein Maximum der Dünste giebt, welcher die Atmosphäre nicht zu übersteigen vermag. Wenn daher die Atmosphäre in Ruhe ist, erreicht sie schneller dieses Maximum und nimmt keine Dünste mehr auf; wenn sie dagegen in Bewegung ist, werden die aufgenommenen Dünste fortgeführt und neue Luftcolonnen, die mit Dünsten weniger geschwängert sind, treten an die Stelle der früheren. Die Ausdünstung hängt also wesentlich von der Menge der in der Atmosphäre bereits vorhandenen Dünste ab. Uebrigens versteht es sich, daß die Ausdünstung auch verschieden ausfällt nach dem verschiedenen Grade der

Feuchtigkeit des Bodens, so wie auch je nachdem der Boden der Luft eine größere oder geringere Oberfläche darbietet.

Wäre uns die Menge des in Dunstform in die Atmosphäre aufsteigenden Wassers an einem gegebenen Orte oder in einem gewissen Lande bekannt, so würden wir uns einen Begriff von dem Feuchtigkeitsgrade der Atmosphäre daselbst machen können; — völlig genau würde dieser Begriff nicht werden, weil die Atmosphäre in immerwährender Bewegung ist und folglich die Feuchtigkeit an einem gewissen Punkte nicht allein von den daselbst aufsteigenden Dünsten bestimmt wird. —

Um den Ausdünstungsgrad eines gegebenen Ortes zu bestimmen, bedient man sich eines Atmometer (Atmidometer.) gewöhnlich ein cubisches Gefäß mit Wasser, welches der ungehinderten Einwirkung der Luft ausgesetzt wird. Man beobachtet mit diesem Instrumente täglich oder mehrere Mal des Tages, wie viel Wasser verdünstet ist; entweder vermittelst eines im Gefäße angebrachten Maaßstabes, oder dadurch, daß man die Menge des Wassers mißt, welches man in das Gefäße gießen muß, um den früher beobachteten Stand wieder zu erhalten; oder man bestimmt das Gewicht des zu ergänzenden Wassers; — oder endlich, was wohl dem Zwecke am mehrsten entspricht, man bestimmt sowohl das Gewicht als das Maaß. —

Solche Beobachtungen geben uns indessen nur eine unvollständige Kenntniß der in einer gegebenen Gegend Statt findenden Ausdünstung; wenn wir nämlich vermittelst solcher Beobachtungen und des Verhältnisses zwischen dem Areal der Gegend und dem Umfange des Instrumentes, die jährliche Ausdünstung der Gegend berechnen; so erhalten wir die Größe der Ausdünstung, welche Statt finden würde wenn die ganze Gegend mit Wasser bedeckt wäre. Daß nun aber die Ausdünstung des Wassers und die des trocknen Bodens verschieden ist, daß ferner die Beschaffenheit des Bodens (ob aus Thonerde, Sand, Dammerde bestehend, ob nackt oder mit Pflanzen bewachsen u. s. w. den Grad der Ausdünstung verändert, versteht sich und ist überdies durch die Versuche Daltons *) bestätigt. Er stellte einen mit Erde gefüllten Blechcylinder in die Erde, und sammelte in einer unten angebrachten Flasche das Wasser auf, welches durch den Boden drang; neben den Cylinder aber stellte er einen gewöhnlichen Regenmesser von demselben Diameter. Nachdem er in drei Jahren die Menge des Wassers in beiden Cylindern beobachtet hatte, fand er einen jährlichen Unterschied von 25 Zoll; diese Quantität war also aus dem Boden verdunstet; aus einem gewöhnlichen Evaporationsgefäße mit Wasser dünsteten dagegen 44 Zoll jährlich aus, folglich 19 Zoll mehr als aus dem Boden. Im ersten Jahre war die Erde in dem Cylinder nackt, in dem beiden letztern mit Gras bewachsen; die Ausdünstung war in diesem etwas stärker als in jenem.

Man müßte also, um die Ausdünstung genauer zu messen, nicht nur Evaporationsgefäße mit Wasser, sondern auch mit Erde und mit Pflanzen, und zwar mit verschiedener Erde und verschiedenen Pflanzen, haben; und doch würden die Resultate nicht vollkommen werden, da man weder im Kleinen alle die Veränderungen, welche im Großen Statt finden, hervorbringen; noch

*) Manchester memoirs. Vol. 5, Gilberts Annalen. B. 15.

eine vollständige Kenntniß des Arealverhältnisses der verschiedenen Erdarten und der verschiedenen Vegetation einer Gegend erhalten könnte.

Demungeachtet sehe ich doch die atmidometrischen Beobachtungen keinesweges als überflüssig an. Wenn diese Beobachtungen an verschiedenen Orten nur nach gleicher Norm und unter den nämlichen äußeren Umständen angestellt sind, so kann doch schon die Kenntniß der verschiedenen Ausdünstung einer gleichen Wassermasse auch einen ohngefähren Begriff von dem verschiedenen Grade der Feuchtigkeit geben, welche die Atmosphäre an verschiedenen Orten aufnimmt. — Auch von dem gegenseitigen Verhältnisse der Jahreszeiten in Hinsicht der Ausdünstung, kann man vermittelst des Atmidometers unterrichtet werden. Es ist daher immer zu bedauern, daß wir so wenige dergleichen Messungen besitzen, so wie auch, daß diese nicht immer nach einer gemeinschaftlichen Methode und unter gleichen äußeren Verhältnissen angestellt sind; — denn hier sind die Resultate vielleicht noch mehr als bei dem Thermometer von der Lage des Instrumentes abhängig. Daß die Himmelsgegend, gegen welche das Atmidometer gestellt wird, Einfluß hat, zeigen die Versuche Toaldos *). Er beobachtete vom 23. April bis 20. Juni vier Evaporationsgefäße gegen Nord, Ost, Süd und West gestellt, und erhielt folgende Quantitäten in Linien: 174, 237, 229, 246. Er bemerkt indessen selbst, daß die Ausdünstung gegen Osten die gegen Süden wahrscheinlich deshalb übertraf, weil während der Beob-

*) In der bereits gedachten Abhandlung: delle qualita fisiche delle plaghe.

achtungszeit die östlichen Winde vorherrschend waren. —

Bei Anwendung der atmidometrischen Beobachtungen ist es übrigens nicht hinreichend nur die jährliche Ausdünstung anzugeben; auch die Menge der Ausdünstung in den verschiedenen Jahreszeiten und Monaten verdient unsere Aufmerksamkeit. Die atmidometrischen Verhältnisse können übrigens eben so wie die thermometrischen bildlich durch eine Curve dargestellt werden. Die Stelle der Thermometerscala vertritt hier eine Eintheilung nach Maaß oder Gewicht. —

Vermittelst der Ausdünstung steigt also das Wasser in Dunstform in die Atmosphäre; und befindet sich darin nach Dalton als ein selbstständiges bald sichtbares bald unsichtbares elastisches Fluidum.

Das Instrument, mit welchen wir den Feuchtigkeitsgrad der Atmosphäre bestimmen, ist das Hygrometer. Da beinahe alle Körper sich durch die Feuchtigkeit ausdehnen; — so hat man Hygrometer von sehr vielen Stoffen. Man setzt ein bestimmtes Quantum von einer Säure oder einem Kali der Luft aus, und wiegt es nach einem bestimmten Zeitraume, der Unterschied im Gewicht zeigt dann die Menge der in diesem Zeitraume aufgenommenen Dünste. Oder man braucht Papier, Holz, Saiten oder Stricke, deren verschiedene Ausdehnung den Grad der Feuchtigkeit angiebt. Die Seta der Gräser, welche sich durch Feuchtigkeit spiralförmig windet, ist auch benutzt worden. Lowitz und andere bedienten sich der Steinplatten, an welche die Feuchtigkeit sich ansetzte. Allein die bei regelmäßig fortgesetzten Beobachtungen am häufigsten benutzten Hygrometer sind die von Retzius, Deluc, Saussure und Dalton *).

Das Hygrometer von Retzius besteht aus einem mit Quecksilber gefüllten Federkiel; die Ausdehnung und Zusammenziehung des Federkiels bringt das Quecksilber auf einen niedrigen oder höheren Stand, und bestimmt solchermaßen den Grad der Feuchtigkeit; da das Instrument aber zugleich als Thermometer wirkt, so ist eine Correction nöthig **). Deluc bediente sich erst des Elfenbeins später des Fischbeins; den Feuchtigkeits-Punkt bestimmte er dadurch, daß er das Instrument ins Wasser stellte. Es ist nicht sehr sensibel und bedarf gleichfalls, wegen der Ausdehnung durch die Wärme einer Correction. Das Saussuresche Hygrometer besteht aus einem sorgfältig gereinigten Menschenhaare; um dieses Instrument comparabel zu machen, war es nothwendig, eben wie bei dem Thermometer, zwei constante Punkte festzusetzen; er hing deshalb das Instrument erst unter eine Glasglocke, deren innere Wände mit Wasser befeuchtet waren; und darauf unter eine Glocke, worin die Luft längere Zeit mit austrocknenden Stoffen eingesperrt gewesen war; diese Operationen gaben ihm den Punkt der Feuchtigkeit und den der Trockenheit; den Zwischenraum theilte er in hundert Grade. Saussure behauptet, daß verschiedene Hygrometer nach der von ihm angegebenen Weise verfertigt, stets

*) Die neuesten von Levingston und Daniell sind zu solchen noch nicht angewandt.

**) Wilsons und Adies Hygrometer stimmen hiermit im wesentlichen überein; nur daß in jenem eine Rattenblase in diesem die innere Membran von Arundo phragmites die Stelle des Federkiels vertritt.

bei gleichem Zustande der Atmosphäre auch den nämlichen Grad der Feuchtigkeit anzeigen, und daß das Haar nicht durch die Länge der Zeit seine Elasticität verliert; und demnach würde es also ein comparables-Instrument seyn eben sowohl als das Thermometer. Hierin sind aber nicht alle mit ihm einig. Daß übrigens nicht geradezu die Menge der in der Atmosphäre enthaltenen Dünste durch das Hygrometer angegeben wird, kann diesem Instrumente nicht zum Vorwurf gemacht werden; — denn das Thermometer zeigt auch nicht die Wärmequantität; und in klimatischer Rücksicht ist es hinreichend ein Mittel zu haben, wodurch wir die hygrometrischen Verschiedenheiten in verschiedenen Orten und zu verschiedenen Zeiten kennen lernen. Es würde interessant seyn, das Verhältniß zwischen der Ausdehnung des Haares und der in der Atmosphäre enthaltenen Dünste zu erfahren. Eine solche Vergleichung ist, außer von Saussure selbst, auch von Gay Lussac anstellt, und er hat uns in dieser Hinsicht mit einer Tafel versehen, welche die Ausdehnungskraft der Dünste für jeden Grad des Saussureschen Hygrometers angiebt. Hätte man dergleichen Tabellen auch für die übrigen Hygrometer, alsdann würde man die mit verschiedenen Instrumenten angestellten Beobachtungen zu gleicher Benennung bringen können. Einfacher ist das Daltonsche Hygrometer; er fand, daß für eine gegebene Menge von Dünsten ein gewisser Temperaturgrad sey, bei welchem sie nothwendig in tropfbar flüssigen Zustand übergehen. Er nimmt deshalb einen Glascylinder, mit Wasser von einer Temperatur die niedriger ist als die der Atmosphäre (also im Sommer Quellen- oder Brunnenwasser, im Winter Wasser durch künstliche Kälte abgekühlt); und setzt denselben der Luft aus; die in dieser enthaltenen Dünste setzen sich dann an der äußeren Wand des Cylinders; die Dünste trocknet er ab bis das Wasser eine solche Temperatur annimmt, daß sich keine Dünste mehr ansetzen; und diese Temperatur giebt ihm dann durch Hülfe einer von ihm construirten Tabelle die Quantität der Dünste in der Luft. Dies Instrument ist einfacher als das Saussuresche, und zeigt unmittelbarer die Menge der Dünste, allein die Beobachtungen sind umständlicher und fordern mehr Zeit, weshalb bei täglichen Beobachtungen die mehrsten wahrscheinlich dem Saussureschen Hygrometer den Vorzug geben werden. —

Bei Anwendung der Thermometer-Beobachtungen begegneten uns bedeutende Schwierigkeiten; noch größer sind die, welche der Anwendung der Hygrometrischen im Wege stehen. —

Erstlich besitzen wir eine weit geringere Zahl regelmäßiger Beobachtungen mit dem Hygrometer, als mit dem Thermometer; zweitens hat jenes Instrument doch bei weitem den Grad der Vollkommenheit nicht erreicht als dieses, denn die festen Punkte des Saussureschen Hygrometers sind nicht so genau als der Sied- und Gefrier-Punkt des Thermometers, und bei dem Daltonschen liegt schon in der Beobachtungsweise ein hinreichender Grund, daß die Beobachtungen nicht die Präcision erreichen können, welche bei einer Thermometerbeobachtung Statt findet. Ferner sind die Hygrometer oder wenigstens die verschiedenen Arten der Hygrometer bis jetzt nicht vergleichbar. Endlich treffen in Rücksicht der Observationszeit und der Exposition die nämlichen, wenn nicht größere Schwierigkeiten

ten

ten als bei dem Thermometer ein. Daß der Stand des Hygrometer nach den Stunden des Tages sich verändert, zeigen die in Geneve angestellten Beobachtungen. Für das Jahr 1818 *) geben die bei Sonnen-Aufgang angestellten Hygrometer-Beobachtungen: 92°,8 H. Sauss., die um 2 Uhr N. M dagegen 76°,0. Der wahre Unterschied wird indeß nicht so bedeutend, wenn wir auf die verschiedene Temperatur, welche zu den beiden genannten täglichen Epochen Statt findet (5°,27 und 10°,66 R.) Rücksicht nehmen, und dabei die von Saussure gelieferte Tafel **) benutzen um die in der Atmosphäre sich befindenden Dünste auszumitteln; — dehn dieser zufolge, enthielt ein Cubikfuß Luft bei Sonnen-Aufgang 6,83 Gran, um 2 Uhr dagegen 6°,15 Gran Feuchtigkeit. — Dies läßt sich auch mittelst einer Vergleichung der Elasticität der Dämpfe bei den gegebenen Hygrometer- und Thermometerständen beweisen, denn die Menge der Dünste in einem gegebenen Raume verhalten sich bei gleicher Temperatur wie ihre Elasticität. Diese ist nach den Versuchen von Gay-Lussac und Dalton ***):

92° 8 S. (6,59 C.) = 6,50^{mm}.
76° 0 S. (11°61 C.) = 6,41^{mm}.

Daß auch die Lage gegen die verschiedenen Himmelsgegenden Einfluß hat, zeigen die von Toaldo gemachten Hygrometer-Beobachtungen auf dem schon gedachten viereckigen Thurm in Padua †).

---

*) Bibliothéque universelle.

**) Essais sur l'hygrométrie.

***) Biot Traité de Physique T. 1. p. 531 et 533.

†) Delle qualità fisiche delle plagie.

Auch die Resultate der hygrometrischen Beobachtungen lassen sich durch Curven bildlich darstellen. —

Da wir, wie aus den vorhergehenden Bemerkungen erhellt, weder eine hinlängliche Anzahl Hygrometer-Beobachtungen besitzen, noch diese uns über den Feuchtigkeits-Zustand der Atmosphäre völlig befriedigende Erläuterungen darbieten; so dürfen wir andere Hülfsmittel zur Kenntniß des Feuchtigkeits-Zustandes nicht übersehen, wenn auch diese keine eigentliche Messung enthalten. In den mehrsten meteorologischen Tagebüchern wird die Zahl der heiteren, wolkigen, nebligen Tage u. s. w. angegeben. Auch rücksichtlich dieser Beobachtungen hat man leider weder eine bestimmte Norm, noch eine genaue Terminologie; einige Beobachter nehmen mehr, andere weniger Gradationen an. Nur für das ganze Jahr und die vier Jahreszeiten kann die Zahl der auf diese Art verschieden bezeichneten Tage uns einen Begriff des hydrometeorischen Zustandes der Atmosphäre liefern; denn die monatlichen Zahlen derselben weichen in verschiedenen Jahren zu sehr von einander ab.

In der neuesten Zeit hat man angefangen die Form und Beschaffenheit der Wolken genauer anzugeben, und Howard *) hat das Verdienst in dieser Hinsicht eine zweckmäßige Terminologie eingeführt zu haben. Dieses

*) Tillochs Philosophical Magazin vol. 16, 17. Reeds Cyclopaedie, articl. cloud. Man sehe auch: Th. Forster researches about atmospheric phéromene, London 1815. Adam Müller über den Howardschen Versuch einer Naturgeschichte der Wolken. Gilberts Annalen 1817. 25. Bd. H. W. Brandes Beiträge zur Witterungskunde. Leipzig 1820. pag. 285 et seq.

darf in meteorologischer Hinsicht nicht übersehen werden; in pflanzengeographischer aber scheint es ohne Anwendung zu seyn. —

In tropfbar-flüssigen Zustand verwandelt, kehren die Dünste als Regen und Thau zur Erdoberfläche zurück. Die mehrsten dieser Niederschläge werden wahrscheinlich durch Temperatur-Veränderungen hervorgebracht. Wenn nämlich die Atmosphäre bei einer gewissen Menge von Dünsten bis zu dem Grade abgekühlt wird, bei welchem sie sich nicht länger in Dunstform zu erhalten vermögen, so gehen sie in den tropfbaren Zustand über. Wenn also z. B. des Abends die Luftschichten, welche dem Boden am nächsten sind, abgekühlt werden, so verwandeln sich die in denselben befindlichen Dünste, so wie wohl auch die, welche die Pflanzen aushauchen, in Thau; — geht ein kälterer Luftstrom durch eine mit Dünsten geschwängerte Luftschicht, so bilden sich an den Grenzen des Luftstromes Wolken, indem die Dünste in einen sichtbaren dem unelastischen näheren Zustand übergehen; eine noch größere Abkühlung oder eine starke Anhäufung von dergleichen Dünsten bewirkt, daß sie sich in völlig tropfbaren Zustand verwandeln und vermittelst der Schwere als Regen auf die Erde fallen. Möglich, aber auch nicht erwiesen ist es indeß, daß auch die Elektricität keine unbedeutende Rolle bei Bildung der Hydrometeore spielt. —

Die Menge des Regens wird durch einen Regelnmesser, Hyotometer (Pluviometer, Ombrometer) bestimmt. Man setzt ein Gefäß von einem gewissen Umfange (z. B. 1 Quadratfuß) der Luft aus; sammelt in diesem den gefallenen Regen auf, und mißt denselben entweder gleich nach jedem Regengusse, um nicht bei der Evaporation von der gefallenen Menge zu verlieren; oder auch einmal oder mehrmal für jeden Regentag *).

Man meint vielleicht, daß dergleichen Messungen willkührlich sind; weil die Menge des in den Hyotometer fallenden Regens mit der Menge, welche in einer gewissen Gegend fällt, schwerlich im richtigen Verhältnisse stehen wird, und zweitens weil die Menge des Regens in verschiedenen Jahren sehr verschieden ist. Allein eine Vergleichung genauer Beobachtungen an nahe belegenen Orten von gleicher Localität, so wie auch an verschiedenen Stellen des nämlichen Ortes zeigen uns einen bedeutenden Grad von Uebereinstimmung; auch varlirt die Regenmenge der verschiedenen Jahre, wenn auch weit mehr als der Wärmegrad, doch nicht so sehr, als man gewöhnlich glaubt. Folgende Beispiele können als Belege dienen:

Manchester **)		Rom ***)			Milano †)		
	Engl. Zoll		Zoll	Lin P. M.		Zoll	L. P. M.
1794	37	1812	34	3	1791	39	11
1795	32	1813	31	7	1791	36	
1796	30	1814	37	6	1793	40	
1797	38	1815	35	3	1794	33	9
1798	31	1816	28	8	1795	40	6
1799	38	1817	31	3	1796	38	5
1800	32	Med.	33	1	1797	39	3
1801	35				1798	35	10
Med.	34				1799	34	4
					1800	32	
					Med.	36	5

*) Cfr. L. Howard the climate of London. Vol. I. London 1818. Bibliothèque universelle T. 8. p. 127 et 219. T. 10. p. 92.

**) Memoirs of the society of Manchester. Vol. 5. Gilberts Annalen 15. Band.

***) Opuscoli astronomici di Conti e Calandrelli.

†) Cesaris del clima della Lombardia.

Das Medium von den Jahren 1764 — 1817 ist in Milano 35 Z. 4 L.; die größte jährliche Quantität in dieser ganzen Periode 58 — 11. (Jahr 1814) die kleinste 24 — 8 (1817).

Die Zahl der hyotometrischen Observationen ist größer als die der Thermometer-Observationen; es ist uns aber auch eine größere Zahl durchaus nothwendig, weil die Menge des Regens weit mehr aber die Temperatur-Verhältnisse von den Localitäten abhängt. —

Bei einer Vergleichung von den Regenquantitäten verschiedener Gegenden ist es wichtig, die Art der Beobachtung und die Lage des Instruments zu kennen. Das Hyotometer muß so gestellt werden, daß es nur den unmittelbar auf denselben fallenden Regen auffängt. Besonders wichtig ist es aber auf welcher Höhe über dem Boden es angebracht wird. Bugge fand durch Vergleichung der auf dem Observatorio zu Copenhagen, und der in seinem Garten fallenden Regenmenge, daß an letzterem Orte $\frac{1}{3}$ mehr fiel *). Dalton bemerkte einen noch größeren Unterschied zwischen der Regenmenge auf einem 150 Fuß hohen Thurm und auf dem Boden; das Verhältniß war im Sommer beinahe wie 2:3 im Winter wie 1:2 **). In Paris sind Beobachtungen auf dem Observatorio und in dem Hofe gleichzeitig angestellt. Der Unterschied der Höhe ist 30 Meter. Die Beobachtungen geben folgende Resultate; nämlich ***):

*) Danske Widenskabers Selskabs Skrifter. 5. D. 2. H. p. 227. Schon Heberden (Philosoph. Transact. Vol. LIX.) hatte dieses bemerkt.

**) Memoirs of the society of Manchester. Vol. 5. Gilberts Annalen 15. Bd.

***) Bouvards Beobachtungen im Journal de Physique für die genannten Jahre.

	Im Hofe	Auf dem Observatorio.	Unterschied
1818	18 Z. 7,9 L.	16 Z. 1,6 L.	2 — 6,3
1819	25 — 5,4 —	22 — 8,6 —	2 — 8,8
1820	17 — 7,8 —	14 — 3,9 —	3 — 3,9
Med.	20 — 7,0 —	17 — 8,7 —	2 — 10,3

So wie die jährliche Mitteltemperatur nicht hinreicht um die Temperaturverhältnisse eines gewissen Ortes zu kennen, so giebt auch nicht die jährliche Regenquantität einen vollständigen Begriff von den klimatischen Verhältnissen in dieser Hinsicht. Auch die Vertheilung dieser Quantität in den verschiedenen Jahreszeiten muß bekannt seyn; denn in dieser Hinsicht kommen wir durch Vergleichung der verschiedenen Zonen auf höchst bedeutende Verschiedenheiten, die in pflanzengeographischer Hinsicht gewiß nicht zu übersehen sind. Daher muß in der klimatischen Uebersicht einer Gegend nicht nur die jährliche Regenmenge, sondern auch die der einzelnen 4 Jahreszeiten und wohl auch die der Monate angegeben werden, wenn auch gleich die letzteren, besonders in der temperirten und kalten Zone, in den verschiedenen Jahren bedeutend von den Medils abweichen. Da es ferner, besonders in Hinsicht der Pflanzen, wichtig ist, ob die nämliche Regenmenge in kleineren oder größeren Massen fällt; so darf die Zahl der Regentage nicht vernachläßiget werden. Diese findet man auch gewöhnlich in den meteorologischen Tagebüchern. —

Die Menge des Thaues *) wird vermittelst eines Drosometers bestimmt; auf Glasplatten oder an-

*) W. C. Well Essay on dew. London. 1815.

dern Körpern *) wird der Thau gesammelt und wie der Regen gemessen. Dergleichen Beobachtungen sind indeß nur an wenigen Orten angestellt.

Der Schnee ist bekanntlich Regen bei einer so niedrigen Temperatur gebildet; daß der tropfbar flüssige Körper in einen krystallinischen übergeht. Die Menge desselben in einer gewissen Gegend wird theils durch Angabe von der Dicke der bei jedem einzelnen Schneefalle gebildeten Schneedecke; theils durch Ausmessung des in Wasser verwandelten Schnees, ausgemittelt; — am zweckmäßigsten werden beide Verhältnisse angegeben. Die Zahl der Schneetage muß gleichfalls bemerkt werden. In welchen Monaten sie eintreffen; wann der Schnee gewöhnlich anfängt und aufhört, ist für die Vegetation wichtig. —

Reif ist gefrorner Thau. In dem mehrsten meteorologischen Tagebüchern wird auch dieses Hydrometeor angegeben; und es ist in pflanzengeographischer Rücksicht nicht unwichtig. —

Hagel entsteht, wenn der Regen durch eine plötzliche Abkühlung der Atmosphäre in einen festen Körper sich verwandelt. Obgleich diese Erscheinung zu den seltensten gehört, welche manchmall in einem ganzen Jahre nicht eintrifft, und deshalb kein Gegenstand einer regelmäßigen Ausmessung seyn kann; so gehören doch zu einer klimatischen Uebersicht auch die aus meteorologischen Tagebüchern gezogenen Resultate über die Häufigkeit dieser Erscheinung, weil dies, besonders in Hinsicht der angebauten Pflanzen wichtig ist.

---

*) Well bediente sich der Wolle.

§. 4.

Die Einwirkung des Lichtes *) auf die Pflanzen und die Mitwirkung desselben zur Bestimmung der örtlichen Verhältnisse; wird man auch nicht leicht in Zweifel ziehen können. Viele Blumen bewegen sich nach der Sonne; Pflanzen, die sich an einem dunkeln Orte befinden, drehen sich nach den beleuchteten Stellen hin. — Die täglichen periodischen Veränderungen in der Lage gewisser Pflanzentheile, besonders aber der Blätter, daß sie am Tage aufrecht in der Nacht gesenkt stehen (Schlaf der Pflanzen), wird schwerlich ohne die Einwirkung des Sonnenlichtes erklärbar seyn. Dies gilt auch von der Oeffnung und dem Schließen vieler Blumen zu bestimmten Stunden des Tages **). Dem Lichte entzogen, werden die Pflanzen mehr in die Länge ausgedehnt, von lockerer Substanz und blasser (Etoilement), in der Sonne dagegen kürzer, mehr in die Breite gezogen von festerer Substanz und dunklerer Farbe.

---

*) Außer den allgemeinen pflanzenphysiologischen Werken, besonders aber denen von Senebier, Ingenhouß, Saussure; — können über diesen Gegenstand folgende Abhandlungen nachgelesen werden:

Meese zwei Abhandlungen in Rozier Journal de Physique 1775 et 1776. Decandolle in Journal de Physique T. 9. (Gilberts Annalen 11. Bd. und Hermbstädts Archiv Bd. 2.); Senebier mémoires sur l'influence de la lumière solaire. Génève et Paris 1782. Ejusd. Recherches sur l'influence de la lumière solaire. ibid. 1783. Ejusd. Expériences sur l'action de la lumière ibid. 1788. Humboldt Florae Fribergensis specimen. Berl. 1793, und Glocker Versuch über die Wirkungen des Lichtes auf die Gewächse. Breslau 1820. Jahrbücher der Gewächskunde. 1. B. 2. H.

**) Hierauf beruht die sogenannte Blumenuhr.

Einige sind sogar der Meinung gewesen, es sey das Licht der Sonne zur Bildung der Farbe, besonders der grünen, durchaus nothwendig; diese Meinung scheint indeß durch die Humboldtischen Versuche widerlegt, Gräser und andre grüne Pflanzen in den tiefsten Gruben zu ziehen. Auch auf Geschmack und Geruch der Pflanzen scheint das Licht der Sonne zu wirken; es haben nämlich die dem Sonnenlichte am mehrsten ausgesetzten Pflanzen diese Eigenschaften im höheren Grade. Wenn auch die Ausdünstung der Pflanzen noch sehr im Dunkeln liegt, so dürfen wir doch wohl so viel annehmen, daß das Sonnenlicht hier keine unbedeutende Rolle spielt. Dies gilt ohne Zweifel auch von der Ernährung der Pflanzen. —

Wegen des innigen Zusammenhanges der Wärme und des Lichtes, fällt es zwar in mehreren Fällen schwer zu entscheiden, welche von jenen Wirkungen dem Lichte allein zuzuschreiben sind; daß aber die Wärme für sich nicht die Ursache ist, erhellt besonders aus dem Versuche mit künstlichem Lichte. Viele pflanzengeographischen Erscheinungen, welche in der Folge erwähnt werden, lassen sich ohne Annahme einer Einwirkung des Lichtes nicht wohl erklären. —

Um die Stärke des Lichtes von zwei leuchtenden Körpern zu bestimmen, ist man auf die Art verfahren, den stärker leuchtenden so weit zu entfernen, bis beide dem Beobachter durch einen Tubus gesehen als gleich leuchtend erscheinen. Das Quadrat der Entfernung der beiden Körper drückt dann den Zuwachs der Intensität aus. Allein dies Photometer ist natürlich in meteorologischer Hinsicht nicht anwendbar. Dagegen ließe sich wohl das Photometer von Leslie zu diesem Zweck benutzen. Dies besteht aus zwei Luftthermometern, die durch eine mit gefärbtem Weingeiste gefüllte Röhre in Verbindung gesetzt werden; von diesen Thermometern ist das eine schwarz gefärbt das andre ohne Farbe; wegen des stärkeren Einflußes des Lichtes und der damit verbundenen höheren Temperatur wird die in dem schwarzen Thermometer sich befindende Luft stärker ausgedehnt als die in dem ungefärbten, und in diesem letzteren steigt daher der Weingeist empor, und zwar um so mehr, je stärker die Wirkung des Lichtes ist. Allein mit diesem Instrumente sind, soviel mir wenigstens bekannt, keine regelmäßigen Beobachtungen angestellt worden.

Dagegen hat man, doch nicht an vielen Orten, sich eines anderen Instruments bedient, welches zwar nicht unmittelbar aber doch mittelbar die Intensität des Lichtes angiebt. Dies ist das Kyanometer von Saussure *). Saussure bemerkte auf seinen Alpenexcursionen, daß der Himmel, von den hohen Bergspitzen betrachtet, eine weit dunklere Farbe hatte als von den Thälern oder Ebenen gesehen; eine Erscheinung, die schon dem ungebildeten Bergbewohner auffallend war. Er suchte die verschiedene Intensität dadurch zu bestimmen, daß er Papierstreifen von blauer Farbe verschiedener Stärke mitnahm, und sich denjenigen Streifen bemerkte, welcher mit der Farbe des Himmels übereinstimmte. Nachher aber stellte er diese Beobachtungen mehr methodisch an, indem er einen Zirkel zeichnete und denselben mit einem in mehrere Abtheilungen

*) Journal de Physique. Vol. XXXVIII. p. 199. Humboldt voyage, part. histor. Vol. 2.

oder Grade getheilten Ring umgab, von welchen Graden jeder eine besondere Nuance der blauen Farbe hatte. Um einen gleichen Unterschied der Grade zu erhalten, bediente er sich folgenden Verfahrens. Er zeichnete einen Cirkel von $1\frac{1}{4}$ Linie im Durchmesser, und brachte ihn in solcher Entfernung, daß er seinem Auge unsichtbar wurde; darauf stellte er in der nämlichen Entfernung einen weißen Papierstreifen und mehrere von sehr blasser Farbe, doch mit verschiedener Nuance; und untersuchte welcher von den letztern in dieser Entfernung von dem weißen nicht zu unterscheiden war; diesen sahe er als den ersten Grad der blauen Farbe an; danach bestimmte er auf die nämliche Art, welcher von mehrern dunkleren Streifen dem ersten Grade in derselben Entfernung gleich schien; dieser war dann der zweite Grad; und auf diese Art erhielt er bis zu dem dunkelsten Blau 51 Grade. Indessen nahm er auf seinem Kyanometer nur 40 Grade an, weil die Bläue des Himmels, seiner Meinung nach, den 40sten Grad nicht übersteigen könne. Bei dieser Bestimmungsart der Grade meinte er, daß zwischen denselben ein weit gleichförmigerer Unterschied hervorgebracht werde, als durch Beimischung eines Farbestoffes in gleicher Quantität für jeden Grad. —

Eigentlich wird durch dieses Instrument nur die Bläue des Himmels bestimmt; allein mittelbar erfährt man doch die Reinheit und Durchsichtigkeit derselben; denn je weniger die Atmosphäre mit undurchsichtigen oder halbdurchsichtigen Dünsten erfüllt ist, um so dunkler wird die Farbe. Allein je durchsichtiger die Luft ist, um so freier kann das Licht wirken; und folglich giebt uns das Kyanometer auch einen

Begriff von der größeren oder geringeren Wirkung des Sonnenlichtes. —

Bei kyanometrischen Messungen ist es keinesweges gleichgültig, welcher Theil der Himmelswölbung zur Bestimmung gewählt wird. Im Horizonte ist die Farbe, wegen der größeren Menge der Dünste, weit blasser als im Zenith. Saussure *) fand im Chamouni-Thale als Medium von 9 an einem Tage angestellten Beobachtungen im Zenith 17°,8 im Horizonte 7°,8. Humboldt **) erhielt in Südamerika unter 16° n. Br. folgende Resultate;

1°	über dem Horizont	3° Kyan.
10°	— — —	6° —
30°	— — —	16°,5 —
60°	— — —	22°,0 —
70°—90°	— — —	23°,5 —

Man stellt daher gewöhnlich die Beobachtungen im Zenith an. —

Auch der Stand der Sonne hat einen wesentlichen Einfluß, welches aus folgender Vergleichung erhellt:

	6½ U.	10 U.	12 U.	2 U.	5½ U.		
Südamerika (Humboldt)***)	19°,0	22°,0	23°,5	23°,0	20°,5		
	6 U.	7 U.	10 U.	12 U.	2 U.	4 U.	6 U.
Geneve (Saussure †)	14°,7	21°,0	22°,6	22°,5	20°,6	20°,4	16°,3

*) Journal de Physique. T. XXXVIII. p. 204 et 206.

**) Voyage partie hist., vol. 2.

***) ibid.

†) Journal de Physique l. c.

Auf eine weniger genaue Art wird die Einwirkung des Sonnenlichtes an einem gegebenen Orte durch Angabe der nebligen, wolkigen, heiteren und gemischten Tage bestimmt. Das gegenseitige Verhältniß dieser läßt sich aus den meteorologischen Tagebüchern gewöhnlich ausmitteln, und darf, besonders wo kyanometrische Messungen fehlen, nicht versäumt werden.

§. 5.

Ob und in wie fern die Dichtigkeit und der von derselben abhängige Druck der Luft auf die Pflanzen einwirken, ist bis jetzt noch eine Streitfrage der Pflanzen-Physiologen und Pflanzengeographen. Unter den neueren nehmen Humboldt *), Engelhardt und Parrot **) diese Einwirkung an; dagegen haben Wahlenberg, Sprengel besonders aber Decandolle gemeint, daß sie entweder gar nicht Statt finde oder wenigstens sehr unbedeutend seyn müßte †).

Da der mittlere Druck der Atmosphäre sich nach der geographischen Länge und Breite nicht verändert, wohl aber wesentlich nach der Höhe über dem Meere, so ließe sich die Wirkung des verschiedenen Druckes nur durch Vergleichung der Pflanzen verschiedener Regionen nachweisen; da aber auch die Temperatur nach der Höhe sich wesentlich verändert, so ist es nicht leicht zu bestimmen, in wie fern auch der veränderte Druck

*) Tableau physique p. 95. Prolegomena p. LIV.

**) Reise p. 97.

†) Wahlenberg Flora Carpathorum p. CXVI. Sprengel Bau der Gewächse. p. 622. Decandolle Flore Française, T. 2. p. XI. und mémoire sur la géographie des plantes de France; mémoires d'Arcueil, T. 3. p. 262.

zu den Vegetations-Verschiedenheiten mitwirkt. Die Gründe, welche besonders Decandolle dagegen anführt, sind: daß Pflanzen, welche in Rücksicht der Breite sehr verbreitet sind, auch in Hinsicht der Höhe eine große Ausdehnung haben; so daß z. B. diejenigen Pflanzen, welche in der Ebene von dem Polarkreise bis zu dem südlichen Europa wachsen, auch in den Gebirgen des letzteren bis gegen die Schneelinie hinaufsteigen; und umgekehrt, daß diejenigen Pflanzen, welche in Rücksicht der Breite wenig verbreitet sind, es auch in Hinsicht der Höhe sind; ferner daß eine Menge Alpenpflanzen der südeuropäischen Gebirge in Lappland am Meeresgestade bei einem weit stärkeren Luftdrucke vorkommen. Eigentlich aber beweisen diese Erfahrungen nur, daß die Wärme für die Pflanzen das wichtigste Moment abgeben, schließen aber die Wirkung des Luftdruckes nicht aus; denn vielleicht sind die Pflanzen, welche in den Alpen und den Polarländern gemeinschaftlich vorkommen, solche, die gegen den atmosphärischen Druck gleichgültig sind, die nicht gemeinschaftlichen dagegen von diesem Momente abhängig; es ist auf der andern Seite nicht entschieden, daß dies Moment eben die Ursache sey, weshalb solche Pflanzen nicht an beiden Orten vorkommen; denn weder Temperatur, noch Luft und Feuchtigkeit sind an beiden gleich; besonders ist die Vertheilung dieser Momente in den verschiedenen Jahreszeiten sehr verschieden. Dagegen scheinen die von Humboldt für die Wirkung des Luftdruckes angeführten Gründe, theoretisch betrachtet, wichtig zu seyn; nämlich daß die Pflanzen aus der Atmosphäre Sauerstoff einathmen, in den höheren Regionen aber, wegen der dünneren Luft, keine hinlängliche Menge desselben vorhanden sey, und zweitens, daß der verminderte Druck die Ausdünstung befördern muß. An Erfahrungsbeweisen fehlt es hier aber. —

Es ist daher wahrscheinlich, wenn auch nicht bewiesen, daß die Dichtigkeit der Luft ein auf die Pflanzen wirkendes Moment sey, man muß indeß insofern der Meinung Decandolles beitreten, daß der Einfluß von keiner großen Bedeutung seyn könne, und auf keine Weise dem der Temperatur, der Feuchtigkeit oder Durchsichtigkeit gleich zu stellen sey. —

Wenn aber auch die unmittelbare Einwirkung dieses Momentes gering ist, so wird es doch wegen der mittelbaren von Bedeutung. Es ist hier nicht der passende Ort die verschiedenen Theorien über die Veränderungen des Luftdruckes zu prüfen; — so viel aber darf man wohl als entschieden ansehen, daß die Veränderungen der Temperatur und die der Feuchtigkeit diejenigen sind, welche die mehrsten Veränderungen in der Dichtigkeit der Atmosphäre hervorbringen; freilich sind indeß diese letzteren Veränderungen an einem gewissen Orte nicht immer Folge der am nämlichen Orte Statt findenden Temperatur- und Feuchtigkeits-Veränderungen; sondern sehr oft von Veränderungen an entfernten Orten, weil die Atmosphäre in immerwährender Bewegung ist. So wie aber der Grad der Dichtigkeit durch Veränderungen der Wärme und Feuchtigkeit bestimmt wird, so wirkt die Dichtigkeit auf der anderen Seite auch auf die Temperatur und Feuchtigkeit. Es läßt sich daher mit vieler Wahrscheinlichkeit voraussetzen, daß das Klima da veränderlich ist, wo die Dichtigkeit der Luft großen Veränderungen unterworfen ist.

Das Instrument, welches uns den Druck der Luft anzeigt, ist bekanntlich das Barometer. Daß zur Vergleichung von Beobachtungen die an verschiedenen Orten angestellt sind, hier wie bei dem Thermometer Genauigkeit des Instrumentes erfordert wird, versteht sich; doch ist uns hier die Genauigkeit nicht von der nämlichen Bedeutung, weil die Beobachtungen selbst uns nicht so unmittelbar interessiren. Daß die Röhre nicht zu eng sey, das Quecksilber sorgfältig gereinigt und in der Röhre wohl ausgekocht, die Scala genau eingetheilt, und daß man bei den Beobachtungen zugleich auch das Thermometer beobachte, sind die wichtigsten Bedingungen. Die Wahl der Stunden, wenn man observirt, ist zwar bei andern Untersuchungen, wegen der täglichen Oscillationen nicht unwichtig *), scheint aber für unsern Zweck von keiner oder geringer Bedeutung. Auch der Ort und die Weise das Barometer anzubringen, ist von geringerer Bedeutung als bei dem Thermometer. —

In pflanzengeographischer Rücksicht wird es uns wichtig, erst den jährlichen Mittelstand des Barometers zu

*) In der heißen Zone findet ein regelmäßiges Steigen und Fallen zwei Mal täglich Statt; selbst in der gemäßigten hat man solche Regelmäßigkeit mehr oder weniger bemerkt. Siehe über diesen Gegenstand: V. Chiminello Risultati di osservazioni etc. und sopra la causa piu efficace etc. in saggi scientifici di Padova T. I. 1786; und Ephemerides manheimenses 1784. Dorta in den Schriften der Lissaboner Gesellschaft. L. Ramond mémoires sur la formule barometrique. Clermont-Ferrand 1811. Troisième mémoire. Seconde partie. 4to. Humboldt tableau physique. p. 90 et seq. Langsdorf und Horner in Gilberts Annalen, 1819, 6tes St.

zu erfahren; denn wir erhalten dadurch Kenntniß von der Höhe des Ortes über dem Meere, und können alsdann, selbst wenn andere meteorologische Beobachtungen fehlen, einigermaßen die klimatischen Verhältnisse des Ortes bestimmen. Ferner müssen die Abweichungen von diesem Mittelstande bekannt seyn, und in dieser Hinsicht scheint es am zweckmäßigsten die monatlichen Maxima und Minima oder wenigstens den Unterschied derselben (nach mehrjährigen Beobachtungen) anzugeben; wozu man zur Vergleichung noch die monatlichen Media hinzufügen kann. Wollte man einen noch vollständigeren Begriff haben, so könnte man auch die täglichen Oscillationen nach einer mittleren Zahl anführen. Es versteht sich, daß die verschiedenen Barometerstände immer auf die nämliche Temperatur zurückzuführen sind. Zur leichteren Uebersicht kann man sich der Curven bedienen, wie bei dem Thermometer. —

Das Barometer wird uns aber auch in einer andern Hinsicht in der Pflanzengeographie wichtig. Mittelst desselben wird es uns nämlich auf eine leichte Art möglich Gebirgsgegenden zu nivelliren, die Höhen, welche eine gewisse Pflanzenart erreicht, und demnach auch, bis zu einem gewissen Grade, die derselben am zuträglichsten klimatischen Verhältnisse zu bestimmen. Bei dergleichen Messungen muß man sich mit einem genauen dabei aber leicht transportabeln *) Instrumente versehen; man muß Sorge tragen, daß kein Lufttheilchen in die Röhre eindringt; die Beobachtungen so weit es möglich bei günstiger Witterung vornehmen (weil als-

*) Diese beiden Eigenschaften findet man freilich selten vereinigt. —

dann der Druck der Luft am wenigsten veränderlich ist) und zu solchen Stunden des Tages, an welchen das Barometer sich in der größten Ruhe befindet *); ferner müssen zugleich zwei Thermometer beobachtet werden, wovon das eine in freier Luft hängt, das andere im Barometer eingeschlossen ist; die Witterung und der Wind müssen dabei auch notirt werden; was aber besonders wichtig ist, es muß gleichzeitig an einem nicht zu weit entfernten Orte mit gleichen Instrumenten beobachtet werden; und dieser letztere Ort muß entweder am Meerufer liegen oder dessen Höhe über demselben muß im Voraus bestimmt seyn. Dies ist wenigstens außerhalb der Wendekreise durchaus nothwendig **).

§. 6.

Der unmittelbare oder mechanische Einfluß, welchen die Bewegung der Atmosphäre oder die Winde ***) auf die Pflanzen äußern, ist freilich von keiner großen Bedeutung. Unwichtig ist es indeß in pflanzengeographischer Rücksicht nicht, ob ein gegebener Ort heftigen und anhaltenden Winden ausgesetzt

---

*) Dies ist, nach der gewöhnlichen Meinung, am Mittage.

**) Ueber Barometermessung und die Art mit Hülfe desselben Höhen zu bestimmen siehe: Ramond mémoire sur la formule barométrique de la mécanique celeste. Clermont Ferrand 1811. J. B. Biot traité élementaire d'Astronomie physique. Tome 3. Paris 1811.

***) d'Alembert reflexions sur la cause générale des vents. Berlin 1747. Dompier traité des vents. Paris 1740. De la Coudraye Théorie des vents 1786. v. Buch über barometrische Windrosen. Abhandlungen der Akademie der Wissenschaften zu Berlin 1818 — 1819.

ist. Einige Gegenden der heißen Zone sind in gewissen Jahreszeiten heftigen Orkanen ausgesetzt; die Westküste Jütlands leidet viel durch die gewaltsamen Stürme der Nordsee u. s. w.

Wichtiger bleibt aber doch immer der mittelbare Einfluß der Winde, insofern sie nämlich auf die Temperatur und den Feuchtigkeits-Zustand der Atmosphäre einwirken; man begreift leicht, daß das Klima an einem Orte kälter wird, wenn dieser Ort häufig solchen Winden ausgesetzt ist, welche von kälteren Gegenden kommen, wie dies z. B. mit den nördlichen und östlichen Winden in den mehrsten Gegenden des nördlichen Europas der Fall ist; und daß umgekehrt ein Ort, welcher Winden ausgesetzt ist, die von heißeren Gegenden wehen, z. B. dem Scirocco, ein wärmeres Klima erhält; — daß an einem Orte, wo die Meerwinde häufig sind, Nebel und Regen herrschen. —

Die Kenntniß der Winde ist natürlich wichtiger bei der Vergleichung einzelner Oerter und Gegenden, als bei einer Vergleichung der verschiedenen Zonen; denn innerhalb der nämlichen Zone können die größten Verschiedenheiten in dieser Hinsicht Statt finden. Doch bieten die Zonen unter sich auch Verschiedenheiten dar; so sind z. B. in der heißen Zone die Winde weit regelmäßiger als in der gemäßigten oder kalten. —

Man wird vielleicht meinen, daß, wenn wir gute Beobachtungen über die Temperatur und den Feuchtigkeitszustand der Atmosphäre haben, die mittelbaren Wirkungen der Winde bereits durch diese Beobachtungen bemerkbar wären, und die Kenntniß der Winde also überflüssig sey. Da indeß die Kenntniß der Temperatur und Feuchtigkeit von der Vollendung noch weit entfernt ist, so dürfen wir kein Hülfsmittel unbenutzt lassen. —

Auch darf eine andere Bemerkung, nämlich daß die Winde zu unregelmäßig und zufällig sind um sie einer genauen Messung zu unterwerfen, nicht Beifall verdienen; denn in der heißen Zone sind sie bekanntlich sehr regelmäßig und selbst in der gemäßigten bleibt das gegenseitige Verhältniß der verschiedenen Winde durch mehrere Jahre sich ziemlich gleich. Folgende Beispiele mögen zum Belege dienen:

St. Gotthard *)	Nord	Südost	Süd	N.West
1783	3	192	216	538
1784	1	245	174	575
1785	1	270	129	547
1786	5	323	90	614

Rom **)	Nord	Ost	Süd	West
1783	333	41	121	88
1784	311	42	137	103
1785	326	32	122	91
1786	310	40	121	81
1787	342	20	105	62
1811	313	28	135	61
1812	351	33	102	51
1813	236	26	1[illegible]9	67
1814	254	15	119	37
1815	267	32	163	74
1816	268	31	164	61
1817	357	55	169	106

*) Ephemerides manheimenses.

**) Nach 3 Observationen täglich, vide Ephemerides manheimenses und opuscoli astronomici di Conti e Calan-

Bologna *)	Nord	Ost	Süd	West
1787	43	223	23	385
1788	46	231	20	430
1789	57	202	17	420

Das Instrument, welches die Richtung der Winde angiebt, ist das Anemoskop (Plagoskop, Windfahne). Die Haupteigenschaften dieses Instrumentes sind, daß es so beweglich als möglich sey **) und daß die unten angebrachte Windrose den Himmelsgegenden entspreche. Man unterscheidet in seinem Tagebuche 4 — 8 oder 16 Winde, je mehr je besser, weil sie sich immer auf die Hauptwinde zurückführen lassen. Zu bedauern ist es, daß man hier, eben so wenig wie bei dem Thermometer, sich über die Beobachtungsweise und die Zeitpunkte verständiget hat. Einige bemerken denjenigen Wind, welcher im Laufe des Tages vorherrschend gewesen ist; andere den, welcher in dem Beobachtungs-Momente Statt findet. Jene Methode würde die beste seyn, wenn man eine ununterbrochene Aufmerksamkeit des Beobachters voraussetzen dürfte; diese wird um so zuverläßiger, je mehr Beobachtungen täglich angestellt sind. Daß die Stunden des Tages an welchen die Richtung des Windes beobachtet wird, keinesweges gleichgültig sey, zeigt folgende Vergleichung:

drelli. Der Unterschied wird noch geringer, wenn man zugleich die zwischenliegenden Winde berücksichtiget. So wehete z. B. im Jahre 1814 Nord: 254 Mal, im Jahre 1816 dagegen 368; allein die beiden benachbarten Winde NNO. und NNW. im J. 1814: 194 Mal, im J. 1816 nur 124 Mal.

*) Ephemerides manheimenses.

**) Howard the climate of London vol. 1.

Rom, Medium von den Jahren 1811 — 1817 *)

	Nord	Süd
7 Uhr V. M.	169	28
2 — N. M.	56	53
9 — N. M.	81	59

Um die Richtung der Winde in den höheren Luft-Schichten, welche von der in den niederen nicht selten abweicht, zu bestimmen könnte man die Richtung, in welcher die Wolken ziehen, beobachten; dies wird aber gewöhnlich vernachläßiget.

Die Stärke oder Heftigkeit des Windes wird vermittelst eines Anemometer (Windmesser) bestimmt. Man hat solche von verschiedener Art, welche insgesammt aber bedeutende Fehler haben; theils findet eine starke Reibung Statt; theils wirkt der Wind nicht immer horizontal, sondern bisweilen in einer schiefen Richtung; und endlich geben sie nur die Stärke des Windes in dem Augenblicke der Beobachtung; oder wenn eine solche Vorrichtung getroffen ist, daß der höchste Punkt während der Abwesenheit des Beobachters angedeutet wird, doch nur diesen Stand; welcher oft nur die Wirkung eines einzelnen Windstoßes ist. Da aber die Stärke der Winde in Rücksicht der Vegetation von keiner großen Bedeutung ist, so bedürfen wir hier keiner genauen Messung; und es ist hinlänglich die Stärke nach gewissen angenommenen Graden zu bestimmen; z. B. nach der Bewegung der Blätter, Zweige und Baumstämme. —

*) Opuscoli astronomici di Conti e Calandrelli.

§. 7.

Der Einfluß der atmosphärischen Electricität *) auf die Pflanzen ist wohl bis jetzt noch nicht durch hinlängliche Erfahrungen erwiesen, aber doch wahrscheinlich. V. Marum bewirkte durch Electricität, daß aus einer Euphorbia, worin früher ein Einschnitt gemacht war, der gewöhnliche milchähnliche Saft nicht ausfloß **). Paets van Troostwyk ***) fand sogar, daß die Electricität stärker auf die Pflanzen als auf die Thiere wirkt. Daß Gewitter auf die Pflanzen Einfluß haben, scheint durch mehrere Erfahrungen beinahe entschieden. Zwar hat man auf der andern Seite keine Wirkung durch die Electrisirmaschine auf Pflanzen hervorgebracht, die sonst Spuren von Sensibilität zeigen: allein davon läßt sich wohl nicht geradezu auf die Nichtwirkung der atmosphärischen Electricität schließen. –

So wie die Pflanzenphysiologen also über die Frage ob und wie die atmosphärische Electricität auf die Pflanzen wirke, nicht ins Reine gekommen, eben so wenig sind es die Physiker in Hinsicht der Fragen; welche Rolle spielt die Electricität in der Atmosphäre, wann und wie entsteht sie; wann ist sie positiv und wann negativ: in welchen Verhältnissen steht sie zu den übrigen Meteoren; ist sie in den verschiedenen Luftschichten verschieden oder nicht; und wie verhält sie sich zu den verschiedenen Zeiten des Tages. Die

*) Franklin Experiments and observations on electricity. London 1769. Beccaria lettere del ellettricismo. Bologna 1758. 4. Volta meteorologische Briefe, aus dem Italienischen. Leipzig 1793. Erman kritische Beiträge zur atmosphärischen Electrometrie. Gilberts Annalen 15. B.

**) Rozier Journal. Vol. 41. pag. 214 et seq.

***) Verhandelingen der konintl. nederlandsche Instituut von Wetenschappen. 4 Decl. 1809.

Art und Stärke der Electricität wird bekanntlich durch das Electrometer bestimmt. Zwei Goldblätter oder zwei Halme werden an einer Metallstange so angebracht, daß sie parallel hängen, in einer Glaskapsel eingeschlossen, und mit einer Scala versehen. Auch zur Untersuchung der atmosphärischen Electricität bedient man sich dieses Instruments und es wird zu diesem Behufe an der Metallstange eine lange Spitze angebracht, um die Electricität aus der Luft aufzufangen. Um die Electricität der höheren Luftschichten zu bestimmen, bedient man sich entweder einer bleiernen Kugel, welche mittelst eines langen Metalldrathes mit dem Electrometer in Verbindung steht, und welche man alsdann in die Luft hinaufschleudert (Saussure's Electrometer), oder man befestigt eine Laterne am Ende einer langen Stange, und verbindet sie mittelst eines Metalldrathes mit dem Electrometer; durch die Flamme in der Laterne wird die Electricität von der Atmosphäre aufgefangen und mittelst des Drathes nach dem Electrometer geleitet (Volta's Electrometer). —

Allein Hemmer *) bewies durch eine Menge in Manheim angestellter Beobachtungen, daß in der Atmosphäre ein steter Wechsel der Electricität sowohl in Hinsicht der Art als der Stärke sey; in einer Viertelstunde veränderte sie sich oft 8 Mal; und in Luftschichten, die nur wenige Fuß übereinander lagen, fand er sie verschieden. Erman **) beobachtete, daß man durch eine schnelle Emporhebung des Electrometer + Electricität bekam; durch eine schnelle Bewegung niederwärts dagegen — Electricität; während ein unbe-

*) Ephemerides manheimenses T. I. (1781) p. 118 — 120.
**) l. c.

wegtes Electrometer keine Veränderungen zeigte. Selbst wenn wir daher eine hinlängliche Zahl von regelmäßig angestellten Beobachtungen über die atmosphärische Electricität hätten, würden solche unsicher werden, weil wir nicht überzeugt seyn können, daß wir dadurch den wahren Zustand der atmosphärischen Electricität und dessen Veränderungen kennen lernen. Solcher Beobachtungen sind aber auch im ganzen sehr wenige angestellt.

Indeß scheinen doch folgende Sätze ziemlich erwiesen; bei trockner Luft ist die Electricität stärker, bei feuchter Luft schwächer; eben so ist sie bei kalter Luft stärker als bei warmer; und dies wohl deshalb, weil trockne und kalte Luft ein schlechter, feuchte und warme Luft ein guter Leiter der Electricität ist; — in letzterem Falle wird die Electricität eben deswegen von den niedrigen Luftschichten fortgeführt. — Bei Regen, Schnee und andern Feuchtigkeits-Meteoren ist die Electricität sehr veränderlich. In den mehrsten Fällen ist die atmosphärische Electricität positiv; kurz vor und nach dem Regen negativ. Die tägliche Electricität scheint am Abend ihr Maximum zu erreichen.

Sichtbar wird die Luftelectricität, wenn sie als Blitz hervortritt. Das häufigere oder seltenere Eintreffen dieses Phänomens ist ein nicht ganz zu übersehendes klimatisches Moment. In den mehrsten meteorologischen Tagebüchern findet man darüber Aufschluß. —

§. 8.

Da es durch die Versuche Humboldt's, Gay-Lussac's, Configliachi's und mehrerer Physiker als entschieden zu betrachten ist, daß die Bestand-

schiedener Höhe und überhaupt unter sehr verschiedenen äußeren Umständen in Rücksicht des gegenseitigen quantitativen Verhältnisses beinahe unverändert bleiben *), so kann die chemische Beschaffenheit der Atmosphäre nicht als klimatisches Moment aufgeführt werden.

An gewissen Orten nimmt aber die Atmosphäre außer ihren gewöhnlichen Bestandtheilen auch ganz fremde Stoffe auf; deren Einfluß auf die Vegetation nicht zu läugnen ist. Die Schwefeldämpfe, welche an einigen Orten, z. B. der Solfatara bei Neapel, aus dem Boden steigen, wirken auf die Pflanzen schädlich ein, oder zerstören sie gänzlich. Aehnliches gilt von denjenigen Orten, wo die Atmosphäre mit Salzen stark geschwängert ist, wie in Arabien und mehreren Orten Asiens, so auch in den Hochebenen Mexico's. Allein der Einfluß dieser zufälligen Einmischungen findet doch in der Regel nur innerhalb enger Grenzen Statt; und kann deshalb nicht in Betrachtung kommen, wenn von den Zonen oder anderen größeren Abtheilungen der Erdoberfläche die Rede ist. —

§. 9.

Wäre die Ernährung der Pflanzen **) den Pflanzenphysiologen hinlänglich bekannt, so würden wir

*) Die Behauptung Vogels, daß die Meerluft eine geringere Menge Sauerstoff enthalte, bedarf wohl einer näheren Prüfung. Auf jeden Fall ist der Unterschied höchst unbedeutend.

**) Vergleiche außer den allgemeinen pflanzenphysiologischen Werken über diesen Gegenstand: Duhamel mémoires de l'academie des sciences. 1748. Ingenhous's Versuche über die Ernährung der Pflanzen. Leipzig 1798. Humboldt Florae

über den Einfluß der chemischen Beschaffenheit des Bodens auf die Pflanzen ein weit sichereres Urtheil fällen können, als wir es jetzt vermögen. Ob die Pflanzen in dem Wasser (besonders in dem darin enthaltenen Kohlen- und Stickstoffe) und in der Atmosphäre hinlängliche Nahrung finden, oder ob sie auch aus dem Boden, unmittelbar oder mittelbar durch das Wasser, Stoffe aufnehmen; ist eine bis jetzt nicht entschiedene Frage. Für die Meinung, daß der Boden den Pflanzen keinen Nahrungsstoff mittheilt, sondern nur zur Befestigung und zur Aufnahme und Vertheilung des Wassers dient, führt man mehrere Versuche an. In eine bestimmte Menge von Erde hat man Saamen gelegt; und nachdem sich aus diesen Pflanzen von bedeutender Größe entwickelt hatten, fand man doch die Menge der Erde unverändert. Ferner hat man im destillirten Wasser, in Baumwolle und in Schwefelblumen, Pflanzen aus Saamen gezogen, die durch chemische Analyse die nämlichen Bestandtheile darboten als ihre Artsverwandten, die in Dammerde oder anderen Erdarten gewachsen waren. In der Asche von Pflanzen findet man oft Erdarten, die in dem Boden, worin die Pflanzen standen, gar nicht vorhanden sind; z. B. kohlensaure Kalkerde (sogar bis 50 pr. C.) in dem

Fribergensis specimen. Leipzig 1794. Schrader und Neumann Preisschriften über die eigentliche Beschaffenheit und Erzeugung der erdigen Bestandtheile. Schrader über die erdigen Bestandtheile der Gewächse in Hermbstädts Archiv der Agriculturchemie 2. Band. Berlin 1806. Einhof vermischte Bemerkungen; ibid. Chaptal annales de Chimie T. 74. p. 320. Seguin ibid. T. 83. p. 54. J. F. John über die Ernährung der Pflanzen. Berlin, 1819.

Holze von Fichten, welche in Kieselerde gezogen waren. Pflanzen aus ganz verschiedenem Boden geben oft die nämlichen Bestandtheile, und das nämliche Verhältniß derselben; weshalb es wohl nicht zu läugnen ist, daß die Pflanzen vermittelst einer inneren Kraft Stoffe hervorzubringen vermögen. —

Es sind indeß diese Versuche, oder der aus denselben gezogene Schluß keinesweges über allen Zweifel erhoben. Die Versuche nach welchen die Erde in ihrer Menge unverändert geblieben ist, während des Wachsthums der darin sich befindenden Pflanzen, sind eben nicht mit der größten Vorsichtl angestellt, ;und es läßt sich immer als nicht ganz unwahrscheinlich erinnern, daß die Erde einen wirklichen Verlust erlitten habe, der aber auf andere Weise ersetzt ist; z. B. durch Stoffe, die vom Wasser zugeführt sind. Pflanzen die in destillirtem Wasser und anderen erdfreien Substanzen gezogen sind, haben ihre völlige Größe und Entwicklung nicht erreicht; einige davon haben sich vielleicht gar nur durch die Saamenblätter ernährt; und gesetzt auch, die Pflanzen könnten, wo die Erde fehlte, aus dem Wasser und der Atmosphäre hinlängliche Nahrung erhalten, so ist doch dadurch nicht entschieden, daß sie aus dem Boden, wo dieses Statt findet, keine Stoffe ziehen. Hiezu kommt auf der andern Seite, daß verschiedene Chemiker, besonders John *), es durch Versuche wahrscheinlich gemacht haben, daß Salze, Metalle und Erdarten wirklich von den Pflanzen aufgenommen werden. Ferner enthalten Pflanzen, die am Meergestade wachsen, eine bedeutende Menge Natron. Verschiedene Flechten,

---

*) l. c.

welche auf einem Boden wachsen, der Eisenoxyd enthält, zeigen durch ihre rothe Farbe, daß sie dieses Oxyd aufgenommen haben, welches auch die Analyse bestätigt. Endlich lehrt uns die Erfahrung, daß im wilden Zustande viele Pflanzenarten vorzüglich auf einem bestimmten Boden vorkommen z. B. Tussilago Farfara auf Thon; verschiedene Arten von Gypsophila auf Gyps u. s. w.; nach dem Zeugnisse der Forstmänner haben Bäume, welche auf Kalk gewachsen, ein festeres Holz, als die von anderem Boden; und sowohl der Landmann als der Gärtner erfahren täglich den bedeutenden Einfluß, welchen die Bestandtheile des Bodens, besonders aber der Dünger auf die angebauten Pflanzen ausüben. Diese Erfahrungen von den genauen Verhältnissen zwischen gewissen Pflanzen und gewissen Erdarten sind indeß keine entschiedenen Beweise, daß die chemische Mischung des Bodens auf jene Einfluß habe; denn es ist immer möglich, daß diese Wirkungen Folge der physischen Eigenschaften des Bodens sind.

Daß die Pflanzen auf jeden Fall nicht unmittelbar die Erdarten in sich aufnehmen, sondern daß ihre Bestandtheile, wenigstens der größte Theil derselben, Producte ihres Assimilations-Vermögens sind, läßt sich wohl nicht läugnen; so wie aber die Thiere aus sehr verschiedenen Nahrungsmitteln die für sie passenden Stoffe aufnehmen, und assimiliren, so ist es wohl auch wahrscheinlich, daß die Pflanzen aus der Atmosphäre, dem Wasser und dem Boden die passenden Stoffe ziehen, und daß diese alsdann in diejenigen Bestandtheile übergehen, welche wir in den Pflanzen antreffen. —

Diese Untersuchungen leiten uns zu dem Schlusse, daß die Frage über den Einfluß der chemischen Eigenschaften des Bodens auf die Pflanzen zu denjenigen gehört, wo der Pflanzenphysiolog, statt die Pflanzengeographie zu unterstützen, auf dem gegenwärtigen Standpunkte vielmehr deren Hülfe bedarf. —

Weniger zweifelhaft ist die Frage in Hinsicht der physischen Beschaffenheit des Bodens. So ist sicher die Beschaffenheit der Oberfläche, besonders bei den Gebirgsarten kein unbedeutendes Moment. Auf Gebirgsarten von einer glatten Oberfläche können unter übrigens gleichen Umständen die Flechten sich nicht so wohl befestigen als an solchen, deren Oberfläche rauh oder uneben ist; in den letzteren bleibt das Wasser länger stehen und giebt den Moosen und kleinen phanerogamen Pflanzen Gelegenheit zu keimen, und an solchen findet man deshalb in der Regel eine größere Menge dieser Gewächse. Auf der anderu Seite erhöht die ebene Oberfläche die Temperatur. Die Härte und der Zusammenhang des Bodens oder der Felsen haben einen nicht geringeren Einfluß. — In einer sehr harten Gebirgsart gedeihen nur Pflanzen, die mit sehr starken Wurzeln versehen sind, oder auch solche, die keine Wurzeln haben; ja es giebt Gebirgsarten, die so hart und so zusammenhängend sind, daß sie durchaus keine Vegetation verstatten. Ich habe auf dem Etna Lavaströme gesehen, die so alt sind, daß keine historische Nachricht von ihrer Entstehung vorhanden ist, und doch von Vegetation entblößt sind. Auf der andern Seite kann auch Mangel an Zusammenhang den Boden unfruchtbar machen, dieses gilt vom Flugsande, worin nur solche Pflanzen gedeihen, deren Wurzeln sehr tief gehen und sich weit ausbreiten. —

Gebirgsarten, die an der Atmosphäre leicht verwittern, sind für das Aufkommen der Pflanzen günstiger als solche, die dem Einflusse derselben länger widerstehen. In den alpinischen Regionen trifft man deshalb gewöhnlich eine bessere Vegetation auf Glimmer- oder Thonschiefer als auf Granit oder Gneis. Auch die Farbe des Bodens darf nicht übersehen werden; sie wirkt auf die Temperatur desselben ein. Auf dem Etna bei Nicolosi ist eine große beinahe ebene Strecke ganz mit schwarzer vulkanischer Asche bedeckt, eine Folge des Ausbruches vom Jahre 1669, welcher Catania zerstörte; in dieser völlig sterilen Asche hat man Löcher gegraben, diese mit Dammerde ausgefüllt und in dieselbe Weinstöcke gepflanzt; obgleich die Wurzeln sich nicht ausserhalb der Dammerde verbreiten, tragen die Stöcke doch gute Trauben, wozu die schwarze Asche und die dadurch erhöhte Temperatur wahrscheinlich nicht wenig beiträgt. Auf der Insel Graziosa (einer der canarischen) fand Humboldt Sand von zweierlei Farbe, der eine war weiß, der andere (basaltisch) völlig schwarz; das Thermometer zeigte in diesem 51°,2 C. in jenem nur 40°,0 C. *)

Die Kenntniß der chemischen und physischen Beschaffenheit des Bodens in einer gewissen Gegend schöpft man aus mineralogischen und geognostischen Beschreibungen derselben, wobei petrographische Karten eine leichtere Uebersicht geben. Wo solche Beschreibungen fehlen, müssen topographische und statistische Werke berücksichtigt werden. In den pflanzengeographischen Beschreibungen über einige Länder oder Gegenden darf

*) Voyage partie hist. T. I. p. 184.

eine Uebersicht der geognostischen und mineralogischen Beschaffenheit nicht fehlen; dies ist z. B. in Wahlenbergs Flora Carpathorum beobachtet.

Die Temperatur des Bodens hängt wohl zum Theil von der gedachten chemischen und physischen Beschaffenheit desselben ab (von dem Kalkgehalt, der Farbe, der Oberfläche u. s. w.), allein doch hauptsächlich von der Temperatur der Atmosphäre. Durch viele Erfahrungen in verschiedenen Theilen der Erde ist es jetzt außer allem Zweifel gesetzt, daß die Erdrinde in einer gewissen Tiefe das ganze Jahr hindurch eine unveränderte Temperatur beibehält; und daß diese Beständigkeit gegen die Oberfläche zu abnimmt, bis zur Oberfläche selbst, wo die Veränderungen eben so bedeutend werden als in der Atmosphäre, ja vielleicht noch bedeutender, wenigstens in Hinsicht der täglichen Oscillationen. —

So viel mir bekannt, sind zur Vergleichung der Temperatur der Erdoberfläche und der Atmosphäre keine regelmäßigen Beobachtungen, längere Zeit hindurch, angestellt; obgleich solche in Hinsicht der Pflanzen sehr interessant seyn würden. Außerdem daß die unveränderte Temperatur, welche wir in einer gewissen Tiefe bemerken, wahrscheinlich unmittelbar auf die Pflanzen einwirkt, wodurch vielleicht die Stämme der Bäume im Winter eine höhere Temperatur als die der Atmosphäre erhalten; — wird die Kenntniß der Erdtemperatur uns auch deshalb wichtig, weil sie, wo Beobachtungen über die Temperatur der Atmosphäre fehlen, uns in Hinsicht dieser Winke giebt. Wir werden nämlich (in der 3ten Abth.) sehen, daß die Erdtemperatur vom Aequator nach den Polen zu, von der Meeresfläche bis zu den Bergspitzen allmählig abnimmt, daß in der temperirten Zone die Erdtemperatur der jährlichen Mitteltemperatur der Atmosphäre beinahe gleich ist, in der heißen und kalten Zone etwas, doch nach einem gewissen Verhältnisse, abweicht. Die Temperatur der Erde erfährt man theils durch Thermometerbeobachtungen in tiefen Kellern, Brunnen, oder Gruben, theils durch Untersuchung der Temperatur der Quellen. Dergleichen Beobachtungen müssen aber mit Vorsicht angestellt seyn; denn in Kellern, Brunnen, oder Gruben hat die Feuchtigkeit so wie auch die Beschaffenheit des Gesteins Einfluß *); und in Hinsicht der Quellen hängt die Temperatur von verschiedenen Umständen ab, nämlich von der größeren oder geringeren Tiefe, in welcher die Quelle entspringt, der Beschaffenheit der Erdschichten, durch welche sie läuft, den fremdartigen Bestandtheilen, die sie aufnimmt u. s. w. Man muß daher in einer Gegend mehrere Quellen von verschiedener Lage auch zu verschiedenen Jahreszeiten untersuchen **).

*) Humboldt lignes isoth. p. 597.

**) Cfr. Ermann über die aus Beobachtungen der Quellen sich ergebende Temperatur des Bodens. Abhandlungen der Königl. Akademie der Wissenschaften in Berlin. 1818 — 19., — und ferner noch über diesen Gegenstand: v. Buch über die Temperatur einiger Quellen in der Gegend von Neufchatel. Gilberts Annalen 1806. Ejusd. Reise in Norwegen und Lappland. Dalton meteorological Essays. Wahlenberg Rön om Springkällors Temperatur i Svenska Wetenskaps Akademiens Handlingar. 1809. 4. H. p. 205. Flora lapponica und übrigen pflanzengeographischen Werke. Gilberts Annalen 1812. In wie fern es anzunehmen sey, daß in einer sehr bedeutenden Tiefe eine höhere Temperatur Statt fände, wie man dies aus Beobachtungen in Gruben schließt, und deshalb eine der Erde

Die Feuchtigkeit des Bodens hängt theils von der Feuchtigkeit der Atmosphäre, theils von den chemischen und physischen Eigenschaften des Bodens selbst ab. In einer Gegend, wo die jährliche Regenmenge größer ist, muß auch sowohl die Feuchtigkeit des Bodens als die Menge des Wassers in Quellen, Flüssen, Seen und Sümpfen bedeutender ausfallen; doch ist hier die Vertheilung der Regenmenge in den verschiedenen Jahreszeiten von großer Bedeutung. Die Bestandtheile, der Zusammenhang und die hygroscopische Beschaffenheit des Bodens ist aber nicht weniger wichtig. Durch einige Erdarten, z. B. Sand geht das Wasser schneller; in anderen z. B. Thon hält es sich länger. Zur Kenntniß des Bodens in dieser Hinsicht hat man bisjetzt keine anderen Hülfsmittel als Topographien, die eine gewisse Gegend als sumpfig oder trocken, als quellenreich u. s. w. beschreiben. Mittelbar können indeß hygrometrische Messungen so wie auch die geognostische Beschreibung der Gegend Aufschluß geben. —

§. 10.

In Hinsicht derjenigen Pflanzen, welche im Wasser vorkommen, besonders aber der eigentlichen Wasserpflanzen, für welche das Wasser das umgebende Medium bildet, ist die verschiedene Beschaffenheit derselben als ein pflanzengeographisches Moment zu betrachten; ja selbst in Rücksicht der Landpflanzen ist die

---

eigenthümliche von der Einwirkung der Sonne unabhängige Wärme zu statuiren sey; scheint eine in der Pflanzengeographie gleichgültige Frage zu seyn. —

Kenntniß des Wassers sowohl im Meere als in Seen nicht ganz unwichtig, weil dasselbe auch auf die Atmosphäre Einfluß hat.

Was den Salzgehalt des Wassers *) betrifft, so scheint dieser für die Wasserpflanzen ein sehr bedeutendes Moment zu seyn. Es giebt nämlich nur sehr wenige Pflanzen, die sowohl im salzigen als im süßen Wasser vorkommen; ja es zeigen sich zwischen den Meerpflanzen und den Pflanzen des süßen Wassers generische und Familien-Unterschiede; so ist z. B. die große Familie Fucoideae dem Meere eigenthümlich. Es wird schon daher wahrscheinlich, daß der verschiedene Grad von Salzgehalt des Meerwassers auch auf die Pflanzen einwirkt, und dies bestätigt auch die Erfahrung. So findet man, wenigstens so viel mir bekannt ist, keinen Fucus im caspischen Meere; und an den Küsten der Mittelmeere trifft man von Fucis wenigere und kleinere Arten als an den Küsten des offenen Meeres. —

Fremdartige Theile, die an einigen Orten im Wasser sich befinden, wirken gewiß auch auf die Vegetation. Dies gilt z. B. von Schwefelquellen und Schwefelseen. Gewöhnlich findet aber dann zugleich eine Veränderung der Temperatur Statt. Daß nun überhaupt die Temperatur des Wassers ein wichtiges Moment sey, läßt sich nicht in Zweifel ziehen; theils folgt es schon aus der analogen Wirkung der Temperatur der Atmosphäre, theils werden wir auch davon unmittelbar

*) Humboldt voyage, partie hist. Vol. I. J. Davy in philosophical Transact. 1817. Marcet ibid. 1819. Gay Lussac in Annales de Chemie Physique 1817. Vol. 6 et 7 und Gilberts Annalen 1819 St. 10 et 11.

überzeugt. In sehr heißen Quellen fehlt die Vegetation entweder gänzlich oder ist auf sehr wenige, oft eigenthümliche Arten beschränkt; — in den sehr erhabenen Alpen-Seen fehlt die Vegetation beinahe gleichfalls, obgleich der Boden im nämlichen Niveau mit Alpenpflanzen reichlich geschmückt ist, — wahrscheinlich weil diese Seen den größten Theil des Jahres gefroren sind, und sie vorzüglich ihr Wasser von dem auf den umliegenden Bergen geschmolzenen Schnee bekommen. Auch bieten die Meerpflanzen verschiedener Zonen Unterschiede dar. —

Zu bedauern ist es, das es zur genauen Kenntniß der Meeres-Temperatur in verschiedenen Zonen und in verschiedener Tiefe noch gar zu sehr an Beobachtungen gebricht. Diese lassen sich auch nicht so leicht als in der Atmosphäre anstellen. Nur an den Küsten ist es möglich regelmäßige tägliche Beobachtungen am nämlichen Orte vorzunehmen; — an dem freien Meere lassen sich die Gesetze nur von einzelnen Beobachtungen verschiedener Beobachter ableiten. Die Strömungen des Meeres verursachen bedeutende Abweichungen; und die verschiedene Tiefe des Meeres macht, daß unter übrigens gleichen Umständen an der Oberfläche des Wassers das Thermometer einen verschiedenen Stand bekömmt. Auf hoher Breite bewirken schwimmende Eismassen Abnormitäten. Auch in Rücksicht des Instrumentes finden Schwierigkeiten Statt, besonders wenn von der Temperatur der tieferen Schichten die Rede ist. Entweder nämlich muß man das Wasser aus der Tiefe an die Oberfläche heraufbringen, und dann wird die Temperatur schwerlich unverändert bleiben, oder man bedient sich eines Thermometrographes, welcher nur die Extreme angiebt *)

Durch die wissenschaftlichen in neueren Zeiten vorgenommenen See-Expeditionen hat man doch gute Beiträge zur Kenntniß der Temperatur des Meer-Wassers erhalten **).

Leichter wäre die Temperatur der Seen zu untersuchen, doch haben wir hier eine geringere Menge von Beobachtungen ***).

Die Bewegungen des Meeres, oder die **Strömungen**, bringen Veränderungen in der Temperatur sowohl des Meeres als mittelbar in der der Atmosphäre hervor: sie führen Saamen und Früchte, ja Stämme nach fernen Küsten; z. B. die mexikanische Strömung, welche westindische Früchte nach den Küsten Großbritanniens und Norwegens †) und Treibholz nach Island

*) Größtentheils sind indeß diese Schwierigkeiten durch die Vorrichtungen, die man neuerdings in England getroffen hat, gehoben. Cfr. **Parry** Journal of a voyage etc. London, 1821. 4to.

) **Humboldt voyage, partie hist. Vol. I. **Peron** annales de Chimie et de Physique. T. 5. **Horner** in Krusensterns Reise 3. **Marcet** l. c. und **Gilberts** Annalen. 1819 St. 10 und 11.

***) Bibliothèque universelle. 1819. (Vol. 12. p. 118) et 1820. Juin. **Saussure** voyage T. I. p. 18.

†) **Pennant** voyage to the Hebrides. 1772. **Ström** Söndmörs Beskriveh. 1. D. 2. Cap. §. 3. **Gunnerus** Efterretning om de saakaldte Löfnings-Stene, Trondhjemske Selskabs Skrifter, 3. Deel. Aehnliche Beispiele findet man in **Bory de St. Vincent** voyage dans les quatre iles principales des mers d'Afrique. P. 3. p. 156. **Humboldt** voyage Partie hist. vol. I. p. 137.

führt. Möglicherweise können dadurch die Verbreitungsbezirke der Pflanzen erweitert werden, wenn die Saamen nach einem Lande, wo ein passendes Klima herrscht, geführt werden. Die schnellere oder langsamere Bewegung des Wassers in Flüssen und Seen wirkt auf die Vegetation; denn einige Pflanzen gedeihen besser im stehenden, andere im fließenden Wasser. Eine sehr schnelle Bewegung hemmt alle Vegetation. —

Daß die Kenntniß des Wassers bisjetzt noch sehr unvollständig und unvollkommen ist, wird indeß in der Pflanzengeographie weniger bedeutend, weil die Zahl der eigentlichen Wasserpflanzen im Vergleich mit den Landpflanzen sehr geringe ist. —

2te Abtheilung.

Ortslehre der Pflanzen

oder die Lehre von den örtlichen Verhältnissen der Pflanzenformen.

1stes Stück.

Oertliche Verhältnisse der Arten.

§. 11.

Schwerlich ist in der botanischen Terminologie irgend ein Theil so vernachläßigt als derjenige, welcher die örtlichen Verhältnisse der Pflanzen betrifft. Linné, dessen Werke sich sonst durchgehends durch Scharfsinn und logische Haltung auszeichnen, hat die Kunstwörter für die Ortsverhältnisse der Pflanzen mit einer großen Unbestimmtheit abgehandelt, weshalb in dieser Hinsicht auch eine große Verwirrung entstanden ist. So heißt es z. B. in der Philosophia botanica §. 334: „loca natalia respiciunt regionem, clima, solum et terram“ und nachher: „habitationes plantarum eo loco patescunt, quibus constat unde plantarum species conquirendae pro herbariis, hortis, medicina, oeconomia." — „regio tradat regnum, provincias, pagos etc." — „solum respicit telluris naturam." — „terrae plantis foventes sunt humus, arena, argilla, creta." Es scheint also das Wort habitatio sich entweder nur auf die politische Eintheilung zu beziehen, oder in so weitläuftigem Sinne genommen, daß es alle örtlichen Verhältnisse umfaßt, und nicht in dem weit engeren Sinne, worin die neueren Schriftsteller es nehmen, bald nämlich als Synonym mit Statio, bald als diesem Begriffe entgegengesetzt (siehe unten). Regio scheint bei Linné sämmtliche örtlichen Begrenzungs-Verhältnisse zu umfassen, und nicht wie es bei den mehrsten neueren der Fall ist, nur die der Höhe; clima dürfte wohl nicht als örtliches Verhältniß aufgeführt werden, es ist dasjenige, welches hauptsächlich die örtlichen Verhältnisse und namentlich die regio (im Linné'schen Sinne) bestimmt. Solum bedeutet bei Linné nicht den Boden, sondern die Beschaffenheit der Erdoberfläche überhaupt; denn theils wird nachher terra angeführt, theils wird darunter mare, sylvae, montes, alpes etc. begriffen. Terra ist der Boden; die Aufzählung der verschiedenen Arten ist unvollständig. In einer Abhandlung stationes plantarum *) wird der Ausdruck statio bald in einem sehr engen Sinne genommen, nämlich nur von den Verschiedenheiten des Bodens, bald in einem weitläuftigeren, in welchen sich fast die Verschiedenheiten nach allen äußeren Momenten einschließen lassen; —

*) Amoenitates academicae. Vol. 4.

es ist nämlich von plantae nemorenses, apricae, alpinae, montanae, u. s. w. die Rede, und diese Verschiedenheiten werden zu den Stationen gerechnet.

Die späteren Schriftsteller haben eben nicht viel zur genaueren Bestimmung diese Begriffe beigetragen, sondern vielmehr die Wörter: Standort, Region, Station, Habitation und Vaterland, bald in dem einen bald in dem andern Sinne gebraucht. Doch haben einige *) versucht sämmtliche Ortsverhältnisse auf zwei Hauptbegriffe, statio und habitatio, zurückzuführen, und dabei diesen Begriffen eine genauere Bestimmung dadurch zu geben, daß statio den Ort, worauf die Pflanze sich im wilden Zustande befindet mit Rücksicht auf die physische Beschaffenheit desselben, bezeichnet; habitatio aber, womit Vaterland (patria) gleichbedeutend seyn soll, den Ort mit Rücksicht auf die geographische Lage desselben **). so ist z. B. für Rubus chamaemorus die statio Moorgegenden, die habitatio aber der nördliche Theil von Europa, Asien und Amerika; — für Linnaea borealis die statio Nadelwälder, die habitatio aber: Skandinavien, das nördliche Deutschland und die Schweizergebirge. Beim ersten Anblick scheint diese Eintheilung in der Natur begründet zu seyn; eine nähere Untersuchung lehrt aber, daß die Begriffe auf diese Weise keinesweges hinläng-

*) Besonders Decandolle, Théorie élémentaire. Ed. 2. Par. 1819. §. 390.

**) Decandolle l. c. Analog hiermit ist der Unterschied, welchen Zimmermann (geographische Geschichte des Menschen etc.) und Treviranus (Biologie) zwischen der physischen und geographischen Verbreitung der organischen Körper machen. —

lich getrennt sind, noch sämmtliche Ortsverhältnisse erschöpfen. Statio sollte auf das physische, habitatio auf das geographische begründet seyn, allein insofern man unter dem letzteren nicht die politischen Eintheilungen meint, welche in pflanzengeographischer Rücksicht durchaus ohne Bedeutung sind, sondern nur die in der physischen Beschaffenheit begründeten Theile der Erde; so liegen ja im letzteren Falle so wie im ersteren physische Ursachen zum Grunde. Rubus chamaemorus wächst in Mooren weil der Bau dieser Pflanze einen feuchten Boden fordert; er findet sich nur in den kalten Gegenden; weil der Bau einer niedrigen Temperatur bedarf; in beiden Rücksichten sind physische Beschaffenheiten die Ursachen der örtlichen Verhältnisse. Ferner ist es ein örtliches Verhältniß, daß eine Pflanze in den Alpen nur zwischen 3000 und 5000 Fuß über dem Meere vorkömmt; wozu gehört aber dies Verhältniß, zur statio oder habitatio? Ist dies ein physisches oder geographisches Verhältniß? Das Verhältniß einer Pflanzenfamilie, daß sie gegen die Polen zu abnimmt oder umgekehrt gegen den Aequator, unter welchen von jenen Begriffen gehört dies? Statio ist übrigens von mehreren in einem engeren Sinne, nur in Hinsicht des Höhenverhältnisses, also mit Region gleich bedeutend, benutzt. Habitatio möchte wohl eben so gut von den mehr speciellen Verhältnissen der Pflanzen zu gebrauchen seyn, und ist auch in diesem Sinne von Schriftstellern angewandt; habitat in paludibus, in sylvis u. s. w., liest man oft. **Vaterland** (patria) möchte vielleicht besser die allgemeineren geographischen Verhältnisse bezeichnen; allein dies Wort wird auch zur Bezeichnung desjenigen Theiles der Erde benutzt, aus welchem eine allgemein verbreitete angebaute Pflanze ursprünglich gebracht ist; so spricht man z. B. von dem Vaterlande des Maises, des Weitzen u. s. w.; auch scheint der Ausdruck Vaterland wenig passend, wenn eine Pflanze eine ganze Erdzone bewohnt, so wie auch wenn sie nur in einer bestimmten Region einer gewissen Bergkette vorkommt.

Stromeyer *) unterscheidet die Verbreitung (extensio) und die Vertheilung (distributio) der Pflanzen. Jene erklärt er durch die Standörter der Pflanzen, und deren Verschiedenheiten in Hinsicht der Lage, des Umfanges, der Gränzen und Eigenschaften (also eigentlich sämmtliche örtlichen Verhältnisse) diese ist nach ihm das Verhältniß, welches in Hinsicht der Vegetation zwischen den verschiedenen Theilen der Erde Statt findet. — Die Verbreitung ist nach ihm entweder physisch oder geographisch, welche Ausdrücke nicht genauer erläutert werden, es scheint aber, daß er hier die statio und habitatio im Decandolleschen Sinne vor Augen gehabt hat. Außer den bereits angeführten Bemerkungen, scheint mir der Ausdruck Verbreitung (extensio) in diesem Sinne nicht zweckmäßig, weil er doch nur die Begrenzungs-Verhältnisse andeutet. —

Im Dictionnaire des sciences naturelles T. 18. p. 383. hat Decandolle die Begriffe statio und habitatio etwas verschieden erklärt; nämlich statio: die specielle Beschaffenheit der Localität, unter welcher jede Pflanzenart zu wachsen pflegt, und habitatio: die allgemeine Angabe des Landes, in welchem die Pflanze

*) Specimen historiae vegetabilium geographicae.

wild wächst; allein es scheint mir, daß hierdurch die Bestimmtheit der Begriffe wenig gewonnen hat.

Wegen dieser schwankenden Begriffe habe ich gemeint eine neue Eintheilung der örtlichen Verhältnisse vorschlagen zu müssen, in welcher die Begriffe doch nicht sehr verändert, sondern nur genauer bestimmt werden. Ich unterscheide demnach zuerst die Ortsverhältnisse, welche nicht nur den Arten, Gattungen oder höheren Pflanzengruppen, sondern auch jedem Individuum einer gewissen Pflanzengruppe beigelegt werden können, und diejenigen Ortsverhältnisse, welche nur der Art, der Gattung oder höheren Gruppe als solcher, aber nicht den einzelnen Individuen, zukommen. Jene Verhältnisse begreife ich unter dem gemeinschaftlichen Namen Vorkommen der Pflanzen, weil dadurch, wie es scheint, nicht unpassend alle äußeren Umstände, unter welchen eine Pflanze vorkommt, bezeichnet werden; hieher gehört also das die Pflanze umgebende Medium (ob Luft oder Wasser), der Boden, worin sie sich befindet, u. s. w., Verhältnisse, die zwar den Arten beigelegt werden können aber auch den einzelnen Individuen. Die Orts-Verhältnisse, welche nur der Art oder höheren Gruppe zukommen, sind entweder ihre Verbreitungsverhältnisse (Begrenzungsverhältnisse), sowohl in Hinsicht der geographischen Breite und Länge, als der Höhe über dem Meere; Verhältnisse die man unter dem gemeinschaftlichen Namen Verbreitungsbezirk begreifen kann; oder es sind die Ortsverhältnisse in welchen die Individuen der nämlichen Art, die Arten der nämlichen Gattung oder die Gattungen der nämlichen Familie zu einander stehen; oder mit andern Worten die Weise, auf welche die einer jeden Pflanzenform untergeordneten Formen oder Individuen auf der Oberfläche der Erde vertheilt sind; und diese Verhältnisse lassen sich wohl unter dem Namen Vertheilungsweise begreifen. Wenn es folglich heißt, daß eine Pflanzenart von 30° — 40° nördlicher Breite, von 20° — 50° östlicher Länge und von 3000 — 5000 Fuß über dem Meere anzutreffen sey, so werden dadurch die Grenzen angegeben, innerhalb welcher die Pflanze wächst, oder ihr Verbreitungsbezirk; und dies Verhältniß ist von der Natur, daß es den Individuen nicht beigelegt werden kann. Wenn wir endlich darauf aufmerksam machen, daß von einer Pflanzenart mehrere Individuen beisammen anzutreffen sind, oder umgekehrt daß sie einzeln vorkommen; — daß von einer Pflanzengattung in der heißen Zone eine große Zahl von Arten vorhanden ist, in der temperirten dagegen nur einzelne Arten gleichsam Repräsentanten jener tropischen Form angetroffen werden; daß eine andere Gattung dagegen sich in zwei Hauptformen darstellt, von welchen die eine der heißen, die andere der temperirten Zone angehört, oder ferner daß in einer gewissen Zone der Breite oder der Länge eine Gattung mit vielen Arten, wovon doch jede nur wenige Individuen zählt, hervortritt, in einer andern Zone dagegen mit wenigen Arten aber mit vielen Individuen (wie dies z. B. eine Vergleichung der Gattung Erica auf dem Vorgebirge der guten Hoffnung und in Europa zeigt); — oder wir stellen endlich ähnliche Verhältnisse der Familien auf, — alsdann wird die Vertheilungsweise bestimmt, ein Verhältniß das gleichfalls nur den Pflanzengruppen und nicht den einzelnen Individuen beigelegt werden kann. —

Das Verhältniß der Pflanzen zur Höhe über dem Meere wird gewöhnlich zur Statio gerechnet, denn die Eintheilung in plantae nivales, alpinae, montanae, collinae wird in diesen Begriff eingeschlossen. Ich habe aber kein Bedenken getragen dies zum Verbreitungsbezirke zu ziehn, da es ein wahres Begrenzungsverhältniß ist, da es nicht den Individuen sondern den Gruppen zukömmt, und endlich weil es dem Verhältnisse der Pflanzen zur geographischen Breite und Länge völlig analog ist. —

Hinsichtlich der lateinischen Benennungen für die drei aufgestellten Hauptverhältnisse, könnte man wohl für das Vorkommen den Ausdruck Statio annehmen, wenn er auch nicht völlig mit den bisher angenommenen Bedeutungen übereinstimmt. Verbreitungsbezirk dürfte wohl durch orbis extensionis oder extensio *) auszudrücken seyn, und die Vertheilungsweise durch modus distributionis oder distributio **).

Der Ausdruck Standort (locus natalis) würde wohl zur Bezeichnung der bloß politischen Eintheilungen zweckmäßig seyn, welche in den Floren gewöhnlich in der Absicht angeführt werden, um die Pflanzen finden zu können. Dies wird alsdann wohl mit der habitatio im Linné'schen Sinne gleichbedeutend. — Region (regio), nach Linné mit Vaterland gleichbedeutend, ist später bald zur Bezeichnung desjenigen Theiles der Erdoberfläche, welchen eine Pflanze ein-

---

*) Dieses Wort also im engeren Sinn als bei Stromeyer.

**) Auch nicht mit distributio Stromeyer gleichbedeutend.

nimmt, benutzt, und also mit Verbreitungsbezirk synonym (z. B. die Region des Weinstocks, des Oelbaums), bald aber im engeren Sinne nur mit Rücksicht auf die Höhe über dem Meere, für den Raum zwischen der oberen und niederen Gränze einer Pflanze. In diesem letzteren Sinne wollen wir diesen Ausdruck beibehalten. Vaterland (patria) wollen wir zur Bezeichnung der ursprünglichen Heimath einer, gewöhnlich angebauten, Pflanze anwenden; der Ausdruck kann aber auch größtentheils überflüßig werden, wenn wir den natürlichen und künstlichen Verbreitungsbezirk (extensio naturalis et artificialis) unterscheiden; jener wird durch die von der Natur selbst gesetzten Gränzen bestimmt, welche aber die Hand des Menschen erweitert haben kann. Die natürliche Polar-Gränze der Orangen übersteigt vielleicht nicht den 30° n. Br., durch Kunst ist sie an einigen Orten bis zu 44° gebracht. Der natürliche Bezirk der Roßkastanie ist innerhalb der temperirten Zone Asiens und dem östlichen Theile von Europa beschränkt; die Menschen haben aber die Gränze in geographischer Länge bedeutend erweitert. Aehnliches gilt natürlich auch von der Höhe. Auch das Vorkommen ist entweder natürlich oder künstlich (statio naturalis et artificialis), denn durch Kunst gedeiht eine Pflanze unter anderen äußeren Verhältnissen als denjenigen, welche ihr im wilden Zustande zukommen. Auch die Vertheilungsweise ist der Willkühr des Menschen zum Theil unterworfen, und sie läßt sich daher auch passend in die natürliche und künstliche eintheilen (distributio naturalis et artificialis). —

§. 12.

So wie die ersten Grundbegriffe für die örtlichen Verhältnisse der Pflanzen in den botanischen Werken nicht sehr logisch behandelt sind, so ist dies auch mit den specielleren örtlichen Verhältnissen der Fall, welche wir unter Vorkommen (statio) begreifen. Während man bei der Terminologie der Blätter sorgfältig die Kunstwörter, welche sich auf die Form beziehen, von denen trennt, welche die Beschaffenheit der Oberfläche, des Randes u. s. w. andeuten; vermengt man dagegen die Kunstwörter der örtlichen Verhältnisse ohne auf die Basis der Eintheilung Rücksicht zu nehmen; — weshalb oft gar kein Gegensatz der verschiedenen Kunstwörter Statt findet; so trifft man z. B. Kunstwörter als plantae alpinae, aquaticae, umbrosae u. s. w. unter der nämlichen Rubrik, obgleich diese Kunstwörter durchaus nicht einander entgegen gesetzt sind; da einer Pflanze sehr wohl alle drei beigelegt werden können. Mehrere Kunstwörter sind in sehr verschiedener Bedeutung gebraucht worden; — z. B. plantae campestres bald von Pflanzen, die im offnen Lande (angebaut oder unangebaut) im Gegentheil von Waldpflanzen vorkommen; — bald von Pflanzen die an unangebauten Orten im Allgemeinen vorkommen, bald endlich von Pflanzen die auf Ebenen wachsen, also den plantis montanis, collinis entgegengesetzt. — Es ist daher nöthig gewesen die ganze Terminologie der Ortsverhältnisse einer Revision zu unterwerfen; ich bin indeß so wenig als möglich von den angenommenen Begriffen und Namen abgewichen, und

habe

habe größtentheils nur gesucht jene bestimmter festzusetzen *).

Sämmtliche, unter den Hauptbegriff Vorkommen gehörigen Ortsverhältnisse lassen sich wohl füglich unter folgende Gesichtspunkte bringen:

I. In Hinsicht des Medium, welches die Pflanzen umgiebt:

1. Unterirdische Pflanzen (plantae subterraneae vel hypogaeae), Pflanzen die in der Erde wachsen und völlig von dieser umgeben sind. Dies ist schwerlich mit andern Pflanzen als mit den Trüffeln (Tuber), und einigen andern Gattungen der Schwämme (Sclerotium z. B.) der Fall; folglich nur mit den unvollkommensten Pflanzenformen. Mit den unterirdischen Pflanzen dürfen solche nicht verwechselt werden, die in Gruben oder Höhlen vorkommen, welchen von einigen auch dieser Name beigelegt ist; bei diesen ist aber nicht die Erde sondern die Luft das umgebende Medium. Man könnte wohl für diese die Benennung Höhlen- oder Grubenpflanzen (plantae cavernarum v. fodinarum) gebrauchen. Es gehören zu diesen auch nur unvollkommene Pflanzen, als Schwämme, Byssi, Flechten **). Es ließe sich hieraus der Schluß machen, daß die Pflanzen mehr als die Thiere von dem Lichte abhängig sind; denn unter den Thieren leben mehrere und vollkommnere sowohl in der Erde (Maulwurf), als in Gruben und Höhlen (der Proteus, verschiedene Insekten). —

*) Decandolle Theorie elementaire §. 392 et seq. ist mir bei dieser Arbeit nützlich gewesen.

**) Cfr. Humboldt Florae Friburgensis specimen.

Zu den unterirdischen Pflanzen machen diejenigen Landpflanzen einen Uebergang, von denen ein großer Theil sich unter der Erde befindet, z. B. Lathraea, Monotropa. —

2. Landpflanzen (plantae terrestres), Pflanzen, welche von Luft umgeben sind, doch gewöhnlich mit Ausnahme der Wurzel, welche sich in der Erde befindet. Die Benennung Landpflanzen bezieht sich eigentlich nur auf den Unterschied von denjenigen Pflanzen, die im Wasser vorkommen; wollte man bestimmter den Gegensatz von den unterirdischen Pflanzen ausdrükken, möchten sie plantae epigoae heißen. Einige *) haben hier auch den Ausdruck plantae aetherae benutzt, allein da dieser Ausdruck von andern **) für die Pflanzen der höchsten Bergregion gebraucht wird, so ist jener wohl diesem vorzuziehen. —

3. Eigentliche Wasserpflanzen (plantae aquaticae verae s. plantae submersae Hydrophyta) Pflanzen, welche sich völlig unter der Oberfläche des Wassers befinden, und wo also das Wasser das umgebende Medium ist. Eigentliche Wasserpflanzen trifft man beinahe nur unter den Acotyledonen und größtentheils unter den unvollkommneren derselben; die Familie der Algen bildet wohl $\frac{9}{10}$ der Hydrophyten. Indessen giebt es einige Moose (Fontinalis, Gymnostomum aquaticum) so wie auch einige unvollkommene Monocotyledonen, besonders von der Familie der Najaden (Fluvialis, Ceratophyllum, Zostera, Caulinia Persoon), die hieher gehören; die

*) Decandolle Théorie élémentaire p. 465.

**) Linné stationes plantarum p. 74.

Zahl derselben ist aber äußerst gering. Unter den höheren Monocotyledoner, so wie unter den Dicotyledonen befindet sich, so viel mir wenigstens bekannt ist keine eigentliche Wasserpflanze. Wie wenig das Wasser den Pflanzen als umgebendes Medium im Ganzen dienlich sey, erhellt schon aus der geringen Zahl der Wasserpflanzen; denn es sind deren wohl höchstens 800 beschrieben *) während die Zahl der beschriebenen Landpflanzen gegen 40000 beträgt; und doch ist in den neuesten Zeiten den Wasserpflanzen eine besondere Aufmerksamkeit gewidmet worden. Ganz anders verhält sich in dieser Hinsicht das Thierreich, denn wenn auch die Zahl der Wasserthiere, besonders wegen der großen Menge von Insekten, die der Landthiere nicht erreicht, so ist das Mißverhältniß doch bei weitem nicht so groß als zwischen den Wasser- und Landpflanzen. Auch treten unter den Thieren die vollkommneren Formen im Wasser hervor, selbst Säugethiere, oder, wenn man diejenigen Thiere ausschließt, die einer unmittelbaren Berührung der Luft bedürfen, und deshalb eher mit den uneigentlichen Wasserpflanzen zu vergleichen sind,

---

*) Die drei ersten volumina von Turner historia fucorum enthalten 196 Arten. Lyngbye hydrophytologia danica 260 Arten, welche bei Turner nicht vorkommen; freilich enthält das letztere Werk nur die nordischen Algen, weshalb die Zahl der bekannten Algen von denjenigen Gattungen, welche Turners Werk nicht enthält, größer wird, als die der bei Lyngbye aufgeführten Arten; es ist indeß zu bemerken, daß diese Formen in den verschiedenen Theilen der Erde nur geringe Unterschiede darbieten. Wenn Agardh species algarum vollständig herauskommt, so wird man hierüber ein sicheres Urtheil fällen können. Der erste Theil, Lund 1820, welche nur Fucoideae enthält, hat 205 Arten.

doch wenigstens Fische, die in der höchsten Hauptgruppe der Thiere, in der der Vertebraten, stehen. Auch trifft man unter den Wasserthieren sehr viele Hauptformen an, während die Wasserpflanzen beinahe auf eine einzige Familie beschränkt sind. —

4. Uneigentliche Wasserpflanzen (plantae aquaticae spuriae sive plantae emersae), die zum Theil unter dem Wasser sich befinden, zum Theil, besonders die Blumen und Blätter, mit der Atmosphäre in unmittelbarer Berührung stehen; das umgebende Medium ist also theils Wasser, theils Luft. Als solche treten nicht nur unvollkommnere Formen hervor, sondern selbst sehr ausgebildete Pflanzen, z. B. Nymphaea, Ranunculus. —

Nach der Beschaffenheit des Wassers sind sowohl die eigentlichen als uneigentlichen Wasserpflanzen entweder Meerpflanzen (plantae marinae) oder Pflanzen des süßen Wassers (plantae aquae dulcis s. plantae aquaticae sensu strictiori). Dieser Gegensatz ist ziemlich scharf; denn nur sehr wenige Arten z. B. Conferva glomerata sind dem salzigen und süßen Wasser gemeinschaftlich; ja eine Vergleichung dieser beiden Arten des Vorkommens zeigt uns häufig generische und Familien-Verschiedenheiten; so ist die Linne'sche Gattung Fucus, welche jetzt wohl mit Recht als eine Familie angesehen wird, dem Meere eigenthümlich; dies ist auch mit der Gattung Ceramium (Lyngb., nicht Roth) der Fall; dagegen kommen die Gattungen Hydrodictyon, Batrachospermum nur im süßen Wasser vor. Es scheint übrigens, daß in Hinsicht der Algen die mehr entwickelten Formen dem Meere gehören, die weniger ausgebildeten dem süßen Wasser. —

Auf die Pflanzen des süßen Wassers lassen sich, nach der Beschaffenheit desselben, verschiedene Kunstwörter anwenden; Seepflanzen, plantae lacustres, die in Seen vorkommen z. B. Nymphaea als uneigentliche, viele Conferven als eigentliche Wasserpflanzen. Flußpflanzen, plantae fluviatiles, v. fluviales, welche in Flüssen oder Bächen vorkommen; im letzteren Falle wohl auch plantae rivulares; ein Unterschied der wohl übrigens von geringer Bedeutung ist. Flüsse und Bäche, deren Lauf schnell ist, erlauben nur wenige Vegetation. — Beispiele von Flußpflanzen sind Potamogeton, Myriophyllum. Uebrigens findet zwischen Fluß- und See-Pflanzen keine scharfe Gränze Statt; die meisten sind beiden Gewässern gemeinschaftlich. Quellenpflanzen, plantae fontanae, lassen sich auch nicht immer von jenen unterscheiden. Beispiele sind; Montia fontana, Fontinalis antipyretica, Veronica anagallis, Rivularia elegans. Plantae stagnariae, die im stillstehenden nicht tiefen Wasser, und Grabenpflanzen, plantae fossarum, sind nicht leicht zu unterscheiden; Butomus umbellatus, Lemna, Ectospermum Lyngbye.

Mit Meerpflanzen (pl. marinae) dürfen Strandpflanzen (plantae littorales v. maritimae) nicht verwechselt werden; die letzteren wachsen am Ufer des Meeres z. B. Glaux maritima, Cakile maritima. Eben sowohl müssen die Pflanzen des süßen Wassers von denen unterschieden werden, welche an den Ufern der Seen und Flüsse vorkommen: Uferpflanzen (plantae ripariae); doch ist die Grenze in diesem Falle nicht so scharf als in jenem. Es scheint mir unrichtig mit dem Worte littoralis Pflanzen zu bezeichnen, die am Ufer des süßen Wassers wachsen. —

Die Wasserpflanzen unterscheiden sich im Allgemeinen durch eine lockere Substanz, durch in die Länge gedehnten Theile, und schwächere Farben; dies ist wohl zum Theil eine unmittelbare Wirkung des umgebenden Medium, theils aber auch eine mittelbare, in so fern nämlich das Licht, durch ein dichteres Medium gehend, geschwächt werden muß. Strandpflanzen enthalten gewöhnlich Salz, haben sehr oft eine graugrüne Farbe (color glaucus) z. B. Eryngium maritimum, Elymus arenarius, Atriplex portulacoides; auch kommen darunter viele Saftpflanzen vor z. B. Glaux maritima, Chenopodium maritimum, Mesembryanthemum nodiflorum.

5. Amphibpflanzen (plantae amphibiae), welche sowohl im Wasser (doch nur als uneigentliche Wasserpflanzen) als auf dem Lande vorkommen. Dies doppelte Vorkommen besteht entweder darin, daß von der nämlichen Art einige Individuen im Wasser andere auf trocknem Boden wachsen, z. B. Sisymbrium amphibium, — oder daß die nämlichen Individuen zu einem Zeitpunkte mit Wasser bedeckt sind, zu einem anderen nicht; für den letzteren Fall bedient man sich auch des Ausdruckes: überschwemmte Pflanzen (plantae inundatae) z. B. Juncus bufonius, Limosella aquatica.

6. Pflanzen, die innerhalb anderer lebenden Pflanzen vorkommen: plantae entophytae verae.

Diese sind indeß nicht in jeder Hinsicht mit den Eingeweide-Würmern (Entozois) zu vergleichen; denn sie befinden sich nur unter der Epidermis der Blätter oder Stämme, welche gewöhnlich berstet, wenn die Schmarotzerpflanzen völlig ausgebildet sind. Hieher gehören nur Pflanzen von sehr geringer Entwickelung; Uredo, Aecidium u. s. f.

7. Pflanzen, welche innerhalb anderer bereits abgestorbener Pflanzen vorkommen: plantae entophytae spuriae. Gleichfalls nur sehr unvollkommene Pflanzen, Stilbospora, Naemaspora u. s. w.

Mit voller logischer Schärfe wäre die Eintheilung nach dem umgebenden Medio folgende: 1. Erdpflanzen (plantae subterraneae); wo nur die Erde die Pflanze umgiebt. 2. Eigentliche Luftpflanzen, (plantae aëreae verae), die ganz von Luft umgeben, und an einem andern Körper nur befestigt sind. 3. Uneigentliche Luftpflanzen (plantae aëreae spuriae) deren Wurzeln von der Erde umgeben sind, der übrige Theil aber von der Luft. 4. Eigentliche Wasserpflanzen plantae aquaticae verae) die ganz vom Wasser umgeben sind. 5. Uneigentliche Wasserpflanzen (plantae aquaticae spuriae); von diesen befindet sich ein Theil im Wasser, der übrige Theil entweder in der Erde, oder in der Luft, oder in beiden letzteren zugleich; wonach diese Pflanzen wieder in drei Klassen zerfallen: plantae terrestri aquaticae, plantae aëreo-aquaticae, und plantae terrestri-aëreo-aquaticae. 6. Amphib-Pflanzen (plantae amphibiae), die sowohl im Wasser als auf trocknem Boden vorkommen. 7. plantae entophytae verae. 8. plantae entophytae spuriae. Allein um bei der Eintheilung und den Namen so wenig als möglich von den bereits allgemein angenommenen abzuweichen, habe ich jene Klassification vorgezogen.

II. In Hinsicht der Befestigung der Pflanzen.

1. Unbefestigte Pflanzen (plantae liberae, pl. natantes) die völlig frei auf der Oberfläche des Wassers schwimmen. Dies ist mit wenigen Pflanzen der Fall. Byssus flos aquae, Nostoc pruniforme, Lemna. Bei den meisten Pflanzen, welchen der Name natans beigelegt worden, sind entweder nur einzelne Theile z. B. Blumen, Blätter beweglich, mit der Wurzel aber ist die Pflanze in dem Boden befestigt, z. B. Potamogeton natans, oder man trifft von diesen Pflanzen losgerissene Theile als wahrhaft schwimmend und wohl erhalten an, z. B. Fucus natans. Einige unterscheiden natans und fluitans, und zwar so, daß eine planta natans sich auf der Oberfläche des Wassers befinden soll, eine pl. fluitans dagegen ganz unter derselben; für diese Begriffe hat man aber die Ausdrücke pl. emersa und submersa. Ich glaube deshalb, daß man lieber jene beiden Ausdrücke als Synonyme betrachten kann.

2. Befestigte Pflanzen (plantae adfixae) sind diejenigen, welche durch Wurzeln oder auf andere Art mit dem Boden oder einem anderen Körper in Verbindung stehen. Nach der näheren Beschaffenheit des Befestigungsortes kann man ferner unterscheiden:

a. In dem Boden befestigte Pflanzen (plantae terrae adfixae), es sey dieser Boden nun harter Fels oder lockere Erde. Hier unterscheidet man wieder:

α. Nach der chemischen Beschaffenheit des Bodens ließen sich eben so viele Benennungen machen als es verschiedene Erdarten giebt; Kieselpflanzen plantae silicaceae) gewöhnlich mit Sandpflanzen (pl. arenariae) synonym; z. B. Arundo arenaria, Herniaria glabra; — Kalkpflanzen (plantae calcareae) z. B. Sesleria coerulea; eine Unterabtheilung dieser sind die Kreidepflanzen (plantae cretaceae). Gipspflanzen (plantae gypsaceae) z. B. einige Arten der Gattung Gypsophila; — Salzpflanzen (plantae salinae, Halophyta) z. B. Salsola, Anabasis u. s. w. Die Strandpflanzen sind zugleich Salzpflanzen, aber nicht umgekehrt. Der Salzgehalt des Bodens ist die Ursache, weshalb mehrere Strandpflanzen auch an Salzquellen vorkommen, z. B. Salicornia herbacea, Glaux maritima. Torfpflanzen (plantae turfosae) z. B. Vaccinium oxycoccos, mehrere Carices. Derjenige Boden aber, welcher den Pflanzen am zuträglichsten ist, ist die Dammerde (humus). Uebrigens findet in Hinsicht des Bodens in der Natur keine scharfe Grenze zwischen den Pflanzen Statt; denn erstlich trifft man nur selten eine Erdart völlig unvermischt, wovon doch die Sanderde so wie auch einige Felsarten Ausnahmen bilden, im letzteren Falle aber befindet sich die Wurzel der Pflanze doch gewöhnlich nicht im dem Felsen selbst, sondern in der darauf gebildeten Dammerde; — und zweitens wird man sehr wenige Beyspiele von Pflanzen, die einem gewissen Boden ausschließlich eigen sind, aufführen können. Wenn wirklich solche Pflanzen vorhanden sind, müssen sie unter den unvollkommneren gesucht werden; besonders unter den Flechten. Link führt in seiner Abhandlung: Florae Goettingensis specimen sistens vegetabilia solo calcareo propria und einer späteren in Usteri Annalen 14 St. mehrere Pflanzen an, besonders aber Flechten, die nach ihm theils dem Kalkboden, theils anderen Erdarten eigenthümlich sind, es fragt sich aber, ob sie wirklich nur auf solchem Boden vorkommen; mit mehreren derselben ist es nach meiner Erfahrung nicht der Fall. Decandolle (Dictionnaire des sciences nat. T. 18. p. 377) versichert nach 7jährigen Reisen in Frankreich zu dem Schlusse gekommen zu seyn, daß jede Pflanze in jeder Erdart wachsen kann, und daß man nur in einer beschränkten Gegend Pflanzen antrifft, welche in dieser Gegend einem gewissen Boden eigenthümlich sind. —

Doch wird deshalb keinesweges die Kenntniß des Bodens überflüssig, denn schon das häufigere Vorkommen einer Pflanze in einem gewissen Boden zeigt, daß dieser der Pflanze am zuträglichsten sey; ein Umstand, der in pflanzengeographischer Hinsicht nicht zu übersehen ist.

β. Nach der geognostischen Beschaffenheit des Bodens ließen sich hiernach eben so viele Arten denken als es Gebirgsarten giebt; plantae graniticae, calcareae, mico-schistaceae, argillo-schistaceae, basalticae, vulcanicae u. s. w. Ob und in wie fern die geognostische Beschaffenheit des Bodens Verschiedenheiten in der Pflanzenwelt hervorbringt, und ob gewisse Pflanzen gewissen Gebirgsarten oder Formationen eigenthümlich sind; ist eine in der Pflanzengeographie, besonders aber in der Pflanzengeschichte, nicht unwichtige Frage. Es scheint aber, daß zwischen den Pflanzen und Gebirgsarten die Verbindung noch geringer ist, als zwischen jenen und der chemischen Beschaffenheit des Bodens. Wahlenberg *) fand in den Carpathen, daß die meisten Pflanzen dem Granite und dem Kalke gemeinschaftlich waren, nur 39 Arten kamen dort blos auf Kalk, 6 bloß auf Granit vor; allein in andern Gebirgen sah er von jenen 22 auf Granit, und von diesen 3 auf Kalk. Ich untersuchte in der Schweitz einen Durchschnitt der Alpenkette für welchen v. Buch **) eine geognostische Darstellung geliefert hat, und mit seiner Karte in der Hand konnte ich auf den verschiedenen Gebirgsarten keine auffallenden Vegetations-Verschiedenheiten entdecken. Eben so wenig schien mir die Vegetation in den Urgebirgen der Apenninen (besonders in Calabrien) von der abzuweichen, welche die Kalkgebirge derselben Kette enthalten, oder beide von der Vegetation auf den erloschenen und brennenden Vulkanen Italiens. Ich wüßte keine unter den Pflanzen des Etnas, von der ich mit Wahrscheinlichkeit behaupten könnte, sie käme in den Ur- oder Kalkgebirgen Siciliens oder Calabriens nicht vor. Schwerlich kommt auf den isländischen Vulcanen irgend eine phanerogame Pflanze vor, die nicht zugleich in den Urgebirgen Norwegens und Grönlands auch vorhanden ist. —

Es haben einige den Satz aufgestellt, es seyen die

---

*) Flora Carpathorum pag. LX. et seqv.

**) Reise über die Gebirgszüge der Alpen zwischen Glaris und Chiavenna. Magazin der Gesellschaft naturf. Fr. 1809. 2 Q.

vulkanischen Gebirge durch Eigenthümlichkeit der Vegetation ausgezeichnet *). Dies haben meine Beobachtungen mehrerer Vulcane durchaus nicht bestätigt; ja ich möchte nach diesen eher die entgegengesetzte Behauptung aufstellen. Der Mangel an eigenthümlichen Gewächsen auf Island ist dieser Meinung auch keineswegs günstig. In dem Verzeichnisse der Vegetation der canarischen Inseln, welche v. Buch uns liefert, befinden sich unter 513 phanerogamen Pflanzen zwar 150, die bisjetzt in keiner andern Gegend gefunden sind **); allein so lang die nahe Küste von Afrika uns beinahe unbekannt ist, dürfen wir sie nicht mit Sicherheit als eigenthümliche annehmen. Mehrere, welche früher als dieser Inselgruppe eigenthümliche Pflanzen aufgeführt wurden, sind später auf Madera und den capverdischen Inseln gefunden. Eine andere Behauptung in Hinsicht der Pflanzen vulkanischen Bodens, daß die Formen

*) z. B. Wildenow im Magazin der Gesellschaft naturforsch. Freunde zu Berlin, 1811, 2tes Quartal. Sprengel und Decandolle Grundzüge p. 342.

**) Abhandlungen der Akad. der Wissensch. in Berlin, 1816 — 17. v. Buch giebt p. 21. die Zahl sämmtlicher phanerogamen Pflanzen auf 472 an; allein das Verzeichniß p. 24. enthält 496, und in dem späteren Verzeichnisse der Pflanzen verschiedener Regionen kommen 17 vor, welche in jenem Verzeichnisse fehlen; z. B. Viola tricolor, Ranunculus fluviatilis; p. 23. bestimmt er die Zahl der eigenthümlichen Arten auf 175; nimmt man aber auf die von ihm selbst p. 35 und 47 gemachten Berichtigungen Rücksicht, und streicht zugleich mehrere aus, welche als eigenthümlich angeführt sind, aber auch ausserhalb vorkommen, z. B. Buphthalmum spinosum, Ephedra altissima; so bleiben nur 150 Arten zurück. —

mehr schwankend, in einander übergehend seyn sollten *), woraus sich vermeintlich auf eine jüngere Entstehung schließen ließe; scheint mir auch keinen Beifall zu verdienen. Es sprechen dagegen die Beobachtungen Humboldts auf den canarischen Inseln **) so wie meine eigenen auf den von mir untersuchten Vulkanen. Mehrere Gattungen, die in den alpinischen Regionen der Urgebirge viele Arten haben, zeigen in diesen sehr schwankende und in einander übergehende Formen, so daß die Bestimmung der Arten oft sehr unsicher wird; als Beispiele nenne ich nur die Gattungen: Saxifraga, Arenaria in den Schweitzeralpen, Draba in den scandinavischen Gebirgen.

Die geognostische Beschaffenheit des Bodens ist indeß eben so wenig zu übersehen als die chemische; einige Gebirgsarten verwittern leichter als andere, und erhalten daher eine üppigere Vegetation; die Beschaffenheit der Oberfläche ist den Pflanzen bei einigen günstiger als bei anderen, und hierin dürfte man vielleicht eher, als in der chemischen Beschaffenheit die Ursache suchen, warum einige Flechten einer gewissen Gebirgsart eigenthümlich sind, oder doch wenigstens in dieser am häufigsten vorkommen. —

γ. Nach dem Feuchtigkeitsgrade des Bodens. In dieser Hinsicht bedient man sich mehrerer Ausdrücke, denen indeß in der Natur keine scharf unterschiedenen Verhältnisse entsprechen: Sumpf-Pflanzen (plantae paludosae v. palustres)

---

*) Sprengel l. c., Bory de St. Vincent T. I. p. 220 und T. 3. 161., und mehrere.

**) Voyage part. hist. Vol. I. p. 419.

z. B. Hottonia palustris, Cineraria palustris. Diese gehen in die uneigentlichen Wasserpflanzen über. Hiervon unterscheiden sich wenig die Schlammpflanzen (plantae limosae) z. B. Limosella aquatica. Paludes caespitosi heißen Sümpfe, welche größtentheils von dicht an einanderstehenden Pflanzen mit verwickelten Wurzeln gebildet sind; Beispiele von Pflanzen solcher Sümpfe sind Sphagnum palustre, Drosera u. s. w. Pflanzen, welche in feuchten Wiesen wachsen, heißen Bruch-Pflanzen (plantae uliginosae) z. B. Primula farinosa. Pflanzen die einen trocknen Boden lieben, möchte man plantae soli aridi nennen, z. B. Scabiosa columbaria, Filago arvensis. — Natürlich hat die chemische Beschaffenheit des Bodens auf die Feuchtigkeit Einfluß. —

δ. Nach dem Zusammenhange und den übrigen Beschaffenheiten der Theile des Bodens. Felspflanzen (plantae rupestres s. rupicolae) die auf nackten Felsen wachsen z. B. Sedum rupestre, Campanula fragilis. Geschiebe-Pflanzen (plantae saxatiles) die auf isolirten Steinmassen vorkommen z. B. Thlaspi saxatile. Schutt-Pflanzen (plantae glareosae) die auf den, besonders in den Alpenregionen häufig vorkommenden aufgelößten Gebirgsarten vorzüglich gedeihen z. B Ranunculus alpestris und glacialis, Saxifraga rivularis. Sandpflanzen (plantae arenariae) die im Sande vorkommen; — wenn dies Flußsand ist, heißen die Pflanzen plantae sabulosae; Flugsandpflanzen könnten wohl plantae arenae mobilis genannt werden. —

b. An anderen lebenden Gewächsen befestigte Pflanzen (plantae epiphytae v. plantae parasiticae sensu latiori), Schmarotzerpflanzen. Diese sind entweder wahre Schmarotzerpflanzen (plantae parasiticae radicantes v. plantae parasiticae sensu strictiori), die an lebenden Pflanzen nicht nur befestigt sind, sondern auch aus diesen ihre Nahrung ziehen, z. B. Cuscuta, Viscum, besonders aber Schwämme, — oder uneigentliche Schmarotzerpflanzen (plantae parasiticae superficiales) die nur an einer andern lebenden Pflanze befestigt sind, allein nicht aus dieser die Nahrung erhalten; z. B. die meisten Laubmoose der Bäume. Nach dem Theile der Pflanze, auf welchem die Schmarotzerpflanze sich befindet, unterscheidet man: plantae epirhizae, epicormae, epyphylae. Diejenigen, welche auf Bäumen wachsen, heißen epidendrae. Fehlerhaft bezeichnet Linné *) diese letzteren mit dem Ausdrucke plantae arboreae; da dieser terminus gewöhnlich die Bedeutung hat, daß die Pflanze selbst holzartig ist. —

c. An bereits abgestorbenen Pflanzen befestigte (plantae epiphytae spuriae). Hieher gehören die meisten Schwämme, besonders Mucedines.

d. An lebenden Thieren befestigte (plantae epizoae). So trifft man Fuci und andere Algen an Wallfischen, an Muscheln u. s. w. z. B. Hutchinsia lepadicola Lyngb. Schwerlich giebt es

*) stationes plantarum.

indessen eine Pflanze, der dieser Befestigungsort eigen ist.

e. An todten Thieren befestigte (plantae epizoae spuriae); mehrere Schwämme, besonders mucedines. —

f. An Excrementen der Thiere befestigte (plantae fimetariae); z. B. Sphaeria Poronia, viele Agarici; auch mehrere von den vollkommneren Pflanzen gedeihen hier vorzüglich, z. B. Chenopodia Atriplices, Xanthium strumarium. Dies Vorkommen wie auch jenes in verfaulten Thieren und Pflanzen macht den Uebergang zu dem Vorkommen in der Dammerde. —

g. An Kunst-Erzeugnissen befestigte:

Mauer-Pflanzen (plantae murales v. murorum) z. B. Sodum acre, Dicranum murale. —

Ruinen-Pflanzen (plantae ruinorum) weichen von den vorigen nicht wesentlich ab.

Dach-Pflanzen (plantae tectorum) z. B. Sempervivum tectorum.

Plankwerks-Pflanzen (plantae parietinae) z. B. Lichen parietinus. —

Schutt-Pflanzen (plantae ruderales) nicht mit plantis glareosis zu verwechseln, z. B. Senecio viscosus. —

Es giebt von dieser Klasse noch viele andere Befestigungsörter, z. B. Weinfässer, Racodium cellare; Papier: Conferva dendritica; Fensterscheiben; Conferva fenestralis et punctiformis. —

Pflanzen, die in der Nähe von Städten und Dörfern vorkommen heißen plantae urbanae; z. B. Ono-

Onopordon Acanthium, Xanthium strumarium. In den mehrsten Fällen ist fremder Ursprung die Ursache, weshalb diese Pflanzen sich nur in der Nähe der Städte und Dörfer befinden.

III. In Hinsicht anderer Pflanzen, mit welchen sie vorkommen. Hier sind erstlich zwei Hauptfälle zu unterscheiden, entweder kommen die Pflanzen in Gesellschaft der angebauten oder der unangebauten Pflanzen vor; plantae locorum cultorum und locorum incultorum; die letzteren hat man wohl mitunter mit dem Namen: plantae sylvestres oder pl. agrestes bezeichnet; allein diese Ausdrücke bezeichnen auch bei vielen die wildwachsenden Pflanzen im Gegensatz zu den angebauten (plantis cultis), so wie der letztere auch als Synonym mit plantae arvenses, Ackerpflanzen, also gerade im umgekehrten Sinne gebraucht wird. Ich habe mich daher jener Benennungen bedient.

1. Pflanzen auf angebautem Boden (plantae locorum cultorum):

a. Ackerpflanzen (plantae arvenses); Gewächse, welche in bearbeiteten, besäeten oder bepflanzten Feldern vorkommen, es seyen die angebauten Pflanzen nun Getraide, Gemüsearten oder andere Feldfrüchte, z. B. Chrysanthemum segetum, Sinapis arvensis, Spergula arvensis, Campanula speculum. Mehrere kommen mit verschiedenen Feldfrüchten vor, andere nur, oder wenigstens vorzüglich mit einer gewissen angebauten Pflanze, z. B. Centaurea Cyanus mit Roggen, Suffrenia filiformis und mehrere Cyperi mit dem Reis. Im letzteren Falle giebt man namentlich diese angebaute Pflanze an, z. B. in agris secalinis, in oryzetis u. s. w. Linné *) versteht unter arva brachliegende Felder, unter agri dagegen jetzt angebaute; die mehrsten neueren Schriftsteller weichen aber hiervon ab, bedienen sich des Ausdruckes arvum im allgemeineren oben angeführten Sinne; ager gewöhnlich als hiermit gleichbedeutend; bisweilen aber auch des Adjectives agrestis für jede wildwachsende Pflanze im Gegensatze von planta culta. Für brachliegende Felder hat man auch das Wort novalia. Uebrigens ist der Unterschied zwischen diesen und den besäeten Feldern von keinem wesentlichen Einflusse. Um anzudeuten, daß eine Pflanze auf dem Acker vorkommt, während die Saat darauf stehet, sagt man auch: inter segetes (planta segetalis); für solche Pflanzen, die vorzüglich nach der Erndte zwischen den Stoppeln anzutreffen sind, hat man den Ausdruck: inter stipulas.

Die angebauten Pflanzen, welche den Acker bilden, dürfen also nicht pl. arvenses heißen, sondern sativae. Wäre jene Bedeutung des Wortes arvensis nicht so allgemein angenommen, so würde ich den Ausdruck arvicolae vorschlagen, und alsdann mit pl. arvenses die Feldpflanzen selbst bezeichnen; welches insofern besser wäre als pl. sativa, weil man unter diesen eigentlich nur die gesäeten, nicht die gepflanzten Gewächse begreifen sollte.

6. **Die Unkrautpflanzen der Gärten** (plantae horticolae) z. B. Lamium amplexicaule, Alsine media. Mehrere brauchen hier das Wort hortensis, allein da man hiermit auch, und

---

*) philosophia botanica p. 408.

wohl häufiger die im Garten cultivirten Pflanzen bezeichnet, so verdient wohl jener Ausdruck den Vorzug. Nach den verschiedenen in den Gärten gezogenen Pflanzen unterscheidet man plantae pomariorum (in Obstgärten) pl. olivetorum v. olivares (in Oehlgarten) pl. vineales (in Weingärten), pl. olitoriae (in Küchengärten; nicht pl. oleraceae, worunter die Küchengewächse selbst zu verstehen sind) u. s. w. Hierher gehören auch die Zaunpflanzen (plantae sepiariae); doch wäre wohl auch hier pl. sepicolae) eine zweckmäßigere Benennung, weil man unter pl. sepiariae auch die Pflanzen, welche lebendige Befriedigungen bilden, verstehen könnte.

Die mehrsten dieser Kunstwörter sind von den cultivirten Pflanzen der europäischen Länder entlehnt. Für andere Länder, besonders der heißen Zone, würden manche neue Ausdrücke nothwendig seyn. Uebrigens ist der Gegensatz zwischen diesen verschiedenen Arten des Vorkommens keinesweges bedeutend; viele Pflanzen kommen unter mehreren vor. Daß einige Pflanzen beinahe ausschließlich unter den angebauten Gewächsen gedeihen, rührt wohl theils daher, daß sie einen lockeren Boden fordern (Ackerpflanzen), oder einen wohl gedüngten Boden (die Unkräuter der Gärten), theils aber, und dies wohl vorzugsweise, weil sie nicht ursprüngliche sondern mit den angebauten Pflanzen eingeführte Gewächse sind. —

2. Pflanzen auf unangebautem Boden (pl. locorum incultorum). Wir haben bereits die Bemerkung gemacht, daß man nicht, ohne zur Verwechselung Anlaß zu geben, für diese Pflanzen den Ausdruck pl. sylvestres oder agrestes, noch weni-

ger die Benennung pl. campestres benutzen kann. Campus wird nämlich bald für flaches Land als Gegensatz von Hügeln und Bergen angewandt, bald auch für offnes Land als Gegensatz von Wäldern und Gebüschen. Da man aber für flaches Land oder Ebene die Benennung planities hat, so glaube ich, daß man campus im letzteren Sinne nehmen kann. Die Pflanzen der unangebauten Gegenden sind demnach:

a. Plantae campestres die in offnem, weder von Bäumen noch Gesträuchen bewachsenen, Lande vorkommen. Unterarten hiervon sind pl. pratenses, auf Wiesen, und pl. pascuae, auf Weiden. Da die Weiden in der Regel trockner, die Wiesen feuchter sind, so hat dies auch auf die Vegetation Einfluß; allein eben deshalb gehört dieser Unterschied gewissermaßen zu dem Feuchtigkeitszustande des Bodens. Trifolium pratense kann als eine Wiesenpflanze, Pimpinella Saxifraga als eine Weidepflanze angesehen werden. Beide Ausdrücke setzen übrigens voraus, daß die vorherrschenden Pflanzen Gräser sind; wo andere wildwachsende Pflanzen vorherrschen, erhält das örtliche Verhältniß von diesen den Namen; z. B. Ericeta, Heiden; die darin vorkommenden Pflanzen heißen ericetinae z. B. Exacum filiforme, Lichen ericetorum (Baeomyces roseus Achar). Rhododendreta mit Alpenrosen bewachsene Strecken, wie solche in den Alpen häufig sind; so findet man auch Strecken von bedeutender Ausdehnung mit Chamaerops humilis bewachsen (nicht selten in Sicilien), oder mit Cactusarten, in Südamerika u. s. w. — Aehnliche Verhältnisse treten bei den Uferpflanzen ein; z. B. Arundineta (mit Rohrgewächsen, Arundines bewachsen).

Ist die Gegend sehr öde, so daß beinahe keine Pflanzen darin wachsen, so heißt sie eine Wüste oder Steppe desertum; die einzelnen darin vorkommenden Pflanzen könnten dann plantae desertorum benannt werden, z. B. Fagonia arabica, Polycarpaea fragilis *).

6. Pflanzen die in Gesträuchen vorkommen (plantae fruticetorum et dumetorum) z. B. Origanum vulgare, Polygonum dumetorum, Asclepias vincetoxicum. Auch hier finden nach der Verschiedenheit der Pflanzen, welche die Gesträuche bilden, verschiedene Benennungen Statt z. B. Coryleta, Myrticeta, u. s. w.

c. Waldpflanzen, (plantae sylvaticae et nemorosae). Sylvae und nemora unterscheiden sich nach Linné dadurch, daß jene einen trocknen sandigen, diese einen feuchteren Boden haben; dieser Unterschied scheint aber nicht Beifall zu verdienen. Andere unterscheiden diese Begriffe so, daß sylvae nur die größeren zum Holzfällen bestimmten Wälder nemora dagegen die kleineren größtentheils Lustwälder bedeuten. Dieser Unterschied ist ziemlich schwankend und scheint in der Pflanzengeographie von keiner wesentlichen Bedeutung. Decandolle nimmt beide Ausdrücke als Synonyme an. Nach dem Hauptbestandtheile des Waldes unterscheidet man: Pinota, Fageta, Querceta, Palmeta u. s. w.

So wie das Vorkommen gewisser Pflanzen in Gesellschaft der angebauten Gewächse nicht in einem ge-

---

*) Cfr. Delile description de l'Egypte. Forskål Flora aegyptico-arabica. Desfontaines Flora atlantica.

genseitigen unmittelbaren Verhältnisse dieser Pflanzen begründet ist, eben so wenig scheint dieses in Hinsicht derjenigen Pflanzen der Fall zu seyn, welche mit andern wildwachsenden in Gemeinschaft vorkommen. Die Hauptursache, warum gewisse Pflanzen nur in Wäldern vorkommen, ist die, daß ihnen Schatten nöthig ist; die mehrsten wachsen deshalb eben so gut in Buchen- als in Eichenwäldern z. B. Anemone nemorosa, Hepatica triloba, Oxalis acetosella u. s. w.; daß die Pflanzen der Nadelwälder von denen der Laubwälder verschieden sind, rührt wohl von dem verschiedenen Boden her. Daß gewisse Gewächse in offnen Feldern nur in Gesellschaft gewisser Pflanzen angetroffen werden, hat wohl seinen Grund darin, daß sie gleiche äußere Verhältnisse fordern.

IV. In Hinsicht des Verhältnisses der Pflanzen zum Lichte.

1. Dem Lichte entzogene Pflanzen (plantae lucis expertes, plantae aphotistae). — Unterirdische Pflanzen; Gruben-Pflanzen.)

2. Schatten-Pflanzen (plantae umbrosae) die vorzüglich im Schatten vorkommen. —

3. Lichtpflanzen (plantae apricae) die dem Lichte ausgesetzt vorzüglich gedeihen.

Die Pflanzen sind in Hinsicht des Vorkommens darin unter sich sehr verschieden, daß einige unter sehr verschiedenen äußeren Umständen angetroffen werden, andere dagegen in dieser Rücksicht sehr beschränkt sind. Die Pflanzen, welche auf einer niederen Stufe der Ausbildung stehen, scheinen beschränkteren Vorkommens zu seyn; Blattschwämme (fungi epiphylli) auf gewisse Pflanzen beschränkt, Flechten die wir auf gewissen Erd-

oder Gebirgsarten erscheinen u. s. w. In Hinsicht der Verbreitung findet das umgekehrte Verhältniß Statt; denn die unvollkommneren haben in der Regel einen größeren Verbreitungsbezirk (cfr. §. 29). Da die Verbreitung eines Gewächses hauptsächlich von denjenigen äußeren Momenten, welche mit den Lebensäußerungen der Pflanze im engeren Verhältnisse stehen, — Temperatur, Licht, und zum Theil Feuchtigkeit — abhängt; — das Vorkommen dagegen hauptsächlich von den Momenten, welche mit den Lebensäußerungen im ferneren Verhältnisse stehen, — Boden und überhaupt Befestigungsort, zum Theil Feuchtigkeit und umgebendes Medium; so ist es leicht begreiflich, weshalb das Vorkommen und der Verbreitungsbezirk hinsichtlich der Ausbildungsstufe der Pflanzen im umgekehrten Verhältnisse stehen. —

§. 13.

Der Verbreitungsbezirk oder die Verbreitungssphäre (Extensio) einer Pflanze ist derjenige Theil der Erdoberfläche auf welcher die Pflanze angetroffen wird. Die Grenzen dieses Bezirks werden durch die drei Verbreitungs-Verhältnisse, Breite, Länge und Höhe, bestimmt. Der Bezirk ist nie in dem Sinne ununterbrochen, daß die Pflanzen völlig ausschließend einen gewissen Flächenraum bedeckt, sondern die Individuen werden mit Individuen anderer Pflanzen vermischt; — ferner bilden Boden und andere Verhältnisse des Vorkommens manche Unterbrechungen des Bezirks. Allein außerdem bieten sich nicht selten im Großen Unterbrechungen dar, welche vorzüglich auf den Temperatur-Verhältnissen beruhen. Nur für den letzteren Fall wollen wir uns des Ausdruckes: unterbrochener Verbreitungsbezirk (Extensio interrupta) bedienen; der Gegensatz hiervon ist zusammenhängender oder ununterbrochener Verbreitungsbezirk (Extensio continua). Viele Pflanzen der nördlichen Polarländer zeigen sich wieder auf den Gebirgen des südlichen Europas, fehlen aber in den Zwischenländern; — mehrere europäische Pflanzen, besonders Acotyledonen, kommen in Neuholland und auf dem Cap vor, und fehlen in der heißen Zone *); der Haselstrauch ist in Schottland und Norwegen häufig, wird gegen Osten allmählich seltner, verschwindet am Ende ganz, kommt aber in den östlichen Theilen Asiens wieder zum Vorschein **). Der Bezirk einer Pflanze kann folglich zwei oder mehrere in Hinsicht der geographischen Breite oder Länge abgesonderte Erdstriche umfassen. Dies gilt aber nicht in Rücksicht der Höhe, denn schwerlich kommt irgend eine Pflanze in den höheren und niederen Regionen vor und fehlt in den mittleren, weil hier nicht, wie in jenen Fällen, ähnliche Temperaturverhältnisse sich wiederholen. —

Die Ausdehnung des Verbreitungsbezirkes in Hinsicht der Breite kann passend die Breitenzone (Zona latitudinis) der Pflanzen genannt werden; deren Grenzen die Polar- und die Aequatorial-Grenze sind (terminus polaris et aequatorialis). Die Ausdehnung in geographischer Länge würde man

---

*) Ob die Pflanzen ursprünglich in beiden Theilen der Erde einheimisch sind oder nicht, ist hier in pflanzengeographischer Rücksicht gleichgültig.

**) Wahlenberg Flora lapponica p. XIII.

dagegen die Längenzone (Zona longitudinis) der Pflanzen nennen müssen; ihre Grenzen sind die östliche und westliche (terminus orientalis et occidentalis). Beide bilden die horizontale Ausdehnung (extensio horizontalis). Um die verticale Ausdehnung (Extensio verticalis) zu bezeichnen, scheint der Ausdruck Region (regio) der zweckmäßigste. Die Grenzen sind die obere und niedere (terminus superior et inferior). —

Der Unterschied zwischen dem natürlichen und künstlichen Verbreitungsbezirke (Extensio naturalis et artificialis) ist bereits oben erwähnt.

Die Breiten- und Längen-Zone einer Pflanze wird mittelst der geographischen Breiten- und Längen-Grade bestimmt; da aber der Bezirk einer Pflanze gewöhnlich nicht auf jedem Meridian sich dem Pole oder Aequator in gleichem Grade nähert, und auch nicht auf jeder Breite sich gleichmäßig gegen Osten und Westen ausdehnt; so wird es nothwendig, die Biegungen der polaren und äquatorialen, der östlichen und westlichen Grenzen anzugeben. Eine bildliche Darstellung, wie solche in dem beigefügten Atlas ausgeführt ist, wird die Uebersicht der Grenzen sehr erleichtern. Man könnte anstatt der geographischen Grade auch die Temperaturverhältnisse, unter welchen eine Pflanze angetroffen wird, angeben; z. B. diese oder jene Pflanze kommt zwischen 5° — 10° Mitteltemp. vor, welche Verhältnisse man alsdann aus den an den Grenzen Statt findenden abstrahiren müßte; allein da dies Verhältniß doch ein von dem rein geographischen verschiedenes ist, das erst durch Schlüsse aus nicht immer zuverlässigen Materialien herausgebracht wird; so scheint es nicht zweckmäßig dasselbe mit dem rein geographischen zu vermischen; und dies um so weniger, da die Temperatur nicht das einzige äußere Moment ist, welches die Vegetation bestimmt. Die Grenzenverhältnisse einer Pflanze hinsichtlich der Temperatur dürften wohl nicht unpassend Temperatursphäre derselben benannt werden sphaera temperaturae). Die Temperatursphäre und der Verbreitungsbezirk sind in mehreren Rücksichten oft verschieden. Eine Pflanze kann z. B. eine kleine Temperatursphäre haben, und doch einen großen Verbreitungsbezirk, und umgekehrt; diejenige Pflanze z. B., welche am Niveau des Meeres von dem einen Wendezirkel zu dem andern vorkommt, hat einen Verbreitungsbezirk, welcher in Hinsicht der Breite 47° einschließt, allein eine Temperatursphäre von 2°, 5 Centigr. *); eine Pflanze dagegen, die in Europa von 50° — 60° ihre Heimath hat, hat zwar nur einen Verbreitungsbezirk von 10° der Breite, aber eine Temperatursphäre von ohngefähr 5°,5 Cent. *). Eine Pflanze, die in den Schweitzergebirgen von 3000 — 5000 Fuß über dem Meere vorkommt, hat vielleicht einen Verbreitungsbezirk von wenigen Meilen, aber eine Temperatursphäre von etwa 4° C. ***).

Zur Bestimmung des Bezirks einer Pflanzen rei-

*) Cfr. Humboldt lign. isoth. p. 503. Karte und unten 3. Abth. 1stes St.

**) Lign. isoth. p. 503.

***) Siehe unten 3te Abtheil. 4. St.

chen gewöhnlich eigne Beobachtungen nicht hin; — und es wird deshalb durchaus nothwendig auf die Autorität anderer zu bauen. Die allgemeineren Werke, welche sämmtliche bekannte Pflanzen umfassen, sind gar zu unzuverläßig um in dieser Hinsicht Auskunft zu geben *); man muß daher zu den Floren der einzelnen Länder und Gegenden, so wie auch zu Reisebeschreibungen und Topographien, seine Zuflucht nehmen; doch müssen besonders die beiden letzteren mit Vorsicht benutzt werden, da die botanischen Kenntnisse der Autoren oft Zweifel erlauben. Selbst in Hinsicht der Floren darf man die Kritik nicht vernachläßigen, um von der Identität der Pflanze, wovon die Rede ist, überzeugt zu werden; und diese Kritik wird um so nothwendiger, je größer die Aehnlichkeit der Pflanze mit andern ist, mit denen sie deshalb leicht verwechselt werden kann. Freilich ist es in pflanzengeographischer Hinsicht in solchen Fällen von keinem großen Belange, ob zwei an verschiedenen Orten vorkommende Pflanzen verschiedene Arten oder nur Varietäten der nämlichen Art bilden, wenn sie nur einander höchst ähnlich sind; in pflanzengeschichtlicher Hinsicht ist es aber wichtig und der Pflanzengeograph darf nicht versäumen für die Geschichte der Pflanzen Materialien zu sammeln. —

Allein außerdem daß die Quellen oft unzuverläßig sind, liegt der Kenntniß der Verbreitung ein noch größeres Hinderniß darin im Wege, daß es oft an einer hinlänglichen Menge von Materialien gebricht. Es läßt sich in den mehrsten Fällen wohl mit einem ziem-

*) Hiervon macht doch Decandolle systema eine rühmliche Ausnahme.

lichen Grade von Sicherheit angeben, wo eine Pflanze wächst; — aber viel schwieriger, wo sie nicht vorkommt. Es ist indeß zu bemerken, daß erstlich diejenigen Pflanzen, welche in pflanzengeographischer Hinsicht die wichtigsten sind, nämlich solche, die durch Größe und Menge der Individuen gleichsam die Hauptrollen spielen; aus den nämlichen Ursachen nicht so leicht zu übersehen sind; — und zweitens, daß, wenn wir auch solche Gegenden von dem Verbreitungsbezirke ausschließen, in welchen die Pflanze nur selten und im kärglichen Zustande vorkömmt, — der Fehler von einem höheren Standpunkte gesehen unbedeutend wird; und endlich, daß die Analogie doch immer bis zu einem gewissen Grade richtige Schlüsse veranlaßt. Doch dürfen wir nicht vergessen, daß die Bestimmung des Bezirkes einer Pflanze immer nur provisorisch sey; — und daß spätere Entdeckungen vielleicht zeigen werden, daß der Bezirk größer sey. —

Die verticale Ausdehnung des Pflanzenbezirkes wird gewöhnlich in Klaftern, Fuß oder Meter angegeben. Die Kenntniß der Höhe, welche eine Pflanze erreicht, erhält man gewöhnlich mittelst Barometer-Beobachtungen, denn um dem Einflusse der Localverhältnisse zu entgehen, bedarf es einer Menge von Beobachtungen, welche am leichtesten mit dem Barometer angestellt werden können. Es versteht sich, daß man nie mit der größten Genauigkeit die obere und untere Gränze bestimmen kann; und daß man auf kleinere Zahlen als 100 Fuß sich nicht einlassen darf. Unendlich viele Localverhältnisse machen, daß dieselbe Pflanze an verschiedenen Punkten eines Berges oder einer Bergkette auf sehr verschiedener Höhe angetroffen wird; z. B. die

Lage gegen die Himmelsgegenden, die Nähe großer Schneemassen, die Größe und Richtung der benachbarten höheren Gebirge; Bäche und Flüsse, welche die Saamen der Alpenpflanzen in die Thäler hinunterführen. — Die Grenzen der Pflanzenbezirke bestimmt man sicherer da, wo das Land sich allmählig oder durch mehrere große Terrassen zu einer bedeutenden Höhe erhebt, als an dem schroffen Abhange eines Berges; denn obgleich in letzterem Falle die Verschiedenheiten der Vegetation schneller abwechseln und man folglich in bei weitem kürzerer Zeit sehr verschiedene Regionen durchwandert und die Grenzen von weit mehr Pflanzen zu bestimmen Gelegenheit hat, so findet doch eben deshalb, weil die Regionen so schnell aufeinander folgen, leichtere Vermischung der Pflanzen verschiedener Regionen und eine geringere Schärfe der Grenzen Statt. Wahlenberg bediente sich, besonders in der Schweitz, folgender Methode um die Grenzen der Pflanzenbezirke festzusetzen. Er bestimmte durch Messungen die Höhe einer großen Menge von Gebirgsspitzen, zeichnete alle Pflanzen auf, die er auf jeder derselben antraf, und berechnete durch Hülfe einer Vergleichung solcher verschiedenen Punkte die Grenzen; z. B. Saxifraga oppositifolia kommt auf dem Rigi vor, findet sich noch auf dem Rosberg, fehlt aber auf dem Saltetalp und dem Hochberg; die untere Grenze fällt also zwischen der Höhe der beiden letzteren Berge und der des Rosbergs. Da aber, um der Wirkung der Localverhältnisse vorzubeugen, diese Methode die Untersuchung einer sehr großen Menge von Bergspitzen verschiedener Höhe erfordert, und solche nicht immer vorhanden sind, darf man doch nicht unterlassen auch an den Bergseiten die Grenzen der Pflanzen zu bestimmen. Es versteht sich daß, besonders in der heißen und temperirten Zone, eine unmittelbare Messung der Grenzen sämmtlicher Pflanzenarten nicht ausführbar ist. Gesetzt daß z. B. in einem gewissen Bergsystem 1000 Pflanzen vorkommen, und daß nur die Hälfte derselben hier beide Grenzen (obere und untere) haben, so würden 15000 Barometerbeobachtungen erforderlich seyn, wenn man sich auch mit 10 Beobachtungen für jede Gränze begnügen wollte, welches jedoch keinen bedeutenden Grad der Genauigkeit geben würde. Zur Bestimmung der Höhe der Pflanzen habe ich mich auf meinen Reisen folgenden Verfahrens bedient. Ich bestimmte erstlich mit dem Barometer die Basis des Berges, die Spitzen, die kleinen Plateaus oder Terrassen, und die ebenen Thäler desselben; und notirte sorgfältig alle die Pflanzen, die ich im Niveau von diesen gemessenen Punkten antraf; zweitens bestimmte ich am Abhange des Berges unmittelbar die Grenzen der vorherrschenden Pflanzen, besonders der Bäume und Sträucher, — auch willkührliche Punkte, als Dörfer, einzelne Häuser, Sennhütten u. s. w., und notirte die Pflanzen, welche ich zwischen zwei dergleichen Punkten antraf. Durch Vergleichung einer großen Zahl von solchen Verzeichnissen wird man, meiner Meinung nach, eine von Localverhältnissen weit unabhängigere Bestimmung der Pflanzengrenzen erhalten, als mittelst einzelner unmittelbarer Messungen der Grenzen; und die Bestimmung wird um so sicherer, je häufiger die Pflanze angetroffen wird. Insofern man unmittelbar die Grenze einer Pflanzenart bestimmt, darf dies nicht da geschehen, wo die allerletzten oder allerersten Individuen angetroffen werden, sondern wo die Pflanze einigermaßen häufig vorkommt. Die untere Grenze wird übrigens, aus leicht begreiflichen Ursachen, am besten bei Ersteigung die obere bei Herabsteigung des Berges bestimmt. Da die klimatischen Verhältnisse, unter verschiedener geographischer Breite, auf der nämlichen Höhe über dem Meere, unter sich sehr abweichen; so giebt uns die Angabe der absoluten Höhe keinen hinlänglichen Begriff von dem der Pflanze zuträglichen Klima; — so fangen z. B. die Getraidearten in den Gebirgen Südamerikas auf der nämlichen Höhe an, auf welcher sie in den Schweitzergebirgen aufhören. Die Baumgrenze ist in Lappland 1800 P. F., in Norwegen auf 60° — 61° der Breite 3200 F., in der Schweitz 5500 F., in den Andesgebirgen 10800 F. *). Es könnte daher zweckmäßiger scheinen, anstatt den Abstand von der Meeresfläche, den von der Schneelinie anzugeben, weil die Schneelinie von den Polen gegen den Aequator allmählig höher steigt **). Allein da, wie in der Folge gezeigt wird, die Pflanzengrenzen doch nicht mit der Schneelinie parallel laufen, auch nicht alle Berge die Schneelinie erreichen und man daher auf solchen, wo dieses nicht der Fall ist, die Pflanzengrenzen nur nach der Analogie anderer Berge bestimmen könnte; so verdient wohl die Angabe der absoluten Höhe den Vorzug; doch muß dabei immer die geographische Breite bemerkt werden. Erst wenn ein Bergsystem so genau

*) Wahlenberg Flora lapponica p. LV. Tab. Jahrbücher der Gewächskunde I. Bd. 1. H. p. 49. Wahlenberg tentamen de vegetatione etc. p. XXXVII. Humboldt Prolegomena p. XLIX.

**) Ramond observations faites dans les Pyrénées. Part. 2. p. 329.

bekannt ist, daß eine pflanzengeographische Eintheilung desselben Statt haben kann, so kann man die Region angeben, in welcher die Pflanze vorkommt, doch wird selbst dann die absolute Höhe nicht überflüssig, sondern zur genauern Bestimmung der verticalen Ausbreitung der Pflanze dienen. —

Die Schneelinie darf dem ungeachtet nicht übersehen werden. Man denkt sich bei der Schneelinie eine Linie, die die untere Grenze des immerwährenden Schnees bezeichnet. Die Bestimmung dieser Linie ist keinesweges leicht. In der heißen Zone ist die untere Grenze des Schnees das ganze Jahr hindurch beinahe unverändert, weil die Temperatur so wenigen Veränderungen unterworfen ist; so wie man sich aber vom Aequator mehr entfernt, wird die Grenze des Schnees in den verschiedenen Jahreszeiten mehr und mehr verschieden; in der Schweiz erreicht sie im Winter die tiefsten Thäler und Ebenen; am Ende des Sommers trifft man sie auf einer Höhe von 8200 Fuß *). In der temperirten und kalten Zone läßt sich also die Grenze des ewigen Schnees nur in den Monaten August und Septbr., oder kurz vor der Erscheinung des neuen Schnees, festsetzen. Ferner bleibt die Schneelinie sich nicht in allen Jahren gleich, in den wärmeren löst sich mehr, in den kälteren weniger Schnee auf; und diese Veränderlichkeit scheint mit der Breite zu wachsen. Es wird daher nothwendig, entweder selbst die Schneelinie in mehreren Jahren zu beobachten, oder bei den Bewohnern der Gegend Erkundigungen einziehen, ob die jetzt beobachtete Grenze die gewöhnliche sey, so wie auch auf

*) Wahlenberg Tentamen. p. XXXIV.

auf die Spuren, welche einen früheren, niedrigeren Stand dieser Linie verrathen, aufmerksam zu seyn. Auch muß die Angabe der Schneelinie auf Beobachtungen an vielen verschiedenen Orten begründet seyn, weil hier die Localverhältnisse einen großen Einfluß ausüben. Die Nähe des Meeres macht, in der Regel, daß sie niedriger wird; so ist sie z. B. an der Küste Lapplands niedriger als im Innern des Landes *). Auf einem isolirten Berge ist sie höher als auf einem der mit einem großen schneebedeckten Bergsystem in Verbindung steht, weil die größeren Schneemassen die Temperatur herabsetzen. Große Ebenen, die um die Gebirge liegen, erhöhen die Temperatur, wodurch denn auch die Schneelinie höher steigt. An sanften Abhängen bleibt der Schnee länger liegen als an schroffen oder an Felsenspitzen; die letzteren sind daher oft entblößt, selbst wenn sie über der Schneelinie bedeutend erhaben sind; — am tiefsten hält sich der Schnee in engen Hochthälern oder Gebirgsschluchten. Auch die Neigung des Berges gegen die verschiedenen Himmelsgegenden hat Einfluß **). Nur bedeutende weit ausgedehnte Schneemassen, nicht einzelne Schneeflecken, bilden die Schneegrenze. Der von Wahlenberg ***) gemachte Unterschied zwischen terminus nivalis und terminus subnivalis scheint mir zu unbestimmt um Beifall zu verdienen. Von der Schneelinie ist die untere Grenze der Gletscher wohl

*) v. Buch Reise 2. T. p. 393.

**) Siehe über diesen Gegenstand Humboldts Abhandlung über die Schneelinie in annales de chemie 1820. Mai; auch in Okens Isis 1821. 6tes Heft.

***) Tentamen. p. XXXIV.

zu unterscheiden; diese Eismassen gehen oft sehr tief in die Thäler herunter, und finden sich im Niveau von Getraidefeldern. Dies ist z. B. in dem Bondhuus-Thale in Norwegen der Fall, wo ein Gletscher bis zu 1000 Fuß über dem Meere herunter geht, und im Chamouni-Thale in der Schweitz, wo die untere Grenze mehrerer Gletscher nur etwa 3000 Fuß über dem Meere sich befindet. In Lappland und Grönland gehen sie bis zum Meere hinunter.

Die Größe des Verbreitungsbezirkes ist bei den Pflanzenarten sehr verschieden. Es kommen Arten vor, die nicht nur auf eine sehr kleine Breiten- und Längen-Zone oder kleine Region, sondern sogar auf einen einzelnen Berg oder eine Gegend beschränkt sind. Doch sind diese Fälle sicher seltner als man aus den gewöhnlichen Angaben schließen mögte. Wenn z. B. angeführt wird, daß Origanum Tournefortii nur auf der Insel Amorgos, oder Disa longicornis und Cymbidium tabulare nur auf dem Tafelberge auf dem Cap vorkommen, so läßt sich dagegen die wohl begründete Bemerkung machen, daß die benachbarten Länder zu wenig untersucht sind, um mit Gewißheit zu behaupten, daß diese Pflanzen da nicht angetroffen werden können. Vielleicht geht es künftig mit diesen eben so, wie mit vielen europäischen Pflanzen, die man, weil man sie anfangs nur in gewissen Gegenden fand, nach diesen benannte, sie später aber in vielen andern Gegenden antraf. So sind z. B. die Pflanzen denen der specifische Name massiliensis beigelegt worden ist, größtentheils in dem ganzen südlichen Europa einheimisch; so habe ich die mehrsten Pflanzen die nach dem Berge Baldo und dem Etna baldensis und ethnensis heißen, auch auf andern Gebirgen gefunden (z. B. Carex baldensis, Seriola ethnensis); — Cochlearia danica kommt auch ausserhalb Dänemark vor; Hymenophyllum tunbridgense nicht nur bei Tunbridge, sondern auch in vielen andern Gegenden Englands, in Norwegen, Frankreich, ja selbst in Neuholland u. s. w. Bisweilen trifft man eine Pflanze in einem gewissen Lande nur an einem einzelnen Orte an, während sie in andern Ländern häufig ist; die Ursache ist alsdann entweder, daß die Pflanze an jenem Orte ihre Grenze hat, oder auch daß sie fremden Ursprungs ist. Auf einer Reise in Norwegen fand ich in Gesellschaft des verstorbenen Chr. Smith Sedum villosum nur an dem nämlichen Orte, wo Oeder ein habes Jahrhundert früher diese Pflanze antraf (nämlich bei Stidre in Valders); sie ist im südlichen Norwegen sonst nur an einer Stelle in Tellemarken gefunden; dagegen kommt sie in Lappland, Island, Grönland und den Färöern häufig vor. Das ausgezeichnete Gras Saccharum Teneriffae fand ich in Sicilien nur da wo Sibthorp es angiebt, nämlich bei Messina und wo Bivona Bernardi es auch fand *); wo die eigentliche Heimath dieser Pflanze ist, scheint nicht leicht auszumitteln, denn v. Buch **) meint, daß sie auf den canarischen Inseln nicht ursprünglich sey; da sie indeß auch auf den

*) Florae graecae prodr. T. I. p. 56. Bivona-Bernardi manipulus IV. p. 6. Doch kommt sie wohl auch in Calabrien vor, denn Agrostis plumosa Tenore scheint hiermit synonym zu seyn.

**) Allgemeine Uebersicht p. 4.

capverdischen Inseln *) angetroffen ist, so scheint sie mir eher auf den africanischen Inseln als auf Sicilien ursprünglich zu seyn; vielleicht ist sie in dem so wenig bekannten nordwestlichen Afrika häufig. Origanum Onites fand ich auf Sicilien nur bei Syrakus, wo sie von den älteren Autoren angegeben wird; allein Sibthorp traf die Pflanze auch in Griechenland **), und vielleicht ist sie auf der afrikanischen Küste nicht selten. — Doch giebt es Pflanzen, die in der That einen sehr kleinen Bezirk einnehmen; so heißen mehrere Pflanzen mit Recht pyrenaica; Wulfenia carinthiaca ist nur in den Gebirgen von Kärnthen gefunden. —

Es giebt auf der andern Seite Pflanzen, die einen außerordentlich großen Verbreitungsbezirk haben, ja fast auf dem ganzen Erdboden verbreitet sind; doch sind auch hier die Beispiele selten. Folgende Pflanzen geben Beispiele eines sehr ausgedehnten und dabei, wie es scheint, ununterbrochenen Bezirkes: Sticta crocata, in Europa auch dessen nördlichen Theilen, in Westindien und den Andes-Bergen, auf dem Vorgebirge der guten Hoffnung, auf der Insel Bourbon und in Neuholland. Parmelia perforata im südlichen Europa, Westindien, Südamerika und auf dem Cap. Ulva Lactuca und Ceramium diaphanum beinahe in allen Meeren. Dicranum scoparium in ganz Europa, Nordamerika, Ostindien, Südamerika, in letzteren sowohl in der Ebene als auf den Gebirgen, und in Neuholland. Ruppia maritima in ganz

*) Chr. Smith Journal in Tuckey voyage.

**) Florae graecae prodr.

Europa, Nordamerika, Ostindien und Südamerika. Scirpus maritimus in Europa, Nordamerika, Ostindien, Senegal, Cap, Neuholland. Lappago racemosa im südlichen Europa, Arabien, Ost- und Westindien, Südamerika. Samolus valerandi in Europa, Nordafrika, Pensylvanien, Südamerica, Cap und Neuholland. Sisymbrium Nasturtium L. in Europa, Nordamerika, Madera, auf den canarischen und capverdischen Inseln *), Jamaica, Domingo, Südamerika, Cap, Bourbon und Japan. — Beispiele eines sehr ausgedehnten, aber, wie es scheint, unterbrochenen Verbreitungsbezirkes, liefern. Lythrum salicaria, Luzula capestris, Juncus maritimus, Festuca fluitans, Scirpus lacustris, setaceus, fluitans, Alisma Plantago und mehrere europäische Pflanzen, welche auch in Neuholland gefunden sind **). Verbena officinalis, Poa megastachya, Andropogon Allionii, Scirpus acicularis, Marsilea quadrifolia, Funaria hygrometrica und mehrere europäische Pflanzen, die nach Humboldt in dem Hochlande Amerikas vorkommen. Convolvulus sepium findet sich in Europa und Neuholland; ich habe diese Pflanze auch aus Monte video gesehen ***). Ob diese

*) Smiths Journal in Tuckey voyage.

**) Brown general remarks.

***) Brown general remarks. Ejusd. Observations etc. Humboldt prolegomena p. XXII. und meine Dissertatio de sedibus originariis plantarum. In Brewster Edinburgh Encyclopedia, Artikel Grönland wird Alopecurus antarcticus (von Commerson an der magellanischen Meerenge entdeckt) als eine grönländische Pflanze angeführt; allein

Pflanzen in beiden Theilen der Erde ihre ursprüngliche Heimath haben oder nicht, ist in pflanzengeographischer Hinsicht gleichgültig.

Es wäre interessant zu wissen, welcher Umfang des Bezirkes der gewöhnlichste wäre; dies ist aber, wegen Mangel an vollständigen Floren der mehrsten Länder, nicht leicht auszumitteln. Folgende Vergleichungen scheinen indeß die Sache etwas zu erläutern. Unter 500 Lappländischen phanerogamen Pflanzen kommen 230 auch in Dänemark vor; die Entfernung beträgt 8°; also hat ohngefähr die Hälfte der lappländischen Pflanzen rücksichtlich der geographischen Breite eine größere Ausdehnung als acht Grade, die andere Hälfte eine kleinere; es ist indeß hierbei zu bemerken, daß Lappland selbst eine Ausdehnung von 7 — 8 Graden hat, und daß einige der lappländischen Pflanzen auf höherer Breite z. B. auf Spitzbergen wachsen; so daß folglich die größere Hälfte eine Zone von mehr als 8° einnimmt. Vergleichen wir dagegen die Flora Dänemarks mit der Flora der Barbarey, wo die Entfernung ohngefähr 18° beträgt, so finden wir, daß unter 1034 dänischen phanerogamen Pflanzen 235 auch auf der nordafrikanischen Küste vorkommen; und daß folglich nur dem fünften Theile der dänischen Pflanzen gegen Süden eine größere Ausdehnung als 18° zukömmt. Vielleicht werden die Anhänger der Migrationstheorie hier einwenden, daß das mittelländische Meer sich der Ver-

---

eine Vergleichung der grönländischen von Gieseke gefundenen Pflanze (Alopecurus ovatus Fl. dan. Tab. 1565) mit dem wahren Alopecurus antarcticus im Vahlischen Herbario, hat mich überzeugt, daß diese Pflanzen, wenn gleich verwandt, doch verschieden sind.

breitung der Pflanzen entgegensetzt, und daß deshalb diese Vergleichung nicht die Ausdehnung der Verbreitungsbezirke erläutern kann. Wenn ich auch nicht einsehe, warum das mittelländische Meer mehr jenen 235 als den übrigen dänischen Pflanzen den freyen Uebergang sollte verstattet haben; will ich doch zugleich ein anderes Beispiel anführen. Dänemark und Griechenland (nach Sibthorps Flora) haben in einer Entfernung von 10 Breitengraden 630 gemeinschaftlichen Pflanzen *). Allein man wird vielleicht auch hier einwenden, daß die Gebirge des nördlichen Griechenlands der Migration der nordischen Pflanzen im Wege stehen. Daß aber eine große Bergkette nur in so fern eine Grenze der Vegetationsverschiedenheiten bildet, als sie mit bedeutenden klimatischen Veränderungen verbunden ist; erhellt daraus, daß, wenn die Kette von Norden nach Süden streicht, beinahe keine Verschiedenheiten zu entdecken sind, aber wohl wenn sie eine Richtung von Osten nach Westen hat; so ist z. B. ein bedeutender Unterschied der Vegetation zwischen Piemont und Genua, wo die Richtung der Apenninen von Westen nach Osten ist, — aber fast keiner in dem römischen Gebiet und Neapel zwischen beiden Seiten der hier von Norden nach Süden laufenden Apenninenkette. Ferner kommen unter den 720 Pflanzen, welche die Flora von Pavia enthält **) 431 ($\frac{3}{5}$) auch in Dänemark vor,

*) Daß die Zahl der gemeinschaftlichen Pflanzen hier größer ausfällt, liegt theils in der geringeren Entfernung, theils darin, daß die Gebirge Griechenlands genauer untersucht sind als die in der Barbarey; auf den Bergen nähert sich die Flora nämlich mehr der nordischen.

**) Nocca et Balbis Flora Ticinensis. Ticini 1816. 4to.

obgleich mehrere dänische Pflanzen wegen des Vorkommens dort fehlen müssen (Strandpflanzen z. B.); auch enthält jene Flora ohngefähr 600 Pflanzen, die auch nördlich von der großen Alpenkette angetroffen werden; und doch ist hier die Alpenkette am höchsten. Dagegen findet zwischen der Vegetation von Marseille und Nizza einerseits und der des mittleren Frankreichs andererseits ein auffallender Unterschied Statt, und doch bilden hier die trennenden Berge keine zusammenhängende Kette und sind bei weitem nicht so hoch *). Vergleichen wir endlich Lappland und die afrikanische Nordküste, so finden wir hier in einer Entfernung von 28° — 30° nur 61 gemeinschaftliche Arten. Dagegen kommen in den Carpathen und Dänemark, in einer Entfernung von 5 — 6 Graden 735 Arten zugleich vor, obgleich unter den 1034 dänischen mehrere Strandpflanzen sind, die in den Carpathen nicht vorkommen können, und unter den 1042 carpatischen viele Alpenpflanzen sind, die wieder in Dänemark nothwendig fehlen müssen **). —

Aus diesen Beispielen scheint man folgern zu können, daß, wenigstens in der temperirten Zone der nörd-

*) Bei einer genaueren Ausführung und Fortsetzung meiner Abhandlung de sedibus originariis plantarum, werde ich Gelegenheit haben, die Migrationstheorie zu prüfen. Diese Theorie ist in der neuesten Zeit von Männern als Decandolle (Dictionnaire des sciences naturelles T. 18.). Link (die Urwelt) und v. Buch (allgemeine Uebersicht) vertheidigt worden. —

**) Die bei diesen Vergleichungen benutzten Werke sind: Wahlenberg Flora Lapponica; ejusd. Flora Carpathorum, Hornemanns danske oeconomiske Plantelåre (oeconomische dänische Flora) 3te Edit. Kjöbenhavn 1820. Sib-

lichen Hemisphäre, eine Breitenzone von 10 — 15° die gewöhnlichste sey, daß dagegen eine Zone unter 5° und über 30° zu den seltenen gehört. Doch darf ich dies nicht als eine allgemeine Regel aufstellen; — wir werden in der Folge Gelegenheit haben zu bemerken, daß in der temperirten Zone der südlichen Hemisphäre die Verbreitungsbezirke in der Regel kleiner sind, als in der temperirten Zone der nördlichen Halbkugel. Ferner gilt die Regel nur von den phanerogamen Pflanzen. Die cryptogamen haben weit größere Bezirke wie dies unten (§. 29.) genauer wird entwickelt werden. —

Da die Temperatur für die Pflanzen das klimatische Hauptmoment bildet, und sich nach der geographischen Länge nicht so bedeutend verändert als nach der geographischen Breite, so läßt sich schon im Voraus vermuthen, daß die Längenzonen in der Regel eine größere Ausdehnung haben, als die Breitenzonen, und daß die Verbreitungsbezirke folglich gewöhnlich Gürtel bilden, die mit dem Aequator einigermaßen parallel laufen. Dies bestätigt auch die Erfahrung. In den nördlichen Polarländern ist eine große Anzahl von Pflanzen allen drei Continenten gemeinschaftlich; auch in der älteren temperirten Zone kommen mehrere Pflanzen, zugleich in Europa und Nordamerika, besonders aber in Europa und Asien vor. Je mehr man sich dem Aequator nähert, und je größer also die Zone wird, um so weniger Pflanzen findet man, deren Verbreitungsbezirke einen vollständigen Gürtel um die Erde bilden;

---

thorp Prodromus Florae graecae T. 1 — 2. Londini 1806 — 13. und Desfontaines flora atlantica T. 1 — 2. Paris 1800. 4to

doch kommen selbst innerhalb der Wendekreise solche Beispiele vor; Pistia stratiotes, Manisuris granularis, Scirpus maritimus und mehrere Cryptogamen. In der temperirten Zone der südlichen Halbkugel scheinen solche Beispiele eben so selten als in der heißen Zone. Ob hier die großen Weltmeere als Ursache anzusehen sind, insofern sie der Migration der Pflanzen entgegenwirken; ist eine Untersuchung, die der Geschichte der Pflanzen anheim fällt; unter §. 34. werde ich indeß Gelegenheit haben, diese Frage näher zu berühren. —

Es fehlt jedoch nicht an Beispielen von Pflanzenarten, deren Bezirke nach der Breite eine größere Ausdehnung als nach der Länge haben, und also mit den Meridianen parallel laufende Gürtel bilden. So kommt Lobelia Dortmanna in Norwegen, Schweden, Jütland, Schottland, England, Holland, aber nicht in dem östlichen Theile Europas noch in Siberien vor. —

Weit mehr aber, als durch geographische Breite und Länge, verändert sich die Vegetation nach der Höhe über dem Meere. Auf einem Berge in der temperirten oder heißen Zone können wir in eben so vielen Stunden die nämlichen Vegetations-Verschiedenheiten durchwandern, als Wochen oder Monate erfordert werden, um sie in Hinsicht der Breite anzutreffen. Aber auch auf dieser kleinen Scala finden wir, daß die Pflanzen in Hinsicht der Ausdehnung ihres Bezirkes sehr unter sich abweichen; so daß einige eine größere, andere eine kleinere Region bilden. Auch hier sind die Extreme selten. In Lappland, wo die Schneelinie schon auf einer Höhe von 3300 F. angetroffen wird, fällt es nicht schwer, Pflanzen zu finden, die vom Meeresufer bis zur Schneelinie hinaufsteigen; allein bereits in den Gebirgen des südlichen Europa sind dergleichen Pflanzen selten; Thymus Serpyllum, Bellis perennis, Thlaspi bursa pastoris, Potentilla verna, Juniperus communis (wenn nämlich J. nana nur als Varietät von communis angesehen wird) können als Beispiele angeführt werden. In den Andesgebirgen ist dies schwerlich mit irgend einer phanerogamen Pflanze der Fall, wohl aber mit cryptogamen z. B. Dicranum scoparium. Auf der anderen Seite ist es auch ein seltener Fall, daß eine Pflanze auf einige hundert Fuß eingeschränkt ist. Da Decandolle in seinem mémoire sur la géographie des plantes de France *) die Höhen-Verhältnisse von 1500 Pflanzenarten geliefert hat, so kann diese Abhandlung über die Frage, welche verticale Ausdehnung am häufigsten sey, einige Aufschlüsse geben. Für 918 dieser Pflanzen findet man in dieser Abhandlung sowohl die untere als obere Grenze angeführt; die übrigen 582 kommen alle nur unter 1000 Meter vor; es würde aber sehr irrig seyn, diesen nur eine Ausdehnung von 1000 Meter beizulegen, denn die mehrsten derselben haben in Frankreich ihre Polargrenzen, und gehen daher hier nicht so hoch als in südlicher belegenen Ländern (Italien, Sicilien u. s. w.). — Ich schließe daher diese gänzlich aus, und nehme nur auf jene 918 Pflanzen Rücksicht; von diesen haben:

11 Arten eine Region deren Breite 3000 Meter **) beträgt.
19 — — — — — 2500 — 3000 —

*) Mémoires de la société d'Arcueil. T. 3.

**) Ein Meter ist ohngefähr ½ Toise oder 3 Pariser Fuß.

72 Arten eine Region deren Breite 2000—2500 M. beträgt
200 — — — — — 1500—2000 — —
391 — — — — — 1000—1500 — —
194 — — — — — 500—1000 — —
31 — — — — — 100— 500 — —

Es gehört also sowohl eine Region von 2 — 3000 Meter als eine von 100 — 500 zu den seltenen; und 1000 — 2000 ist die gewöhnlichste Ausdehnung. Die Zahl der Pflanzen, welche einen Raum von 2500 — 3000 M. einnehmen ist vielleicht noch geringer als sie hier angegeben worden, denn Decandolle hat bei verschiedenen jener 30 Arten die untere Grenze auf einer weit höheren Breite (z. B. Holland, Schottland, ja wohl Lappland), als die obere Grenze bestimmt. —

Es wäre interessant von der heißen Zone eine ähnlich Uebersicht zu besitzen. Obgleich aber Humboldt sehr schätzbare Beiträge zur Bestimmung der Höhe auf welcher die südamerikanischen Tropen-Pflanzen vorkommen, geliefert hat; — so ist es ihm als Reisender doch nicht möglich gewesen für jede Art sowohl die obere als untere Grenze zu bestimmen. Doch ist dies in den 4 ersten Bänden und dem 5ten Bande bis p. 96 mit 293 Arten der Fall; von diesen haben:

10 Arten eine Region über 1000 Toisen *)
12 — — — — 800 — 1000 Toisen.

*) Diese sind: Aristida spadicea 1100 T., Plantago major 1110. Büchnera lithospermifolia 1130. Tillandsia recurvata 1200. Pinus occidentalis 1440. Panicum glaucum 1470. Chenopodium ambrosioides 1570. Agave americana (culta) 1600. Luzula Alopecurus 1700. Ischaemum hispidum 2000 T.

15	Arten	eine	Region	von	600 — 800	Toisen.
17	—	—	—	—	500 — 600	—
30	—	—	—	—	400 — 500	—
27	—	—	—	—	300 — 400	—
61	—	—	—	—	200 — 300	—
86	—	—	—	—	100 — 200	—
35	—	—	—	—	100 Toisen.	

Hieraus läßt sich schließen, daß eine Ausdehnung von 100 — 300 Toisen (ohngefähr 200 — 600 Meter) die gewöhnlichste ist. Die Regionen scheinen also in der Regel in der heißen Zone kleiner zu seyn als in der temperirten.

Diejenigen Pflanzen, deren Bezirke in Hinsicht der geographischen Breite von bedeutender Größe sind, haben gewöhnlich auch eine große Region, und umgekehrt ist eine kleine Region gewöhnlich mit einer kleinen Breitenzone verbunden. Anthyllis vulneraria wächst in Lappland und in der Barbarei, hat also eine Breitenzone von etwa 30° und hat in dem südlichen Europa eine Region von 3000 Meter *). Erica vulgaris kommt von 68° 40′ bis etwa 40° in der Ebene vor, und in dem südlichen Europa von 0 — 3000 Meter **). Unter den oben angeführten Pflanzen, die in Südamerika eine verticale Verbreitung über 1000 Toisen haben, sind: Panicum glaucum, Chenopodium ambrosioides, Plantago major und Agave americana auch in Hinsicht der Breite sehr verbreitet. Ausnahmen finden indeß mit den Strandpflanzen Statt. So ist z. B. der Bezirk von Cakile

*) Decandolle mémoire sur la géographie p. 272.

**) ibid. p. 20[illegible].

maritima in Hinsicht der Breite sehr ausgedehnt, in Hinsicht der Höhe gar nicht.

§. 14.

Das dritte örtliche Verhältniß der Pflanzen, welches doch bei den Pflanzenarten nicht von der Bedeutung ist, als bei den höheren Pflanzengruppen, ist die Vertheilungsweise. Man unterscheidet in dieser Hinsicht zwischen den gesellschaftlichen und einzeln vorkommenden Pflanzen (plantae sociales et solitariae), nachdem die Individuen der nämlichen Art in bedeutender Menge beisammen angetroffen werden, oft auch große Landstrecken beinahe ausschließlich bedecken; oder zerstreut und mit andern Pflanzenarten vermischt vorkommen. Beispiele ersterer sind: Erica vulgaris, Pinus sylvestris, Chamaerops humilis, Rhododendron ferrugineum und hirsutum, Juncus bufonius, Glaux maritima, Cenomyce rangiferina, Ectosperma u. s. w., letzterer: Monotropa hypopitys, Satyrium albidum, Anthericum Liliago u. s. w. —

Es findet aber zwischen diesen beiden Vertheilungsweisen ein allmähliger Uebergang Statt. Einige Pflanzen sind in einem solchen Grade gesellschaftlich, daß sie beinahe gar keine andere Pflanzenarten unter sich dulden, z. B. Erica vulgaris, Cenomyce rangiferina; andere, wie die mehrsten der oben angeführten; werden schon etwas mehr mit ungleichartigen Gewächsen vermischt; andere wiederum finden sich wohl in bedeutender Menge beisammen, bilden aber doch keine größere Masse als die übrigen Pflanzen, mit welchen sie vorkommen, z. B. Primula officinalis, Caltha palustris auf Wiesen; und von solchen kommt man allmählig durch mehrere Abstufungen zu den einsamen Pflanzen. Selbst bei der nämlichen Art bleibt dies Verhältniß sich nicht immer gleich; denn von den mehrsten gesellschaftlichen Pflanzen erscheinen hie und da einzelne Individuen, und von den einsamen sind manchmal mehrere Individuen vereinigt. Bei einigen Pflanzenarten trifft man beinahe immer einige wenige Individuen beisammen, solche nennt man gewöhnlich plantae gregariae, z. B. viele Agarici.

Die Ursache der gesellschaftlichen Vertheilungsweise einer Pflanze ist gewöhnlich die, daß die äußeren Momente dieser günstig, anderen Pflanzen aber ungünstig sind. Deshalb treffen wir im trocknen sandigen Boden mehrere Beispiele dieser Vertheilungsweise, als in fetter Dammerde (Haiden, Nadelwälder); deshalb vermischen sich an solchen Stellen einer Haide, wo der Boden besser ist, die Haidekräuter mit andern Pflanzen. Im südlichen Europa spielt Erica arborea (zum Theil auch Er. scoparia) die nämliche Rolle als E. vulgaris im nördlichen; — im nördlichen Italien trifft man die letztere noch häufig an und sie nimmt hie und da nicht ganz unbedeutende Strecken ein; allmählig wird sie aber gegen Süden seltner; E. arborea dagegen, welche sich erst als einsame Pflanze zeigt, nimmt im nämlichen Verhältniß an Zahl der Individuen zu. — Es ist folglich kein gegenseitiges Wirkungsverhältniß der Individuen der nämlichen Art, (Sympathie oder qualitas occulta) sondern vorzüglich die Einwirkung der äußeren Natur, wodurch diese oder jene Vertheilungsweise hervorgebracht wird. Doch kommen auch andere Beschaffenheiten der Pflanzen, als ihr Verhältniß zur äußeren Natur in Betrachtung; so wird z. B. eine Pflanze die mit den Wurzeln sehr wuchert, leichter gesellschaftlich; und eben so diejenigen, deren Saamen schwerer sind und folglich nicht so leicht zerstreuet werden können.

§. 15.

Um die Art und Weise zu zeigen, wie, meiner Meinung nach, die örtlichen Verhältnisse der Pflanzenarten dargestellt werden müssen, führe ich als Beispiele diese Verhältnisse von einer wildwachsenden und einer angebauten Pflanze an. —

Die Buche (Fagus sylvatica).

(Atlas T. I.)

Da dieser Baum in den Ebenen des nördlichen Europa sehr bedeutende Wälder bildet, und in den mehrsten Gebirgen des südlichen einer der gewöhnlichsten Bäume ist, — so spielt er in dem Haushalte der Natur keine unbedeutende Rolle. —

Als Brennmaterial gebende und durch die Frucht verschiedenen Thieren Nahrungsmittel verschaffende Pflanze ist die Buche auch in praktischer Beziehung nicht unwichtig. Wegen der schön abgerundeten Formen des Baumschlags, der zierlichen Blätter und ihres lieblichen frischen Grüns, gehört die Buche zu den schönsten Naturgegenständen der nordischen Länder, unterbricht die große Einförmigkeit der Landschaften in unseren Ebenen, und bringt, besonders in hügligten und mit Landseen versehenen Gegenden, die anmuthigsten Landschaften hervor. Kein Wunder daher, daß sie bei

dem

dem Landschaftsmaler und dem naturbeschreibenden Dichter so oft erwähnt wird.

Hinsichtlich des Bodens ist die Buche nicht sehr beschränkten Vorkommens. In Schottland habe ich sie in gemischter Dammerde gesehen, auf Möen in den Kreidefelsen, auf dem Etna in vulkanischer Asche, auf den Apenninen im trocknen Kalkboden, und in der Schweitz auf Granit und andern Urgebirgsarten. Unter den Arten von felsigen Boden scheint Kalk doch der zuträglichste, denn in England kommt sie nach Smith *) auf Kalk vor; in Frankreich nach Decandolle **) vorzugsweise in den Jura-Gebirgen; und in den höheren Regionen der Apenninkette ist sie der häufigste Baum. In Hinsicht des erdigen Bodens ist weder ein gar zu trockner noch gar zu feuchter und deshalb weder sehr sandiger noch sehr lehmiger Boden der Buche zuträglich. In Hinsicht des geognostischen Verhältnisses findet man sie, wie schon bemerkt, auf Urgebirg, Flötzgebirg, Vulkanen und im aufgeschwemmten Lande. —

Die Buche ist im bedeutenden Grade gesellschaftlich; selten kommt sie einzeln vor und oft bildet sie, wo Menschenhände nicht entgegenwirkten, Wälder von großer Ausdehnung. Doch sind diese Wälder, vorzüglich wegen der Richtung der Zweige, in der Regel nicht so dicht als die Nadelwälder; auch schließen sie aus dem nämlichen Grunde andere Pflanzen nicht so sehr aus. Mehrere Pflanzen kommen unter dem Schatten der Buchen, wenn diese nicht gar zu dicht stehen, sehr

*) Flora Britannica.

**) Flore Française. —

gut fort, z. B. Adoxa moschatellina, Hepatica triloba, Oxalis acetosella. Die Stämme der Buchen bedecken eine Menge von Moosen und Flechten.

In Hinsicht des Verbreitungsbezirkes scheint nach der geographischen Länge der Fluß Terek die östliche Grenze zu bilden; gegen Westen geht die Buche nicht nur bis zu den westlichen Theilen des alten Continents, sondern erscheint nach Pursh auch jenseits des atlantischen Meeres auf der Ostküste Nordamerikas; wie weit sie aber hier gegen Westen und ob sie auf der Nordwestküste Amerikas vorkommt, darf ich nicht bestimmen; doch wird sie weder von dieser Küste, noch von Japan angeführt. Die Grenzen nach der geographischen Länge sind also, unseren jetzigen Kenntnissen zufolge, etwa 65° östl. bis 65° westl. von Ferro. Die Polargrenze fällt in der Grafschaft Laurvig in Norwegen auf 59° der Breite. In England kommt sie nach Winch *) noch auf 55° vor, und dies nicht nur in den Thälern sondern auch auf den Bergen; in Schottland findet sie sich wohl nach Ligthfoot **), er zweifelt aber selbst, daß sie wild sey; es scheint daher die Polargrenze dort bei 56° — 57° zu seyn, und also etwas niedriger als in Norwegen. Noch mehr aber als gegen Westen neigt sich gegen Osten die Polargrenze von dem Pole. An der Westküste Schwedens ist sie auf 58°; in Småland verschwindet die Buche bereits auf 57°, und an der Ostküste steigt sie nicht höher als Calmar (56° — 57°) ***); sie findet sich noch bei Dan-

*) Essay on the geographical distribution etc.

**) Flora scotica, vol. II. p. 581.

***) v. Buch Reise 2. Th. p. 330. Linné öländska Resa.

zig und in Litthauen (51° — 55°) *) auch in den Carpathen (48° — 50°), fehlt aber in dem ganzen nördlichen und mittleren Rußland, und kommt erst in den südlichen Provinzen, auf den Gebirgen der Krim und auf dem Caucasus wieder zum Vorschein; hier ist sie häufig, steigt aber nicht in die Ebene hinunter **). Die Polargrenze an der östlichen Seite des Verbreitungsbezirkes kann demnach wohl nicht höher als auf 44° — 45° angenommen werden; in Nordamerika geht sie nach Pursh bis New-Hampshire, ungefähr 45°. —

Hinsicht der Aequatorialgrenze wird es nothwendig diejenige Breite, unter welcher die Buche in der Ebene, und die, wo sie nur in höheren Regionen vorkommt, zu unterscheiden.

Als Pflanze der Ebene fehlt sie in dem ganzen südlichen Europa. Bereits am südlichen Abhange der großen Alpenkette in Italien erscheint sie erst auf einer

*) J. E Gilibert Flora Lithuanica Grodno. 1781. — G. Reyger die um Danzig wildwachsenden Pflanzen. Danzig. 1768. p. 322.

**) Pallas Flora Rossica: „arbor per Russiam borealem et temperatiorem nullibi occurrit, sed apparet passim in provinciis maxime meridionalibus et in Caucaso atque montana parte Chersonesi tauricae frequentissima et primaria arbor eximiae magnitudinis; juga subalpina praesertim australe per provincias Cachet et Cartuel densa sylva obvestiens, ad pedes montium rarior et in planitiem vix descendens, nec in aspera elatiorum montium extensa ad Terec fluvium, minor semper Fago sylvatica Europae, ligno magis rubente." Wären doch alle Floristen so genau bei der Angabe der geographischen Verhältnisse der Pflanzen. Cfr. Marschall Bieberstein Flora Taurico-Caucasica. T. 2. p. 403.

nicht unbedeutenden Höhe, und in Spanien fehlt sie gleichfalls. In dem Prodromo Florae Graecae Vol. 2. p. 242. heißt es von der Buche: „in Pelio, Atho, Pindo montibus, in sylvis circa pagum Belgrad," bei dem letzteren ist wohl das Dorf Belgrad in der Nähe von Constantinopel zu verstehen (41°); da dieses Dorf aber auf einer gewissen Höhe über dem Meere liegt und eines kühlen Klimas genießt, so ist diese Angabe in keinem so großen Streite mit den übrigen Erfahrungen als es vielleicht beim ersten Anblicke scheinen mag *). Die Aequatorialgrenze muß also nördlich von dem großen Bergsysteme gesucht werden, welches das nördliche und südliche Europa von einander trennt; hierbei begegnen uns aber einige Schwierigkeiten. Die Buche wird in den süddeutschen Floren, so wie auch in den Floren der niederen Gegenden der Schweiz angeführt, — allein der Boden hebt sich hier bereits bedeutend über die Oberfläche des Meeres, und in mehreren jener Floren wird nicht ausdrücklich angegeben, ob dieser Baum in den Ebenen und Thälern oder nur auf den Bergen wächst. Auch die speciellen Floren des südlichen Frankreichs führen diese Pflanze an, doch gleichfalls ohne Angabe des Höhenverhältnisses. Decandolle scheint in seiner Abhandlung in mémoires d'Arcueil T. 3. p. 312 vorauszusetzen, daß sie nur in dem nördlichen Frankreich in der Ebene vorkommt. Da die Buche indeß in den benachbarten Ebenen der

*) In dem nämlichen Werke Vol. I. p. 108. heißt es von Ilex Aquifolium (deren geographische Verhältnisse denen der Buche ähnlich sind) „in sylvis circa pagum Belgrad, in Pelio, Pindo Athone montibus."

Carpathen (49 — 50°) *) angetroffen wird, in der Krim und am Caucasus (42 — 46) **) dagegen nicht zur Ebene hinuntersteigt, und am südlichen Abhange der Alpenkette erst auf einer bedeutenden Höhe erscheint, — so darf man wohl approximativ die Aequatorialgrenze in der Ebene Europas zu 47 oder 48° bestimmen. Nach Pursh geht die Buche in Nordamerika bis zu Georgien (31° — 32°); doch wird nicht ausdrücklich gesagt, daß sie in der Ebene diese Breite erreicht ***).

Als Bergpflanze verbreitet sich die Buche nicht nur über die große Alpenkette, die Gebirge Griechenlands und den Caucasus, sondern auch über die Apenninen, den Etna und mehrere Gebirge Siciliens. Dagegen ist sie bisjetzt nicht auf dem Atlasgebirge angetroffen, so wie auch nicht auf den Hochgebirgen Granadas; der 37ste Grad der Breite scheint also im alten Continent die absolute Aequatorialgrenze zu bilden. —

Der Verbreitungsbezirk der Buche gehört also weder zu den sehr kleinen, noch zu den sehr ausgedehnten. Ziemlich beschränkt ist dagegen der Bezirk, innerhalb welchem dieser Baum in voller Größe und Schönheit sich darstellt. In den Alpen und Apenninen bildet er

*) Flora Carpathorum. p. 308.

**) Pallas Flora Rossica und Bieberstein Flora Taurico-Caucasica l. c.

***) Einige z. B. Michaux nehmen die americanische Buche als eine von der europäischen verschiedene Art an. Bedeutend scheint indeß der Unterschied nicht, und die Frage über die Identität ist deshalb in pflanzengeographischer Rücksicht von geringerer Bedeutung. —

zwar Wälder, ist aber doch nur unansehnlich in Vergleich mit unsern nordischen Buchen. Besonders groß und schön ist er in einigen Gegenden des nördlichen Deutschlands und in Dänemark, vorzüglich auf den dänischen Inseln. Es ist deshalb ein glücklicher Gedanke der dänischen Dichter, Dänemark das Land der Buchen zu nennen; ich wüßte in pflanzengeographischer Hinsicht keine passendere Benennung. In Europa ist es ferner zwischen den Meridianen von 25 und 35° östlich von Ferro, wo der Bezirk dieses Baumes sich gegen Nord und Süd am weitesten ausdehnt, und dieser Bezirk erhält deshalb die Form eines Rhombus, dessen Winkel den 4 Himmelgegenden entsprechen. Bemerkenswerth ist es, daß dieser Baum zwischen den nämlichen Meridianen wo er am meisten nach Süden und Norden verbreitet ist, auch die bedeutendste Größe und Schönheit erreicht. — In meinem Atlas Tab. I. sind diejenigen Theile der Erde, in welchen die Buche wächst, mit grüner Farbe bezeichnet, und diejenigen, wo er besonders üppig vorkommt, durch die Stärke derselben Farbe.

In Hinsicht des Höhenverhältnisses bemerkt Winch *), daß dieser Baum in England auf 55° nicht so hoch steigt, als die Eiche, also nicht zu einer Höhe von 16 — 1700 Fuß. Haller und Suter **) äußern, daß die Buche in der Schweitz die Ebenen und Berge einnimmt, die Alpen aber nicht erreicht; Wahlenberg ***) bestimmt für die nördliche Schweitz die obere Grenze zu

*) Essai u. s. w.

**) Haller Historia stirp. Helv. vol. II. p. 292. Suter flora vol. II. p. 273.

***) Tentamen p. XXXVIII.

zu 4072 Fuß. Decandolle *) für die Jura-Gebirge und die Alpen zu 1600 Meter oder ohngefähr 4900 Fuß; in den Carpathen ist sie nach Wahlenberg **) 3935 Fuß. Am südlichen Abhange der Alpenkette (im veronesischen, Valtellina, und Piemont) fand ich die obere Grenze auf 4800 die andere auf 2000 Fuß ***). In den Apenninen erheben sich beide Grenzen um so mehr, je weiter man sich gegen Süden wendet; in der Mitte der Kette, wo dieselbe zugleich am höchsten ist, nämlich in den Abruzzen (42° — 43°) nimmt die Buche eine Zone von 3000 — 5000 Fuß ein; als kriechendes Gesträuch erreicht sie beinahe die Höhe von 6000 Fuß; in Sicilien ist ihre Zone 4000 — 6000 Fuß, und als Gesträuch geht sie auch etwas höher. Für Griechenland fehlen uns genauere Angaben; so wie auch, wenigstens so viel mir bekannt, für die Pyrenäen. Daß sie indeß in letzterer Bergkette bei weitem nicht die Rolle spielt als in den Alpen oder Apenninen, ist mir aus mündlicher Mittheilung des Prof. Hornemann bekannt, so wie es sich auch aus der bereits gedachten Abhandlung Decandolle's schließen läßt, weil hier die oberen Grenzen nur für die Alpen- und die Jura-Gebirge bestimmt sind. Für die Krim und den Caucasus heißt es bei Bieberstein: in sylvis altioribus.

*) Mémoires d'Arcueil T. 3. p. 312.

**) Flora Carpathorum p. LXVIII et CCCVIII.

***) Diese und mehrere Angaben in der Folge, welche aus meinen Beobachtungen in Italien und Sicilien gezogen sind, dürfen nur als ohngefähr richtig angenommen werden. Die genaueren Angaben werden, wenn alle Materialien sorgfältig benutzt und verglichen sind, in meiner Uebersicht der pflanzengeographischen Verhältnisse Siciliens geliefert werden.

Stellen wir eine Vergleichung an zwischen dem Verhältnisse der Buche zur geographischen Breite und zur Höhe, so finden wir eine auffallende Verschiedenheit zwischen diesem Baume und mehreren anderen, namentlich der Fichte so wie auch den Getraidearten. In Norwegen geht die Fichte (Pinus sylvestris) bis zu 70° n. B. *) und steigt auf einer Breite von 60° — 61° bis zu einer Höhe von 2400 Fuß **); Getraide (Gerste) geht gleichfalls zu 70° n. Br. und auf 60° — 61° wenigstens bis auf 2000 Fuß; die Polargrenze der Buche ist 59°. In der nördlichen Schweitz geht nach Wahlenberg***) die Fichte höchstens bis 5500 F., die Getraidearten nur bis 3400 F. die Buche aber über 4000 F., — nach Decandolle †) die Fichte nur bis zur nämlichen Höhe als die Buche; und selbst fand ich keinen bedeutenden Unterschied zwischen den oberen Grenzen beider Bäume; die Buche steigt besonders am südlichen Abhange der Alpenkette höher als Kornbau und Winterwohnungen. In den Apenninen und auf dem Etna befinden sich die oberen Grenzen der Buche und der Fichte beinahe im nämlichen Niveau, und sie ist so bedeutend über der Grenze des Ackerbaues erhaben, daß in der Regel die niedere Grenze der Buche mit der oberen des Ackerbaues zusammen fällt. —

Um aus der geographischen Verbreitung der Pflanze ihre Temperatursphäre zu bestimmen, wird es zweckmäßig seyn, die Temperaturverhältnisse zu bestimmen, wel-

*) Wahlenberg Flora lappon. p. XIV.

**) Nach Beobachtungen von Chr. Smith und dem Verfasser.

***) Tentamen p. 179 et app.

†) Mémoires d'Arcueil T. 3. p. 312.

che an der nördlichen und südlichen, oberen und unteren Grenze Statt finden. Unter den Städten, deren Temperatur bekannt ist, liegt Christiania der nördlichsten Grenze am nächsten. Zweijährige Beobachtungen aus dieser Stadt lieferte v. Buch *); da aber die benutzten Jahre (1807 — 1808) sehr mild waren, so scheint die Temperatur aus diesen Beobachtungen etwas zu hoch; ich habe deshalb die Temperaturverhältnisse Upsalas, durch vieljährige Beobachtungen wohl bestimmt vorgezogen **); doch darf man hierbei nicht übersehen, daß diese Stadt etwas außerhalb des Verbreitungsbezirkes liegt. Für die Temperaturverhältnisse an der südlichen Grenze in der Ebene habe ich die Städte Ofen und Paris gewählt, jene auf 47°29′ also etwas zu südlich, diese auf 84°50′ also zu nördlich. Die Temperaturverhältnisse Ofens sind von Wahlenberg Flora Carpatorum entlehnt und aus 6jährigen zu den täglichen Extremen angestellten Beobachtungen gezogen. Die Temperaturverhältnisse von Paris sind nach den Beobachtungen in annales de Chimie et de Physique in den Jahren 1816 — 1820 incl. berechnet. Diese sind zu den Epochen der täglichen Extremen angestellt. — Für die obere und untere Grenze am südlichen Abhange der Alpen könnte man sich der Temperaturverhältnisse eines am Fuße derselben belegenen Ortes z. B. Turins oder Milanos bedienen, und aus diesen nach dem Gesetze der Tempe-

*) Reise 1. T. p. 93.

**) Nach Beobachtungen der beiden täglichen Extreme von 1774 — 1803. v. Buch Reise 2. Th. p. 322.

raturabnahme die Temperaturverhältnisse für die Höhen 2000 und 4800 Fuß berechnen; allein wir werden in der dritten Abtheilung sehen, daß wir hinsichtlich der Wärme-Abnahme für die Höhe keinesweges ins Reine gekommen sind, und daß sie nicht in allen Jahreszeiten gleich ist. Da wir aber von dem Bernhardsberge (7668 Fuß) eine Reihe von Beobachtungen besitzen, und dieser Ort von Turin nicht weit entfernt liegt, so habe ich es vorgezogen, die monatlichen Temperaturen für Turin aus den 30jährigen Beobachtungen 1787 — 1817, welche Vasalli-Eandi in den Schriften der Turiner Akademie *) lieferte, mit denen, welche in drei Jahren (Sept. 1817 — Sept. 1820) auf den St. Bernhard angestellt und in der Bibliotheque universelle bekannt gemacht sind, zu vergleichen und nach dem monatlichen Unterschiede der beiden Punkte die monatlichen Media für die Höhen zu berechnen, deren Temperatur gesucht wird. Freilich hat diese Berechnungsart den Fehler, daß die arithmetische Abnahme, welche dabei vorausgesetzt wird, in der That wahrscheinlich nicht Statt findet; es ist indeß zu bemerken, daß dieser Fehler im gegenwärtigen Falle nicht sehr bedeutend werden kann, weil die Gebirgskette sich nicht durch Terrassen, sondern ziemlich schroff und allmählig, erhebt. Auch die auf dem St. Gothard angestellten

*) Memorie della reale academia delle scienze di Torino T. 24. Torino 1820 4to. Die Beobachtungen sind, soviel mir bekannt, zweimal täglich, nämlich bei Sonnenaufgang und am Mittage angestellt. Die Media sind nach der angenommenen Methode corrigirt. —

Beobachtungen *) könnten, mit den milanesischen Beobtungen, hier vielleicht Aufschluß geben; allein da ich bei Herabsteigung dieses Berges die Buche gar nicht gesehen habe, und sie, wenn sie dort etwa vorkommt, wahrscheinlich nicht so hoch hinaufsteigt, so wie schon auf der Nordseite nach Wahlenberg **) in der Nähe des Gothards die obere Grenze der Buche niedriger ist als sonst in der nördlichen Schweiz; — so habe ich jene Vergleichung vorgezogen. Die Beobachtungen in Geneve, obgleich diese mit denen auf St. Bernhard gleichzeitig sind, habe ich deshalb nicht benutzt, weil Geneve an der Nordseite der Bergkette liegt. Zur Bestimmung der mittleren monatlichen Temperaturen an der oberen und unteren Grenze in der Mitte der Apenninen (42° — 43°) habe ich die Temperaturverhältnisse Roms nach 7jährigen Beobachtungen von Conti und Calandrelli benutzt. Die Beobachtungen selbst sind zu drei täglichen Epochen angestellt, die Media aber habe ich auf gewöhnliche Art corrigirt. Da fortgesetzte Beobachtungen auf einer bedeutenden Höhe mir hier fehlten, so habe ich eine Abnahme der Wärme von 1° Cent. für 85 Toisen angenommen (Cfr. 3. Abth. §. 37.). Auf die nämliche Weise sind die mittleren Temperaturen an der oberen und unteren Grenze in Sicilien nach den Marabittischen 5jährigen Beobachtungen in Palermo berechnet ***).

---

*) Ephemerides Manheimenses und Wahlenberg Tentamen p. LXIII.

**) Tentamen p. XLI,

***) Scinà Topografia di Palermo. Note 177. Die Beobachtungen sind zu den Epochen des Maximum und Minimum angestellt. —

Endlich, zur Uebersicht der günstigsten Temperaturverhältnisse, habe ich diejenigen angeführt, welche in Kopenhagen, nach Beobachtungen von 1782 — 1788 *) Statt finden, und die, welche man auf dem südlichen Abhange der Alpen in der Mitte der oberen und unteren Grenze voraussetzen darf (siehe beigefügte Tafel).

Der Weinstock (Vitis vinifera).

(Atlas Tab. II.).

Die örtlichen Verhältnisse einer Pflanze, welche einem großen Theile der Erdbewohner ein wichtiges Nahrungsmittel liefert, und deren Anbau viele Menschen beschäftigt; müssen nicht nur dem Botaniker, sondern auch dem Geographen und Anthropologen, dem Philosophen und dem Staatsmanne wichtig seyn. Als Beispiel der örtlichen Verhältnisse einer angebauten Pflanze sind deshalb die des Weinstocks gewählt. —

Da eine ausführliche Darstellung des Vorkommens dieser Pflanze uns hier zu weit führen würde, so verweisen wir in dieser Hinsicht auf die Werke, welche den Anbau derselben lehren. Eine besondere Neigung zu einer gewissen Art von Boden scheint der Weinstock nicht zu haben; doch ist im allgemeinen ein trockner Boden der Pflanze zuträglicher, als ein feuchter. Der Weinbau geschieht übrigens bekanntlich auf verschiedene Art; bald liegt die Pflanze am Boden, bald

*) Bugge in Ephemerides Manheimenses. Die Beobachtungen, zu drei täglichen Epochen angestellt, sind wie die übrigen corrigirt.

	Polargrenze	
	Upsala	Die Alpen
Januar	— 5° 49 C.	— 4° 64
Februar	— 2° 98	— 3° 05
März	— 1° 48	— 0° 43
April	+ 4° 55	+ 4° 52
Mai	9° 55	8° 99
Juni	14° 54	11° 73
Juli	17° 07	13° 58
August	15° 75	13° 83
September . . .	10° 97	10° 25
October	6° 03	4° 76
November . . .	0° 08	0° 38
December . . .	— 3° 95	— 3° 64
Winter	— 4° 14	— 3° 77
Frühling	+ 4° 21	+ 4° 36
Sommer	+15° 79	+13° 05
Herbst	+ 5° 69	+ 5° 13
Jahr	+ 5° 39	+ 4° 69

Alle Temperaturverhältnisse sind auf die

Tafel

…enze		Aequatorial-G…	
…inen	Sicilien	Ofen	Paris
	— 0° 98	— 2° 69	+ 2° 99
	— 0° 98	+ 0° 65	4° 01
	+ 0° 35	3° 64	6° 14
	2° 75	9° 63	10° 46
	5° 95	18° 37	13° 60
	8° 72	20° 19	16° 64
	10° 62	21° 82	17° 98
	11° 42	22° 01	17° 56
	9° 81	16° 77	15° 10
	8° 01	11° 01	10° 04
	3° 81	4° 69	6° 18
	0° 62	— 0° 50	2° 77
	— 0° 45	— 0° 85	+ 3° 26
	+ 3° 01	+10° 55	+10° 07
	+10° 25	+21° 34	+17° 39
	+ 7° 21	+10° 82	+10° 44
	+ 5° 01	+10° 46	+10° 29

…nach Tab. II. zurückgeführt. —

I.

renze	Untere Grenz	
Medium der beiden vorhergehenden	Die Alpen	Die Apenninen
+ 0° 15	− 1° 28	+ 1° 60
2° 33	+ 1° 43	2° 60
4° 89	5° 17	5° 13
10° 04	9° 28	8° 13
15° 98	14° 87	12° 53
18° 42	17° 89	16° 00
19° 90	20° 30	17° 60
19° 78	20° 27	17° 30
15° 94	16° 17	14° 49
10° 52	10° 64	11° 19
5° 44	4° 58	6° 49
1° 13	0° 00	2° 90
+ 1° 20	+ 0° 05	+ 2° 37
+10° 30	+ 9° 77	+ 8° 59
+19° 36	+19° 48	+16° 97
+10° 63	+10° 46	+10° 72
+10° 37	+ 9° 94	+ 9° 66

Zu Seite 204.

Vortheilhafteste Verhältnisse		
Copenhagen	Die Alpen	Die Apenninen
— 1° 54	— 2° 96	— 0° 36
— 2° 67	— 0° 81	+ 0° 64
— 1° 11	+ 2° 37	3° 17
+ 5° 89	6° 90	6° 17
11° 63	11° 93	10° 57
16° 80	14° 81	14° 04
18° 30	16° 94	15° 64
16° 68	17° 05	15° 34
14° 28	13° 21	12° 53
8° 65	7° 70	9° 23
3° 28	2° 48	4° 53
— 1° 20	— 1° 82	0° 94
— 1° 80	— 1° 86	+ 0° 41
+ 5° 47	+ 7° 06	+ 6° 63
+17° 26	+16° 26	+15° 01
+ 8° 73	+ 7° 79	+ 8° 76
+ 7° 42	+ 7° 31	+ 7° 70

ist sie an Stöcken oder Rohrgewächsen, bald an Maulbeer- oder Ulmenbäumen befestigt. —

Die Schwierigkeiten, welche bei der Bestimmung des Verbreitungsbezirkes und der Temperatursphäre einer Pflanze uns begegnen, verdoppeln sich bei einer angebauten Pflanze. Ob eine angebaute Pflanze an einem gewissen Orte vorkommt, hängt nicht nur von klimatischen Verhältnissen ab, sondern auch von dem Culturgrade, und der Betriebsamkeit der Völker, von ihrem gegenseitigen Verkehre, manchmal von ihren Sitten, ihren religiösen Vorstellungen u. s. w. Es bleiben indeß doch noch immer Grenzen, welche, von den klimatischen Ursachen bestimmt, der Fleiß und die Kunst nicht übersteigen können. Diese zu bestimmen muß uns in theoretischer wie in praktischer Hinsicht wichtig seyn; allein selbst die Kenntniß des jetzigen Verbreitungsbezirkes, ohne Rücksicht auf eine mögliche Erweiterung desselben ist keinesweges ohne Interesse. Diese wird aber schon deshalb schwierig, weil die mehrsten botanischen Werke auf die angebauten Pflanzen wenig Rücksicht nehmen, und man daher in geographischen Schriften und Reisebeschreibungen mühsam die Materialien sammeln muß *). Ich habe mich bei Festsetzung des Bezirkes nur auf diejenigen Theile der Erdoberfläche beschränkt, wo der

*) Da man, um mit der größten Genauigkeit den Verbreitungsbezirk einer einzigen angebauten Pflanze zu bestimmen, fast alle dergleichen Werke durchlesen müßte, so verdient es hoffentlich Nachsicht, wenn hier bei Darstellung des Weinstock-Bezirkes sich Fehler eingeschlichen haben. Die geographischen Werke von Malte Brun und Ritter, besonders die des letzteren, waren mir bei dieser Untersuchung gute Führer, aber keinesweges einzige Quellen.

Weinstock im Freien angebaut wird und Gegenstand der Landwirthschaft ist; denn durch Ausdehnung des Bezirkes auf die Gegenden, wo der Weinstock nur in Gärten oder Treibhäusern gezogen wird, würde der Bezirk ziemlich willkührlich und unbestimmt werden.

Die Polargrenze des Weinstocks in Frankreich bestimmte Arthur Young *) sie ist auch in der Flore Française T. I. in der pflanzengeographischen Karte angegeben. In der Bretagne und der Normandie fehlt jetzt der Weinbau, die Cultur des Apfelbaums vertritt seine Stelle; der Most ist dort das gewöhnliche Getränk. Alte Urkunden zeigen indeß, daß in früheren Zeiten auch in diesen Provinzen Wein gezogen ist. Die Polargrenze ist also hier vielleicht willkührlich um etwas verändert; jetzt aber an der Westküste Frankreichs auf 47° 20' bei Nantes oder etwas nördlicher. Im Innern des Landes steigt sie bis zu 49° (bei Paris), in der Champagne hält sie sich zwischen 49° — 50°, und weiter gegen Osten giebt Young die Vereinigung des Rheins und der Mosel 50° 20' als die Grenze an; vielleicht geht sie gar bis gegen 51°. In der Mitte Deutschlands fällt die Grenze auf eine etwas niedrige Polhöhe, allein in Thüringen, Sachsen und Schlesien nähert der Weinstock sich dem Pole eben so sehr als am Rhein, nämlich gegen den 51°; doch ist der Wein in diesen Ländern größtentheils mittelmäßig. Weiter gegen Osten leidet die Grenze eine Aequatorialbiegung; Ungern hat bekanntlich viel Wein, Gallicien aber keinen; — die Grenze scheint demnach hier 48° — 49° zu

*) Travels in France, p. 19.

seyn *); in der Moldau ist der Weinbau nicht unbedeutend, und dies gilt auch von der Krim und dem südlichen Theile Rußlands; hier steigt indeß die Grenze schwerlich über 47° — 48°. In Moskau gedeiht der Weinstock nur in den Treibhäusern. Im westlichen Asien baut man den Weinstock nicht nur am Fuße des caucasischen Gebirges, sondern auch in Astrachan; die Grenze mag hier 47° — 48° seyn. Im Innern Asiens läßt sich die Grenze nicht leicht bestimmen; jenseits des caspischen Meeres im Lande der Turkomannen in der großen und der kleinen Bucharey wird der Wein angetroffen; fehlt aber in Sibirien gänzlich. In dem östlichen Theile des alten Continents verschwindet der Weinbau ganz; in Japan werden nach Thunberg die Trauben nicht reif, und in China und Cochinchina wird diese Pflanze nicht gebaut. Klimatische Ursachen können in den letzteren Ländern nicht Statt finden; der Mangel an Weinbau liegt wohl in dem sehr verbreiteten Theebau, so wie auch in dem ganzen Verkehr der Chineser mit Fremden und ihrer Abneigung fremde Sitten anzunehmen. Mehrere Arten von Vitis wachsen übrigens in Japan und wahrscheinlich auch in China wild. In dem neuen Continente ist es auffallend, daß der Weinbau nur in den südlichen Provinzen der vereinigten Staaten Statt findet, obgleich auch hier mehrere Vitis-Arten selbst auf bedeutender Breite angetroffen werden; eine Erscheinung, die den alten Skandinavern Anlaß gab, den von ihnen vor Colombo entdeckten Theile Amerikas das Weinland zu nennen. Im Westen des alleghanischen Gebirges scheint der Wein-

*) Cfr. Wahlenberg Flora Carpathorum. p. LXVII.

bau etwas nördlicher zu seyn; er findet am Ufer des Ohioflusses auf 37° Statt; — auch die Nordwestküste scheint dem Weinstock günstiger; denn diese Pflanze wird in St. Francesco (38°) gebaut *). Die Polargrenze ist folglich in Europa und dem westlichen Asien ziemlich mit den geographischen Breitezirkeln gleichlaufend, und leidet bei weitem keine solche Biegungen als die Polargrenze der Buche; im neuen Continente entfernt sie sich weit mehr von dem Pole; vielleicht dürfen aber hier willkührliche Ursachen Statt finden, so wie es solchen sicher beigelegt werden muß, daß der Weinbau im Osten des alten Continents gänzlich fehlt. —

Die Aequatorialgrenze in der nördlichen Halbkugel fällt nach v. Buch **) auf der Insel Ferro 27° 48′ und insofern nur von Ebenen im Niveau des Meeres die Rede ist, muß man allerdings dieser Meinung beitreten; denn in der Barbarei gedeiht der Wein nur in den nördlichen Theilen, und man sieht eine gegen Norden schräge Lage des Bodens als die vortheilhafteste an ***); in Egypten ist der Weinbau unbedeutend †), und in Abuschär in Persien 29° 2′ verbirgt man nach Niebuhr ††) die Weinstöcke in 6 — 10 Fuß tiefen Gru-

*) Nach Humboldt geht sie nördlicher als monte Rey über 37°. Essai politique sur la Nouvelle Espagne. T. 2. p. 441.

**) Allgemeine Uebersicht p. 16.

***) In Marocco wird der Weinstock häufig gebaut, aber nur wegen der Trauben, weil die Religionsbegriffe der Mahomedaner den Genuß des Weins nicht gestatten. Cfr. Schousboe Jagttagelser om Värtriget i Marocco. Danske Vidensk. Selsk. Skrifter. 1800. p. 114.

†) Wichtiger war der Weinbau zur Zeit Cleopatras.

††) Reise 2. Th. p. 97.

Gruben, damit die Sonnenhitze nicht die Trauben vertrockne. Doch kommt er in dem persischen Meerbusen auf der Insel Bahrein ein wenig südlicher vor (27°). In Nordamerika scheint die Aequatorialgrenze auf der Westküste bei St. Diego oder an der Grenze zwischen Alt- und Neu-Californien zu seyn (32° 39'); in der Provinz Neu-Biscaya trifft man zwar Wein südlicher, nämlich bis 26° (der See Parras, St. Luis de la Paz), allein dies wohl nicht im Niveau des Meeres. In Neu-Mexico geht der Wein bis Posso del Norte (32° 9') *). Auf jeden Fall erreicht die Aequatorialgrenze in der Ebene nicht den Wendekreis des Krebses. In der heißen Zone kommt der Wein an einzelnen Orten auf einer gewissen Höhe vor; so wird es für St. Jago (eine der capverdischen Inseln) 15° angegeben **), für St. Thomas an der Küste von Guinea und ohngefähr unter dem Aequator; diese Insel ist aber gebirgig; ferner in dem Hochlande von Abyssinien und auf der indischen Halbinsel in Dekan auf bedeutender Höhe ***). In Cumana (10° 27') trägt nach Humboldt †) der Weinstock vortreffliche Trauben; doch findet weder hier noch sonst in dem tropischen Amerika, nicht einmal im Hochlande, eigentlicher Weinbau Statt. Auf der südlichen Halbkugel treffen wir wieder Weinbau jenseits des Wendekreises des Steinbocks; allein da er nur da Statt findet, wo die Colonisten ihn eingeführt haben, so werden die Grenzen ziemlich willkührlich. Der Wein kommt

*) Humboldt Essai politique T. 2. p. 441, 412.

**) Chr. Smith Journal.

***) Ritters Erdkunde. 1. Th. p. 162 et 778.

†) Prolegomena p. LIV.

auf dem Vorgebirge der guten Hoffnung (34°) auch einige Grade nördlicher in Südafrika vor; in Conception in Chili (37°) und im Innern von Südamerika, in der Provinz Buenos Ayres (30° — 35°) und in Neu-Süd-Wallis (34°); doch ist er hier wohl kein wesentlicher Theil des Ackerbaus. Die Polargrenze gegen den Südpol läßt sich nicht bestimmen, theils weil es auf hoher Breite an Land fehlt, theils weil keine Cultur dort Statt findet. Da der Weinbau indeß nicht im südlichen Theile von Chili, und auch nicht auf v. Diemens Land angetroffen wird, so übersteigt die Grenze gewiß nicht den 40sten Grad.

Der Weinstock nimmt demnach auf der Erdoberfläche zwei Gürtel ein, die beide in dem wärmeren Theile der temperirten Zonen liegen; doch ist der Verbreitungsbezirk des Weinstocks in diesen Gürteln keinesweges ununterbrochen, sondern wegen Mangel an Cultur der Länder, wegen Sitten, Lebensart und Bildungsstufe der Völker oder aus andern Ursachen vielen Unterbrechungen unterworfen. Auch die Höhe über dem Meere bringt Unterbrechungen hervor. In dieser Hinsicht bestimmt Decandolle *) die obere Grenze auf 45° der Breite zu 2460 Fuß; nach Wahlenberg ist sie in der nördlichen Schweiz höchstens 1700 Fuß **), in Ungern nur 900 Fuß ***). Nach meinen Untersuchungen würde man für den südlichen Abhang der Alpenkette 2000, für die Apenninen und Sicilien höchstens 3000 F. annehmen dürfen; auf Teneriffa geht nach v. Buch der

*) Mémoires d'Arcueil. T. 3. p. 277.

**) Tentamen append.

***) Flora Carpathorum p. LXVII et 396.

Weinstock nicht über 2500 F. *). Er fehlt in dem Hochlande des tropischen Amerikas, und in Hinsicht der einzelnen Punkte innerhalb der Wendekreise, wo er sporadisch vorkommt, haben wir keine sicheren Höhenbestimmungen.

Wünschen wir dagegen denjenigen Theil der Erdoberfläche zu kennen, wo der Weinbau sowohl in Hinsicht der Menge des gewonnenen Weins, als der Güte desselben sein Maximum erreicht, so fallen nur das südliche Europa und das westliche Asien innerhalb der Grenze dieses Bezirkes. Hierzu wirken aber sicher nicht nur klimatische Ursachen, sondern auch historische, besonders daß diese Theile der Erde schon seit Jahrhunderten der Hauptsitz für die Geistes-Cultur der Menschen gewesen sind, und daß der Weinstock wahrscheinlich hier sein Vaterland hat.

Die geographische Breite wirkt auch auf die Beschaffenheit und Güte der Trauben und des Weins. Im nördlichen Europa hat der Wein eine größere Neigung zur Säure als in dem südlichen; man vergleiche den Rheinwein mit den sicilianischen oder griechischen Weinsorten. Auch die Stärke des Weins nimmt in der Regel gegen die Wendekreise zu, eine Vergleichung der eben genannten südeuropäischen Weine, so wie des Madera-Weins mit den nordeuropäischen wird diesen Satz beweisen; doch erhalten letztere durch Alter eine größere Stärke. Uebrigens scheinen specielle Localitäten von bedeutendem Einflusse zu seyn. So zeichnen sich verschiedene ungerische Weine (z. B. Tokayer) be-

*) Allgem. Uebers. p. 20. cfr. p. 41.

kanntlich durch Stärke aus, deren Ursache Wahlenberg *) in den vorherrschenden trocknen östlichen Winden sucht. Oft trifft man in einer gewissen Gegend, oder auf einem einzelnen Berge Wein von eigenthümlichem Geschmack (Constantia, Hochheimer u. s. w.).

Um die geographischen Verhältnisse so weit als möglich mit den Temperatur-Verhältnissen in Verbindung zu setzen; — wollen wir so wie bei der Buche auf die Temperaturverhältnisse an den Grenzen Rücksicht nehmen; — doch dabei solche von mehreren Orten benutzen, weil der Weinstock zu der mittleren Temperatur in einer weit ferneren Beziehung steht als die Buche (siehe beigefügte Tafel).

Diese Uebersicht zeigt uns gleich, daß die jährliche Mitteltemperatur keinen passenden Maaßstab für den Verbreitungsbezirk des Weinstocks abgiebt; so ist die M. T. von London höher als die von Zürich und Geneve, und doch liegt jene Stadt beinahe 3 Grad nördlicher als die Polargrenze, die beiden letzteren dagegen innerhalb des Bezirkes; Ofen liegt 1 — 1½ Grad südlicher als die Polargrenze, und hat doch keine viel höhere Mitteltemperatur als London; in Sicilien hört der Weinstock wegen der Höhe bei einer Mitteltemperatur auf, welche die von London übertrifft, und dies ist auf den canarischen Inseln wie es scheint noch mehr der Fall **). Weit mehr wirkt die mittlere Sommertemperatur; diese ist größer in Zürich, Geneve, Paris und

*) Flora Carpatorum p. CII et CIII.

**) v. Buch setzt die M. T. von 2500 bis 4080 Fuß zu 13°,7 C. (Allg. Ueb. p. 44); die mittlere Temp. bei 2500 F., die obere Grenze des Weinstocks muß also weit über 13°,7 seyn.

	Polar-Grenze		
	Paris [1]	London [2]	Ofen [3]
Januar . .	+ 2° 99	+ 1° 92	— 2° 6
Februar . .	4° 01	3° 27	+ 0° 6
März . . .	6° 14	5° 95	3° 6
April . . .	10° 46	7° 80	9° 6
Mai . . .	13° 60	11° 95	18° 3
Juni . . .	16° 64	15° 16	20° 1
Juli . . .	17° 98	16° 66	21° 8
August . .	17° 56	16° 46	22° 0
September .	15° 10	13° 54	16° 7
October . .	10° 04	9° 09	11° 0
November .	6° 18	4° 99	4° 6
December .	2° 77	2° 57	— 0° 5
Winter . .	+ 3° 26	+ 2° 58	— 0° 8
Frühling . .	+10° 07	+ 8° 57	+10° 5
Sommer . .	+17° 39	+16° 09	+21° 3
Herbst . .	[illegible]	[illegible]	[illegible]

1) Ohngefähr bei der Polargrenze. Nach 5 Jahre
chen Extreme, aber wie die folgenden, auf wahr

2) Beinahe 3 Grade nördlich von der Polargrenze
(1815 — 21) zu Tottenham. Thomson ann

3) Ein bis anderthalb Grad südlicher als die Polar
lenbergs Flora Carpat.

4) Ohngefähr die obere Grenze. Observationen
p. LXVII.

5) Etwas unter der oberen Grenze. Observatione
universelle.

6) Die Temperatur bei 3000 Fuß nach der von Pal
setz der Abnahme vorausgesetzt, berechnet.

7) Nach Humboldts lignes isothermes Tab. I
Beobachtungen der täglichen Extreme gezoge
l'Egypte).

8) Nach Contis und Calenbrellis Observati
2 und 9 U. n. M. angestellt.

9) Nach Marabittis Beobachtungen in 5 Jahren
pografia di Palermo. Note 177.

I.

...re Grenze		Aequatorial-Grenze	Vortheilhafteste Verhältnisse	
...eneve [5]	Sicilien [6]	Cairo [7]	Rom [8]	Palermo [9]
1° 16	+ 4° 78	+14° 37	+ 7° 18	+10° 78
2° 87	4° 78	13° 17	8° 18	10° 78
5° 86	6° 11	18° 20	10° 71	12° 11
9° 74	8° 51	25° 60	13° 71	14° 51
13° 75	11° 71	25° 80	18° 11	17° 71
16° 06	14° 48	28° 66	21° 58	20° 48
17° 72	16° 38	29° 86	23° 18	22° 38
17° 70	17° 18	29° 86	22° 88	23° 18
14° 85	15° 57	25° 84	20° 07	21° 57
10° 01	13° 77	22° 04	16° 77	19° 77
5° 50	9° 57	16° 84	12° 07	15° 57
2° 22	6° 38	16° 07	8° 48	12° 38
2° 08	+ 5° 31	+14° 53	+ 7° 95	+11° 31
9° 78	+ 8° 78	+23° 20	+14° 18	+14° 78
7° 16	+16° 02	+29° 46	+22° 55	+22° 02
9 79	+10° 77	+22° 19	+15° 24	+16° 77

... annales de Chimie et de Physique; media der tägli-
...führt.

...ds Observationen der täglichen Extreme in 7 Jahren
...y.

...ervationen der täglichen Extreme in 6 Jahren. Wah-

...reme in 6 Jahren. Wahlerbergs Tentamen

...Extreme in 7 Jahren (1815 — 1821). Bibliothéque

...9), das in der 3ten Hauptabtheilung angenommene Ge-

... Die von ihm angegebenen media sind aus Rovets
...diese Beobachtungen mangelhaft (cfr. Description de

...811 — 1817). Die Observationen sind um 7 U. v. M.

... der täglichen maxima und minima. Cfr. Scinà To-

Osten, als in London, und auf einer Höhe in Sicilien wo die mittlere jährliche Temperatur größer ist; — auch ist es leicht begreiflich, daß die Temperatur derjenigen Epoche, in welcher die Trauben reifen, die wichtigste seyn muß. — In diesem Verhältnisse liegt die Ursache, warum die Polargrenze in Europa nicht gegen Osten von dem Pole sich entfernt, sondern vielmehr im westlichen Theile Europas auf geringerer Breite als im mittleren angetroffen wird; denn wenn auch die jährliche Mitteltemperatur von Westen gegen Osten bedeutend abnimmt, so steigt dagegen die Sommertemperatur in dieser Richtung, selbst auf der nämlichen Breite und weit mehr auf der nämlichen isothermen Linie (cfr. §. 33.). Deshalb wird auch in Italien und Sicilien und auf Teneriffa die obere Grenze verhältnißmäßig sehr niedrig; denn gegen den Aequator zu steigt die Sommertemperatur bei weitem nicht in dem nämlichen Verhältnisse als die Mitteltemperatur. Nur bis zu einem gewissen Grade vermag indeß eine hohe Sommertemperatur, bei einer verhältnißmäßig geringen jährlichen Temperatur, ein Land für Weinbau brauchbar zu machen. So ist die Sommertemperatur von Moskau = 19°5 *) d. h. höher als in Paris, Zürich und Geneve und doch werden Trauben dort nur in Treibhäusern reif. Auch läßt es sich voraussetzen, daß eine strenge Winterkälte besonders aber ein kalter Frühling oder Herbst, den Weinbau unmöglich machen muß, die Sommertemperatur möge so hoch seyn wie sie wolle. Häufig eintreffender Nachtfrost zu der Zeit wo die Blätter sich entfalten oder die Blüthen sich zeigen, und eine

*) Humboldt lign. isoth. Tabel.

niedrige Temperatur in den Herbstmonaten, in welcher die volle Reife der Trauben erfolgt, müssen auf den Weinstock schädlich wirken. Vielleicht liegt hierin eine Nebenursache, warum in Nordamerika der Weinstock nicht höher gegen Norden geht, obgleich hier die Sommertemperatur im Verhältniß zur jährlichen Mitteltemperatur hoch ist.

So wie die Polargrenze, wenn auch nicht ausschließend, doch vorzüglich durch die Sommertemperatur bestimmt wird, so ist dies auch mit der Aequatorialgrenze der Fall. Auf Madera und auf den canarischen Inseln ist die Mitteltemperatur nicht viel niedriger als in Algier oder Cairo *), und doch ist auf jenen Inseln der Weinbau bedeutend, in Algier dagegen die Temperatur für den Weinstock schon zu hoch und in Cairo der Wein größtentheils nur des Schattens halber gepflanzt. Inseln haben aber eine niedrigere Sommertemperatur als die Continente.

Schwieriger noch, als die Bestimmung des künstlichen Verbreitungsbezirkes des Weinstocks, ist die des natürlichen oder des Vaterlandes dieses Gewächses. Jede angebaute Pflanze verwildert leicht, und es hält alsdann oft schwer zu bestimmen, ob sie an einem gegebenen Orte ursprünglich zu Hause sey oder nicht. Es ist indeß leicht zu beweisen, daß der Wein im neuen Continente, auf den canarischen Inseln, auf Madera und dem Cap nicht ursprünglich wild ist: ferner ist es mehr als wahrscheinlich, daß dies auch von allen europäischen Ländern diesseits der großen Alpenkette gilt.

*) v. Buch bestimmt die mittlere Temp. von Teneriffa zu 21°,25 — 22°,50 Allg. Uebers. p. 38.

Am Caucasus und in der Levante kommt der Weinstock häufig wild vor, und alles deutet hier auf eine ursprüngliche Heimath; in dem südlichen Europa ist dieser Ursprung mehr zweifelhaft. Zwar trifft man ihn in Italien besonders in den südlichsten Theilen dieses Landes, in Wäldern und unter solchen Umständen, daß man ihn als ursprünglich wild anzunehmen geneigt seyn mögte; — doch darf ich dieß nicht als entschieden behaupten. Historische Nachrichten und Mythen würden vielleicht über die Wanderungs-Geschichte dieser Pflanze bessere Aufschlüsse geben; — diese Untersuchung liegt aber ausserhalb der Grenzen der Pflanzengeographie. —

Innerhalb der Grenzen des Weinstocks ist der Wein das gewöhnlichste Getränk. Auf höherer Breite vertritt das Bier und der Most seine Stelle; als spirituöses Getränk aber der Kornbrantwein. In der heißen Zone geben verschiedene Pflanzen Wein-Surrogate; so wird in Mexico Agave americana *) als weingebende Pflanze gebaut; Rhaphis vinifera giebt ein weinähnliches Getränk in Guinea und an mehreren Orten; der Reis und das Zuckerrohr liefern in beiden Indien spirituöse Getränke. —

2tes Stück.

Oertliche Verhältnisse der Gattungen (genera).

§. 17.

Obgleich die Gattungen mehr noch als die Arten nur ideale Gruppen von Organismen sind; so liegt doch,

---

*) Humboldt Essay politique. T. 3. Cap. 9.

insofern sie mit Scharfsinn und Kenntniß der Natur aufgestellt sind, eine wirkliche Aehnlichkeit zum Grunde. Da aber äußere Aehnlichkeit auch Uebereinstimmung in Hinsicht des Wesens der Pflanzen voraussetzt, — so steht eine solche Gruppe nothwendig in einem gewissen Verhältnisse zu den klimatischen Momenten. Es wird daher bei den Gattungen wie bei den Arten von Vorkommen, Verbreitungsbezirke und Vertheilungsweise die Rede seyn können. Daß viele Gattungen Arten von sehr verschiedenem Vorkommen enthalten, daß einige Gattungen über die ganze Erde verbreitet sind, steht diesem nicht entgegen; denn man findet auch Arten, welche gegen die äußeren Umgebungen sehr gleichgültig sind, und solche, deren Verbreitungsbezirk die ganze Oberfläche der Erde einschließt; — nur insofern findet ein Unterschied Statt, daß die Gattung als größere Gruppe in der Regel, sowohl in Hinsicht des Vorkommens als der Verbreitung, weniger beschränkt ist. Wir finden aber Gattungen, deren Arten auf eine gewisse oft sehr kleine Zone beschränkt sind, und solche, deren Arten entweder alle nur unter gewissen äußeren Umständen anzutreffen sind, oder wenigstens in einer so großen Zahl, daß die einzelnen in Hinsicht des Vorkommens abweichenden Arten nur als Ausnahmen zu betrachten sind. So kommt keine Art von Potamogeton oder Nymphaea auf trocknem Boden vor, noch weniger eine Art von der Gattung Fucus oder vielmehr von allen Gattungen der Familie Fucoideae; ja diese Familie ist sogar auf das salzige Wasser beschränkt. Alle Arten von Salicornia und Salsola kommen im salzigen Boden vor, die mehrsten Carices im sumpfigen Boden; die Epidendra wachsen auf Bäumen u. s. w. So wie aber schon bei den Arten das Vorkommen weniger bestimmt ist, als der Verbreitungsbezirk, so ist dies auch noch mehr mit den Gattungen der Fall. Die oben angeführten Kunstwörter für das verschiedene Vorkommen der Arten, lassen sich auch auf die Gattungen anwenden. Die Bestimmung des Vorkommens der Gattung wird zwar immer deshalb schwierig, weil wir durch spätere Entdeckungen Arten finden können, welche ein abweichendes Vorkommen zeigen; — allein wenn die Gattung zahlreich ist, und alle oder der größte Theil der Arten in dieser Hinsicht übereinstimmen, läßt es sich immer als sehr wahrscheinlich annehmen, daß diese Uebereinstimmung in dem Wesen der Pflanze ihren Grund hat, und daß spätere Entdeckungen nur specielle Abweichungen geben werden. Bei kleinen Gattungen wird das Vorkommen dagegen sehr zweifelhaft, weil durch spätere Entdeckungen vielleicht das Regel werden wird, was wir jetzt als Ausnahme ansehen. —

Aehnliche Schwierigkeiten begegnen uns bei Bestimmung des Verbreitungsbezirkes. Wenn wir nach unseren jetzigen Kenntnissen sagen, daß eine Gattung nur zwischen bestimmten Breiten- oder Längengraden oder unter einem gewissen Höhenverhältnisse vorkommt *),

*) Zwar läugnet Decandolle in den mémoires d'Arcueil T. 3. p. 296. die Möglichkeit, die Höhenverhältnisse der Gattungen zu bestimmen: L'inspection seul de ces tableaux (worin nehmlich die Höhe der einzelnen Arten über dem Meere angegeben ist) prouvera qu'il est impossible de donner quelques généralités sur les stations des genres et des familles et que ce genre de recherches ne peut se faire que pour chaque espèce en particulier;" — allein man findet doch nie eine Aretia oder

so ist immer zu befürchten, daß neue Entdeckungen der- gleichen Behauptungen umstürzen. Allein es gilt hier die nämliche Bemerkung, welche wir oben hinsichtlich des Verbreitungsbezirkes der Arten gemacht haben; — ist die Gattung an Arten zahlreich und sind diese entweder alle oder doch eine entschiedene Mehrzahl innerhalb gewisser Grenzen eingeschlossen, alsdann läßt es sich mit einem bedeutenden Grade von Wahrscheinlichkeit behaupten, die Gattung habe hier ihren wahren Sitz; — und wir können dann mit Recht die Gattungen nach solchen geographischen Verhältnissen benennen. So verdienen die Gattungen Piper, Cactus *tropische*, Stapelia, Mesembryanthemum, Protea *capsche*, Leptospermum *neuholländische*, vielleicht auch Astragalus *siberische* und Cistus *spanische* genannt zu werden. Denn wenn auch diese Gattungen, besonders die beiden letzteren, jenen Zonen und Ländern nicht ausschließlich eigen sind, so haben doch die dort vorkommenden Arten ein entschiedenes Uebergewicht. —

Der Verbreitungsbezirk ist übrigens hier wie bei den Arten entweder *unterbrochen* oder *ununterbrochen*; jenes ist beinahe häufiger der Fall als dieses. Viele Gattungen der nördlichen Polarländer kommen auf den Gebirgen des südlichen Europa wieder

---

Androsace im Niveau des Meeres auf der Breite, wo die Pflanzen dieser Gattungen in der Alpenregion vorkommen; noch eine Phillyrea in der Alpenregion; — in der Ebene findet man nicht die Zahl der Saxifragen oder Gentianen, welche die Alpen hervorbringen, oder umgekehrt die Menge der Trifolien und Medicagines, welche die Ebenen darbieten. In der heißen Zone werden die Höhenverhältnisse der Gattungen noch auffallender.

zum Vorschein; viele europäische Gattungen in der temperirten Zone der südlichen Halbkugel und fehlen in den zwischenliegenden Ländern. Bei Bestimmung der Grenzen nach Breite, Länge und Höhe darf man noch weniger als bei den Arten eine pünktliche Genauigkeit, die der Natur fremd ist, suchen.

Das Vorkommen und der Verbreitungsbezirk der Gattungen sind folglich weniger bestimmt und deshalb weniger wichtig, als bei den Arten; — dagegen wird hier die Vertheilungsweise um so bedeutender. So wie bei der einzelnen Art die Individuen entweder einzeln oder gesellschaftlich vorkommen (einzelne oder gesellschaftliche Pflanzen), so können bei der nämlichen Gattung entweder die Individuen der verschiedenen Arten unter einander vermischt seyn oder auch die Individuen jeder Art für sich vorkommen; ein Unterschied, der vorzüglich von dem Vorkommen der Arten abhängt. So fordern die mehrsten Arten der Gattung Chenopodium ohngefähr die nämlichen äußeren Verhältnisse; ihre Individuen finden sich deshalb sehr oft vermischt; ähnliches gilt von den mehrsten alpinischen Saxifragen. Von der Gattung Ranunculus dagegen kommen einige Arten im Wasser vor, andere auf Wiesen, einige auf Aeckern u. s. w. Die Individuen der verschiedenen Arten werden deshalb gewöhnlich unvermischt angetroffen. Man könnte hier vielleicht die Benennungen: Vertheilung mit vermischten und Vertheilung mit unvermischten Arten (distributio speciebus mixtis et d. speciebus separatis gebrauchen.

Hiermit darf ein anderes Verhältniß nicht verwechselt werden, welches nicht von dem Vorkommen sondern von dem Verbreitungsbezirke der Arten abhängt. Entweder sind nämlich die Arten der nämlichen Gattung dergestalt auf der Erdoberfläche vertheilt, daß der Verbreitungsbezirk der einen Art ausserhalb derjenigen der andern liegt, oder diesen wenigstens nur an den Grenzen berührt, oder die Verbreitungsbezirke der Arten liegen mehr oder weniger innerhalb der nämlichen Grenzen. Die Gattungen Medicago und Silene sind in den Ländern, welche das mittelländische Meer umgeben, sehr zahlreich, allein die mehrsten Arten sind allen diesen Ländern gemeinschaftlich; die Grenzen ihrer Verbreitungsbezirke laufen in einander und sie unterscheiden sich nur insofern, daß eine Art einen grösseren, eine andere einen kleineren Bezirk hat. Die Arten bilden also unter sich keinen Gegensatz. Anders verhält sich in dieser Hinsicht die Gattung Pinus. Im südlichen Europa vertreten Pinus Pinea, Pinaster und halepensis die Stelle der P. sylvestris; auf einer gewissen Höhe über dem Meere werden in Italien jene Arten von dieser abgelöst; die Alpen bieten auf einer bedeutenden Höhe P. Cembra und Mughus dar, die Pyrenäen P. uncinata. Auf dem Libanon trifft man P. Cedrus, — in dem westlichen Theile des alten Continents herrscht P. sylvestris, in der Mitte Abies und picea, in dem östlichen Theile dagegen P. Larix; Nordamerika hat Arten die von den europäischen ganz verschieden sind. Die Pinus-Arten des mexicanischen Hochlandes sind eigenthümlich, und eben so die des indischen Hochlandes u. s. w. Die Verbreitungsbezirke der Arten liegen also hier größtentheils getrennt von einander und es findet zwischen ihnen ein Gegensatz oder eine Stellvertretung Statt, welcher man nicht unpassend den Namen Substitution (substitutio) beilegen kann. Die Ursache dieses Verhältnisses ist übrigens entweder, daß die verschiedenen Arten verschiedene klimatische Verhältnisse erfordern, und dann folgen sie auf einander nach geographischer Breite oder nach der Höhe; oder daß sie ähnliche aber nicht völlig gleiche Verhältnisse fordern, und alsdann folgen sie auf einander nach der geographischen Länge, oder sie zeigen sich in ähnlichen Theilen der beiden Hemisphären oder in den Polarländern und in den Hochländern der temperirten und heißen Zone. So vertritt die Manna-Esche, Fraxinus Ornus, im südlichen Europa die Stelle der gemeinen Esche Fr. excelsior; Erica arborea die von Er. vulgaris; Lycopus exaltatus, Anchusa italica, Cynoglossum pictum, Symphytum tuberosum sind Substitute für Lycopus europaeus, Anchusa officinalis, Cynoglossum officinale, Symphytum officinale. So sind Eriophorum capitatum, Geum montanum, Pinguicula flavescens alpinische Substitute für Eriophorum vaginatum, Geum urbanum, Pinguicula vulgaris. Nordamerica hat mit Europa eine Menge gemeinschaftlicher Gattungen, die Arten aber sind in jedem Welttheile verschieden. Die Gattungen Saxifraga, Draba, Pedicularis, Gentiana zeigen sich sowohl in den Polarländern, als in den südeuropäischen Alpen, dem indischen und dem südamerikanischen Hochlande; allein die Arten sind oft verschieden. Die europäischen Gattungen Fagus, Alopecurus, Empetrum, Carex u. v. a. kommen in der südlichen temperirten Zone wieder zum Vorschein. —

Zwar existiren diese beiden Arten von Vertheilung in der Natur selten völlig rein; die Vertheilungsbezirke greifen auf mannigfaltige Weise mehr oder weniger in einander und nicht selten trifft man in einer Gattung außer den Arten, welche einander in dieser Hinsicht entgegen stehen, auch eine oder mehrere, deren Verbreitungsbezirke die von jenen einschließen. Allein der Unterschied hat nichts desto weniger in der Natur seinen Grund und darf nicht übersehen werden. Ich schlage für diese zwei Arten von Vertheilung die Ausdrücke: Vertheilung mit gesammelten und Vertheilung mit getrennten Arten vor (distributio speciebus conjunctis et disjunctis). Man begreift leicht, daß dieser Unterschied nicht mit jenen obenangeführten auf das Vorkommen begründeten Unterschieden zusammenfällt. Denn wenn die Verbreitungsbezirke der Arten ohngefähr das nämliche Areal einschließen (Vertheilung mit gesammelten Arten), können die Individuen dieser Arten sowohl vermischt als unvermischt vorkommen (Vertheilung mit vermischten und V. mit unvermischten Arten); dagegen sind freilich die getrennten Arten immer auch unvermischt. Wenn der Verbreitungsbezirk von einer Art die Bezirke mehrerer Arten umfaßt, mögte der Ausdruck übergreifender Verbreitungsbezirk *) (distributio complectens) nicht unpassend seyn. —

Ferner ist bei der Vertheilung zu beobachten, daß für jede Gattung ein oder mehrere Theile der Erdoberfläche innerhalb des Verbreitungsbezirkes dieser Form besonders günstig sind; diese Begünstigung zeigt sich

*) Nicht Synonym mit Links „übergreif. Verbreitung." Urwelt 1. Th. p. 88.

theils in der Menge der Arten, theils in der Eigenthümlichkeit derselben, und diese beiden Verhältnisse treten in den mehrsten Fällen zugleich ein, so daß da, wo die mehrsten Arten vorkommen, auch die größte Eigenthümlichkeit sich offenbart. Von diesem oder diesen Theilen der Erde, wo die Gattung ihr Maximum erreicht (culmen) nimmt die Gattung ab, sowohl in Hinsicht der Zahl der Arten als auch gewöhnlich hinsichtlich der Eigenthümlichkeit. Mehrere Maxima entstehen alsdann (doch seltner), wenn die Gattung zwei Untergattungen einschließt, von welchen jede besondere klimatische Verhältnisse erfordert; — oder wenn die Gattung ohngefähr gleichförmig zwischen zwei getrennten Theilen der Erde vertheilt ist, z. B. zwischen beiden Hemisphären, — zwischen den Polarländern und den Alpen. Beispiele hiervon geben mehrere der obenangeführten Gattungen mit getrennten Arten. Dies Verhältniß ist übrigens von jenem, ob die Arten getrennt oder gesammelt sind, verschieden; denn innerhalb zwei solcher Erdtheile mit ähnlichem Klima, können die Verbreitungsbezirke der Arten sowohl getrennt seyn als vereinigt; ja die mehrsten Arten können vielleicht beiden Erdtheilen gemeinschaftlich seyn; und ebenso können, wenn die beiden Maxima in Erdtheilen verschiedener Natur vorhanden sind, die Bezirke der einzelnen Arten entweder getrennt oder gesammelt seyn. Wo ferner nur ein Maximum Statt findet, können gleichfalls beide Vertheilungsarten eintreffen; entweder greifen die Bezirke in einander und nehmen mehr oder weniger die nämlichen Erdtheile ein, oder sie bilden gleichlaufende Gürtel, oder endlich sie bilden gleichsam kleine

Kreise innerhalb des Bezirkes der ganzen Gattung *). Diese Verhältnisse lassen sich wohl durch die Ausdrücke: **Vertheilung mit einem Maximo** und **Vertheilung mit mehreren Maximis** bezeichnen (distributio culmine uno et distributio culminibus pluribus). Wenn in geographischer Hinsicht zwei Maxima vorhanden sind, die Erdtheile aber in beiden ähnliches Klima haben; alsdann hat die Gattung in klimatischer Rücksicht nur ein Maximum.

So wie eine Art nicht plötzlich aufhört, sondern an den Grenzen des Bezirkes immer noch hier und dort einzelne Individuen sich zeigen; so trifft man auch an den Grenzen der Gattung eine oder wenige Arten, welche als **Repräsentanten** (species vicariae) der Form hervortreten. So sind im südlichen Europa Laurus nobilis und Myrtus communis Repräsentanten von Formen, welche dort ihre Polargrenzen haben; so sind die wenigen Arten von Silene und Medicago, welche im nördlichen Europa vorkommen, Repräsentanten dieser im südlichen Europa so zahlreichen Gattungen. Die Alpenvegetation biedet sehr viele Beispiele von Repräsentation der Gattungen der Ebenen dar; z. B. Aster alpinus, Sonchus alpinus, Plantago alpina u. s. w. Solche Grenz-Repräsentanten sind entweder eigenthümliche Arten, wie in den angeführten Beispielen, oder auch die biegsamsten Arten, welche zugleich innerhalb des Kreises des Maximum vorkommen z. B. Thlaspi bursa pastoris, eine Pflanze, die sowohl

*) Bildlich könnte man dies mit Fossilien ohne abgesonderte Stücke, mit stänglich oder schalig abgesonderten Stücken, und mit körnig abgesonderten Stücken vergleichen.

wohl weit gegen Norden als hoch gegen die Schneelinie steigt. Repräsentation findet aber auch alsdann Statt, wenn in zwei Erdtheilen mit ähnlichem Klima eine zahlreiche Gattung in dem einen viele, in dem andern nur wenige oder vielleicht nur eine Art erzeugt. So ist z. B. Gladiolus communis im südlichen Europa, Mesembryanthemum nodiflorum und crystallinum ebendaselbst und Stapelia hirsuta in der Barbarey Repräsentanten dieser auf dem Vorgebirge der guten Hoffnung sehr zahlreichen Gattungen. — Insofern man solche Erbtheile mit einander vergleicht, kann man in diesem Falle die Vertheilung ungleich nennen; gleich dagegen, wenn die Zahl der Arten in dem einen Theile die der Arten des anderen nicht bedeutend übersteigt (distributio aequalis et inaequalis). Allein bisweilen kommen in dem einen Theile zwar nur wenige Arten vor, aber diese sind sehr reich an Individuen, wogegen in dem andern Theile viele Arten vorhanden sind, aber von jeder derselben nur wenige Individuen. So wachsen auf dem Cap mehrere hundert Arten von Erica, allein diese haben vielleicht eine geringere Menge von Individuen als E. vulgaris im nördlichen Europa. Es wird daher nothwendig zu unterscheiden, ob die Vertheilung sowohl in Hinsicht der Arten als Individuen gleich sey, oder gleich in Hinsicht der Arten, ungleich in Hinsicht der Individuen, oder umgekehrt rücksichtlich der Arten ungleich, rücksichtlich der Individuen hingegen gleich, oder endlich in beiden Rücksichten ungleich (distributio aequalis speciebus et individuis, aequalis speciebus sed inaequalis individuis u. s. w.). —

Bei Bestimmung der Zahl der Arten, so wie überhaupt des Maximum der Gattung, darf man nicht übersehen, daß nicht alle Theile der Erde in demselben Grade bekannt sind. Wenn daher nach den botanischen Schriften die Gattung Carex in Europa reicher an Arten ist als in Nordamerika, durfen wir nicht den Schluß machen, daß der letztere Continent dieser Form weniger günstig sey; — sondern es wird nothwendig, die Zahl der Arten der untersuchten Gattung mit der Zahl sämmtlicher, aus den verglichenen Erdtheilen bekannten, Pflanzen zu vergleichen; also auf die relative und nicht auf die absolute Zahl Rücksicht nehmen. Da diese Regel aber und die näheren Bestimmungen derselben bei den Familien von noch weit größerer Bedeutung ist, so wollen wir die genaueren Erläuterungen dieses Gegenstandes bis dahin aufschieben.

§. 18.

Gattung der Fichten (Pinus Lin.) *).

(Atlas Taf. III.)

Eine ausgezeichnete Pflanzengattung, die sowohl im Haushalte der Natur als mit Rücksicht auf die Bedürfnisse und den Verkehr der Menschen sehr wichtig ist und deren geographische Verhältnisse deshalb unsere

*) Ich nehme Pinus im Linne'schen Sinne, obgleich die Neueren sie bald in 2 bald in 3 Gattungen vertheilen (Pinus und Abies, oder Pinus, Abies und Larix). Diese 3 Gruppen bilden nämlich nichts desto weniger eine sehr natürliche Hauptgruppe, und es ist in pflanzengeographischer Hinsicht gleichgültig, ob jene Gruppe im Systeme Gattung und die Untergruppen Untergattungen heißen, oder jene tribus, diese Gattun

Aufmerksamkeit erregen. Sie bildet wahrscheinlich die größte Masse der zapfentragenden Pflanzen (Coniferae) und kann als Haupttypus dieser Familie angesehen werden. In Persoons synopsis zählt die Gattung 36 Arten; nach den neueren Entdeckungen kann man wohl wenigstens 50 annehmen. Die mehrsten Arten zeichnen sich durch ihre Größe, besonders aber durch ihre Höhe aus, und einige gehören zu den Giganten des Pflanzenreichs; alle haben einen holzigen Stamm und die mehrsten sind wahre Bäume, mehrere erreichen ein sehr hohes Alter; so gehört die Ceder zu den ältesten Bewohnern der Erde. Der Stamm ist ferner größtentheils sehr gerade, die Blätter sind durchgehends mehr oder weniger nadelförmig, und bleiben mit wenigen Ausnahmen (Larix) im Winter auf den Bäumen; die Blüthen stehen in Kätzchen (amentis), deren Schuppen holzartig werden und dann die Zapfen bilden. Durch den geraden Hauptstamm, die gedrängte Blattform, und überhaupt durch die Neigung zur Erweiterung nach der Länge, so wie durch die wenig entwikkelten Blüthentheile, nähert sich die Gattung den Monocotyledonen; auch in Hinsicht der Zahl der Saamenblätter oder durch die Theilung derselben weicht sie von den Dicotyledonen ab; sie wird indeß mit Recht zu den letzteren gezählt, vorzüglich wegen des inneren Baues der

---

gen benannt werden. Ueber Pinus cfr. A. B. Lambert a description of the genus Pinus. London 1803. fol. A. F. Michaux histoire des arbres forestiers de l'Amérique septentrionale 3 vol. Paris 1810 — 1813. 4to. und in pflanzengeographischer Hinsicht: Humboldt Ansichten p. 266. Nova genera T. 2. p. 26, 27. Yule on the physical distribution of Coniferae.

Pflanze. Alle Arten enthalten Harz, welches indeß bei einigen in einem süßen eßbaren Stoff übergeht z. B. bei Pinus Larix, P. balsamea, und im Frühling bei P. Abies.

Demungeachtet zeigt die Gattung in ihren Arten eine große Mannigfaltigkeit. Nach der Frucht lassen die Arten sich auf zwei Hauptformen zurückführen: entweder sind die Schuppen dünn, beinahe membranös und umfassen einander (Abies), oder sie nehmen gegen außen an Dicke zu, werden keilförmig und endigen sich mit einem Nabel (Pinus). Die Blätter stehen entweder einzeln (Abies), oder mehrere mit einer Scheide umgeben beisammen, alsdann gewöhnlich zwei (P. sylvestris), manchmal mehrere (P. Cembra, Strobus), oder sie stehen bei der Entwickelung in einem Büschel, und sondern sich nachher einzeln ab (Larix). Die Gestalt, die Größe und die Gruppirung der Zapfen bilden auch merkliche Unterschiede; — und dies gilt auch von dem ganzen äußeren habitus, welcher vorzüglich von der Stellung der Aeste und Zweige, so wie von der Stellung, Gestalt und Farbe der Blätter abhängt. Die dunkelgrüne Tanne (P. Abies Lin.) bildet mit ihren nach unten gebeugten Aesten, welche mit der Höhe kürzer werden eine Pyramide, die Blätter stehen in zwei Reihen (folia disticha); — an der blaugrünen Fichte (P. sylvestris) bilden die Aeste mit dem Stamm einen Winkel von 45 Grad, die Blätter stehen aufrecht; bei dem gelbgrünen Lerchenbaum (P. Larix) sind die Aeste horizontal, die Zweige herabhängend: die Pinie hat einen bis zu einer ziemlichen Höhe nackten Stamm, die Aeste kommen an verschiedenen Punkten hervor, erreichen doch die nämliche Höhe, und bilden die schöne

Krone, welche diesen Baum zum Lieblinge derjenigen Landschaftsmaler gemacht hat, die den Charakter der südeuropäischen Natur darzustellen wünschen; die Ceder wird wohl durch ihre horizontalen sehr langen Aeste, deren Spitzen sich gegen die Erde neigen, durch ihren Reichthum an Blättern, und wegen ihres schön gerundeten Baumschlages, die schönste Form in dieser Gattung *).

Die Fichtengattung nimmt große Waldstrecken ein und bildet in der temperirten Zone der nördlichen Halbkugel einen breiten Gürtel um die Erde; durch Menge und Größe der Individuen muß sie nothwendig auf die Atmosphäre, auf Bildung der Flüsse und Seen einen wesentlichen Einfluß äußern; das Daseyn einer großen Zahl von Thieren hängt von den Bäumen dieser Gattung ab. Nicht weniger wichtig wird sie in Hinsicht der Menschen; das Holz liefert in der Zone wo sie vorherrschend vorkommt den Hauptbestandtheil oder doch einen der wichtigsten Bestandtheile der Wohnungen **); die graden Stämme werden zu Masten unentbehrlich, und da die Gattung außerdem das mehrste Holz zum Schiffbau so wie auch den Theer liefert, so

*) Außer der bekannten Ceder im Jardin des plantes zu Paris, ist in Pisa auch ein schöner Baum, dessen Geschichte Savi geliefert hat (Savi del Cedro di Libano. Firenze 1818. 8vo.).

**) Die Ceder lieferte das Bauholz zu dem Tempel Salomons; ihr Holz gehört zu denjenigen, welches den Verwüstungen der Zeit am mehrsten widersteht. Doch soll das Lerchenholz hierin den Vorzug haben; — Pallas erzählt (Flora Rossica T. 1. P. 1. p. 4.), daß dies Holz völlig erhalten in den Grabmälern einer unbekannten sibirischen Nation angetroffen wird. —

wird sie für die Schiffarth von der höchsten Bedeutung. Die Gattung giebt uns ferner Materialien zu den mehrsten Hausgeräthen, — so wie auch Terpenthin und Harz; dagegen fast gar keine Nahrungsmittel; — doch nimmt der Norweger bekanntlich, wenn ihm das Brot fehlt, zu der Rinde des Fichtenholzes seine Zuflucht, die Nüsse der Pinie werden im südlichen Europa, die von P. Cembra in der Schweitz und in Siberien gegessen. Der Verkehr mit den aus dieser Gattung gezogenen Produkten beschäftigt und ernährt einen großen Theil der Bewohner Nordamerikas, Norwegens, Schwedens und Rußlands. Die Bäume dieser Gattung sind es, welche vorzüglich dazu beitragen den Landschaften in Norwegen, Schweden, Schottland, Canada, Siberien, so wie auch in den Mittelregionen des südeuropäischen Hochlandes ihren ernsten oft düstern Charakter zu geben; — und sie sind es, die im Winter, wenn der Schnee die Erde bedeckt, die grüne Farbe des Pflanzenreichs in unserem Gedächtnisse frisch erhalten.

In Hinsicht des Vorkommens wird für die ganze Gattung nur wenig allgemeines zu bemerken seyn. Ein trockner kieselhaltiger Boden scheint ihr der zuträglichste, denn in solchem wachsen die Arten am schnellsten, erreichen den höchsten Wuchs und bekommen das festeste Holz; doch kommen sie auch in andern Bodenarten fort. Die geognostischen Verhältnisse scheinen keinen wesentlichen Einfluß zu haben, denn die Arten dieser Gattung, ja zum Theil die nämlichen Arten sah ich in Norwegen, in Schweden und in der Schweitz auf dem Urgebirge, in den Alpen und Apenninen auf Flötzgebirge, in den Sandstrecken des nördlichen Deutschlands und auf dem vulkanischen Boden des Etna. In der Reigung zu einem trocknen, andern Gewächsen ungünstigen Boden liegt wahrscheinlich die Hauptursache, weshalb die Arten dieser Gattung sehr gesellschaftliche Pflanzen sind, so wie auch, daß nur wenige der vollkommneren Pflanzen in Nadelwäldern vorkommen; doch tragen wohl zu dem letzteren Umstande auch der Schatten und die herabfallenden Nadeln bey. Unter den Bäumen macht doch die Birke, unter den Kräutern Linnaea borealis eine Ausnahme; jene findet man häufig, diese vielleicht ausschließend in Nadelwäldern. Auch die Heide (Erica vulgaris) ist in diesen Wäldern, wenigstens an den Grenzen derselben, nicht selten. Unter den Acotyledonen kommen mehrere auf den Fichten-Arten vor; die Stämme sind gewöhnlich mit Flechten bedeckt; in der Schweitz hängen die langen weißen Usneen von den Tannenbäumen herunter, und stellen das Bild eines mit Schnee und Eiszapfen bedeckten Baumes dar.

Die Polargrenze der Gattung ist in Norwegen 70°) *), doch erscheint die Fichte, welche hier die nördlichste Art ist, auf so hoher Breite nur als ein kriechender Busch; — in Rußland und Siberien wo die Lerche dem Norden sich am mehrsten nähert, ist die Grenze 68°, und die Lerche zeigt sich hier gleichfalls nur niedrig und mit an die Erde gedrückten Aesten **). Noch mehr sinkt die Polargrenze gegen Westen; denn weder Island noch Grönland, deren südlichste Grenzen auf 66° und 60° fallen, können diese Form aufweisen; auch scheint es, daß auf der Ostküste Nordamerikas die

*) Wahlenberg Flora Lapponica p. XIV. und p. 255.

**) Pallas Flora Rossica T. 1. P. 1. p. 3.

Grenze bei weitem nicht so hoch steigt als in Europa; — im Innern dieses Continents scheint sie sich dagegen bedeutend zu erheben. Von dieser nördlichen Linie, welche also zwei Polarbiegungen hat, eine an der Westküste des alten, eine andere gegen die Westküste des neuen Continents, — und bis zum 45° im alten, dem 35° im neuen Continent, — bilden die Fichten einen breiten Gürtel; denn in Schottland, Norwegen und Schweden sind Nadelhölzer die Hauptbestandtheile der Wälder, — auf der Westküste Frankreichs in den Sandstrecken des nördlichen und den Bergen des südlichen Deutschlands bedecken sie ein bedeutendes Areal, und in Rußland und Siberien von der Ostsee bis Kamtschatka ist es gleichfalls diese Gattung, welche die Wälder bildet. Thunberg giebt auf Japan mehrere Fichtenarten an; und Nordamerika hat bekanntlich Nadelwälder von ungeheurem Umfange. Die Gattung ist noch vorherrschend auf den großen Bergsystemen, welche das nördliche und südliche Europa trennen, auf dem Caucasus, dem Etna und vielleicht auch auf den syrischen Gebirgen; — in dem mexicanischen, und wie es scheint dem indischen Hochlande spielt sie noch immer eine Hauptrolle. In den Ebenen, welche auf der nämlichen Breite als jene Bergsysteme liegen, trifft man noch verschiedene Arten; die Zahl der Individuen ist aber doch so in Abnahme, daß man die Gattung nicht länger als vorherrschenden Bestandtheil der Wälder betrachten darf. Dies ist mit dem südlichen Europa, mit Kleinasien, Egypten und der Barbarey der Fall; vielleicht auch mit Florida, denn unter den vielen nordamerikanischen Fichtenarten finde ich bei Pursh nur 2 für Florida angeführt, und diese kommen vielleicht nicht einmal in den Ebenen vor. Auf Teneriffa (28°) geht nach v. Buch *) Pinus canariensis bis zum Meere hinunter, hat aber doch auf der Mittelhöhe ihre wahre Heimat; — auf der kleinen Insel isola de los pinos bei Cuba, ohngefähr unter dem Wendekreise, geht nach Humboldt **) P. occidentalis beinahe zur Meeresfläche hinab, allein er betrachtet dies als eine Ausnahme, welche in den dort herrschenden nördlichen kalten Winden ihre Ursache hat. In der heißen Zone kommt die Gattung nie in der Ebene vor; und wenn man die Aequatorialgrenze da setzen will, wo die Gattung einigermaßen häufig wird, kommt sie wohl dem Aequator schwerlich näher als bei dem 30° n. B. Als Gebirgspflanzen zeigen sich einige Arten innerhalb der Wendekreise auf den Hochebenen Mexicos bis 16° n. Br. ***) auf St. Domingo †) und in Cochinchina ††). Südlicher als 16° scheint die Gattung nicht vorzukommen, denn Pinus Dammara auf Amboina ist in ihrer Blattform so sehr von den Fichten abweichend, daß wir, obgleich die wesentlichen Theile uns nicht hinlänglich bekannt sind, vermuthen können, daß sie keine wahre Pinus sey †††); — auf jeden Fall kommt sie nur auf den Bergen vor. Von der südlichen Hemisphäre ken-

*) Allgem. Uebersicht p. 46.

**) Nova genera T. 2. p. 26.

***) Nova genera ibid. Ansichten p. 268.

†) Swartz Flora ind. occid. T. 2. p. 1230.

††) Loureiro Flora Cochinch. (4to) T. 2. p. 578.

†††) Salisbury bildet davon eine eigene Gattung; Agathys. Transactions of the linnean society. Vol. 8.

nen wir gar keine Fichte *). Oestliche und westliche Grenzen hat die Gattung nicht.

In Hinsicht der Höhe über dem Meere trifft man in den südlichen Theilen Lapplands die obere Grenze der Fichte (P. sylvestris) auf 1200 Fuß über der Meeresfläche oder 2100 Fuß unter der Schneelinie **) In Norwegen (60° — 61°) fanden Prof. Chr Smith und ich sie im Innern des Landes auf 2800 F., in den Küstengegenden auf 2000 F., im ersten Falle 2700 im letzteren 2800 F. unter der Schneelinie ***). In den Carpathen (49°) geht Pinus Mughus, diejenige Art, welche hier die größte Höhe erreicht, bis zu 5600 F. oder wenn man einzelne verkrüppelte Stämme mit in Anschlag bringt, bis zu 6100 Fuß †). Die Entfernung von der Schneelinie wird alsdann mehr als 2400 oder 1900 F., denn die höchste Spitze der Carpathen, 8000 F., erreicht diese Linie nicht. Für die nördliche Schweitz (46° — 48°) führt Wahlenberg die Tanne (P. Abies) als diejenige Fichtenart an, welche die Baumgrenze bildet, und setzt diese Grenze auf 5500 F. über dem Meere oder 2700 F. unter der Schnee-

*) Pinus araucana Molina ist eine eigene Gattung Araucaria. P. massoniana, welche nach Encycl. method. Suppl. auf dem Vorgebirge der guten Hoffnung vorkommen soll, wächst in der That in China (Lambert description p. 17.). —

**) Wahlenberg Flora Lapp. Tab. ad p. LV.

***) Siehe übrigens über die Grenze der Fichte in Norwegen auf verschiedener Breite v. Buch Reise, und Ejusd. „über die Grenzen des ewigen Schnees im Norden." —

†) Flora Carpathorum p. 311.

linie *), allein nach Kasthofer **) geht P. Cembra höher, nämlich bis zu 6350 F. Decandolle ***) führt P. Cembra und Larix als diejenigen auf, welche in Piemont und in der Dauphiné am höchsten steigen, und bestimmt die obere Grenze zu 2000 Meter oder ohngefähr 6100 Fuß; und dies stimmt mit meinen Beobachtungen in Graubünden, im Canton Tessin und in mehreren Theilen des südlichen Abhanges der Alpenkette überein. Auf dem Caucasus (42° — 43°) ist nach Engelhardt und Parrot †) die obere Grenze der Fichte (P. sylvestris) 5472 F. ü. d. M. oder 4428 F. unter der Schneelinie. In den Pyrenäen (42° — 43°) dagegen geht P. uncinata bis 1800 Met. oder 5500 Fuß ü. d. M. oder 2900 F. unter der Schneegrenze ††). In den Apenninen zeigen sich die Fichtenarten sehr sparsam, gehen aber doch in den Abruzzen (42° — 43°) bis gegen 6000 Fuß ü. d. M. oder 3000 F. unter der Schneelinie. Auf dem Etna (37° — 38°) findet ohngefähr das nämliche Höhenverhältniß Statt. Nach v. Buch †††) ist auf den canarischen Inseln (28°) die obere Grenze 6700 F. also mehr als 4700 F. unter der Schneelinie, welche von der höchsten Spitze

*) Tentamen p. XXXVII.

**) Bemerkungen über die Wälder und Alpen des Bernerischen Hochlandes. Aarau 1818. 8vo.

***) Mémoires d'Arcueil T. 3. p. 301.

†) Reise p. 129.

††) Decandolle mémoires d'Arcueil T. 3. p. 301. Dagegen hat Humboldt Nova genera T. 2. p. 27. für die Pyrenäen 7500 F.

†††) Allg. Uebers. l. c. Nach Humboldt voy. part. hist. T. 1. ist die höchste Fichte auf einer Höhe von 7200 F.

(11448 F.) nicht erreicht wird. In dem mexicanischen Hochlande ist die obere Grenze dieser Pflanzenform nach Humboldt *) 12120 F. (2640 F. von der Schneegrenze) die untere 3480 F. —

Was endlich die Vertheilungsweise betrifft, so ist schon oben bemerkt worden, daß die Arten gesellschaftlich sind d. h. daß die Individuen der nämlichen Art gewöhnlich in großen Massen vereinigt vorkommen. Größtentheils bestehen die Nadelwälder, wenigstens in Europa, nur aus einer Art; — doch findet man nicht selten die Tanne, die Edeltanne, die Fichte und die Lerche mit einander vermischt, so wie dies auch mit P. Pinea und P. Pinaster der Fall ist. Im strengsten Sinne findet also in dieser Gattung keine Vertheilungsweise mit unvermischten Arten Statt (distributio speciebus separatis) und folglich auch nicht mit völlig getrennten Arten (distributio speciebus disjunctis); allein es zeigt doch die Gattung wie aus dem folgenden erhellt, eine besondere Neigung zu den beiden letzteren Arten von Vertheilung; und es scheint daher, daß man ihr diese Vertheilungsarten, wenn auch nicht in dem vollkommensten Sinne, beilegen darf. In Schottland zeigt sich nur eine Art, die Fichte (P. sylvestris) **), auf der Westküste Norwegens ist sie vorherrschend, und die Tanne (P. Abies L.) kommt nur sehr sparsam vor; im östlichen Theile Norwegens, so wie in Schweden, kommen sie beide beinahe in gleicher Menge vor, doch erreicht die Fichte eine höhere Breite; in Rußland schließt sich die Lerche an jene, und bis

*) Nova genera l. c.

**) P. rubra scheint nämlich nur eine Abart von P. sylvestris.

zum Fuße Lena zeigen sich in Sibirien alle drei Arten, doch geht die Tanne, besonders aber die Lerche, höher gegen Norden als die Fichte; — an der Lena verschwinden die Tanne und die Fichte fast gänzlich; indessen ist eine neue Art, P. Cembra *), hinzugekommen; diese und die Lerche herrschen in den Wäldern des östlichen Siberiens **), doch kommt die Tanne in Kamtschatka und auf den curillischen Inseln wieder zum Vorschein ***); auch die Edeltanne (P. Picea L.) wächst in Siberien, doch nur auf den Bergen †). Auf der Nordwestküste Amerikas z. B Sitka (57°) zeigen sich die Formen der Tanne und der Fichte, doch ist es nicht entschieden, ob unter den nämlichen Arten ††); am Flusse Columbia wird die Tannenform durch P. taxifolia Lambert dargestellt †††). Die Ostküste von Nordamerika besitzt alle drei Formen in einer bedeutenden Zahl von Arten, von denen jedoch keine mit einer europäischen Art identisch ist. In wie fern die nordamerikanischen Arten unter sich verschiedene Bezirke einnehmen, und ob die Westküste und Ostküste gemeinschaftliche Arten erzeugen, darf ich nicht bestimmen. —

Gehen wir vom Norden nach dem Süden, so fin-

*) Ob die nämliche P. Cembra, welche in den südeuropäischen Bergen einheimisch ist?

**) Pallas Flora Rossica T. 1. P. 1. p. 8 et 9.

***) Pallas Fl Ross. T. 1. P. 1. p. 16. und Wormskiold (mündlich).

†) Pallas Fl. Ross. T. 1. p. 1. p. 17. und Wormskiold (mündlich).

††) Pennant arctic zoology London 1784. Vol. 1. p. CXLVII. und Wormskiold.

†††) Pursh Flora p. 640.

den wir, daß unter den eigentlichen Fichten P. sylvestris in dem größten Theile des nördlichen Europa vorkommt; doch wird sie in dem südwestlichen Frankreich und den nördlichen Theilen des südlichen Europa von Pinus Pinaster substituirt; diese vermischt sich allmählig mit P. Pinea und P. halepensis; muß aber doch endlich vor diesen beiden weichen, welche die südlichsten Theile Europas und die Barbarei erreichen; — auf Corsica zeigt sich Pinus Laricio *); auf den canarischen Inseln P. canariensis. In den Gebirgen des mittleren und südlichen Europa kommt P. sylvester auf solcher Höhe wieder zum Vorschein, auf welcher P. Pinaster, P. Pinea und P. halepensis nicht gedeihen; und jene wird in den höchsten Regionen wiederum von den subalpinischen oder alpinischen Arten P. Cembra, P. Mughus und P. uncinata abgelöst (jene in den Alpen und Carpathen, diese in den Pyrenäen). Die Tannenform zeigt sich im nördlicheren Europa nur unter P. Abies Lin., in dem mittleren tritt zugleich P. picea Lin. auf; in den Bergen des südlichen Europa (Apenninen, die Berge Griechenlands) kommt die letztere allein vor; in den Ebenen des südlichen Europa, so wie in der Barbarei fehlt die Tannenform; doch erscheint sie in Siberien unter P. orientalis. Die Lerche vermißt man in dem nördlichen Europa, sie wird in den mittleren häufig, und steigt hier zu einer bedeutenden Höhe hinauf; verschwindet aber in dem südlichen. Sehr verändert tritt die Lerchenform auf den Bergen Syriens als Ceder (P. Cedrus)

*) Wird auch als in Toscana einheimisch angeführt; ich zweifle aber, daß sie da wirklich vorkommt. —

auf. In Japan kommen nach Thunberg: P. sylvestris, P. Abies, P. Cembra, P. Larix und P. Strobus vor; freilich ist die Identität der Arten Zweifeln unterworfen; allein die drei Hauptformen sind doch dort vorhanden. China hat beide Formen in eigenthümlichen Arten: P. lanceolata und P. massoniana. Loureiro führt für Cochinchina P. sylvestris und P. Abies an; diese ist aber P. Dammara *); jene vielleicht eine andere Art, aber doch wohl eine wahre Fichte. In dem indischen Hochlande erscheint die Fichtenform in P. longifolia Lamb. und P. Webbii Wallich **); die Tannenform fehlt aber auch nicht, denn F. Hamilton spricht von einem Baume, den er von P. picea nicht zu unterscheiden vermogte ***). Die Vertheilung der Formen in Nordamerika nach geographischer Breite wage ich nicht zu bestimmen; zu den südlichen Arten gehören P. Taeda und P. palustris, beide aus der tribus der eigentlichen Fichten; in den nördlichen Theilen zeigen sich alle drei Hauptformen. Im Hochlande Mexico's trifft man aus der Fichtengruppe: P. occidentalis †), aus der Tannengruppe: P. hirtella und P. religiosa. Auf den Antillen wächst P. occidentalis.

So wie die Fichtengruppe an Arten die zahlreichste ist, so hat sie auch die größte Verbreitung; sie nähert sich,

---

*) Cfr die von Willdenow besorgte Ausgabe von Loureiro Flora p. 710. und Encyclop. bot.

**) Quartely review. 1820.

***) Account of the kingdom of Nepal. Edinburgh, 1819.

†) Nach Kunth Nova genera T. 2. p. 4. ist die Uebereinstimmung der mexikanischen und westindischen Fichte zweifelhaft. —

sowohl dem Nordpol als auch dem Aequator mehr als die beiden andern Gruppen (70° — 16° n. Br.); sie kommt auch in der Ebene der wärmeren temperirten Zone vor; die Tannen- und Lerchen-Gruppe dagegen nur in der kälteren temperirten Zone und auf den Bergen der wärmeren. Zu der Fichtengruppe gehören auch diejenigen Arten, welche die größten Verbreitungsbezirke haben; P. sylvestris trifft man von Schottland bis zu der Lena und vielleicht weiter, von Lappland bis Sicilien; und P. occidentalis Kunth in Mexico von 3480 bis 12120 F., sie bildet also eine Region von 8640 F. *). Doch hat diese Gruppe auch Arten von sehr geringer Verbreitung, P. Laricio kommt nur auf Corsica vor; die obere und untere Grenze der P. Cembra ist kaum 8 — 900 Fuß von einander entfernt **).

Die Gattung hat nur ein Maximum; dies fällt zwischen 60° — 45° n. Br. im alten, zwischen 50° — 35° im neuen Continent. Hier zeigen sich alle 3 Hauptformen, hier sind die mehrsten Arten, die mehrsten und größten Individuen. Innerhalb dieses Kreises muß man doch die etwas südlicher liegenden Berge einschließen; da diese aber größtentheils mit den nördlicheren Ebenen in unmittelbarer Verbindung stehen, der Kreis des Maximum also nicht unterbrochen ist, so wird es unnöthig seyn, mehrere Maxima zu statuiren. Von jenem Maximo zeigt sich die Abnahme gegen Norden hauptsächlich in dem kleineren Wuchse der Individuen; ge-

*) Nova genera T. 2. p. 4.

**) Decandolle mémoires d'Arcueil T. 3. p. 301. Wahlenberg Flora Carp. p. 309., und eigene Beobachtungen in der Schweiz.

gegen Süden dadurch, daß nur die eine Hauptform auftritt, und daß wenigere Arten und Individuen vorhanden sind. Eine Vergleichung des alten und neuen Continents zeigt uns in jenem, bei ungefähr gleicher Zahl der Individuen, eine weit geringere Menge von Arten; denn obgleich der alte Continent in botanischer Hinsicht weit besser bekannt ist, als der neue, so haben wir doch von diesem eine größere Zahl von bekannten Arten. —

Daß die in der nördlichen Hemisphäre so herrschende Pinus-Form in der südlichen durchaus fehlt, ist allerdings auffallend. Die Familie der Zapfenbäume (Coniferae) fehlt indeß nicht gänzlich, ja es zeigen sich in der südlichen Hemisphäre die eigenthümlichen Gattungen Araucaria, Podocarpus; allein diese sind doch zu wenig zahlreich um unsere Nadelbäume zu ersetzen. Dagegen spielt in der südlichen temperirten Zone die Familie der Proteaceae ohngefähr die nämliche Rolle (Cfr. §. 24.).

Die Temperatur-Verhältnisse einer Gattung, deren Arten, jede für sich, sehr verschiedene Temperatursphären haben, lassen sich nur in runden Zahlen angeben. Daß die mittlere jährliche Temperatur hier nur einen schlechten Maaßstab abgiebt, erhellt daraus, daß die M. T. an der oberen Grenze in Mexico nach Humboldt *) +7°,0 beträgt; dagegen auf dem St. Gotharts Hospitio, einige hundert Fuß höher als die obere Grenze dieser Form, —0°,9 **), und in Enontekis in

*) Nova genera T. 2. p. 27.

**) Wahlenberg Flora lapp. p. XLVIII.

Lappland gleichfalls an der Grenze derselben — 2°86 *). Da die Sommertemperatur vom Aequator gegen die Pole zu immer mehr und mehr von der jährlichen Temperatur abweicht, so wird es leicht begreiflich, daß jene den Mangel an dieser reichlich zu ersetzen vermag. Auf jener Höhe in Mexico, wo die Mitteltemperatur +7°,0 ist, steigt das Thermometer vielleicht nie so hoch, als in Lappland bei einer M. T. von — 2°86. In Hinsicht der höchsten Temperatur, welche diese Form verträgt, ist die M. T. an der unteren Grenze in Mexico +20° **).

§. 19.

Die Heide (Erica Lin.) ***).

(Atlas Taf. IV.)

Zwar sind die Arten dieser Gattung, wie die vorigen, holzartige Gewächse, aber es sind nicht hohe Bäume, sondern Sträucher, wovon nur wenige eine mehr als mittlere Höhe erreichen. Die Blätter stehen einander gegenüber, sind wirtelförmig oder zerstreut (nie alternirend) schmal, spitz und von trockner Substanz und deshalb gewöhnlich immer grün. In dieser Hinsicht findet daher eine Annäherung zu der vorhergehenden Gattung Statt, so wie auch in so fern,

*) ibid. p. XLIV.

**) Nova genera T. 2. p. 27.

***) Linné Dissertatio de Erica. Upsaliae 1770. 4to und Amoen acad. vol 8. p. 46. Thunberg Dissertatio de Erica. Upsaliae, 1785. 4to. Wendland Ericarum icones et descriptiones. fasc. I — XXV. Hannover 1798 — 1819 4to; und rücksichtlich des geographischen Verhältnisses: Humboldt Ansichten p. 190 et 263.

daß die Arten dieser Gattung große Strecken bedecken. In der Blüthen- und Frucht-Bildung weichen dagegen beide Gattungen sehr von einander ab, und die Helden scheinen auf einer höheren Stufe der Ausbildung zu stehen. Die Blume, eine Zwitterblume, ist mit einem eigentlichen Kelche und einer Krone versehen, in ihren Theilen und Theilungen ist die Zahl Vier vorherrschend; denn der Kelch ist vierblätterig oder einblätterig viertheilig, die Krone gleichfalls in vier Theile getheilt, oder mit vier Zähnen versehen, die Zahl der Stamina 8, die Capsel aus 4 oder 8 Klappen bestehend, in 4 oder 8 Fächer getheilt. Der Kelch und die Krone sind von trockner membraneuser Substanz und bleiben deshalb gewöhnlich nach dem Verblühen sitzen. Die Gattung ist ausserordentlich zahlreich; denn Persoons synopsis enthält 269 Arten, und wenn auch mehrere von diesen eine strenge Kritik nicht bestehen, so sind doch nach der Herausgabe dieses Werkes so viele neue Arten entdeckt, daß man wenigstens 300 bekannte Arten anzunehmen berechtigt ist*). Dieser großen Mannigfaltigkeit ungeachtet, stimmen die Arten in den Hauptkennzeichen so sehr überein, daß alle Versuche die Gattung in mehrere natürliche Gattungen zu theilen bis jetzt gescheitert sind; nur unsere gemeine Heide, Erica vulgaris, ist in der neueren Zeit von den übrigen getrennt und als eigene Gattung unter dem Namen Calluna aufgestellt. Der doppelte Kelch, die Stellung der Scheidewände in der Kapsel gegen die Klappen derselben, so wie der etwas abweichende habitus, geben allerdings zu dieser Trennung einen hin-

*) Sweet hortus suburbanus. London, 1818., enthält 320 Arten.

länglichen Grund, allein die genannte Art steht in dieser Hinsicht allein. Auf der andern Seite stimmt doch auch diese Art so sehr mit den übrigen überein, daß wir in pflanzengeographischer Hinsicht die Linné'sche Gattung beibehalten können.

Den Menschen wird diese Gattung nicht so wichtig, als die vorhergehende; wo sie in Massen auftritt und große Strecken Landes bedeckt (Heidegegenden) wirkt sie in oeconomischer Hinsicht schädlich. Daß sie etwas Brennholz liefert, Schaafen und andern Thieren ein kärgliches Futter, den Bienen Honig darbietet; vermag jenen Schaden nicht zu ersetzen.

Beinahe sämmtliche Arten fordern einen trocknen Boden; nackte trockne Ebenen und Abhänge, kahle Hügel sind daher die besten äußeren Verhältnisse für die Heiden *); hier verbreiten sie sich in großer Menge und vernichten beinahe alle anderen Pflanzen. In Laubwäldern sind sie selten und sparsam; in Buchenwaldungen, behauptet Linné **), kommen sie gar nicht vor. Besser gedeihen sie in Nadelwäldern; so kommt unsere E. vulgaris in Fichten- und Tannen-Wäldern vor, Er. arborea und scoparia im südlichen Europa in Wäldern von P. Pinaster und Pinea. Mehrere Flechten kommen in Gesellschaft mit den Heiden vor: z. B. Lichen rangiferinus und L. ericetorum (Cenomyce rangiferina und Baeomyces roseus Achar); — auch einige andere Pflanzen z. B. Exacum filiforme. Nach

*) Eine Ausnahme macht indeß Erica Tetralix, welche in etwas feuchtem Boden vorzüglich gedeiht.

**) Amoen. acad. vol. 8. p. 58.

Thunberg *) wachsen die Heiden auf dem Vorgebirge der guten Hoffnung nie in Wäldern. —

Die Polargrenze dieser Pflanzenform in Europa ist nach Wahlenberg **) Naimaka in Lappland (gegen 69° n. Br.); die Aequatorialgrenze in der nördlichen Hemisphäre scheint in der Barbarei und auf den canarischen Inseln (28°) zu seyn; denn von Guinea, den capverdischen Inseln, Senegal, Congo und andern tropischen Gegenden Afrikas, ja nicht einmal von Egypten kennen wir Heiden, zwar giebt Forskål ***) Er. scoparia als eine in Arabien einheimische Pflanze an; allein er bestimmt nicht die Höhe über dem Meere, auf welcher sie dort wächst. Gegen Westen hat diese Form im alten Continente keine Grenze †), diese findet aber gegen Osten Statt; denn nach Pallas ††) wird E. vulgaris jenseits der Uralkette immer seltner, bis sie im östlichen Asien und Kamtschatka gänzlich verschwindet. Wohl treten hier zwei eigenthümliche Arten auf E. bryantha und E. Stelleriana, aber die Heideform ist in ihnen nicht rein dargestellt, und sie werden deshalb auch von mehreren zu der Gattung Andromeda gezogen. Auf dem Caucasus, in Japan, China und Indien fehlt die Gattung ganz; auch im ganzen neuen

*) Dissertatio de Erica pag. 59.

**) Flora lapp. p. 98.

***) Flora aegyptico-arabica p. CX.

†) Auf Irland wächst E. vulgaris noch. In Grönland wurde sie von Wormskjold nicht gefunden; sie wird aber in der Edinburgher Encyclopaedia, Artikel Grönland, als grönländisch angeführt, doch ohne Autorität.

††) Flora Rossica p. T. 1. P. 2, p. 116.

Continente suchte man sie bis jetzt vergebens. Dagegen kommt sie in der temperirten Zone der südlichen Hemisphäre wieder zum Vorschein, und zwar in der südlichsten Spitze Afrikas in außerordentlicher Menge. Die Aequatorialgrenze läßt sich hier, wegen Mangel an Beobachtungen, nicht bestimmen; wahrscheinlich übersteigt sie nicht den Wendekreis; gegen den Südpol verhindert das Meer die weitere Verbreitung (34°). Auf Isle de Bourbon kommen drei Arten vor *); auch sahe ich eine von Madagascar; aus den übrigen Ländern der südlichen Halbkugel, Neuholland, Südamerika, Neu Zeeland, St. Helena u. s. w. haben wir bis jetzt keine Heide.

Der Verbreitungsbezirk ist also hinsichtlich der geographischen Breite unterbrochen, und durch die heiße Zone in zwei Theile getheilt; in Hinsicht der Länge auf den westlichen Theil des alten Continents beschränkt. —

In Rücksicht der Höhe geht die nördlichste Art, E. vulgaris, in Lappland bis zu der subalpinischen Region, also nicht über 1800 Fuß **); in dem südlichen Europa bis zu der Alpenregion hinauf, ja nach Decandolle ***) bis 3000 Meter (9200 Fuß); auf den canarischen Inseln steigt E. arborea nicht höher als bis 4140 F. †). Das Verhältniß der afrikanischen Arten in dieser Hinsicht ist unbekannt.

*) Willdenow Enumeratio plantarum horti Berolinensis. Diese oder wenigstens die eine Art kommt auf bedeutender Höhe vor; Cfr. Willemet herbar. mauritianum p. 30.

**) Wahlenberg Flora Lapponica. p. 98.

***) Mémoires d'Arcueil. T. 3. p. 515.

†) v. Buch Allg. Uebersicht p. 45.

Ohngeachtet, in Europa wenigstens, oft große Strecken nur von den Individuen einer einzigen Art bedeckt sind; so trifft man die Individuen verschiedener Arten auch häufig vermischt, z. B. E. Tetralix mit E. vulgaris im nördlichen, E. scoparia mit E. arborea im südlichen Europa; an der Südspitze Afrikas, wo so viele Arten vorhanden sind, sind dergleichen Vermischungen wahrscheinlich noch häufiger. Es folgt hieraus, daß die Verbreitungsbezirke der einzelnen Arten gewöhnlich in einander laufen; indeß trifft man auch hier Gegensätze; z. B. zwischen E. vulgaris und E. arborea; jene ist im nördlichen Europa die herrschende Art; wird aber von dieser im südlichen verdrängt, und löst dort wieder dieselbe auf den Bergen ab. Die Verbreitungsbezirke dieser beiden Arten sind übrigens in Hinsicht der übrigen nord- und südeuropäischen Arten, übergreifend.

Von den bekannten 300 Arten haben etwa 280 auf dem Vorgebirge der guten Hoffnung ihre Heimath; von den übrigen kommen etwa 16 in den Ländern vor, welche das Mittelländische Meer umgeben, auf den canarischen Inseln und auf Madera; — das nördliche Europa erzeugt nur 4 Arten (E. vulgaris, Tetralix, ciliaris und cinerea) *). Die Vertheilung der Arten zwischen den beiden Hemisphären ist also sehr ungleich, und es ist allerdings eine auffallende Erscheinung, daß innerhalb eines so kleinen Bezirkes, als das bekannte südliche Afrika, eine so große Mannigfaltigkeit einer und derselben Gattung sich entwickelt hat. In sofern wir daher nur auf die Arten Rücksicht nehmen, so fin-

---

*) Erica coerulea und E. Daboecia gehören zu der Gattung Menziesia.

det allerdings das Maximum dieser Gattung in dem südlichen Afrika Statt, und die Heide der nördlichen Hemisphäre werden nur Repräsentanten einer südafrikanischen Form; allein wenn wir zugleich die Zahl der Individuen berücksichtigen so wird der Unterschied zwischen beiden Hemisphären nicht bedeutend; — die südliche behält aber doch den Vorzug der größeren Mannigfaltigkeit, und in sofern bleibt das Maximum doch immer dort.

Die Verbreitungsbezirke der Arten weichen in Hinsicht der Größe sehr von einander ab; die größte Verbreitung scheint E. vulgaris zu haben; in der Ebene zeigt sie sich von Lappland bis Italien, auf den Bergen geht sie bis nach Marocco *); in dem südlichen Europa steigt sie bis zu 9200 F. **). Nach E. vulgaris sind E. arborea und F. scoparia am meisten verbreitet; sie kommen in den Ländern vor, welche das mittelländische Meer umgeben, so wie auch auf den canarischen Inseln ***), vorausgesetzt, daß die canarische E. arborea (Texo) keine eigenthümliche Art ist. In Portugal wird E. arborea durch die sehr ähnliche E. lusitanica substituirt. Auch E. Tetralix hat im nördlichen Europa einen ziemlich großen Bezirk; die übrigen europäischen Arten sind meistens von geringer Verbreitung; mehrere kommen nur in Portugal vor, einige nur in Griechenland; Er. sicula, Gussone nur

*) Schousboe Efterretninger om Vextriget i Marocco. Danske Vidensfabers Selskabs Skrifter. 1800. p. 189.

**) Dagegen haben die Alpen keine eigenthümliche Heideart.

***) v. Buch Allg. Uebersicht l. c.

in Sicilien *), andere nur in dem südlichen Frankreich und Italien. —

Am Vorgebirge der guten Hoffnung ist die mittlere jährliche Temperatur 19°,4 **); in dem Gürtel der nördlichen Hemisphäre, wo die mehrsten Arten hervortreten, ist die Mitteltemperatur von 12° — 20°; allein die Gattung kann eine weit niedrigere Temperatur vertragen; denn Er. vulgaris kommt in Gegenden vor; deren M. T. unter 0° ist. Das Küsten-Klima scheint dieser Pflanzenform günstiger, als das Continentalklima; ein solches Klima hat das Cap, wo die Hauptmasse von Arten vorkommt; nach dem Cap ist Portugal an Heiden am reichsten; E. Tetralix, ciliaris und cinerea zeigen sich nur in dem nordwestlichen Europa, und nur die sehr biegsame Er. vulgaris geht tief in den alten Continent hinein; die übrigen Arten haben in den Umgebungen des Mittelländischen Meeres oder auf Inseln ihre Heimath.

Der Umstand, daß diese Form auf gewisse Meridiane beschränkt ist, leitet zu der Untersuchung, ob nicht auf anderen Meridianen unter nämlicher Breite wenigstens ähnliche Formen die Stelle der Heiden vertreten. — Wir finden denn allerdings, daß unter den Gattungen der Familie Ericaceae Juss. in Neuholland die Gattung Epacris (die Familie Epacrideae nach Brown) sehr zahlreich ist (Brown hat 135 Arten) und auch eine ähnliche Rolle dort spielt, als Erica auf dem Cap. In Nordamerika haben die verwandten Gattun-

*) Gussone Catalogus plantarum in horto principis Francisci in Bocca di falco. Neapoli, 1821. 8vo.

**) Humboldt lign. isoth. p. 566.

gen, Vaccinium und Andromeda, eine weit größere Zahl von Arten als in Europa; in dem Hochlande des tropischen Südamerika zeigen sich gleichfalls viele Arten von Vaccinium (Vaccinium und Thibaudia Kunth), so wie auch von Befaria und Escallonia; und von der magelhanischen Meerenge, deren Umgebungen uns in botanischer Hinsicht so wenig bekannt sind, kennen wir einige Andromeden; im Hochlande Indiens kommen Vaccinien vor, und in Neu-Zeeland zeigen sich Epacriden. Allein das Beschränktseyn der großen Gattung Erica auf bestimmte Meridiane bleibt demungeachtet immer auffallend. —

3tes Stück.

Oertliche Verhältnisse der Familien.

§. 20.

Da die Familien nur größere Gruppen sind als die Gattungen, übrigens aber hinsichtlich der örtlichen Verhältnisse in der Hauptsache diesen ähnlich seyn müssen, so lassen sich hier wie bei den Gattungen und Arten; das Vorkommen, der Verbreitungsbezirk und die Vertheilungsweise unterscheiden; allein so wie bereits bei den Gattungen das Vorkommen und der Bezirk wenig, die Vertheilungsweise aber von größeren Bedeutung als bei den Arten wird, so gilt dies im noch höheren Grade von den Familien. Man findet zwar Beispiele von Familien, deren sämmtliche Arten auf ein gewisses Vorkommen beschränkt sind z. B. Fucoideae, die nur im Meere vorkommen; — andere wo die Familien eine vorzügliche Neigung zu einem bestimmten Vorkommen äußern, z. B. Filices für schattige Stellen, Cyperaceae für feuchten Boden, Schwämme für aufgelöste organische Körper u. s. w.; allein die mehrsten Familien schließen Gattungen und Arten von sehr verschiedenem Vorkommen ein. Wichtiger wird der Verbreitungsbezirk; einige Familien sind auf die heiße Zone beschränkt oder übersteigen nicht gewisse Breitengrade z. B. Piperaceae, Palmae, andere zeigen sich nur in der südlichen Hemisphäre z. B. Proteaceae; einige nur in der neuen Welt z. B. Nopaleae u. s f. Doch trifft man auch Familien, besonders unter den größeren, welche über die ganze Oberfläche der Erde verbreitet sind und also keine andere Grenzen haben als die des Pflanzenreichs z. B. Compositae. Daß auch hier der Bezirk manchmal unterbrochen ist, versteht sich; so kommen z. B. die kreuzblüthigen Pflanzen in der temperirten Zone der beiden Hemisphären vor, fehlen aber in der zwischen ihnen liegenden heißen. —

Das wichtigste Ortsverhältniß wird indeß die Vertheilungsweise. Die mehrsten Familien enthalten sowohl gesellschaftliche Pflanzen, als solche die einzeln vorkommen; allein viele zeigen doch eine gewisse Neigung zu der einen oder der andern Art von Vertheilung. So sind in der Regel die Gräser sehr gesellschaftliche Pflanzen. Die Individuen der Arten können ferner in einer Familie miteinander vermischt seyn (distributio speciebus mixtis et separatis); in einer zeigt sich eine größere Neigung zu getrennten Verbreitungsbezirken der Arten als in einer anderen (distributio speciebus disjunctis et conjunctis). Wichtiger aber als diese Verhältnisse wird die Vertheilung der Gattungen; die Verbreitungsbezirke dieser können gleichfalls entweder getrennt seyn oder mehr oder weniger die nämlichen Flächen einschließen (distributio generibus disjunctis et conjunctis), im ersteren Falle findet ein Gegensatz der Gattungen Statt; die Trennung ist aber in der Regel, wie man leicht begreift, hier noch weniger scharf als bei den Arten. In der Familie der Cyperaceen liegen die Verbreitungsbezirke der Gattungen Cyperus und Carex bis zu einem bedeutenden Grade getrennt, jene ist eine tropische, diese eine extratropische Form. Die Gattung Scirpus aus derselben Familie hat mit jenen beiden verglichen einen übergreifenden Verbreitungsbezirk.

Auch die Familien haben entweder ein Maximum oder mehrere. Die Familie der Palmen hat innerhalb der Wendekreise ihr Maximum und nimmt von da gegen beide Pole ab. Die Compositae haben zwei Maxima, nämlich in den beiden temperirten Zonen und nehmen sowohl gegen den Aequator als gegen die Pole ab; die Cyperaceen haben zwei Hauptformen, für welche die Gattungen Cyperus und Carex als die Typen betrachtet werden können, und wovon die eine tropisch die andre extratropisch ist; wo beide Formen sich begegnen, sind sie in der größten Abnahme, und dieser Theil der Erde hat daher die kleinste Zahl der Arten so wie auch die geringste Eigenthümlichkeit derselben; es entstehen aber demnach 3 Maxima, in der heißen Zone nämlich eins und eins in jeder der temperirten. Es versteht sich, daß man hier, so wie bei den Gattungen, nicht nur auf die Zahl sondern auch auf die Eigenthümlichkeit der Arten und Gattungen Rücksicht nehmen muß; denn beide Verhältnisse finden, wenn gleich gewöhnlich, doch nicht immer, gemeinschaftlich Statt; auch darf die Zahl der

Individuen nicht übersehen werden. So wie die Gattungen an den Grenzen ihrer Bezirke durch Arten repräsentirt werden, so repräsentiren die Gattungen an den Grenzen der Familienbezirke die Formen der Familien; und diese Repräsentant-Gattungen sind entweder eigenthümliche, oder solche die sehr biegsam sind und sich deshalb von dem Maximo bis zu den Grenzen verbreiten. Die Gattung Chamaerops ist eine extratropische Repräsentant-Gattung einer tropischen Familie (der Palmen); Laurus nobilis dagegen repräsentirt am mittelländischen Meere eine tropische Familie und gehört zu einer sehr verbreiteten Gattung. — Ferner findet auch Repräsentation Statt, wenn die Vertheilung der Familie ungleich ist; so ist z. B. Araucaria aus der Familie der Coniferen eine der Repräsentanten der südlichen Hemisphäre. —

Um die Vertheilung der Pflanzenfamilien im Allgemeinen zu erforschen, besonders aber um ihre Maxima zu bestimmen, wird es nothwendig sich weniger an die absoluten Zahlen der Arten zu halten als an die Verhältnisse, welche in den verschiedenen Erdtheilen zwischen der Zahl sämmtlicher bekannten Arten der untersuchten Familie und der Zahl sämmtlicher bekannten Pflanzenarten Statt findet; und dies zwar aus mehreren Gründen; erstlich weil die Theile der Erdoberfläche nicht in gleichem Grade untersucht sind, und man daher von einem Theile fast alle existirenden Arten kennt, von einem anderen vielleicht nur einen sehr geringen Theil der wirklich vorhandenen Arten, z. B. bei einer Vergleichung von Europa und Nordamerika; zweitens weil bei mehreren dergleichen Vergleichungen die ganze

Vegetation nicht in gleichem Grade reichhaltig ist; z. B. wenn wir die temperirte und heiße Zone vergleichen; weil in diesem Falle die Zahl sämmtlicher Pflanzenarten von jener zu dieser Zone bedeutend steigt, so hat die größere absolute Zahl der Pflanzen einer gewissen Familie in der heißen Zone vielleicht nur ihren Grund in der allgemeinen Zunahme der Vegetation und nicht in einer besonderen Begünstigung dieser Form. So hat die heiße Zone wahrscheinlich mehr Arten von Gräsern als die temperirte, und doch scheint in dieser und nicht in jener die Familie ihr Maximum zu erreichen, denn mit den übrigen Pflanzenfamilien verglichen bildet sie in der temperirten Zone einen größeren Theil der Pflanzenarten und hat eine weit größere Menge von Individuen. Ein dritter Grund, weßhalb die absoluten Zahlen allein nicht brauchbar sind, liegt darin, daß die verglichenen Erdtheile nicht immer von gleicher Größe sind (z. B. die heiße, temperirte und kalte Zone). — Indeß darf man die absoluten Zahlen auch nicht gänzlich übersehen. Wenn ein gewisser Erdtheil nicht nur in Hinsicht der relativen Zahl der Arten einer Familie, sonden auch in Hinsicht der absoluten Zahl andere Erdtheile übertrifft, — so ist die Begünstigung dieser Form um so auffallender und um so mehr entschieden. Die relative Zahl der Arten darf auch nicht allein die Vertheilung bestimmen; sondern man muß, wie schon bemerkt, auch auf die Eigenthümlichkeit der Arten und die Zahl der Individuen Rücksicht nehmen. Dies gilt hauptsächlich von den Polarländern, wo die ganze Pflanzenwelt so klein ist, daß die relativen Zahlenverhältnisse durch sehr wenige Pflanzen verändert werden können. So bilden die Farrenkräuter in Lappland $\frac{1}{18}$, in Deutschland und Frankreich $\frac{1}{10}$ *), und doch würde es, meiner Meinung nach, sehr unrichtig seyn anzunehmen daß die kalte Zone dieser Form günstiger wäre als die temperirte; denn theils spielen die Farrenkräuter hinsichtlich der Individuen in Lappland eine höchst unbedeutende Rolle, theils sind die lappländischen Arten, vielleicht mit einer oder zwei Ausnahmen, solche die auch in der temperirten Zone vorkommen, wogegen jene Länder der temperirten Zone keine unbedeutende Anzahl von Arten besitzen, die in Lappland nicht vorkommen. Die große relative Zahl der Farrenkräuter in Lappland rührt also daher, daß die temperirte Zone mehrere biegsame Arten besitzt, die sich bis in die Polarzone hinein verbreiten, und daß die Zahl sämmtlicher lappländischen Pflanzen so klein ist, daß das Hinzukommen einiger wenigen Pflanzen aus einer anderen Zone das gegenseitige Zahlenverhältniß der Familien um vieles zu verändern vermag **).

Je vollständiger das Verzeichniß der in einem gewissen Erdtheile vorkommenden Pflanzen ist, um so mehr Vertrauen verdienen natürlicherweise die aus diesem gezogenen Zahlenverhältnisse der einzelnen Familien zu

*) Humboldt Prolegomena; und Jahrbücher der Gewächskunde. 1. B. 1. H. p. 26 et 30.

**) In sofern man nicht die Vertheilung der Pflanzen auf der ganzen Erdoberfläche untersucht, sondern nur zwischen zwei einzelnen Ländern oder Gebirgsgegenden, eine Vergleichung anstellt, kann man, wenn diese Erdtheile übrigens ohngefähr von gleicher Ausdehnung und an Pflanzen gleich reich sind, — sich der absoluten Zahlen bedienen. Dieses hat z. B. Wahlenberg in seinem Tentamen bei einer Vergleichung Schwedens mit der nördlichen Schweiz gethan.

der ganzen Vegetation, weil es alsdann wahrscheinlicher wird, daß das Verhältniß der bekannten Arten auch das der unbekannten sey. Allein selbst bei einem etwas unvollständigen Verzeichnisse darf man hinsichtlich der größeren Familien und solcher, welche nicht wegen der Kleinheit der Individuen oder der weniger bemerkbaren Kennzeichen, der Aufmerksamkeit des Beobachters entgehen, — mit großer Wahrscheinlichkeit annehmen, daß spätere Entdeckungen die relativen Zahlen nicht bedeutend verändern werden. So bilden in Michaux's nordamerikanischer Flora die Leguminosae $\frac{1}{19}$, die Umbellaten $\frac{1}{54}$, die Compositae $\frac{1}{8}$; in Pursh's Flora machen diese Familien $\frac{1}{20}$, $\frac{1}{53}$ und $\frac{2}{13}$ aus. Bei sehr kleinen Familien dagegen darf man diesen Verhältnissen nicht trauen, wenn sie nicht aus vollständigen Floren gezogen sind; und man muß gleichfalls in Hinsicht der Acotyledonen und einiger Familien der Monocotyledonen bei Anwendung der relativen Zahlen, sehr behutsam seyn, weil diese von den Botanikern besonders aber den botanischen Reisenden nicht mit der nämlichen Sorgfalt als die übrigen Pflanzen untersucht werden; und daher spätere Untersuchungen ganz verschiedene ja vielleicht ganz entgegengesetzte Resultate liefern werden. —

In Hinsicht der Materialien für eine Darstellung der Pflanzenvertheilung auf der Erdoberfläche, hat man sich bei Vergleichung der heißen, temperirten und kalten Zone des Verfahrens bedient, für jede dieser Zonen die Flora eines oder einiger Länder zum Grunde zu legen, und aus den relativen Verhältnissen der Familien in diesen Floren die Gesetze der Vertheilung aufzustellen. Diese Methode hat zwar den Vortheil, daß

man

man zur Vergleichung die Floren solcher Länder oder Gegenden wählen, die in botanischer Hinsicht am genauesten untersucht sind, und deswegen das gegenseitige Verhältniß der Familien sicherer erhalten kann; allein sie hat auch ihre sehr bedeutenden Fehler: 1) Weil die einzelnen Floren hinsichtlich der geographischen Breite sich nicht unmittelbar aneinander schließen, so bleiben die Verhältnisse der Familien auf den dazwischen liegenden Breitegraden unbekannt, wo vielleicht das Maximum oder Minimum der Familie eintrifft. So würden wir, wenn wir z. B. die Flora eines unter dem Aequator belegenen Landes, die von einem Lande der temperirten Zone und die von einem Polarlande benutzen wollten, — die wahre Vertheilung einer Familie nicht kennen lernen, die ihr Maximum in der Nähe der Wendekreise hat; — wie dies wahrscheinlich mit den Farrenkräutern der Fall ist. 2) Weil das gegenseitige Verhältniß der Familien sich auch nach der geographischen Länge verändert, — so werden eine oder ein paar Floren von jeder Zone auch aus diesem Grunde leicht irrige Resultate geben. So bilden die Cruciaten im alten Continent einen weit größeren Theil der Vegetation als auf gleicher Breite im neuen Continent; — die Palmen sind ungleich häufiger in dem tropischen Amerika als in den übrigen Tropenländern; die Nopaleae sind gar auf Amerika beschränkt u. s. w. 3) Die Localverhältnisse eines Landes oder einer Gegend können leicht die Zahlenverhältnisse derjenigen Familien verändern, die von dem Vorkommen abhängig sind. In einer sumpfigen Gegend werden die Cyperaceae, in einer waldreichen die Farrenkräuter in größerer Menge vorhanden seyn als in anderen Gegenden auf gleicher

Breite u. s. w. 4) Weil einige Familien mehr, andere weniger verbreitete Arten enthalten, so kann leicht, bei Benutzung der einzelnen Floren, der Quotient bei jenen zu groß, bei diesen zu klein werden. — So würde man z. B. sehr irren, wenn man annehmen wollte, daß das Zahlenverhältniß, welches zwischen den in Martius Flora Cryptogamica Erlangensis aufgeführten Flechten und sämmtlichen in der nämlichen Gegend wachsenden Pflanzen, Statt findet, — auch das wahre Verhältniß, ich will nicht sagen für die temperirte Zone im Allgemeinen aber selbst nur für Deutschland sey; denn da die Flechten weit größere Verbreitungsbezirke haben, als die mehrsten übrigen Pflanzen, so steigt die Zahl dieser Pflanzen bei erweitertem Bezirke nicht im nämlichen Verhältnisse wie die Zahl sämmtlicher Pflanzen. Dies gilt auch, wenn gleich in geringerem Grade von einigen phanerogamen Pflanzenfamilien, z. B. Cyperaceae und Gramina.

Es könnte daher vielleicht besser scheinen; die allgemeineren Werke, welche alle Pflanzen umfassen, zu benutzen; die Erdoberfläche in gewisse Zonen nach der geographischen Breite und Länge zu theilen, die in jenen Werken aufgeführten Pflanzen für jede dieser Zonen besonders aufzuzählen, und demnach die Vertheilung zu bestimmen. Denn durch diese Verfahrungsweise würde man jenen Fehlern entgehen, die aus der Einwirkung der Localverhältnisse entspringen; man würde die Vegetation der ganzen Erdoberfläche berücksichtigen und da die Zahlen hier größer seyn würden, scheint es als müßten sie auch zuverläßiger werden. Allein auch diese Methode ist sehr mangelhaft. 1. Die Werke in welchen man sämmtliche bekannte Pflanzen aufzustellen sucht, sind bei Angabe des Verbreitungsbezirkes höchst unvollständig und unzuverlässig *). So wird als Wohnort derjenigen Pflanzen welche Europa mit dem östlichen Asien oder dem nördlichen Afrika, wohl auch mit Nordamerika, gemein hat, gewöhnlich bloß Europa angeführt, ja oft nur ein einzelnes europäisches Land; auf der anderen Seite stößt man auch auf Angaben als: habitat in America meridionali, oder wohl gar: in America, in Asia, in Africa; — nach welchen wir nicht einmal die Zone kennen lernen. Es ließe sich deshalb nach dieser Methode höchstens nur die Vegetation der Haupttheile der Erde, als die der drei Zonen, der beiden Hemisphären, der beiden großen Continente vergleichen; man begreift aber leicht, daß bei der Familienvertheilung die genauere Kenntniß der einzelnen Erdtheile nothwendig sey. 2. In solchen Werken fehlt gewöhnlich die Angabe der Höhe über dem Meere, auf welcher die Pflanze angetroffen wird; es werden daher Pflanzen aus sehr verschiedenen Klimaten mit einander vermischt und der Unterschied zwischen der heißen und temperirten Zone kann nicht wahr dargestellt werden, wenn ein Theil der zu der ersteren gerechneten Pflanzen unter einem gemäßigten oder kalten Klima wächst. 3. Die Zahl der Pflanzen aus Familien, welche wegen ihrer geringen Größe oder wegen der schwierigen Untersuchung vernachläßigt werden, wird nach dieser Me-

*) Hier macht doch Decandolle Systema eine Ausnahme; dies Werk enthält aber bisjetzt nur wenige Familien; und selbst die Vertheilung dieser können wir bisjetzt nicht vollständig darstellen, weil die relativen Zahlenverhältnisse uns unbekannt bleiben.

thode im Vergleich mit den übrigen gar zu gering ausfallen. —

Da folglich jede dieser Methoden ihre Mängel aber auch ihre Vorzüge hat, so habe ich beide zu vereinigen versucht. Man begreift leicht, daß die mehrsten Fehler der ersten Methode (nämlich die drei erstgenannten) wegfallen, wenn man für jede Zone nicht eine oder wenige, sondern sämmtliche Floren benutzt. Freilich sind wir weit entfernt eine Flor von jedem Theile der Erdoberfläche zu haben, ja einigermaaßen vollständige Floren besitzen wir nur von sehr wenigen Gegenden; allein die Zahl der Pflanzenverzeichnisse einzelner Länder und Gegenden ist indeß nicht gering, — und wenn auch diese Erdtheile nicht alle unmittelbar an einander grenzen, so ist doch die Entfernung in den mehrsten Fällen nicht so groß, daß die auf dem Klima begründeten Familien-Verhältnisse bedeutend abweichen können. Ich glaube deswegen, daß diese Materialien uns der Wahrheit weit näher bringen als jene allgemeinen Werke; die Resultate der letzteren sind indeß auch nicht zu übersehen; besonders werden sie da von Nutzen, wo wegen der großen Verbreitung der Arten die Zahl der Pflanzen gewisser Familien in den Floren im Verhältniß zu den übrigen Pflanzen zu groß wird. Bei Benutzung der Floren oder Pflanzenverzeichnisse, wozu auch die Herbarien der Reisenden, wenn sie nicht gar zu unvollständig sind, benutzt werden können, muß indeß Vorsicht angewandt werden. Die wichtigsten Regeln in dieser Hinsicht scheinen folgende zu seyn: 1. die physische Beschaffenheit des Landes oder der Gegend muß besonders berücksichtigt werden, weil diese auf die Vertheilung keinen geringen Einfluß hat. Eine sumpfige

Gegend hat eine größere Menge von Cyperaceae, eine sandige von Saftpflanzen, eine Gegend mit salzigem Boden mehrere Halophyten u. s. f. Diese Regel wird um so wichtiger, je kleiner die Gegend ist. 2. Schließt die Flora oder das Pflanzenverzeichniß solche Pflanzen ein, die nur auf einer bedeutenden Höhe, und daher unter sehr abweichenden klimatischen Verhältnissen gedeihen, alsdann müssen die Pflanzen von den übrigen getrennt, und die Zahlenverhältnisse der Familien für jede der verschiedenen Hauptregionen besonders dargestellt werden. Wo die Höhenverhältnisse bestimmt angegeben sind, wie z. B. in Humboldt, Bonpland et Kunth Nova genera etc. fällt es nicht schwer eine solche Trennung zu bewerkstelligen; wo dies aber nicht der Fall ist, muß man mit Hülfe der unbestimmteren Angaben in alpinis, in summis montibus u. s. w. so wie der sonst bekannten Höhen der Gebirge, solche Pflanzen ausschließen, die wahrscheinlich ein anderes Klima forderen als die übrigen Pflanzen; ist auch dies nicht thunlich, so können die Zahlenverhältnisse, vorzüglich wenn die Anzahl solcher Pflanzen einen geringen Theil der Flora bilden, doch immer angeführt werden, wenn gleich als weniger zuverläßig. 3. Bei unvollständigen Floren und Verzeichnissen von Pflanzen die auf einer Reise gefunden sind, darf nicht übersehen werden, ob der Verfasser allen Pflanzenfamilien gleiche Aufmerksamkeit gewidmet habe, oder ob er diejenigen vielleicht vernachläßiget, deren Untersuchung schwieriger ist, oder umgekehrt für eine Familie eine gewisse Vorliebe gehabt; ferner ob die Reise nur zu einer gewissen Jahreszeit angestellt sey, ein Umstand der vielleicht auch nicht ohne Einfluß seyn mag. 4. Die verschiedenen Ansichten der Autoren in Hinsicht der Begriffe von Gattung, Art und Abart müssen auch berücksichtigt werden; und ob der nämliche Verfasser in allen Familien in dieser Hinsicht sich gleich bleibt. 5. Die cultivirten Pflanzen müssen aus den Floren gestrichen werden. —

Um in der Folge häufigen Wiederholungen zu entgehen, führe ich hier die Floren und Pflanzenverzeichnisse an, deren ich mich vorzugsweise bedient habe um die Verbreitungsbezirke und Vertheilungsweise der Familien auf der Erdoberfläche zu bestimmen. Diese sind keinesweges meine einzigen Quellen; aber diejenigen, welche überall da zum Grunde liegen, wo für ein gewisses Land oder eine gewisse Gegend Zahlenverhältnisse ohne genauere Angabe der Quellen angeführt sind. Sie bilden zugleich die Hauptquellen für die in der 3ten Abtheilung angestellten Vergleichungen der verschiedenen Erdtheile.

Was erstlich die nördlichen Polarländer betrifft, so habe ich für Lappland: Wahlenberg Flora Lapponica. Berolini 1812. 8vo benutzt. Hierbei muß indeß bemerkt werden, daß der Bezirk dieser Flora südlich über den Polarkreis hinausgeht, und deshalb so wie auch weil hier das Klima weit gemäßigter ist, als auf gleicher Breite in anderen Gegenden, keine reine polare, sondern ehr eine subpolare Flora darstellt. Das Wahlenbergische Werk enthält 496 phanerogame Pflanzen. Für die nördlichsten Theile des neuen Continents oder die nördlich vor demselben liegenden Inseln habe ich das Verzeichniß der vom Capitain Sabine und Chirurg. Fischer zwischen 70° — 76°

n. Br. gefundenen und von R. Brown bestimmten Pflanzen benutzt *).

Für die Zahlenverhältnisse der Familien in den Ländern, welche außerhalb aber doch in der Nähe des Polarkreises liegen oder doch wegen der Strenge des Klimas eine subpolare Flora haben, sind außer der bereits gedachten Flora von Lappland meine Hauptquellen: für Grönland: Wormskjold Flora groenlandica, Mpt., welche 230 phanerogame Pflanzen enthält, größtentheils von ihm selbst während eines zweijährigen Aufenthaltes in den südlicheren Gegenden dieses Landes gesammelt; für Island: Zoëgas Flora Islandica **) mit Hülfe der Entdeckungen Hookers ***), so wie der Sammlungen des Herrn Grafen Raben und Cancellist Mörk (407 Arten); für Kamtschatka: ein mir von Wormskjold mitgetheiltes Verzeichniß von 418 Arten, von welchen 372 von ihm selbst während eines zweijährigen Aufenthaltes gesammelt sind. —

Als Uebergang zwischen den subpolaren Floren und denen aus der temperirten Zone, steht die genau untersuchte Flora Skandinaviens. Ich habe mich hier der Flora Skandinaviens von C. F. Hartmann, Stockholm 1820, 8vo. bedient, doch sind die

---

*) J. Roſs a voyage of discovery etc. London, 1819. 4to. Das in Parrys Reise (Journal for the discovery of a nordwest passage etc. London 1821. 4to) versprochene naturhistorische Supplement, habe ich noch nicht bekommen.

**) In Mohrs Forsög til en islandsk Naturhisterie. Kjöbenhavn 1786. 8vo.

***) Journal of a tour in Iceland. Vol. 2. London, 1813. 8vo. Appendix F.

Pflanzen ausgelassen, welche nur in Lappland wachsen, so wie auch die eigentlichen Alpenpflanzen; bei dieser Trennung habe ich theils auf die Angaben des Verfassers Rücksicht genommen, theils auf eigene Beobachtungen in Norwegen. Es bleiben demnach 1133 Pflanzen zurück.

Für die kältere temperirte Zone kann die Flora Dänemarks ein gutes Beispiel geben, weil dies Land keine Berge hat, und dessen Pflanzenerzeugnisse genau untersucht sind. Ich habe hierbei J. W. Hornemanns danske oeconomiske Plantelære, Kjøbenhavn 1821. 8vo. (3. Ausgabe) benutzt; doch mit Ausschluß sämmtlicher Pflanzen die im eigentlichen Dänemark nicht wachsen. Die Zahl der dänischen Pflanzen wird demnach 1034. Ferner gehört zu dieser Zone: die Flora von Großbritanien; für dies Land habe ich F. E. Smith Compendium Florae Britannicae Editio 3tia. Londini 1818. 8vo. benutzt. Wegen der Gebirge Schottlands enthält diese Flore einige Polarpflanzen; diese habe ich indeß aus Mangel an Höhenbestimmungen von den übrigen nicht trennen können; da indeß die Zahl dieser Pflanzen nur gering ist und auf der andern Seite die südlichsten Theile Großbritaniens sich hinsichtlich der Vegetation der wärmeren temperirten Zone nähern; so werden die Zahlenverhältnisse von den wahren wenig abweichen. Die Zahl der Arten beträgt 1430. Deutschland gehört auch zu der kälteren temperirten Zone; es ist aber sehr zu bedauern, daß wir für dies Land keine vollständige Flora besitzen. In Ermangelung einer besseren habe ich G. F. Hofmann Deutschlands Flora 2 B. Erlangen

1800 — 1804 12mo *): 1866 Arten) benutzt. Auch hier habe ich die alpinischen Pflanzen nicht ausschließen können. Die Materialien, welche mir für Polen und Rußland zu Gebote standen, schienen mir zu unvollständig um benutzt werden zu können; sie waren hier auch weniger nothwendig, da die Flora dieser Länder von der des westlichen Europa nicht wesentlich verschieden ist. Für Siberien diente mir J. H. Gmelins Flora Siberica T. 1 — 4, Petropoli 1747 — 1769. 4to. zur Grundlage; (1113 Arten) doch gestehe ich gern, daß sie zu unvollständig ist um nach ihr die Familien-Verhältnisse mit Genauigkeit darstellen zu können. Dies gilt auch von C. P. Tunberg Flora Japonica (734 Arten), welche ich für Japan benutzt habe.

Die Verhältnisse in Nordamerica sind nach Pursh Flora America septentrionalis. Vol 2. London 1814. 8vo bestimmt. Eigentlich kann diese Flora uns nur von der östlichen Küste Nachricht geben; denn aus dem Innern (was westlich vor den alleghanischen Gebirgen liegt), so wie von der Westküste enthält sie nur wenige Pflanzen. Da die alleghanischen Gebirge keine bedeutende Höhe über dem Meere erreichen und die genannte Flora nur wenige alpinische Pflanzen enthält, so habe ich hier keine Trennung nöthig gefunden, welche überdies wegen Mangel an Höhenbestimmungen nicht leicht ausführbar wäre. Auch läßt sich, wegen Mangel an genauerer Angabe der örtlichen Verhältnisse, nicht, wie in Europa, die kältere und wärmere

*) Die zweite Ausgabe ist noch nicht vollständig und konnte deshalb nicht benutzt werden.

temperirte Zone unterscheiden. Die Zahl der Arten beläuft sich auf 2960.

Frankreich, besonders in dem weit ausgedehnten Sinne, in welchem es in Decandolle und Lamarcks Flora Française T. 1 — 5. Paris, 1805 — 1815. 8vo. und Synopsis plantarum in Flora gallica descriptarum Paris, 1806. 8vo. genommen ist, liegt theils in dem kälteren, theils in dem wärmeren Theile der temperirten Zone, und kann daher passend den Uebergang beider darstellen. Ich habe die Synopsis nebst dem 6ten Bande der Flora (welcher das Supplement enthält) zum Grunde gelegt. Die Pflanzen, welche nur über 4000 Fuß, das heißt, nur in der subalpinischen oder alpinischen Region vorkommen, sind ausgeschlossen, und ich habe mich bei dieser Trennung der Abhandlung Decandolles in den mémoires de la société d'Arcueil T. 3. bedient, in welcher ohngefähr für 1500 phanerogamen Pflanzen *) die oberen und unteren Grenzen angeführt werden. Nach Ausschluß dieser Pflanzen und der angebauten enthält diese Flora — 3498 — Arten.

Da die niederen Theile der Schweitz beinahe nur die Pflanzen Frankreichs und Deutschlands hervorbringen und auch nur von kleinem Umfange sind, habe ich auf sie keine Rücksicht genommen. Dagegen mußte es mir sehr wichtig seyn, die Zahlenverhältnisse der Familien in den alpinischen und subalpinischen

*) Die übrigen phanerogamen Pflanzen kommen fast alle nur unter der genannten Höhe vor; denn bloß hinsichtlich 300 Arten hat er wegen ihrer Seltenheit die Höhenverhältnisse nicht bestimmen können. Siehe l. c. p. 293.

Regionen oder dem Hochlande nicht nur der Schweitz sondern des ganzen mittleren und südlichen Europa kennen zu lernen; damit ich solche mit den Verhältnissen vergleichen könnte, die auf der nämlichen Breite in der Ebene und in den Polarländern Statt finden. Um diesen Zweck so weit als möglich zu erreichen, habe ich in ein Verzeichniß alle diejenigen Pflanzen gebracht, welche nach der bereits angeführten Abhandlung Decandolles, nach Wahlenberg Tentamen de climate et vegetatione Helvetiae septentrionalis und dessen Flora Carpathorum über der Höhe von 4000 Fuß vorkommen. Die Abhandlung Decandolles enthält die Alpenpflanzen der Pyrenäen, der Gebirge von Savoyen und Piemont und einen Theil der Schweitzergebirge; die Werke Wahlenbergs, die Gebirge der nördlichen Schweitz und der Carpathen; — es fehlen also, um die Alpenflora der großen Gebirgskette, welche Europa in zwei Theile trennt, vollständig zu machen, noch die Alpenpflanzen von Tyrol, Kärnthen und mehreren östlichen Theilen; da diese aber doch im ganzen genommen nicht sehr von jenen in den westlichen Theilen oder in den Carpathen abweichen, und da es an genauen Angaben der Höhenverhältnisse fehlt, so habe ich lieber eine etwas unvollständige als eine weniger genaue Alpenflora benutzen wollen. Mein Verzeichniß enthält 1020 Pflanzen. Die Apenninenkette erreicht nur zum Theil die alpinische Region, und die Alpenpflanzen, welche sich dort zeigen, kommen größtentheils auch in den Alpen vor. Die Gebirge der pyrenäischen Halbinsel sind zu wenig bekannt, um ihre Alpenvegetation darzustellen, wenn solche, wie die bedeutende Höhe der Gebirge Granadas erwarten läßt, vor-

In beiden Theilen der temperirten Zone, doch größtentheils in dem wärmeren, liegen die Länder, deren Vegetation Marschall Bieberstein in seiner Flora Taurico-caucasica Vol. 1 — 3. Charkoviae, 1808 — 1819 behandelt hat, nämlich die caucasischen Länder und die Krim. Diese sehr vollständige Flora ist eine gute Quelle zur Kenntniß des östlichen Europa und westlichen Asiens. Die Alpenpflanzen sind nicht ausgeschlossen, theils wegen Mangel an Höhenbestimmungen, theils weil sie in Verhältniß zur gesammten Vegetation nur eine kleine Anzahl bilden. Die Zahl sämmtlicher Arten ist 2320.

In Hinsicht der südlichen Theile Europas hätte ich gewünscht die Verhältnisse der Familien nach eigenen Beobachtungen in Italien und Sicilien aufzustellen; allein meine Materialien sind bis jetzt noch nicht hinlänglich geordnet und bearbeitet, um benutzt werden zu können. Dagegen habe ich aus Tenores Verzeichnissen der Pflanzen, welche in dem botanischen Garten in Neapel gezogen worden *), diejenigen Pflanzen ausgehoben, die der Verfasser als einheimisch bezeichnet, so wie ich auch diejenigen hinzugefügt habe, deren er als einheimisch und im genannten Garten nicht gezogen erwähnt. Die Zahl ist 2943. Die Zahl der nur in den höheren Regionen vorkommenden Pflanzen ist zu gering um die Verhältnisse wesentlich stören zu kön-

*) Catalogus plantarum horti regii Neapolitani 1813. Appendix prima ad Catalogum horti Neapolitani. Editio altera. Neapoli 1819 et Appendix altera ibid. eod. Diese Verzeichnisse sind vollständiger als sein Prodromus Florae Neapolitanae und deshalb diesem vorgezogen worden.

nen. J. Sibthorp Prodromus Florae Graecae diente mir als Grundlage zur Kenntniß der Vegetation in Griechenland, auf den griechischen Inseln und auf der Küste von Kleinasien. Auch hier habe ich aus ähnlichen Gründen als bei der neapolitanischen und caucasischen Flora die Alpenpflanzen nicht ausschließen können. Die Flora hat 2335 Arten. Von Spanien und Portugal haben wir keine einigermaaßen vollständige Flora; da ihre Pflanzen aber von denen der benachbarten Länder, wenigstens hinsichtlich der Hauptformen, nicht sehr abweichen, glaube ich diese Länder ausschließen zu dürfen. Für die Barbarei ist R. Desfontaines Flora Atlantica Vol. 1 — 2. Paris, 1798. 4to. (1443 Arten) die Hauptquelle, doch habe ich auch auf die maroccanische Flora von P. K. A. Schousboe*) Rücksicht genommen, die aber leider nur die Pflanzen der 10 ersten Linné'schen Klassen einschließt. Die Flora Desfontaines enthält keine Alpenpflanzen. Delille Florae aegypticae illustratio (Description de l'Egypte. Hist. nat. T. 2. Paris 1812) macht mich mit der Flora Aegyptens bekannt. Sie enthält mit Ausschluß der cultivirten Pflanzen und der Abarten, 773 Arten. Für die canarischen Inseln sind die geographischen Verhältnisse nach v. Buchs allgemeiner Uebersicht der Flora auf den canarischen Inseln; Berlin, 1819. 4to., entworfen; wobei doch zu bemerken ist, daß diese Flora, wegen der bedeutenden Höhe der Insel Teneriffa einen etwas nördlichern Anstrich erhält; indeß trifft man doch dort keine eigentliche Alpenflora, und über die Höhe von 4080 Fuß

*) Danske Videnskabers Selskabs Skrifter. 1800.

setzt v. Buch nur 22 Pflanzen *). 513 ist die Gesammtzahl der bei v. Buch angeführten Pflanzen. Für Yemen Arabien habe ich auf das freilich höchst unvollständige Verzeichniß Rücksicht genommen, welches in Forskål Flora aegyptico-arabica. Hafniae 1775. 4to. gegebenen ist (621 Pflanzen); — und für Abyssinien das noch weit unvollständigere Verzeichniß in Salts Reise **).

Für das indische Hochland, besonders die Gebirge Nepauls, habe ich eine Sammlung von etwa 550 phanerogamen Pflanzen benutzen können, die Dr. Wallich dem Prof. Hornemann aus jenen Gegenden überschickt hat; — die genaueren Angaben der Höhenverhältnisse vermißt man freilich; aus den Formen sieht man, daß die ganze Sammlung, wenn auch gänzlich aus Nepaul doch von Gegenden auf sehr verschiedener Höhe herrührt; es kommen nämlich sowohl tropische als polar Formen darunter vor; doch gehört der bei weitem größere Theil zu extratropischen Formen, und die Sammlung kann daher eine interressante, wenn auch nicht völlig genaue, Uebersicht der bis jetzt fast unbekannten Vegetation des indischen Hochlandes geben ***).

---

*) l. c. p. 46. Dies ist vielleicht nur von den vorherrschenden Pflanzen zu verstehen?

**) Die deutsche Uebersetzung nämlich, in Bertuch's neuer Bibliothek der wichtigsten Reisebeschreibungen. 4. B. Weimar, 1815. 8vo.

***) Eine Flora Nepalensis darf man bald von Dr. Wallich erwarten. Dieser unser Landsmann hat sich längere Zeit in Nepaul aufgehalten und durch seine Excursionen in den Gebirgen ein Herbarium von etwa 1500 Pflanzen gesammelt. Diese Sammlung ist besonders reich an Farrenkräutern. Cfr.

Für die niederen Gegenden Indiens habe ich da von der Flora Indica Roxburgh nur der erste Theil (der nur die 4 ersten Linné'schen Klassen enthält) erschienen ist, den hortus bengalensis von W. Carey Serampore 1814 8vo. benutzt, worin die in Indien wildwachsenden Pflanzen angegeben sind. Da die Zahl bis zu 2680 steigt, so kann man mit einem ziemlichen Grade von Genauigkeit die Verhältnisse der Familien bestimmen. J. Loureiros Flora cochinchinensis edit. Willdenowii T. 1 — 2. Berolini, 1793. 8vo. diente mir als Grundlage zur Kenntniß der Vegetation auf der südlicheren Ostküste Asiens. Die wenigen darin enthaltenen Pflanzen von der Ostküste Afrikas sind ausgeschlossen; die Pflanzen von Cochinchina und die von China habe ich dagegen nicht trennen können. Diese Flora enthält 995 Arten.

Die tropischen Gegenden Afrikas sind leider gar zu unbekannt; über das Innere fehlen uns die Materialien gänzlich, und für die Ostküste sind sie zu kärglich um nach ihnen die Verhältnisse der Familien darzustellen. Weniger arm sind die Quellen zur Kenntniß der westlichen Küste; ich habe für diese: J. W. Hornemann de indole plantarum Guineensium Hafniae 1819., nach den Sammlungen Thonnings, Isserts und Haaslund-Smiths (478 Arten), und R. Brown observations systematical and geographical on the herbarium collected by Prof. Chr. Smith in

ein Schreiben des Dr. Wallich an Prof. Hornemann in: Tidsskrift for Naturvidenskaberne; udgivet af Orsted. Hornemann og Reinhardt. 1822 No. 2. p. 257. (Zeitschrift für die Naturwissenschaften etc.).

the vicinity of Congo. London, 1818. 4to. (537 Arten).

Die Flora Westindiens habe ich nach Olaf Swartz Flora Indiae occidentalis Vol. 1 — 3. Erlangae, 1797 — 1806. 8vo. dargestellt. Wegen Mangel an Höhenangaben sind die Pflanzen der höheren Regionen von den übrigen nicht getrennt (788 Arten). Ueber das tropische Südamerika überhaupt giebt Humboldts, Bonplands und Kunths Werk: Nova genera etc. Vol. 1 — 5. Paris, 1815 — 1821. 4to. den besten Aufschluß. Dies Werk ist freilich noch nicht völlig beendigt, da aber doch die mehrsten Familien schon darin behandelt sind und Humboldt überdies in den Prolegomenis die geographischen Verhältnisse erläutert hat, so kann man dasselbe nichts desto weniger mit großem Vortheile benutzen. Da sowohl Mexico als das eigentliche Südamerika sich zu einer außerordentlichen Höhe erhebt, so wird es, wenn man nicht die Pflanzen ganz verschiedener Klimate vermischen will, nothwendig, verschiedene Floren zu unterscheiden. Humboldt nimmt in seinen Prolegomenis p. XXXIV et seq. 3 Regionen an, die heiße von 0 — 200 Toisen, die temperirte von 200 bis 1100 T. und die kalte, über 1100 T. sich erstreckend. Es würde indeß, meiner Meinung nach, irrig seyn die Region von 200 bis 1100 T. mit der temperirten Zone, so wie auch die Region über 1100 mit der Polarzone zu vergleichen; denn die tropischen Formen herrschen noch auf einer weit bedeutenderen Höhe als 200 T. und die polaren Formen zeigen sich erst weit höher als auf 1100 T. Ich glaube daß die Mitte der temperirten Zone ohngefähr mit der Höhe von 1100 T. und die südliche Grenze der Polar-

zone

zone mit der Höhe von 1600 T. vergleichbar ist. In der Folge ist indeß die Humboldtsche Eintheilung beibehalten; denn obgleich bei sehr vielen Pflanzen in seinem Werke die unteren und oberen Grenzen in absoluter Höhe bestimmt sind (ein ausgezeichneter Vorzug dieses Werkes vor allen, welche die tropischen Gegenden botanisch behandeln), so trifft man doch häufig nur die allgemeinere Angabe: in calidis, temperatis. Da aber doch für die Pflanzen der höchsten Regionen fast immer die absolute Höhe angeführt wird, so habe ich diejenigen besonders aufführen können, welche nur über 1600 T. vorkommen. Auf diese Art habe ich mir 4 Floren gebildet, deren Familien-Verhältnisse besonders dargestellt werden; die erste Flora von 0 — 200 T. liefert uns die Verhältnisse, welche am Aequator in der Ebene Statt finden; — die zweite Flora von 200 bis 1100 T. ist mit der Vegetation vom Aequator bis gegen 40° zu vergleichen, die dritte von 1100 bis 1600 T. mit der Vegetation zwischen 40° und dem Polarkreise und die vierte, über 1600 T., mit der Polarflora. Von den 2871 Pflanzen, welche in Vol. 1 — 5 (bis zur Pflanzengattung Banisteria) enthalten sind, fehlt die Höhenangabe bei 189 Arten; die übrigen sind auf folgende Art vertheilt, 995 Arten gehören zu der ersten Flora, 946 zu der zweiten, 921 zu der dritten und 152 zu der vierten *). In den Prolegomenis p. XVI. wird die Totalsumme der von Humboldt und Bonpland gefundenen Pflanzen auf 3880 Arten

*) Daß bei Addition dieser Summen mehr als 2871 herauskommt, rührt daher, daß mehrere Pflanzen zwei oder drei Floren gemeinschaftlich sind.

angeschlagen; es fehlen demnach noch 1000 Arten. Vertheilen wir diese im nämlichen Verhältnisse als jene bereits beschriebenen 2871, so erhält die erste Flora 1262, die zweite 1199, die dritte 1168, die vierte 192 Pflanzen. Diese letzteren Zahlen habe ich in der Folge bei Angabe der Familienverhältnisse benutzt. Hierbei ist doch zu bemerken, daß die Quotienten der einzelnen Familien wahrscheinlich für die niederen Regionen ein wenig zu groß, für die höheren ein wenig zu klein ausfallen; weil unter den noch nicht beschriebenen Pflanzen die zwei großen Familien Leguminosae und Malvaceae sind, welche beide in der heißen Zone (und folglich auch in der heißen Region) ihr Maximum haben. Bedeutend wird der Fehler aber nicht. Die Pflanzen für welche keine Angaben der Höhenverhältnisse angeführt sind, habe ich ganz ausgeschlossen. Da Humboldt und Bonpland mehr die Gebirgsgegenden als die Ebenen bereisten, so habe ich für das tropische Südamerika auch auf F. Aublet histoire des plantes de la Guiane française: T. I — IV. Londres et Paris 1775. 4to. (1032) und G. F. W. Meyer Primitiae Florae Essequeboensis, Göttingae 1817. 4to. (296) Rücksicht genommen. Für Brasilien besitzen wir bis jetzt noch keine zu unserem Zwecke dienliche Uebersicht. Insofern die Inseln des Südmeers innerhalb oder in der Nähe der Wendekreise liegen, habe ich G. Forster Prodromus Florulae insularum australium Göttingae 1786. 8vo. benutzt. Die Pflanzen Neuseelands sind ausgeschlossen (344 Pflanzen). Die Flora Neuhollands ist in Hinsicht der Küstenländer durch R. Brown Prodromus Florae Novae Hollandiae. Vol. I. Londini 1810 (Okens Isis 1819

6tes H.) und Ejusd. general remarks geographical and systematical on the botany of terra australis, London 1814, wohl bekannt. Ich habe bei Benutzung des ersteren Werkes 3 Floren unterschieden: die Pflanzen der tropischen Gegenden Neuhollands, die der extratropischen und die von v. Diemens Land, und dabei angenommen, daß die noch nicht beschriebenen Pflanzen im nämlichen Verhältnisse unter den 3 Floren vertheilt sind als die welche bereits beschrieben sind; doch habe ich natürlich auch auf die hinsichtlich der Vertheiluug von Brown selbst gemachten Anmerkungen Rücksicht genommen. Brown giebt die Anzahl der von ihm gefundenen phanerogamen Pflanzen auf 3760 an. Von diesen gehören nach der gedachten Berechnüng 1364 zur tropischen Flora, 2254 zur extratropischen Flora von Neuholland, und 575 zur Flora von v. Diemens Land.

Für die südliche Spitze Afrikas ist C. P. Thunberg Prodromus plantarum capensium P. 1 — 2. Upsaliae 1794 — 1800. 8vo. (2842 Arten) benutzt. Seit der Herausgabe dieser Flora sind freilich viele neue Entdeckungen gemacht, aber sie sind nicht gesammelt, und man begreift leicht, daß man ohne genaue Kenntniß der capschen Flora den Thunbergischen Prodromus mit Hülfe der neueren Entdeckungen nicht suppliren kann. Die Zahl der Thunbergschen Arten ist auch so bedeutend, daß die aus dieser gezogenen Verhältnisse Vertrauen verdienen.

Um die Flora der Inseln Bourbon und Isle de France zu kennen, habe ich ein Verzeichniß aus P. R. Willomet Herbarium mauritianum Lipsiae, 1796. 8vo., und Bory de St. Vincent voyage dans les quatre principales iles des mers d'Afrique T. 1 — 3. Paris 1804. 8vo.; so wie aus Persoons Synopsis, Lamarcks Encyclopédie und Supplement (worin vorzüglich die Entdeckungen von Petit-Thouars), Römer und Schultes Systema so wie Decandolle Systema naturale; — gebildet. Mein Verzeichniß enthält 605 Pflanzen. Aus den genannten allgemeinen Werken, Persoons, Lamarks, Decandolles und Römer und Schultes habe ich vier ähnliche Verzeichnisse gebildet: eins für Madagascar (260) ein zweites für Buenos ayres und Monte Video (166), ein drittes für Chili (248), und ein viertes für Terra del Fuego, die Länder an der magellanischen Meerenge, und die Falklands-Inseln (111 Arten). Diese 4 letzteren Verzeichnisse sind allerdings zu unvollständig um die Verhältnisse der Familien daraus zu berechnen; allein sie sind nichts desto weniger wichtig, weil sie doch die Hauptformen dieser Gegenden geben können, und in Hinsicht der drei letzteren die Annäherung der extratropischen Formen zu der nördlichen Hemisphäre beweisen. Dies gilt auch von der Flora Neuzeelands, hinsichtlich welcher ich den bereits gedachten Prodromus von Forster benutzt habe (156 Arten).

Die angebauten Pflanzen sind überall ausgeschlossen; die in der Folge angeführten Zahlen bezeichnen die Verhältnisse zwischen den einzelnen Familien und der Gesammtzahl aller phanerogamen Pflanzen, zu welchen die Farrenkräuter nicht gerechnet sind.

In Hinsicht der allgemeinen Werke, die nach ihrem Zwecke, alle bekannten Pflanzen umfassen sollen, konnte ich weder Vahls Enumeratio, noch Römer und Schultes systema vegetabilium, noch Decandolle systema naturae zu einer vollständigen Darstellung der zwischen den Familien Statt findenden Verhältnisse benutzen, weil diese Werke nicht beendigt sind. Daß ich sie indeß nicht ganz unbenutzt gelassen, wird man in der Folge sehen. Es war also nur zwischen Persoons Synopsis und Lamarcks Encyclopédie mit den Supplementen zu wählen; ich zog das erstere Werk vor, theils weil ich es als zuverläßiger ansah, theils weil die Einrichtung desselben die Arbeit etwas erleichterte. Ich machte mir nun rubricirte Tabellen, und führte für jede Gattung die Arten nach ihren Wohnorten unter folgende 12 Rubriken auf: die heiße Zone Amerikas; Asiens; Afrikas; und der Südsee-Inseln; Europa; die temperirte und polare Zone Asiens; die nördliche temperirte Zone Amerikas; die nördliche temperirte Zone Afrikas; die südliche temperirte Zone Amerikas; die südliche temperirte Zone Afrikas; Neu-Holland; Neu-Zeeland.

Obgleich diese mühsame Arbeit *) mir Materialien für eine Darstellung sämmtlicher Pflanzenfamilien und Gattungen gab; habe ich mich in gegenwärtigem Handbuche nur auf einige Familien beschränkt; und zwar aus mehreren Gründen. Erstlich ist es nur meine Absicht die Grundzüge einer Pflanzengeographie und keinesweges ein vollständiges die ganze Wissenschaft umfassendes Werk zu liefern; zweitens ist das natürliche Pflanzensystem bis jetzt noch sehr unvollkommen, und

*) Was die Arbeit sehr erschwert ist der Umstand, daß sowohl Persoons Synopsis, als die mehrsten Floren nach dem Linnéschen System geordnet sind. —

die Darstellung der geographischen Verhältnisse solcher Familien, die vielleicht nach kurzer Zeit entweder getrennt oder in Hinsicht der dazu gerechneten Gattungen bedeutenden Veränderungen unterworfen werden, eine fruchtlose Arbeit. Die hier dargestellten Familien sind also nur als Beispiele zu betrachten; es sind aber solche gewählt, die in dem Grade natürlich sind, daß sie in einem jeden natürlichen Systeme als eigene Gruppen auftreten müssen; — ich nahm ferner vorzugsweise zahlreiche Familien, weil solche eben deshalb an und für sich ein größeres Interesse haben, und die geographischen Verhältnisse eben wegen den größeren Zahlen zuverläßiger werden; ich wählte endlich solche Familien, deren unter sich sehr abweichende Vertheilung am besten die verschiedenen Gesetze, nach welchen die Pflanzenformen vertheilt sind, erläutern können. —

§. 21.

Die Gräser (Gramina) *).

Die Gräser sind sowohl im Haushalt der Natur, als mit Rücksicht auf den Verkehr der Menschen von keiner geringen Bedeutung. In den mehrsten Ländern bilden sie die Hauptmasse der unmittelbaren Decke der Erdoberfläche; sie wirken auf den Luftkreis, besonders aber auf den Feuchtigkeitszustand desselben wesentlich

*) Jussieu genera p. 28. Sprengels Anleitung 2. Th. p. 137. R. Brown Prodromus p. 812. Palisot Beauvois Essay d'une nouvelle Agrostographie. Paris, 1812. 8vo. Humboldt, Bonpland et Kunth Nova genera T. I. Kunth Considérations générales sur la famille des Graminées. Mémoires du muséum. Vol. 2.

ein; auf denselben lebt eine Insekten-Welt; — sie bilden die Hauptnahrung der Hausthiere und werden deshalb die Basis der Viehzucht; und da zu ihnen auch die wichtigsten angebauten Pflanzen gehören, so machen sie auch die Grundlage des Ackerbaues aus. Die Viehzucht aber und der Ackerbau sind die Hauptstützen der Staaten, bestimmen den Culturgrad, die Lebensweise, zum Theil auch die Sitten und Gebräuche der Völker. Die geographischen Verhältnisse der Gräser müssen deshalb nicht nur dem Botaniker sondern auch denen interessant seyn, welche sich mit anthropologischen und Staats-Wissenschaften beschäftigen. In Hinsicht des Schönen spielt diese Familie in der Natur eine bedeutende Rolle; die Gräser schenken den Ebenen und Hügeln das liebliche Grün; sie umgeben den blauen See, — und durch sie erwacht im Frühlinge zuerst die Vegetation. —

Die Familie der Gräser ist so ausgezeichnet, daß selbst derjenige, der keine botanischen Kenntnisse besitzt, sie leicht in allen Arten wieder erkennt; — nur die Halbgräser nähern sich den Gräsern bedeutend, sind aber durch hinlängliche Kennzeichen leicht von jenen zu unterscheiden.

Aus einer trocknen Wurzel mit feinen Fasern steigt ein gleichfalls trockner hohler cylindrischer, durch Knoten getheilter, gewöhnlich einfacher Stengel (Halm); die Blätter dehnen sich nach der Länge bedeutend aus, sind beinahe durchgehends linien- oder lancetförmig, ungetheilt, ja ohne Einschnitte und Zähne, abwechselnd, mit Nerven, die nach der Länge laufen, und mit einer den Halm umfassenden Scheide versehen. Die Blumen sind verhältnißmäßig klein, bilden eine Aehre, Traube oder Rispe, und sind weit weniger ausgebildet als bei den mehrsten übrigen phanerogamen Pflanzen. Zwar unterscheidet man auch bei den Gräsern die Krone und den Kelch, eigentlich sind diese Theile aber nur Schuppen (Balg), welche die Geschlechtstheile umfassen. Die Zahl der Staubträger ist 3 (in wenigen Fällen 6, 2 oder 1), die der Stempel bei einer entschiedenen Mehrzahl 2; die Narbe federförmig; — die Fruchthülle ist ein einfaches mit dem Saamen verwachsenes Häutchen (Caryopsis Richard, semen nudum Lin.). Hinsichtlich der chemischen Eigenschaften ist in den Saamen dieser Familie Mehl mit Kleber vereinigt ein vorherrschender Bestandtheil, weshalb sie sehr nahrhaft sind; der Halm enthält gewöhnlich Zucker; in größter Menge ist dies mit dem Zuckerrohre, dem Holcus saccharatus und dem Mais der Fall. Der Lolch (Lolium temulentum) ist das einzige Gras, welches giftige Eigenschaften äußert. Die Gräser enthalten übrigens viel Kieselerde; in den Knoten des Bambusrohres trifft man sie sogar rein und krystallinisch.

Die Familie ist sehr zahlreich. Persoons Synopsis enthält 812 Arten, welche $\frac{1}{28}$ sämmtlicher dort aufgeführten Pflanzen ausmachen. In Römer und Schultes Systema kommen 1800 Arten vor; da dies Werk, wenn es jetzt beendigt wäre, wahrscheinlich 40000 Pflanzen enthalten würde *), so kann man an-

*) Die 5 ersten Linnéischen Klassen enthalten bei Persoon 6270, bei Römer und Schultes 12837 Arten; das Verhältniß ist also ohngefähr wie 1 zu 2. Da nun die Gesammtzahl der phanerogamen Pflanzen bei Persoon 21500 beträgt, so sollte das System von Römer und Schultes 43000 enthalten; da aber

nehmen, daß die Gräser $\frac{1}{22}$ bilden; es ist aber mehr als wahrscheinlich, daß künftig die Zahl der Gräser in einem stärkeren Verhältnisse als die der übrigen Phanerogamen steigen wird, und daß das wahre Verhältniß vielleicht 1:20 oder 1:16 werden dürfte. Größer noch wird der Antheil der Vegetation, den die Gräser bilden, wenn man auf die Zahl der Individuen Rücksicht nimmt, denn in dieser Hinsicht stehen die mehrsten ja vielleicht alle Familien den Gräsern nach. —

Rücksichtlich des Vorkommens kann bei einer so großen Familie nur wenig allgemeines Statt haben. Es sind unter den Gräsern sowohl Land- als Wasserpflanzen (doch keine Meerpflanzen); sie kommen in jedem Boden vor; — in Gesellschaft anderer Pflanzen und isolirt, letzteres oft in einem solchen Grade, daß sie bedeutende Strecken einnehmen. Sand scheint dieser Pflanzenform weniger günstig; doch hat dieser Boden auch seine größtentheils ziemlich eigenthümlichen Arten.

Der Verbreitungsbezirk dieser Familie hat fast keine anderen Grenzen als die der ganzen Pflanzenwelt; Gräser kommen unter dem Aequator vor; und auf Spitzbergen war Agrostis algida einer der wenigen Pflanzenbewohner, welche Phips antraf; in den Gebirgen des südlichen Europa gehen Poa disticha

---

die Gramina und die Cyperaceae einen bedeutenden Theil dieser 5 Klassen bilden, und diese Familien mehr als die übrigen durch neue Entdeckungen vermehrt sind; so darf man die Gesammtzahl wohl nur auf 40000 anschlagen. Dies stimmt auch mit Steudels Nomenclator überein, welcher 39684 Pflanzen enthält.

und mehrere Gräser fast bis zur Schneelinie hinauf *), und in den Andesgebirgen ist dies auch mit Poa mulalensis und Poa dactyloides, Deyeuxia rigida und Festuca dasyantha der Fall **).

Wichtiger ist die Vertheilung. Was die Hauptgruppen und Gattungen betrifft wird die Vertheilungsweise erst alsdann wahres Interesse erhalten, wenn wir eine vollkommen natürliche Classification der Gräser besitzen; — in dieser Hinsicht sind wir, meiner Meinung nach, noch sehr zurück. Die Eintheilung Beauvois's kommt mir sehr künstlich vor; in der von R. Brown in Paniceas und Poaceas sind die Gruppen zu groß. Die vorzüglichste ist wohl die von Kunth ***), nach welcher die Gräser unter 10 Gruppen aufgeführt werden. Hinsichtlich der geographischen Breite verhalten sich die in Römer und Schultes Systema aufgeführten Gräser in der heißen und temperirten Zone folgendermaßen:

Gruppen der Gräser.	Zahl der Arten.		Verhältniß der Arten zu sämmtlichen Gräsern.	
	Heiße Zone	Temp. Zone	Heiße Zone	Temp. Zone
Paniceae	303	103	$\frac{1}{2}$ — $\frac{1}{3}$	$\frac{1}{9}$
Stipaceae	40	58	$\frac{1}{20}$	$\frac{1}{20}$
Agrostideae	58	220	$\frac{1}{14}$	$\frac{1}{5}$
Bromeae	133	554	$\frac{1}{6}$	$\frac{1}{2}$
Chlorideae	78	30	$\frac{1}{10}$	$\frac{1}{40}$

*) Decandolle mémoires d'Arcueil. T. 3. p. 299.

**) Humboldt, Bonpland et Kunth Nova genera. T. 1.

***) Considerations générales etc.

Gruppen der Gräser.	Zahl der Arten.		Verhältniß der Arten zu sämmtlichen Gräsern.	
	Heiße Zone	Temp. Zone	Heiße Zone	Temp. Zone
Hordeaceae	33	101	$\frac{1}{23}$	$\frac{1}{12}$
Saccharineae	120	65	$\frac{1}{7}$	$\frac{1}{18}$
Oryzeae	10	9	$\frac{1}{82}$	$\frac{1}{133}$
Olyreae	18	4	$\frac{1}{46}$	$\frac{1}{300}$
Bambusaceae	6	3	$\frac{1}{137}$	$\frac{1}{400}$

Hieraus folgt, daß keine dieser Gruppen der einen oder andern Zone ausschließlich angehört; daß aber doch, wegen der verhältnißmäßig größeren Zahl, die Paniceae, Chlorideae, Saccharineae, Oryzeae, Olyreae und Bambusaceae als tropische, Agrostideae, Bromeae und Hordeaceae als extratropische Formen zu betrachten sind, und daß folglich ein nicht unbedeutender Gegensatz der Formen zwischen diesen beiden Zonen Statt findet. Dagegen ist zwischen den verschiedenen Continenten oder nach der geographischen Länge der Unterschied nur gering; weder in der heißen noch der temperirten Zone hat irgend eine Gruppe in dem einen Continente ein merkbares Uebergewicht über die andere. Dies scheint auch aus einer Vergleichung der beiden Hemisphären zu folgen, doch kennen wir zu wenig die südliche um solches als entschieden aufzustellen. Hinsichtlich der Höhe ist die Vertheilung der nach der geographischen Breite sehr ähnlich; denn in den Gebirgen Südamerikas sind die Verhältnisse der größeren Gruppen:

	0—200T.	200—1100T.	1100—1600T.	üb. 1600T.
Paniceae	39	33	12	1
Agrostideae	6	10	23	2
Bromeae	7	7	37	8
Sacchariueae	16	20	20	2

Zwischen den Gattungen ist der Gegensatz natürlich größer und zeigt sich nicht nur nach der Breite, sondern auch nach der Länge; so hat z. B. in der heißen Zone die Gattung Paspalus ein entschiedenes Maximum in dem neuen Continente; — doch bleiben die mehrsten Gattungen besonders unter den größeren, in allen Continenten einander gleich z. B. Panicum, Andropogon, Chloris; die eigenthümlichen sind gewöhnlich wenig zahlreich. Sehr gering ist der generische Unterschied zwischen Nordamerika und der temperirten Zone des alten Continents; doch treten in Nordamerika eine größere Zahl von tropischen Formen auf. Auch zwischen den beiden temperirten Zonen scheint der generische Unterschied keinesweges bedeutend; unter 36 Gattungen vom Cap kommen 30 auch in der nördlichen temperirten Zone vor, während in andern Familien das südliche Afrika viele eigenthümliche Gattungen besitzt; in dem extratropischen Theile Neuhollands kommt die größere Zahl der Gattungen auch in der temperirten Zone der nördlichen Halbkugel vor (ohngefähr $\frac{2}{3}$), und dies scheint mit den südlichsten Theilen Südamerikas so wie mit Neu-Zeeland noch mehr der Fall zu seyn. Eine der am weitesten verbreiteten Gattungen ist Poa, sie findet sich fast auf der ganzen Erdoberfläche, und obgleich sie in der temperirten Zone ihr Maximum erreicht, hat sie doch auch in der heißen viele Arten. —

Die Neigung zu großer Verbreitung trifft man in der Familie der Gräser nicht nur bei den Gruppen und Gattungen, sondern auch bei den Arten. Unter den vielen Beispielen nenne ich nur: Lappago racemosa kommt im südlichen Europa, in Arabien, in beiden Indien und Südamerika vor; Cenchrus echinatus, Festuca myurus, Poa megastachya, Andropogon Allionii, Holcus halepensis in dem südamerikanischen Hochlande und in Europa; Panicum crus galli, P. glaucum, Cynodon Dactylon, Holcus gryllus, Arundo Phragmites und Festuca fluitans in Europa und Neuholland; Paspalus vaginatus in Tronquebar, Jamaika, und Ile de France; P. filiformis in Ostindien, Jamaica, Nordamerika; Rottböllia dimidiata in Guinea, auf dem Cap, in Jamaika; Imperata arundinacea am mittelländischen Meere, in Ostindien und in Neuholland. —

Diese Familie bleibt sich demnach überall ziemlich gleich, — oder sie hat eine Neigung zur Vertheilung mit gesammelten Gruppen, gesammelten Gattungen und Arten (distributio formis subordinatis conjunctis), wovon indeß einzelne Gattungen und Arten Ausnahmen bilden. Auch die Individuen mehrerer Arten kommen nicht selten mit einander vermischt vor (distributio speciebus mixtis), denn die Wiesen enthalten gewöhnlich viele Arten von Gräsern.

So wie in Hinsicht der Gruppen und Gattungen nur die geographische Breite einen merkbaren Gegensatz bildet, so gilt dieß auch von dem habitus der Vegetation im Allgemeinen. Die wichtigsten Unterschiede der tropischen und extratropischen Gräser scheinen folgende zu seyn:

1. Die tropischen Gräser erreichen eine weit bedeutendere Höhe; und nehmen bisweilen das Ansehen von Bäumen an. Arten von Bambusa werden bis 50 oder 60 Fuß hoch.

2. Die Blätter sind an den tropischen Gräsern breiter und nähern sich mehr der Blattform der übrigen Pflanzenfamilien. Die Gattung Paspalus giebt viele Beispiele.

3. Getrennte Geschlechter sind bei den tropischen Gräsern häufiger. Zea, Sorghum, Andropogon, Olyra, Anthistiria, Ischaemum, Aegilops und viele andere Gattungen, die nur in den heißen Zonen vorkommen oder dort ihr Maximum erreichen, sind monoisch oder polygamisch Holcus ist wohl die einzige extratropische Gattung mit getrenntem Geschlechte.

4. Die Blüthen sind zarter, mehr behaart und zierlicher.

5. Dagegen übertreffen die extratropischen Gräser in Hinsicht der Menge von Individuen die tropischen sehr. Der dichte Rasen von Gräsern, welcher in der temperirten Zone besonders in dem kälteren Theile derselben im Frühling und Sommer die grünen Wiesen und Weiden bildet, wird in der heißen Zone beinahe gänzlich vermißt. Die Gräser wachsen dort nicht zusammengedrängt, sondern wie andere Pflanzen mehr zerstreut *). Bereits im südlichen Europa ist die Annäherung zur heißen Zone in dieser Rücksicht nicht gering. Arundo Donax ruft durch seine Höhe das Bambusrohr ins Gedächtniß; Saccharum Ravennae, S.

*) Cfr. unter anderen: Humboldt Prolegomena p. XXXIV, und Voyage an mehreren Orten.

Teneriffae, Imperata arundinacea, Lagurus ovatus, Lygeum spartum, die Arten von Stipa zeigen durch ihre seidenhaarigen zierlichen Blüthen, die Arten von Andropogon, Aegilops u. s. w. durch das getrennte Geschlecht, tropische Verhältnisse; auch sind die Gräser weniger gesellschaftlich, die Wiesen seltner im südlichen als im nördlichen Europa.

Was die Vertheilung der Individuen betrifft, so sind die mehrsten Arten gesellschaftliche Pflanzen.

Wünschen wir endlich zu wissen, wie diese Familie in Hinsicht der Zahl der Arten vertheilt ist, wo ihre Maxima und Minima fallen; so werden folgende Materialien zwar keine vollständige oder völlig sichere Darstellung liefern können, weil die Gräser von vielen Floristen und den mehrsten Reisenden nicht mit der nämlichen Sorgfalt als die übrigen Familien behandelt werden; allein sie werden doch für die Vertheilung einige Winke geben. In Persoons Synopsis bilden die Gräser der heißen Zone $\frac{1}{23}$, die der nördlichen temperirten Zone aber $\frac{1}{22}$ der Gesammt-Vegetation; wenn man aber überlegt, daß die Gräser jener Zone im Verhältniß zu den übrigen Gewächsen weniger untersucht sind als die extratropischen Gräser, so müßte in beiden Zonen der Quotient ohngefähr gleich ausfallen. In dem System von Römer und Schultes verhalten sich die tropischen Gräser zu den extratropischen wie 2:3; dies ist aber nach einer wahrscheinlichen Vermuthung auch das Verhältniß sämmtlicher tropischen und extratropischen Pflanzen; denn in Persoons Synopsis ist dies Verhältniß 1:2, und seit der Bekanntmachung dieses Werkes ist die Kenntniß der tropischen Pflanzen in einem stärkeren Verhältnisse erweitert als die der extratropischen. Allein obgleich der Quotient also in der heißen und temperirten Zone wahrscheinlich gleich wird, wenn man beide im ganzen betrachtet, so werden indeß die Verhältnisse verschieden, wenn man beide Zonen in kleinere Theile theilt. In der heißen Zone Südamerikas scheinen die Gräser unter 200 T. $\frac{1}{15}$ — $\frac{1}{16}$ sämmtlicher Pflanzen zu bilden, in Westindien $\frac{1}{17}$, am Flusse Essequebo in Gujana $\frac{1}{12}$ — $\frac{1}{13}$, am Flusse Congo $\frac{1}{12}$ — $\frac{1}{13}$, in Guinea $\frac{1}{10}$, (in den drei letzteren Gegenden sind die Localverhältnisse den Gräsern besonders günstig), in Ostindien nach R. Brown *) $\frac{1}{12}$, in Arabien $\frac{1}{15}$ in dem tropischen Neuholland $\frac{1}{10}$ — $\frac{1}{11}$. Nehmen wir nun hierbei Rücksicht auf den Umstand, daß die tropischen Gräser schwerlich in dem nämlichen Grade als die übrigen Phanerogamen bekannt sind, so ist es nicht unwahrscheinlich, daß der wahre Quotient für die heiße Zone $\frac{1}{10}$ — $\frac{1}{12}$ sey. In dem wärmeren Theile der temperirten Zone scheinen die Gräser einen geringeren Theil der Vegetation zu bilden; denn in dem extratropischen Theile von Neuholland bilden sie $\frac{1}{24}$ — $\frac{1}{25}$, auf dem Cap $\frac{1}{33}$ **), in Griechenland $\frac{1}{15}$ — $\frac{1}{16}$, auf den canarischen Inseln $\frac{1}{12}$ — $\frac{1}{13}$, in der Krim und den caucasischen Ländern $\frac{1}{14}$ — $\frac{1}{15}$, in Neapel $\frac{1}{11}$ — $\frac{1}{12}$ in Frankreich $\frac{1}{13}$, in der Barbarey $\frac{1}{11}$; und in Egypten (wo

---

*) Observations p. 41. In dem Hortus bengalensis von Carey beträgt die Zahl der indischen Gräser zwar nur $\frac{1}{17}$ — $\frac{1}{18}$; allein es ist zu vermuthen, daß der Garten an diesen Pflanzen nicht so reich sey als an den übrigen phanerogamen. Roxburgh Flora Indica. Vol. 1. enthält 188 Gräser.

**) Diese Zahl ist indeß gewiß zu klein. Die südafrikanischen Gräser sind schwerlich im nämlichen Grade als die übrigen Pflanzen untersucht.

(wo doch besondere den Gräsern günstige Localverhältnisse eintreten) $\frac{1}{8}$. Etwas größer scheint die relative Zahl in der kälteren temperirten Zone und in der subpolaren auszufallen; sie ist in Deutschland $\frac{1}{13}$, in Großbrittannien $\frac{1}{11}$ — $\frac{1}{12}$, in Dänemark $\frac{1}{10}$ — $\frac{1}{11}$, in Skandinavien $\frac{1}{10}$ — $\frac{1}{11}$, in Kamtschatka $\frac{1}{7}$ — $\frac{1}{8}$, in Lapland $\frac{1}{10}$, in Island $\frac{1}{8}$ — $\frac{1}{5}$, in Grönland $\frac{1}{8}$ — $\frac{1}{9}$. In Nordamerika bilden sie nach Pursh $\frac{1}{14}$ — $\frac{1}{15}$. Man kann vielleicht als Mittelzahl für die wärmere temperirte Zone $\frac{1}{12}$ — $\frac{1}{14}$, für die kältere und polare Zone $\frac{1}{8}$ — $\frac{1}{10}$ annehmen. Daß beinahe in allen Floren der Quotient bedeutend größer wird, als in den Werken von Persoon und Römer und Schultes, liefert einen neuen Beweis, daß in der Regel die Verbreitungsbezirke der Gräser größer sind, als die der übrigen phanerogamen Pflanzen. —

Nach der Höhe scheint im südlichen Europa die Zahl der Gräser abzunehmen, denn in der Alpenflor bilden sie nur $\frac{1}{18}$. Die Vertheilung nach der Höhe stimmt also nicht mit der Vertheilung nach der Breite überein; in Südamerika ist die Uebereinstimmung größer; denn die Zahlenverhältnisse sind: 0 — 200 T. $\frac{1}{15}$ — $\frac{1}{16}$; 200 — 1100 T. $\frac{1}{15}$ — $\frac{1}{16}$; 1100 — 1600 T. $\frac{1}{11}$; über 1600 $\frac{1}{14}$. —

Eine ausführliche Darstellung der Vertheilung der angebauten Gräser, oder der Getraidearten, würde sicher sehr interessant seyn; hier müssen wir uns auf eine kurze allgemeine Uebersicht beschränken; wir wollen versuchen diejenigen Gräser anzugeben, die in den großen Zonen und Continenten die vorherrschenden sind und dabei beiläufig diejenigen Pflanzen aus andern Familien bemerken, welche als allgemeines Nahrungsmittel entweder die Stelle der Getraidearten vertreten, oder diesen zur Seite stehen. Diese Vertheilung ist nicht allein durch klimatische Verhältnisse bedingt, sondern sie hängt auch von dem Culturgrade, der Betriebsamkeit und dem Verkehr der Völker, oft von historischen Begebenheiten ab. —

Innerhalb des nördlichen Polarkreises findet nur an wenigen Stellen Ackerbau Statt. In Siberien geht Getraide nur bis höchstens 60°, in dem östlichen Theile schwerlich über 55°, und in Kamtschatka vermißt man Ackerbau selbst in den südlichsten Theilen (51°). Etwas nördlicher scheint die Polargrenze des Ackerbaues auf der Nordwestküste Amerikas zu seyn; denn in den südlichsten rußischen Besitzungen (57 — 58°) gedeiht Gerste und Roggen. Auf der Ostküste Amerikas geht der Ackerbau schwerlich über 50° — 52°. Nur in Europa, und zwar in Lappland steigt die Polargrenze ungemein hoch gegen Norden; sie erreicht den 70° der Breite. Ueber die Polargrenze hinaus vertreten trockne Fische, hie und da auch Kartoffeln die Stelle des Getraides.

Die nördlichsten Getraidearten in Europa sind Gerste und Hafer. Diese, welche in gemäßigteren Klimaten nicht als Brod genossen werden, geben den Bewohnern des nördlichen Norwegens und Schwedens, eines Theils von Siberien und Schottland, das Hauptnahrungsmittel aus dem Gewächsreiche. —

An diese Getraidearten schließt sich zunächst der Roggen; dies Getraide ist in einem großen Theil des nördlichen temperirten Europas vorherrschend, nämlich im südlichen Schweden und Norwegen, Dänemark, Schottland, in sämmtlichen Ländern, welche die Ostsee umgeben, im nördlichen Deutschland, und in einem Theile von Siberien. Im letzteren Lande wird auch eine andere sehr nahrhafte Pflanze, der Buchweizen, häufig angebaut. In der Zone, wo der Roggen vorherrscht, trifft man doch größtentheils auch den Weizen; die Gerste wird hier vorzüglich des Biers wegen angebaut; der Hafer dient den Pferden zur Nahrung. —

Auf diese folgt in Europa und dem westlichen Asien eine Zone, wo der Roggen verschwindet, und der Weizen beinahe ausschließend das Brod liefert. Das mittlere und südliche Frankreich, England, ein Theil von Deutschland, Ungern, die Krim und die Länder am Caucasus, so wie die Länder des mittleren Asiens, wo Ackerbau Statt findet, gehören zu dieser Zone. Hier trifft man auch den Weinstock; der Wein tritt an die Stelle des Biers und die Gerste wird deshalb weniger gebaut.

Hierauf folgt eine Zone wo der Weitzen noch immer herrscht aber nicht länger ausschließlich Brod liefert; — Reis und Mais fangen an häufig zu werden. Zu dieser Zone gehören Portugal, Spanien, die Theile Frankreichs, welche an das mittelländische Meer grenzen, Italien, Griechenland; ferner der Orient, Persien, das nördliche Indien, Arabien, Aegypten, Nubien, die Barbarey und die canarischen Inseln, doch wird in den letzteren Ländern die Cultur des Mais und des Reis gegen Süden immer bedeutender; auch kommen in einigen mehrere Arten von Sorghum (Dura) und Poa abyssinica hinzu. In diesen beiden Zonen des Weizens kommt der Roggen nur auf einer bedeutenden Höhe über dem Meere vor; der Hafer wird seltner und verschwindet am Ende gänzlich; die Gerste vertritt seine Stelle als Nahrung für Pferde und Maulthiere.

In dem östlichen Theile der temperirten Zone des alten Continents, in China und Japan, kommen unsere nordischen Getraidearten nur sparsam vor; der Reis ist hier vorherrschend. Die Ursache dieses Unterschiedes zwischen dem Osten und Westen des alten Continents scheint in den Sitten und der Absonderung der Völker zu liegen. In Nordamerika wächst Weizen und Roggen wie in Europa, doch scheint dieser weniger häufig zu seyn. Der Mais wird im neuen Continent mehr als im alten gezogen; und der Reis wird in den südlichen Provinzen des amerikanischen Freistaates vorherrschend. —

In der heißen Zone herrscht in Amerika der Mais, in Asien der Reis, in Afrika beide und ohngefähr in gleichem Grade. Der Grund dieser Vertheilung ist ohne Zweifel historisch; denn der Reis hat in Asien, der Mais in Amerika sein Vaterland. Hier und da, besonders in der Nähe der Wendekreise, trifft man wohl auch den Weizen an; allein er ist doch immer jenen tropischen Getraidearten untergeordnet. Allein ausser dem Reis und Mais treten in der heißen Zone mehrere sowohl Getraidearten als andere Pflanzen auf, welche den Bewohnern Nahrungsmittel liefern, und entweder mit jenen zugleich gebraucht werden oder deren Stelle vertreten. So bauet man im neuen Continent auch den Yams (Dioscorea alata), den Manihot (Jatropha Manihot) und die Batatas (Convolvulus Batatas), deren Wurzel, den Pisang (Banane, Musae sp.), dessen Frucht allgemeine Nahrungsmittel abgeben. In der heißen Zone Afrikas: Doura (Sorghum), Pisang, Manihot, Yams und Arachis hypogaea. In Ostindien und den indischen

Inseln: Eleusine coracana, E. stricta, Panicum frumentaceum, mehrere Palmen- und Cycadeae, die den Sago liefern; Pisang, Yams, Batatas und den Brodfruchtbaum (Artocarpus incisa). In den Inseln des Südmeers verschwinden die Getraidearten; der Brodfruchtbaum, der Pisang und Tacca pinnatifida vertreten ihre Stelle. In dem tropischen Theile Neuhollands findet kein Ackerbau Statt; der Sago, verschiedene Palmen und Arum-Arten liefern den Bewohnern ihre Nahrungsmittel.

Im Hochlande Südamerikas findet nach der Höhe eine Vertheilung Statt, die der Vertheilung nach der geographischen Breite ähnlich ist. Der Mais geht zwar bis 7200 Fuß über das Meer, ist aber doch nur zwischen 3000 und 6000 Fuß vorherrschend; unter 3000 Fuß steht diese Getraideart dem Pisang und den übrigen genannten Kräutern zur Seite; von 6000 bis 9240 Fuß herrschen die europäischen Getraidearten, in den niedrigeren Regionen der Weitzen, in den höheren der Roggen und die Gerste; Chenopodium Quinoa muß hier zu den Hauptnahrungspflanzen gezählt werden, — von 9240 bis 12300 werden nur Kartoffeln gebaut *). —

Im Süden von dem Wendekreise des Steinbocks, tritt da, wo überhaupt Ackerbau Statt findet, bedeutende Aehnlichkeit mit der nördlichen temperirten Zone ein. Im südlicheren Theile Brasiliens, in Buenos-ayres, in Chili, auf dem Vorgebirge der guten Hoffnung und in der temperirten Zone Neuhollands ist der Wei-

*) Humboldt tableau physique p. 142 und Essai politique T. 3.

tzen vorherrschend; die Gerste aber und der Roggen zeigen sich in den südlichsten Theilen der genannten Länder und in v. Diemens Land. In Neuzeeland soll der Anbau des Weitzens mit gutem Erfolge versucht seyn; die Eingebornen bedienen sich als Hauptnahrungsmittel des Acrostichum furcatum.

Es scheint demnach, daß sich die Erdoberfläche mit Rücksicht auf die vorherrschende Getraideart in 5 Haupttheile oder Reiche theilen läßt: das Reich des Reis, des Mais, des Weitzen, des Roggen und endlich das der Gerste und des Hafer. Die drei ersteren sind die am mehrsten verbreiteten Getraidearten; der Mais hat die größte Temperatursphäre; der Reis nährt aber doch vielleicht die größte Menschenzahl. —

Im Atlas Tab. V. sind diese Reiche bildlich durch Farben angedeutet. Daß die Grenzen in der Natur nicht wie auf der Karte scharf sind, wird man leicht einsehen. Wo in einem Reiche außer dem vorherrschenden Getraide auch ein anderes der obengenannten zugleich häufig vorkommt, ist dieses durch Striche von der diesem entsprechenden Farbe angedeutet. Die übrigen angebauten Gräser, so wie die Hauptnahrungspflanzen aus anderen Pflanzenfamilien, die entweder die Stelle jener Getraidearten vertreten oder ihnen zur Seite stehen, sind auf der Karte namentlich angeführt. —

§. 22.

Die Halbgräser (Cyperaceae v. Cyperoideae *).

Auch die Halbgräser stehen unter den Monocotyle-

*) Cfr. Jussieu genera p. 26. Sprengels Anleitung 2.

donen auf einer niedrigen Entwicklungs-Stufe. Mit den Gräsern gemeinschaftlich hat diese Familie den trocknen, fast immer ungetheilten Halm, die mehr oder weniger linienförmigen den Halm umfassenden Blätter, die schuppige Blumenhülle, die bei den Befruchtungswerkzeugen, besonders den männlichen, vorherrschende Dreizahl, und die mit dem Saamen verwachsene nicht aufspringende Fruchthülle. Die Halbgräser unterscheiden sich hauptsächlich: durch den ungegliederten Halm, durch die fast immer einfache Blumenhülle, und durch den einfachen Griffel, der gewöhnlich in drei Theile getheilt ist. Die Blüthen stehen bisweilen in Büscheln, bei den mehrsten aber in Aehren, wovon gewöhnlich mehrere vorhanden sind, die wiederum eine Aehre oder wohl auch eine Rispe, eine Traube oder einen Schirm bilden. Die Geschlechter sind bald getrennt bald vereinigt. Rücksichtlich der Zahl der aus dieser Familie bekannten Arten und des Verhältnisses derselben zur Gesammtzahl der phanerogamen Pflanzen, kann bemerkt werden, daß Persoons synopsis 500 Cyperaceen enthält: $\frac{1}{43}$ der bei ihm beschriebenen 21500 phanerogamen Pflanzen; wogegen das systema vegetabilium von Römer und Schultes 710 Arten enthält, obgleich die sehr zahlreiche Gattung Carex, so wie mehrere kleinere fehlen. In dem botanischen Handbuche Schkuhrs 2. Ausg. Leipz. 1808 werden von der Gattung Carex 228 Arten aufgeführt; seit der Zeit sind,

Th. p. 129. R. Brown Prodromus Florae Novae Hollandiae. Deutsche Ausgabe p. 812. Kunth considerations générales sur les Cyperacées. Memoires du Museum. T. 2. Lestiboudois essai sur la famille des Cyperacées.

wenn auch nicht viele, doch gewiß 30 — 40 neue Arten beschrieben; schlägt man nun die Zahl der bekannten Arten von Scleria, Kobresia und Uncinia auch auf 30 — 40 an; so kann man annehmen, daß 300 bekannte Cyperaceae bei Römer und Schultes nicht vorkommen, und daher die Zahl der bekannten Arten aus dieser Familie 1000 beträgt. Nehmen wir, wie im vorhergehenden §., an, daß die Gesammtzahl der phanerogamen Pflanzen 40000 beträgt, so bilden die Cyperaceen 1/40. Dies Verhältniß ist wohl von dem wahren wenig entfernt; denn freilich sind die Pflanzen dieser Familie von Floristen und Reisenden mehr als andere vernachläßigt, allein die Cyperaceen zeigen eben wie die Gräser Neigung zu großen Verbreitungsbezirken; und man wird deshalb bei erweiterten Forschungen wahrscheinlich aus dieser Familie mehr bereits bekannte Pflanzen als aus den meisten andern antreffen.

Interessant würde es auch seyn, den Antheil zu kennen, den die Individuen dieser Familie in der Gesammt-Vegetation bilden; dieß läßt sich aber nicht mit Genauigkeit bestimmen. Zwar sind einerseits die mehrsten Arten gesellschaftliche Pflanzen, — allein andererseits sind sie in Hinsicht des Vorkommens ziemlich beschränkt; sie sind beinahe alle auf Moräste, Seen und überhaupt auf feuchten Boden beschränkt. Schwerlich bilden daher die Individuen einen größeren Antheil in der Individuenzahl als die Arten in der Gesammtzahl der phanerogamen Pflanzenarten. Kleiner noch wird vielleicht der Quotient, wenn von der Vegetationsmasse die Rede ist; denn wenn die Cyperaceen auch nicht zu den sehr kleinen Pflanzen gehören, so müssen sie doch in Hinsicht der Größe den Pflanzen aus den mehrsten übrigen Familien nachstehen.

Aus diesen Untersuchungen geht hervor, daß die Halbgräser in der Natur bei weitem keine so bedeutende Rolle spielen als die Gräser. Doch bilden in unsern nordischen Ländern die Riedgräser einen sehr bedeutenden Antheil der Pflanzen in den Seen, Flüssen, Sümpfen; auch tragen sie zur Bildung des Torfs bei; die Riedgräser sind es gleichfalls, die in dem skandinavischen Hochlande und in den Schweitzer-Alpen die Alpenseen und Alpensümpfe bekleiden; in den tropischen Ländern besteht die Vegetation der Küsten-Sümpfe größtentheils aus Cyperus-Arten; zu dieser Gattung gehören auch viele Unkräuter der Reisfelder.

Auch in Beziehung auf die Menschen wird diese Familie weit weniger wichtig als die der Gräser; und dies theils wegen ihrer geringeren Menge, theils weil ihre steifen Halme und Blätter dem Vieh ein schlechtes Futter darbieten.

Was das Vorkommen betrifft, so ist schon oben bemerkt, daß eine entschiedene Mehrzahl in Seen, Sümpfen und überhaupt in feuchtem Boden angetroffen wird: Ausnahmen sind indeß nicht selten; so trifft man Carex arenaria, Schoenus mucronatus im trocknem Sande; Scirpus sylvaticus und Carex sylvatica in Wäldern, die beiden letzteren indeß gewöhnlich an feuchten Stellen. Die mehrsten werden also auch uneigentliche Wasserpflanzen.

Rücksichtlich der geographischen Breite hat diese Familie keine Grenzen als die der ganzen Pflanzenwelt. Halbgräser gedeihen unter dem Aequator und in den nördlichsten uns bekannten Polarländern. Noch weniger ist diese Form nach der geographischen Länge beschränkt, und in Hinsicht der Höhe gilt das nämliche, denn sie erreichen nicht nur die alpinische Region, sondern selbst die Schneelinie *).

Die mehrsten Arten sind gesellschaftliche Pflanzen; ja die Individuen kommen nicht selten in bedeutenden Massen vor. Doch trifft man sehr häufig mehrere Arten vermischt; in dem nämlichen Moor können wohl 20 Arten von Carex vorkommen; und eine ähnliche Vermischung der Cyperus-Arten findet wahrscheinlich in der heißen Zone Statt. Die Verbreitungsbezirke der Arten laufen deshalb in einander und es findet zwischen ihnen kein besonderer Gegensatz Statt. Dagegen ist dieses in einem bedeutenden Grade mit den Gattungen der Fall, denn die beiden außerordentlich zahlreichen Gattungen Cyperus (240 Arten) und Carex (260 — 270), welche zusammen wenigstens die Hälfte sämmtlicher Cyperaceen einschließen, stehen in Hinsicht der Verbreitung einander völlig entgegen. Die Gattung Cyperus hat ihr Maximum in der heißen Zone und nimmt außerhalb der Wendekreise stark ab. Das Verhältniß der tropischen und extratropischen Arten ist bei Römer und Schultes etwa wie 8:3, obgleich sämmtliche bekannte Phanerogamen der heißen Zone und der extratropischen Theile der Erdoberfläche nach einer wahrscheinlichen Berechnung sich wie 2:3 verhalten, und ein großer Theil der in der temperirten Zone vorkommenden Cyperi dort nicht seine ursprüngliche Heimath hat, sondern mit dem Reis übergeführt ist.

*) Z. B. Carex pyrenaica, nigra. Cfr. mémoires d'Arcueil. T. 3 p. 299.

In der kältrern temperirten Zone der nördlichen Halbkugel hat die Gattung nur eine oder ein paar Arten, und über 60° kommt schwerlich irgend eine Art vor. Die Gattung Carex dagegen hat ihr Maximum in der Nähe das Polarkreises, sie ist in der kälteren temperirten Zone noch sehr vorherrschend, hat in der wärmeren temperirten Zone nur Repräsentanten und verschwindet innerhalb der Wendekreise gänzlich mit Ausnahme der hohen Gebirge, wo das Klima temperirt oder kalt ist. Vereinigen wir mit der Gattung Cyperus die verwandten kleineren Mariscus und Kyllingia; mit Carex die kleinen Gattungen Uncinia und Kobresia, und nennen alsdann die beiden Gruppen Cyperaceae propriae und Cariceae *), so findet noch immer der nämliche Gegensatz Statt. Mit übergreifender Verbreitung tritt die dritte Gruppe Scirpeae hervor, deren zahlreichste Gattungen Scirpus und Schoenus sind; denn diese Gruppe dehnt sich vom Aequator bis innerhalb des Polarkreises aus und das Verhältniß zur Totalsumme der Phanerogamen bleibt sich ohngefähr überall gleich. Die kleine Gattung Eriophoron ist eine ziemlich abgesonderte subpolare Form; dagegen ist die Gattung Scleria eine tropische Form die außerhalb der Wendekreise nur Repräsentanten aufzuweisen hat.

Die Cyperaceen der heißen Zone übertreffen die der extratropischen Gegenden sowohl an Größe der Individuen (Cyperus, Papyrus und mehrere), als an Theilungen des Blüthenstandes (bei den Cyperis sind die

*) Kunth in Nova genera T. I. p. 202, et considerations générales etc.

Theilungen oft so mannigfaltig, daß man für passende Benennungen derselben in Verlegenheit geräth) und an zierlichen Formen.

Auffallend ist es, daß bei den tropischen Halbgräsern das Geschlecht vereinigt, bei den extratropischen gewöhnlich getheilt erscheint, bei den Gräsern findet das Gegentheil Statt.

So bedeutend der generische Gegensatz nach der geographischen Breite ist, so gering ist er dagegen nach der geographischen Länge oder zwischen den verschiedenen Continenten. Die Gattungen Carex und Scirpus sind es, die in Nordamerika eben so wie in Europa und der temperirten Zone Asiens vorherrschen; Nordamerika hat auf der nämlichen Breite als Europa nur europäische Gattungen, ein paar tropische ausgenommen, die hier mit einzelnen Repräsentanten hervortreten (Fuirena, Kyllingia, Scleria). Eben so sind in allen Theilen der heißen Zone Cyperus, Scirpus, Isolepis, Fimbristylis die vorherrschenden Gattungen. Südamerika hat nur die beiden eigenthümlichen Gattungen Mapania und Machaeria, wovon jede nur eine bekannte Art einschließt. Selbst in der südlichen temperirten Zone, wo die verschiedenen Continente sonst unter sich in Hinsicht der Vegetation sehr abweichen, bleiben die Cyperaceen sich ziemlich gleich. Die Gattungen Schoenus, Lepidotosperma, Scirpus, Isolepis, Cyperus sind die zahlreichsten am Port Jakson, im v. Diemens Lande, auf dem Cap und auf den Inseln Bourbon und France, wahrscheinlich auch in Buenos Ayres. Zwar treten einige eigenthümliche Gattungen hervor; Choritandra, Lampocarya, Caustis in Neuholland; Chrysithrix und Melaenacranis auf dem Cap; allein diese Gattungen sind erstlich sehr klein, und zweitens ist die südliche Hemisphäre zu wenig untersucht, um zu behaupten, daß diese Gattungen jenen Welttheilen eigenthümlich sind. —

Zwischen den temperirten Zonen beider Hemisphären ist die Aehnlichkeit gleichfalls bedeutend; dies wird man theils aus den bereits genannten vorherrschenden Gattungen der südlichen temperirten Zone, theils daraus schließen können, daß sich auf dem Cap, in Neuholland und v. Diemens Land, in Neuzeeland, Buenos Ayres, auf den Falklandsinseln und an der magellanischen Meerenge verschiedene Arten der Gattung Carex zeigen; diese Länder, besonders die südlichsten, sind nur wenig bekannt, und es ist daher wohl möglich, daß die Carices auf gleicher Breite in der südlichen Halbkugel eben so häufig sind als in der nördlichen. Doch ist die subpolare Gattung Eriophoron bis jetzt nicht in der südlichen Hemisphäre gefunden, so wie auch anderseits außer den bereits genannten eigenthümlichen Gattungen des Caps und Neuhollands, auch Carpha, Oreobolus und Uncinia in der nördlichen Halbkugel vermißt werden. —

Geringer ist die Aehnlichkeit, welche eine Vergleichung der Vertheilungsweise nach der Breite und nach der Höhe darbietet. Zwar verschwinden mit der Höhe auch die eigentlichen Cyperaceen, denn von den bei Humboldt, Bonpland und Kunth aufgeführten südamerikanischen Arten aus dieser Gruppe erreichen nur 8 eine Höhe über 1100 T. und nur eine (Cyperus toluccensis) geht über 1600 T., doch aber nur bis 1740 T.; allein die Cariceae zeigen sich in den höheren Regionen nur äußerst sparsam; Humboldt und

Bonpland fanden nur eine Art nämlich Carex pichinchinensis (2100 T.). Jamaikas Gebirge erzeugen 4 Arten, C. polystachya, C. cladostachya, C. scabrella und Uncinia jamaicensis *). Zahlreicher scheint die Gattung Carex im indischen Hochlande (im Norden des Wendekreises), denn die benutzte Sammlung aus Nepaul enthält 10 Arten. In dem südeuropäischer Hochlande ist die Gattung Carex zahlreicher als in der Ebene.

Nicht nur rücksichtlich der Gruppen und Gattungen ist der Gegensatz in dieser Familie (mit Ausnahme der tropischen und extratropischen) gering; auch von den Arten gilt dies. Denn diese haben in der Regel große Verbreitungsbezirke. Unter vielen mögen folgende als Beispiele dienen: Scirpus triqueter kommt in Deutschland, im südlichen Europa, in Mexico und auf v. Diemens Land vor; Sc. maritimus im nördlichen und südlichen Europa, in der Barbarey, Arabien, Ostindien, Neuholland, auf dem Cap, in Senegal und Nordamerika. Fuirena umbellata in Ostindien, dem aequatorialen Amerika, Congo und Neuholland. Eleocharis capitata in denselben Gegenden und zugleich in Nordamerika. Scirpus acicularis in Europa und auf den Andesgebirgen; Carex caespitosa und pseudocyperus in Europa und Neuholland. Cyperus articulatus in Aegypten, Ostindien, Congo, Südamerika. — In der Flora von Pursh gehört $\frac{1}{7}$ der Cyperaceen zu europäischen Arten; wogegen von sämmtlichen nordamerikanischen Pflan-

*) Swartz Flora Ind. occid. cfr. mit Wildenows species und Schkuhrs Handbuch.

zen nur etwa $\frac{1}{7}$ — $\frac{1}{8}$ auch in Europa vorkommt. In Neuholland sind $\frac{1}{20}$ der Cyperaceen europäische Arten, während sämmtliche dort vorkommende europäische Phanerogamen nur $\frac{1}{83}$ der Gesammtzahl bilden.

Bei Bestimmung der Zahlenverhältnisse, welche diese Familie mit sämmtlichen Phanerogamen in den verschiedenen Erdtheilen bildet, und demnach bei Bestimmung des Maximum und Minimum, — begegnen uns verschiedene Schwierigkeiten, vorzüglich aber die, daß die Cyperaceen nicht in allen Floren mit der nämlichen Sorgfalt als die übrigen Pflanzen behandelt sind.

Von sämmtlichen bekannten Cyperaceen (bei Römer und Schultes, Schkuhr und in der Encyclopaedie) gehören 500 zur heißen, 650 zu der temperirten und kalten Zone. Die bekannten 40000 Pflanzen scheinen nach dem Verhältnisse der bei Römer und Schultes angeführten Pflanzen so vertheilt zu seyn, daß 24000 der temperirten und kalten Zone, 16000 der heißen Zone gehören (cfr. §. 21.). Diesem zufolge bilden die Cyparaceen in den temperirten Theilen der Erde $\frac{1}{37}$, in der heißen $\frac{1}{32}$ der phanerogamen. Eine genauere Untersuchung der einzelnen Floren zeigt uns aber, daß die verschiedenen Theile dieser Zonen unter sich in Hinsicht der Zahl der Cyperaceen bedeutend abweichen. Nehmen wir zuerst nur auf die Artenzahl Rücksicht, so scheint in keinem Theile der Erde die relative Zahl der Cyperaceen größer zu seyn, als in den subpolaren Ländern der nördlichen Halbkugel oder in solchen Ländern, die, wenn gleich vom Polarkreise ziemlich weit entfernt, ein subpolares Klima haben. So bilden die Cyperaceen in Lappland $\frac{1}{9}$, in Island $\frac{1}{9}$, in Grönland $\frac{1}{9}$ —

$\frac{1}{15}$, in Kamtschatka $\frac{1}{9}$ — $\frac{1}{10}$ *). In denjenigen Ländern, welche dem Nordpol am nächsten liegen, ist die Zahl der bekannten Pflanzen zu gering um das relative Zahlenverhältniß zu bestimmen; möglich ist es, daß der Antheil der Halbgräser ein wenig geringer ausfällt, denn auf den Bergen der temperirten Zone ist die der Schneelinie am nächsten liegende Region (regio nivalis oder regio alpina superior) an diesen Pflanzen ziemlich arm; während sie in den darauf folgenden Regionen, regio alpina inferior und regio subalpina, sehr häufig vorkommen.

Allein nicht nur die Zahl der Arten deutet darauf hin, daß diese Familie in der subpolaren Zone und in der dieser entsprechenden Region der temperirten Zone ihr Maximum hat; es tritt hier auch eine große Menge eigenthümlicher Arten auf; ferner die eigenthümliche Gattung Kobresia, und die Gattung Eriophoron die unter dem subpolaren Klima wenigstens ihr Maximum erreicht; endlich ist auch die Zahl der Individuen bedeutend. Doch darf nicht vergessen werden, daß es nur die Gruppen Cariceae und Scirpeae sind, welche hier vorkommen, die Cyperaceae sensu strictiori fehlen.

Von der subpolaren Flora bis zu 40° oder 30° nördl. Br. nimmt die relative Zahl immer mehr und mehr und dabei gleichförmig ab; so bildet die Familie in Skandinavien $\frac{1}{17}$, in Dänemark $\frac{1}{13}$, in Großbrittanien $\frac{1}{17}$, in Deutschland $\frac{1}{19}$ — $\frac{1}{20}$, in Frankreich, welches zum Theil schon in der wärmeren temperirten Zone liegt

*) Diese gneaue Uebereinstimmung der verschiedenen Floren flößt zu dem Zahlenverhältnisse Vertrauen ein.

liegt $\frac{1}{18}$, in Neapel $\frac{1}{16}$, in Griechenland $\frac{1}{36}$, in den caucasischen Ländern und der Krim $\frac{1}{14}$ — $\frac{1}{13}$, in der Barbarei $\frac{1}{18}$, auf den canarischen Inseln $\frac{1}{39}$; Aegypten, dessen Vegetation fast auf das vom Nilflusse überschwemmte Land beschränkt ist, — aus dieser Ursache $\frac{1}{27}$. In Nordamerika, das die wärmere und kältere temperirte Zone zugleich einschließt $\frac{1}{19}$ — $\frac{1}{26}$. Jenseits des Wendekreises des Krebses nimmt die relative Zahl bedeutend zu; in Westindien beträgt sie $\frac{1}{34}$, in Ostindien nach Roxburgh's Flora $\frac{1}{23}$ *), in Südamerika bis zu einer Höhe von 200 Toisen $\frac{1}{36}$, bis zu einer Höhe von 1100 T. $\frac{1}{34}$, in dem tropischen Theile Neuhollands $\frac{1}{13}$, am Flusse Congo $\frac{1}{18}$, in Guinea $\frac{1}{17}$ — $\frac{1}{18}$, am Rio Essequebo $\frac{1}{14}$; doch ist der Quotient in den drei letzteren Gegenden wegen der physicalischen Beschaffenheit derselben zu groß. Auch tritt in der heißen Zone eine sehr große Menge eigenthümlicher Arten auf, so wie auch mehrere eigenthümliche Gattungen; die Gruppe Cariceae fehlt indeß gänzlich. —

Diesem zufolge hat, in der nördlichen Halbkugel wenigstens, die Familie der Cyperaceen zwei Maxima nämlich in der heißen Zone und in der subpolaren Zone, doch wie es scheint in der letzteren das stärkere. Das Minimum fällt in die wärmere temperirte Zone, dies erhellt theils aus den bereits bemerkten kleinen relativen Zahlen, theils aus dem Mangel an Eigenthümlichkeit der in diesem Theile der Erde hervortretenden Gat-

*) Brown observations p. 38. Nach dem Catalog von Carey nur $\frac{1}{33}$; allein die Familie der Cyperaceen ist wahrscheinlich in dem Garten zu Calcutta weniger zahlreich als die übrigen Pflanzen.

tungen und Arten. Ob nun in der südlichen Hemisphäre die Cyperaceen jenseits des Wendekreises abnehmen, läßt sich wegen der mangelhaften Kenntniß der Länder nicht leicht bestimmen. Zwar bilden sie in Thunbergs Prodromus nur $\frac{1}{31}$, allein dieser Quotient ist wahrscheinlich zu klein *); auf den Inseln Bourbon und France machen sie nach unseren jetzigen Kenntnissen $\frac{1}{31}$ aus; in dem extratropischen Theile von Neuholland $\frac{1}{15}$, in v. Diemens Land gleichfalls $\frac{1}{15}$. Es scheint also doch, daß die relative Zahl dieser Familie von der heißen zu der wärmeren temperirten Zone in Abnahme ist; allein daß diese Abnahme doch nicht so stark ist, als in der nördlichen Halbkugel. Ob aber von da nach dem subpolaren Klima zu die Cyperaceen wieder zunehmen, darf ich aus Mangel an Materialien nicht bestimmen. Daß die Cariceae hier so wie in der wärmeren temperirten Zone wieder zum Vorschein kommen, ist bereits bemerkt. —

Hinsichtlich der Höhe bilden in der Alpenflor des südlichen Europa die Cyperaceen $\frac{1}{18}$, also einen größeren Quotienten als in der Ebene auf nämlicher Breite, — doch aber einen kleineren als den welchen die subpolaren Cyperaceen ausmachen; dies liegt vorzüglich in der geringeren Menge von Cariceae. Vergleichen wir die verschiedenen Regionen des tropischen Südamerika, so erhalten wir von 1 — 200 T. $\frac{1}{35}$, von 200 — 1100 T. $\frac{1}{31}$, von 1100 — 1600 T. $\frac{1}{125}$, und über

*) Hofrath Schrader hat der Göttingischen gelehrten Gesellschaft eine Abhandlung über mehrere Cyperaceae (und Gräser) aus dem Cap vorgelegt. Cfr. Göttingische gelehrte Anzeigen. 1821. No. 208.

1600 T. 180. Die Familie nimmt also mit der Höhe ab; dies rührt daher, daß die eigentlichen Cyperaceen eben so wie bei zunehmender Breite allmählig verschwinden, die Cariceae dagegen nur höchst sparsam wieder zum Vorschein kommen. —

§. 23.

Die Palmen (Palmae) *).

(Atlas Tab. VI.)

Von einigen der niedrigsten Formen der Monocotyledonen, von den kleinen wenig entwickelten Gräsern und Halbgräsern wenden wir uns zu den hohen Palmen, nach Linné den Fürsten der Pflanzenwelt. Die Palmen gehören zum Theil zu den Giganten unter den Pflanzen; die Wachspalme (Ceroxylon andicola) erreicht eine Höhe von 160 — 180 Fuß **); bei einigen Calamus-Arten erreichen die Stämme eine Länge von 500 Fuß ***); und die mehrsten Palmen erheben sich in den tropischen Ländern gleich Säulen über die Laubhölzer. Die Palmen zeigen einen großen Reichthum an Blüthen und Früchten; Kämpfer †) berechnete, daß eine Spatha von der Dattelpalme (Phoenix dactylifera) 12000 männliche Blüthen enthält; und nach Humboldt hatte ein Exemplar von Alfonsia amyg-

*) Jussieu genera p. 37. Sprengels Anleitung 2. Th. p. 198. R. Brown Prodromus p. 852. Humboldts Ansichten p. 15. Ejusdem Nova genera. Prolegomena p. XV, XXXVI. et alibi. T. I. p. 312. et seq.

**) Humboldt Nova genera. T. I. p. 317.

***) Loureiro Flora Cochinchinensis p. 260.

†) Amoenitates exoticae p. 699.

dalina 600000 Blüthen *). Da aber nicht die Größe und die Zahl der gleichgebildeten Theile, sondern die Zahl der verschiedenen Organe, die Menge der Gegensätze, kurz die Mannigfaltigkeit des Baues, die höhere Stufe der Entwickelung bestimmen; so dürfen wir den Palmen keinesweges die höchste Stufe anweisen. Diese Familie muß vielen Familien der Dicotyledonen, in gewissen Rücksichten einigen der Monocotyledonen nachstehen. Zwar ist der Stamm bei den Palmen holzig; der innere Bau ist aber von dem des wahren Holzes sehr verschieden; wir unterscheiden nicht das Mark, das Holz, den Bast und die Rinde; wir sehen keine Jahrwüchse; ein Querschnitt stellt eine gleichförmige Masse dar. Die äußere Hülle des Stammes besteht nur aus den Ueberbleibseln der nach und nach abfallenden Blattstiele; der Stamm selbst ist beinahe durchgehends ungetheilt und trägt in der Spitze sowohl Blätter als Blüthen; die Blätter sind von bedeutender Größe, gewöhnlich länglicht, die Nerven mit den Rändern gleichlaufend; die Blätter lassen sich auf zwei Hauptformen zurückführen, entweder sind sie gefiedert (folia pinnata) z. B. an der Cocos- und Dattelpalme (Cocos, Phoenix), oder fächerförmig (f. flabelliformia) z. B. an der Fächerpalme, der Zwergpalme (Borassus, Chamaerops). Im letzteren Falle scheint zwar die Breite der Blätter bedeutend, allein ein solcher Fächer läßt sich sowohl wegen der Richtung der Nerven als nach der Art, wie die Blätter vor der Entwickelung gefaltet sind (vernatio plicata), als aus mehreren Blättern zusammengesetzt betrachten. Die Blüthen

*) l. c. p. 318.

obgleich weit mehr ausgebildet als bei den beiden bereits gedachten Familien, haben doch einen ziemlich einfachen Bau, sind im Verhältniß zu der ganzen Pflanze klein und stehen viele beisammen von einer Spatha umgeben; die Blüthendecke ist in 6 Theile getheilt, von welchen gewöhnlich drei innerhalb der drei übrigen gestellt sind. Bei den mehrsten Palmen ist die Zahl der Staubträger 6; doch trifft man auch eine unbestimmte bedeutende Anzahl. Der Staubweg gewöhnlich von den Staubträgern getrennt ist einfach, ungetheilt oder dreitheilig. Die Frucht ist entweder eine Beere oder eine Steinfrucht, doch tritt im letzteren Falle bisweilen eine fibröse Masse an die Stelle der fleischichten (Cocos). — Die Frucht ist ferner entweder ohne Fächer, oder dreifächerig mit einem Saamen in jedem Fach. Die bei den Monecotyledonen vorherrschende Dreizahl zeigt sich also auch deutlich in dieser Familie.

Zu den Zeiten Linné's kannte man nur wenige Palmen; die spätern Reisen, besonders aber die von Ruiz und Pavon, Humboldt und Bonpland haben die Zahl sehr vermehrt. Kunth liefert in Nova genera T. I. p. 312. ein Verzeichniß sämmtlicher bekannten Palmenarten, zu welchen ich nur wenige Arten habe fügen können. Die Zahl der jetzt beschriebenen Palmen läßt sich demnach auf 110 angeben; allein man kennt außer diesen noch viele, die man aus Mangel an Blüthen und Früchten nicht zu den bereits bekannten Gattungen hat hinführen können. Von solchen führt Kunth bloß für Südamerika 39 an. Die Zahl der mehr oder weniger bekannten Arten steigt folglich über 150. Diese Zahl ist im Verhältniß zu den sämmtlichen Phanerogamen freilich sehr gering ($\frac{1}{268}$);

allein die Familie spielt doch wegen der Größe der Individuen eine bedeutende Rolle in dem Theile der Erdoberfläche, wo sie ihre Heimat hat.

Die Palmen sind dem Menschen wichtig; viele liefern bedeutende Nahrungsmittel entweder durch ihre Früchte (die Kokos- und Dattel-Palme) oder durch die mehlige Substanz des Stammes (Sagus); einige liefern Oel (Elais guineensis, Alfonsia oleifera), andere Wein (Raphia vinifera Beauv.). Die gesellschaftlichen bilden bedeutende Wälder. Hinsichtlich des Vorkommens darf ich nichts allgemeines annehmen; die Arten scheinen unter sehr abweichenden äußeren Verhältnissen zu gedeihen.

Die Palmen sind zum Theil gesellschaftlich z. B. Chamerops humilis, die in dem südlichen Europa und dem nördlichen Afrika bedeutende Strecken bedeckt; Mauritia flexuosa und andere welche die Palmenwälder in Südamerika bilden; zum Theil aber kommen sie einsam vor, wie Oreodoxa frigida *). Sehr vermischt scheinen die Arten nicht zu seyn, denn nach Humboldt sind die mehrsten Arten innerhalb enger Gränzen eingeschlossen, und für jede 50 Meilen stößt man auf ganz neue Arten **). Daß die Verbreitungskreise der Palmen gewöhnlich klein sind und außer einander liegen (distributio speciebus disjunctis), erhellt auch aus mehreren Erfahrungen. So kommt im neuen Continente keine Palmenart des alten Continents vor, außer Cocos nucifera und Elais guineensis, welche wahr-

*) Nova genera. T. I. p. 317.

**) Ibid. p. 316.

scheinlich hinübergebracht sind *); auch hat, wie es scheint, Asien und das westliche Afrika keine andere gemeinschaftliche Art als Borassus flabelliformis, die vielleicht am letzteren Orte auch nicht ursprünglich ist; die neuholländischen Arten sind diesem Continente eigenthümlich; und die wildwachsenden Palmen der Inseln Bourbon und France kommen anderswo nicht vor; Phoenix dactylifera scheint nur in dem östlichen Asien, dem nördlichen und mittleren Afrika ihre Heimath zu haben; Cucifera thebaica (Hyphaene crinita) ist bis jetzt nur in Ober-Aegypten und Arabien angetroffen **); Chamaerops humilis nur in dem südlichen Europa und dem nördlichen Afrika; auch die nordamerikanischen Palmen sind eigenthümliche Arten. Die größten Verbreitungsbezirke haben; Cocos nucifera, die über sämmtliche Continente und Inseln der heißen Zone verbreitet ist; Phoenix dactylifera, deren Bezirk einen großen Theil von Afrika und Asien und, als cultivirt, auch einen Theil von Europa einschließt, und Raphia pedunculata, die nach Palisot und Beauvais sowohl auf der Westküste Afrikas als auf Madagascar vorkommt ***). Auch die Verbreitungsbezirke der Gattungen sind in der Regel klein und liegen außerhalb einander. Unter 22 amerikanischen Gattungen kommen nur von 7 auch in dem alten Continente Arten vor (Areca, Caryota, Cocos, Corypha, Elate, Elais, Chamaerops); und andererseits erscheinen die Gattungen: Calamus, Sagus (Raphia), Nipa, Phoenix, Ma-

*) Ibid. T. I. et R. Brown Observations.

**) Delile description de l'Egypte.

***) Flore d'Oware et de Benin. T. I. Paris 1804.

nicaria, Lodoicia, Licuala, Borassus, Hyphaene (Cucifera), Latania nur im alten Continente. Von den 3 bekannten neuholländischen Gattungen sind zwei, Seaforthia und Levistonia eigenthümlich. —

Die wahre Heimath der Palmen ist unstreitig die heiße Zone; doch dehnt vermittelst einzelner Arten der Verbreitungsbezirk sie etwas über die Wendekreise hinaus. Von den beschriebenen 110 Arten kommen nur 12 außer derselben vor; nämlich 3 Arten von Chamaerops und 2 Arten von Rhapis in Nordamerika, Rhapis flabelliformis in China und Japan *), Phoenix dactylifera, Cucifera thebaica und Chamaerops humilis in dem nördlichen, Phoenix reclinata in dem südlichen Africa **); Corypha australis am Port Jackson und Areca sapida Forster in Neuzeeland. Die mehrsten extratropischen Palmen sind verhältnißmäßig klein. Die äußersten (Polar) Gränzen der Palmenform sind in Neuholland nach R. Brown 34° ***), im südlichen Afrika wahrscheinlich 34° — 35° in Neuzeeland nach Bancks 38° †), in Nordamerika 34° — 36° (Chamaerops Palmetto) ††), in Europa 43° — 44° bei Nizza wo Chamaerops humilis noch vorkommt. —

In Hinsicht der Höhe über dem Meere bemerkt Humboldt, daß in Südamerika zwar die mehrsten

---

*) Chamaerops excelsa Fl. Jap. p. 130.

**) Phoenix reclinata wird in dem Inneren der Cap-Colonie einheimisch aufgeführt.

***) General remarks.

†) Humboldt Proleg. T. I. p. XVI.

††) Ibid. Brown gen. rem. et Pursh Flora T. I. p. 240.

Palmen den unteren Regionen angehören, einige aber doch nicht nur Bergpflanzen sind, sondern sogar in die alpinischen oder subalpinischen Regionen hinaufsteigen, nämlich Kunthia montana von 250 — 1000 Toisen, Oreodoxa frigida 1000 — 1400 T. und Ceroxylon andicola 920 — 1500 T.; demnach wäre die Vertheilung nach der Höhe von der nach der Breite sehr verschieden. Allein es darf nicht übersehen werden, daß insofern man bei dem Ausdrucke Alpenregion nicht auf die absolute Höhe über dem Meere, sondern vielmehr auf die klimatischen Verhältnisse und die Charakteristik der Gewächse Rücksicht nimmt, jene beiden Palmen nicht alpinisch genannt zu werden verdienen. In den Schweizeralpen fängt die eigentliche Alpenregion erst auf einer Höhe von 1000 T., die subalpinische bei 660 T. an; die untere Grenze der Alpenregion läßt sich unter dem Aequator schwerlich niedriger als 1600 T. annehmen, denn erst auf dieser Höhe bekommt die Vegetation einen einigermaßen alpinischen Anstrich; und wenn man auch die mittlere Temperatur keinesweges bei einer Vergleichung der Regionen auf verschiedener Breite zum Grunde legen kann, so würde es doch wohl irrig seyn die Alpenregion unter dem Aequator bei einer Mitteltemperatur über 12° C. *) anzufangen. Indeß ist es nicht zu läugnen, daß die Palmenform unter der Linie verhältnißmäßig höher steigt als sie sich dem Pole nähert **). Die Ursache liegt wahrscheinlich in der ver-

*) Die mittlere Temperatur, welche nach Humboldt bei 1600 T. Statt findet. Prolegomena p. XXXVIII.

**) Humboldt bemerkt, daß de Caldas und Lozano 3 andere alpinische Palmen nicht weit von der ewigen Schnee-

schiedenen Vertheilung der Wärme; die Winterkälte, welche den holzartigen Monocotyledonen wegen ihres inneren Baues so nachtheilig ist, findet in den Alpen der heißen Zone nicht Statt.

Um die Vertheilung in den verschiedenen Theilen der heißen Zone zu bestimmen, ist es nicht zweckmäßig die Zahlenverhältnisse der einzelnen Floren zu berücksichtigen, weil die Zahl der Palmenarten in diesen Floren so klein ist, daß der Quotient durch ein oder ein Paar Arten leicht sehr wesentlich verändert wird. Von den 98 Arten, welche, nach Abzug der bereits gedachten 12 extratropischen Palmen, übrig bleiben, fallen 46 Südamerika, 32 der heißen Zone Asiens, 15 der heißen Zone Afrikas, 3 Neuholland, 1 Neuirland und 4 den Südsee-Inseln anheim. Obgleich das tropische Amerika genauer bekannt ist, als die tropischen Theile des alten Continents, und daher die Zahl der Palmen größer ausfallen müßte, so darf man doch wohl annehmen, daß die Familie dort ihr Maximum erreicht; denn erstlich sind außer jenen 46 beschriebenen Arten noch 39 bekannt, von welchen unsre Kenntniß unvollständig ist, und zweitens scheint es, nach den Berichten der Reisenden, daß solche Palmenwälder wie in Südamerika in den übrigen Welttheilen seltner vorkommen; auch scheint in Hinsicht der Gattungen Amerika eine größere Eigenthümlichkeit und Mannigfaltigkeit zu verrathen. Am wenigsten scheinen Afrika und Neuholland dieser

linie gefunden haben. Es wäre zu wünschen, daß man den Abstand von der Schneelinie genauer bestimmen könnte und daß diese Palmen beschrieben wären. Nova genera. T. I. p. 317.

Form günstig zu seyn; am Congo fand Chr. Smith nur 3 — 4 Palmen, aus Guinea kennen wir gleichfalls nur 3 — 4 *) und von den übrigen afrikanischen Palmen gehören 6 den Inseln Bourbon und France; Neuholland hat in der heißen Zone 3 Arten, Forsters Prodromus der Flora der Südsee-Inseln enthält 4 Arten: Cocos nucifera, Corypha umbraculifera, Areca oleracea und A. sapida.

§. 24.

Proteaceen (Proteaceae) **).

(Atlas T. VII.)

Eine eben so ausgezeichnete als in geographischer Hinsicht merkwürdige Familie. Mit wenigen Ausnahmen sind die Proteaceen Sträucher oder Bäume, doch nur von mittlerer Größe; die Blätter stehen zerstreut; quirlförmig oder einander gegenüber, sind schmal, trocken und immergrün, glattrandig oder gezähnt, selten eingeschnitten und höchst selten zusammengesetzt. Die Blumen, welche Zwitterblumen sind, stehen bald auf einem gemeinschaftlichen Boden gehäuft und mit einem involucro umgeben; bald bilden sie einen Knopf, eine Traube oder eine Doldentraube, oder der Blüthenstand

---

*) R. Brown observat. Hornemann de indole plant. guineensium.

**) Jussieu genera p. 78. Sprengels Anleitung 2. Th. p. 329. R. Brown Prodromus p. 892. Ejusd. general remarks. Humboldt. Bonpland et Kunth Nova genera T. 2. p. 152., besonders aber R. Brown on the Proteaceae of Jussieu. Transact. of the linn. Society. Vol 10., eine Abhandlung, die ich hier sehr benutzt habe.

ähnelt wohl auch einem Kätzchen. Der Kelch ist entweder vierblättrig oder einblättrig viertheilig, gewöhnlich gefärbt, von einer festen fast lederartigen Substanz, meistens nach außen behaart; die Krone fehlt. Die Staubträger, ohne Ausnahme 4, sind beinahe durchgehends an dem Kelche befestiget, und den Theilen desselben entgegengestellt. Der Fruchtknoten und der Griffel sind einfach, die Narbe gewöhnlich ungetheilt; — die Frucht eine Nuß, Steinfrucht, Flügelfrucht oder Fruchtbalg (folliculus); leder- oder holzartig von Substanz.

In den wesentlichen Theilen ist die Uebereinstimmung der Proteaceen so groß, daß die Kennzeichen, welche Jussieu aus einer geringen Anzahl von Arten abstrahirte, noch auf die ganze Familie passen, obgleich wir jetzt wenigstens 8 Mal so viel Arten kennen als damals.

Auch in Hinsicht des Vorkommens stimmen sie sehr überein; fast alle kommen auf trocknem steinigen Boden oder, doch seltner, im losen Sande vor, äußerst wenige im feuchten Boden. Fast alle wachsen an offenen schattenlosen Stellen. Für die Menschen ist der Nutzen nicht sehr bedeutend. Doch dient das Holz als Brennmaterial; die Blüthenknospe von Protea mellifera und P. speciosa liefern Honig; Protea argentea Thunb. wird auf dem Cap des Schattens halber gepflanzt.

R. Browns Monographie enthält 404 Arten; rechnet man zu diesen noch die später in Humboldt Bonpland et Kunth Nova genera, in Roxburgh Flora Indica und in Römer und Schultes Systema *) beschriebenen, so kommt eine Anzahl

*) Die zweifelhaften Arten sind ausgeschlossen.

von 418 heraus; dieses ist nun freilich nur wenig über $\frac{1}{100}$ der bekannten Phanerogamen; da aber diese Familie, wie wir unten sehen werden, nur einen kleinen Theil der Erdoberfläche einnimmt, und dabei die Zahl und die Größe der Individuen bedeutend ist, so wird man einräumen müssen, daß sie innerhalb ihrer Grenzen einen bedeutenden Theil der Vegetation bildet. Sie bedecken die Abhänge der Berge, bilden vielleicht den größten Theil der Wälder, und tragen zu der Charakteristik der dortigen Vegetation wesentlich bey. —'

Die Familie ist fast ganz auf die südliche Hemisphäre beschränkt. Die wenigen Arten, welche nördlich vom Aequator angetroffen werden, sind: Protea abyssinica in Abyssinien, Rhopala cochinchinensis in Cochinchina, Rhopala excelsa und Rh. robusta in Indien (25° n. Br.), und 6 Arten dieser Gattung in Gujana. Auffallend ist es, daß alle diese Arten, die erste ausgenommen, zu einer Gattung gehören, welche in der südlichen Hemisphäre oder wenigstens südlich von dem Wendekreise des Steinbocks fehlt. Gegen Süden ist keine Grenze bekannt, denn die Form wird noch in v. Diemens Land, Neuzeeland und dem Feuerlande angetroffen; folglich bis zum 54° s. Br. Was die Höhe betrifft, so fanden Humboldt und Bonpland Oreocallis grandiflora noch auf einer Höhe von 9300 Fuß über dem Meere; Brown fand Proteaceen in v. Diemens Land noch auf 4000 Fuß. Gegen Westen und Osten kennt diese Form keine absoluten Grenzen; allein die Vertheilung ist zwischen der östlichen und westlichen Halbkugel sehr ungleich; von dieser kennen wir nur ungefähr 21, von jener 397 Arten; zwar kennen wir viel besser den östlichen als den westlichen Theil der südlichen temperirten Zone, allein zwischen sämmtlichen bekannten Phanerogamen beider Theile findet doch kein solches Mißverhältniß Statt. Ferner ist die Vertheilung zwischen der heißen und temperirten Zone sehr ungleich; von jener Zone kennen wir 34 und diese kommen zum Theil auf einer gewissen Höhe vor; von dieser Zone 384; in der heißen Zone Neuhollands bilden sie nur $\frac{1}{78}$, in der temperirten dagegen $\frac{1}{13}$ der Gesammtzahl; die heiße Zone bietet keine eigenthümliche Gattung dar. Thunbergs Prodromus enthält nur 65 Arten, welche zu sämmtlichen in demselben aufgeführten Phanerogamen $\frac{1}{34}$ ausmacht; wahrscheinlich ist aber diese Flora an Proteaceen verhältnißmäßig ärmer als an Pflanzen der übrigen Familien. Jetzt kennen wir von Afrika 184 Arten. Aus v. Diemens Land sind nur 16 bekannt ($\frac{1}{38}$), es scheint demnach die Familie von Neuholland nach Süden in Abnahme zu seyn, und das Maximum dieser Familie auf eine kleine Zone von 32° — 35° s. Br. und dabei auf einen sehr kleinen Theil der Erdoberfläche beschränkt zu seyn, weil eben auf dieser Breite wenig Land liegt und die westliche Halbkugel an diesen Pflanzen arm ist. Auffallend ist es auch, daß weder auf Madagascar noch auf den Inseln Bourbon und France eine Pflanze aus dieser Familie entdeckt ist. Nach Brown ist die Südwestküste Neuhollands reicher an Proteaceen als die Ostküste. —

Ferner ist bei der Vertheilung dieser Familie bemerkenswerth, daß die Arten und Gattungen in den Erdtheilen, wo sie vorherrscht, so sehr von einander abweichen. So hat Afrika und Neuholland nicht nur keine gemeinschaftliche Art, sondern sogar keine gemeinschaftliche Gattung; denn die 12 Gattungen, wozu R. Brown die capschen Proteaceen führt und unter welchen Protea, Leucadendron, Serraria und Leucospermum die zahlreichsten sind, fehlen durchaus in Neuholland und anderseits findet man auf dem Cap keine Art der 19 neuholländischen Gattungen, unter welchen Hakea, Banksia, Grevillea, Persoonia die zahlreichsten sind. Die südamerikanischen Gattungen vermißt man gleichfalls sowohl auf dem Cap als in Neuholland; die Gattung Knigthia ist für Neuzeeland eigenthümlich; Stenocarpus für Neuholland und Neucaledonien. Am meisten verbreitet ist die Gattung Rhopala, denn sie kommt in Amerika, in Asien und auf den Inseln zwischen diesem Continente und Neuholland vor, allein diese Gattung fehlt in der temperirten Zone; v. Diemens Land hat zwar mehrere Gattungen, ja selbst einige Arten mit Neuholland gemein, es treten aber zugleich die eigenthümlichen Gattungen: Orites, Agastachys, Cenarrhenes, Bellendena auf. Selbst die Ost- und Westküste Neuhollands bieten unter sich auffallende Verschiedenheiten dar; keine Art ist beiden Küsten gemeinschaftlich; jede derselben hat einige eigenthümliche Gattungen und von den gemeinschaftlichen Gattungen sind einige an der einen, andere an der anderen Küste zahlreicher. —

Aus allem diesen geht hervor, daß sowohl Gattungen als Arten eine entschiedene Neigung zu kleinen Verbreitungsbezirken haben. Dies versichert auch Brown von den neuholländischen, und nach Thunberg *)

*) Thunberg Dissertatio de Protea. Upsaliae, 1781. 4to. p. 59.

scheint es auch auf dem Cap der Fall zu seyn. Die Verbreitungsbezirke der Gattungen liegen zum Theil auch außerhalb einander (distributio generibus disjunctis). Mit den Arten ist dies wahrscheinlich weniger der Fall, da eine so große Zahl auf einem kleinen Areal vorkommt; die Individuen sind vermuthlich vermischt. R. Brown bemerkt, daß die mehrsten Arten nicht gesellschaftlich sind; daß dies aber doch mit Protea argentea L., P mellifera und Banksia speciosa der Fall ist.

Das Beschränktseyn dieser Familie auf die südliche Halbkugel leitet zu der Frage, ob keine ähnliche Form ihre Stelle in der nördlichen vertritt. Diejenige Familie, welche den Proteaceen am nächsten verwandt ist, ist ohne Zweifel die der Thymeleen; allein auch diese hat in der südlichen Hemisphäre ihr Maximum und wird nur unvollkommen in der nördlichen repräsentirt. Dagegen kann die Familie der Nadelhölzer gewissermaßen als Substitut der Proteaceen betrachtet werden. Die Pflanzen beider Familien bedecken die Abhänge der Berge, und die sandigen Ebenen; lieben einen trocknen Boden; sind Bäume oder Sträucher; haben steife immergrüne Blätter (bei einigen Proteen werden sie sogar völlig nadelförmig); ferner sind bei einigen Proteaceen die Cotyledonen getheilt, wie dies auch mit den Nadelhölzern der Fall ist; endlich bilden bei der Gattung Banksia die holzigen Fruchtbälge ein Kätzchen und sind mit der Rachis verwachsen, wodurch eine große Aehnlichkeit mit einem Zapfen entsteht. Auf der anderen Seite darf man nicht übersehen, daß die nordischen Nadelbäume zu den größten Bäumen gehören, die südlichen Proteaceen nur Sträucher sind oder

Bäume von mittlerer Größe, daß die Nadelhölzer sehr gesellschaftlich sind, und wenige Arten große Wälder von einem Ende der großen Continente zum anderen bilden, während die Proteaceen eine weit größere Menge von Arten einschließen, deren jede einen kleinen Bezirk einnimmt. Die Blüthe und Frucht ist bei den Proteaceen weit mehr entwickelt. Endlich fällt das Maximum für die Nadelhölzer in die kältere temperirte, für die Proteaceen in die wärmere temperirte Zone.

§. 25.

Cactusarten (Cacti) *)

(Atlas Tab. VIII.)

Nicht wegen der Zahl der Arten, denn von der ganzen Familie kennen wir nur 40 — 50, sondern durch die höchst sonderbaren Formen und weil sie in gewissen Gegenden eine wichtige Rolle spielt, wird diese Familie uns merkwürdig. Sie enthält nur die Linnésche Gattung Cactus; denn die Neueren haben gewiß mit Recht die Gattung Ribes, welche Jussieu damit vereinigte, davon getrennt. —

Alle Arten gehören zu den sogenannten Saftpflanzen, denn der Stengel so wie auch die Zweige, insofern sie vorhanden sind, bestehen aus einer fleischichten Masse, welche doch mit dem Alter verhärtet und holzartig wird; sie sind gewöhnlich mit Stacheln besetzt, welche in Bün-

*) Cacti Jussieu (genera p. 310.) excl. genere Ribes. Nopales Dec. Théor. élém. p. 246. Cerei Sprengel Anleit. 2. Th. p. 645. (excl. gen. 2 ult.). Cfr. auch Humboldt Ansichten p. 192. et 264.

deln vereinigt sind; nur bei einer kleinen Untergruppe kommen wahre Blätter vor, die alsdann auch saftvoll sind; was bei mehreren (z. B. Cactus Opuntia) für Blätter gehalten wird sind nur zusammengedrückte Glieder des Stengels. Der Stengel bietet übrigens 5 Hauptformen dar: bei den Melocactis bildet er einen mehr oder weniger kugelförmigen mit Stacheln besetzten Körper; — bei den Cereis erectis eine aufrechte gewöhnlich eckige Säule; bei den Cereis repentibus sind die, eckigen oder cylindrischen, schmalen Stengel entweder kriechend, oder sie winden sich um fremde Körper; bei den Opuntiis ist der Stamm in mehrere zusammengedrückte Glieder getheilt, die proliferirend auf einander stehen; bei der 5ten Abtheilung Pereskia ist der fleischichte Stamm mit wahren Blättern versehen. Die Blume ist bei allen ein Zwitter, der Kelch steht über dem Fruchtknoten und ist einblätterig, abfallend und gewöhnlich mit mehreren kleinen dachziegelförmigen Schuppen versehen; die Krone besteht aus mehreren Blättern, welche gleichsam schichtenweise auf einander liegen; an der Basis sind sie verwachsen, und die inneren übertreffen gewöhnlich die äußeren an Größe; die Staubträger sind in einer großen Anzahl vorhanden, die Narbe ist vielfach getheilt; die Frucht eine fleischichte Beere mit vielen Samen. Mehrere Arten prangen mit prachtvollen doch ephemerischen Blumen. Als Saftpflanzen ziehen sie aus dem Boden keine oder sehr geringe Nahrung, und gedeihen daher sehr wohl auf nackten Felsenwänden, in Sandstrecken und in anderem unfruchtbaren Boden. In Südamerika und Mexico sind einige wüste Gegenden fast ausschließend mit Cactis bewachsen, und erhalte dadurch einen ganz eigenthümlichen Charakter. In Sicilien und in mehreren Gegenden am mittelländischen Meere gewährt Cactus ficus indica *), der hier zu Hecken und wegen der wasserreichen Frucht sehr häufig gebaut wird, einen eigenen Anblick. Der Nutzen dieser Gewächse ist nicht unbedeutend; die alten Stämme liefern Holz, welches nach Humboldt **) so hart wird, daß es zu Rudern nnd Schwellen angewandt werden kann; in den Ländern, welche das mittelländische Meer umgeben, wird das Holz von C. ficus indica als Brennmaterial benutzt. Mehrere Arten besonders aus der Gruppe der Melocacti, die einen Durchmesser von 10 Zoll erreichen, enthalten einen wässerigen Saft, welcher in den wasserlosen Steppen dem Vieh und den Maulthieren einen Labetrunk liefert, nachdem sie mit ihren Hufen die Oberfläche von den Stacheln befreit haben. Bei den mehrsten ist auch die Frucht eßbar und wässerig; in Sicilien werden die indianischen Feigen in ungeheurer Menge verzehrt. Auf den Arten der Abtheilung Opuntia entsteht mittelst Coccus Cacti die Cochenille; darunter soll Cactus coccinellifer die vorzüglichste seyn, und wird daher angebaut. C. ficus indica ist wegen ihres schnellen Wachsthums und ihrer Stacheln zu Hecken sehr bequem; auf dem Etna dient sie zugleich zur Urbarmachung der harten Lavaströme; denn ein in die Spalten des harten nackten Gesteins gestecktes Glied des Stammes, wächst sehr schnell empor; die verfaulten Theile bilden nach kurzer

*) Diese und Cactus Opuntia sind wahrscheinlich nur Abarten derselben Art.

**) Ansichten p. 264.

Zeit eine Art Dammerde, und so wird nach und nach die Lava von mehreren Pflanzen bedeckt und am Ende urbar. —

Der ursprüngliche Verbreitungsbezirk dieser Pflanzenform erstreckt sich nicht außerhalb des neuen Continents, denn C. ficus indica, welche jetzt am mittelländischen Meere so häufig vorkommt, ist von Amerika gebracht. Im neuen Continente scheint die nördlichste Grenze in New Yersey 38° — 41° n. Br. *) zu seyn, in dem alten trifft man diese Form noch bis 40°. Die südliche Polargrenze darf ich nicht bestimmen; sie ist schwerlich auf höherer Breite als die nördliche. Das Maximum der Familie fällt innerhalb der Wendekreise; denn in Mexico und Südamerika kommen die mehrsten Arten vor und sie sind in einigen Gegenden die vorherrschenden Gewächse. Nordamerika hat nur wenige Arten **). Hinsichtlich der Höhe dürfen wir in Nova genera dereinst Aufschluß erwarten.

Suchen wir für diese dem neuen Continente eigenthümliche Form, Substitute in dem alten, so scheint die zahlreiche Gattung Mesembryanthemum den Cactis am nächsten zu stehen; der über dem Fruchtknoten befindliche Kelch, die vielblätterige Krone deren Blätter schichtenförmig gestellt sind, die große Zahl der Staubträger, die saftreichen Stengel und Blätter geben wichtige Annäherungspunkte. Diese Gattung hat ein entschiedenes Maximum in dem südlichsten Theile Afrikas; in dem nördlichen Afrika und dem südlichen Europa zeigen sich einzelne Repräsentanten; dennoch ist diese

*) Pursh Flora. T. I. p. 327

**) Ibid. T. 2. p. 735.

Form nicht, wie die der Cactus-Arten, tropisch, sondern gehört zur wärmeren temperirten Zone. Die succulenten Euphorbien, welche auf den canarischen Inseln und der Nordwestküste Afrikas häufig sind, zeigen durch ihre saftreichen Stämme zwar auch eine Annäherung zu der Cactus-Form; einige Arten sind sogar den säulenförmigen Cactis so ähnlich, daß man sie nur mittelst der Blume und des milchweißen Saftes zu unterscheiden vermag; allein die Blüthen- und Fruchttheile weichen auch so wesentlich ab, daß wir sie nicht füglich als Substitute betrachten dürfen. —

§. 26.

Syngenesisten (Compositae, Synantherae) *).

(Atlas Tab. IX.)

Eine Pflanzenfamilie welche, obgleich sie aus einer sehr großen Anzahl von Gattungen und Arten besteht, doch in allen einen gemeinschaftlichen Grundtypus so

*) Jussieu genera p. 166. et seq. Willdenow einige Bemerkungen über die Pflanzen der Klasse Syngenesia. Magazin der Gesellsch. naturforsch. Freunde zu Berlin 1807. 2. Quartal. K. Sprengel Anleitung 2. Th. p. 527. R. Brown some observations on the natural family of plants called Compositae. Transact. of the linnean soc. Vol. 12. London, 1818 4to. H. Cassini mémoires im Journal de Physique. 1813 et 14. Ejusd. im Journal de botanique. 4to. Ejusd. Artikel Composées im Dictionnaire des sciences naturelles T. 10. 1818. Humboldt, Bonpland et Kunth, Nova genera T. 4. R. Brown general remarks.

deutlich darstellt, daß der ungeübte Botaniker ihn überall gleich erkennt. Der Stengel ist bei einer entschiedenen Mehrzahl krautartig, bei einigen wenigen holzig; doch findet man in der ganzen Familie keinen Baum von beträchtlicher Höhe. Die Blätter sind mit wenigen Ausnahmen abwechselnd, öfters behaart oder mit Stacheln versehen, seltner glatt und glänzend. Die Blüthen, welche bei den mehrsten im Herbste zum Vorschein kommen, stehen mehrere beisammen auf einem gemeinschaftlichen Boden (Receptaculum commune, Clinanthium) und sind aon einer gemeinschaftlichen Blumendecke (Calyx communis, Anthodium) umgeben; sie stellen daher scheinbar nur eine Blume vor, die man deshalb auch eine zusammengesetzte Blume (flos compositus) nennt. Die einzelnen Blüthen bestehen aus einblätterigen über den Fruchtknoten sitzenden Kronen, welche entweder ganz röhrenförmig mit 5 Zähnen oder Einschnitten versehen (corolla tubulosa), oder unten röhrenförmig oben zungenförmig erweitert sind (corolla ligulata); die Hauptuerven in der Krone laufen nicht durch die Mitte der Einschnitte oder Zähne, sondern theilen sich am Ende der Röhre in zwei Zweige, welche mit den beiden Seiten der Einschnitte parallel laufen und sich in der Spitze derselben vereinigen. Anstatt eines Kelches hat die Krone das Federchen (pappus); ein haar- oder federförmiger auch wohl membraneuser Körper, der nach dem Verblühen auf dem Samen bleibt. Die Zahl der Staubträger ist 5, sie sind an der Krone befestigt, und ihre verwachsenen Staubbeutel bilden eine kleine den Griffel umgebende Röhre. Der Griffel ist immer einfach, gewöhnlich in der Spitze gespalten. Die Blumen sind bald Zwitter, bald getrennten Ge=

schlechtes. Die Saamen scheinen nackt, sind aber außer dem Federchen auch mit einer dünnen Haut versehen (Achenia). Die Syngenesisten stimmen in chemischer Rücksicht darin überein, daß Stengel und Blätter bitter sind und die Saamen Oel enthalten. Bei den jungen Pflanzen ist der bittere Stoff mit vielem Schleime verbunden und liefert daher ein angenehmes Nahrungsmittel; dies gilt besonders von der Gruppe Cichoriaceae, bei welcher die jungen Blätter, die Wurzeltriebe und Wurzeln Salat oder Gemüse liefern (Lactuca, Tragopogon, Scorzonera, Cichorium, Taraxacum u. s. w.). Auch gehören zu den Syngenesisten, besonders aber zu den Corymbiferis viele Arzeneygewächse (Eupatorium, Anthemis, Artemisia, Matricaria, Achillea u. s. w.) *); einige liefern eßbare Knollen (Helianthus tuberosus), mehrere ein gutes Oel (Helianthus, und viele Cynarocephalae). Doch spielt im ganzen genommen in Bezug auf die Menschen diese Familie keine bedeutende Rolle. Einige werden als Unkräuter schädlich (Crysanthemum segetum, Anthemis arvensis, Centaurea Cyanus u. s. w.) Lactuca virosa hat betäubende Eigenschaften; eigentliche Giftpflanzen trifft man in dieser Familie nicht.

Mit Rücksicht auf die Zahl der Arten ist diese Familie eine der größten, ja vielleicht die größte; Persoons Synopsis enthält 2690 Arten, welche $\frac{1}{8}$ sämmtlicher bei ihm beschriebenen Phanerogamen ausmachen; sehr viel wird dies Verhältniß durch spätere Entdeckungen nicht verändert seyn können, und die Zahl der jetzt bekannten Arten ist daher wahrscheinlich gegen 5000.

---

*) Cfr. Decandolle über die Arzneikräfte der Pflanzen p. 210.

An Artenzahl übertrifft diese Familie die Gräser, allein da letztere an Individuen viel reichhaltiger ist, so bildet sie einen größeren Theil der Vegetation.

Schwerlich wird man bei einer so großen Familie etwas allgemeines hinsichtlich des Vorkommens festsetzen können; sehr wenige uneigentliche und keine eigentliche Wasserpflanze gehören zu dieser Gruppe. Syngenesisten findet man unter dem Aequator und in den äußersten Polarländern. Nahe an der Schneelinie kommen in den Schweitzergebirgen: Senecio incanus, Artemisia glacialis, A. mutellina u. m. vor, auf den Andesgebirgen Culcitium nivale, *C.* reflexum, C. ledifolium u. s. w. —

Bei Persoon bildet diese Familie in der heißen Zone $\frac{1}{18}$ in der temperirten und kalten $\frac{1}{6}$ — $\frac{1}{7}$; woraus schon erhellt, daß das Maximun außerhalb der Wendekreise seyn muß. Das Verhältniß der Familie zu sämmtlichen Phanerogamen ist aber auf nämlicher Breite in den verschiedenen Continenten keinesweges gleich. In Humboldt, Bonpland und Kunth Nova genera bilden die Syngenesisten unter 200 T. $\frac{1}{18}$ — $\frac{1}{19}$, in Westindien $\frac{1}{15}$ — $\frac{1}{16}$, in Gujana $\frac{1}{38}$ und am Flusse Essequebo $\frac{1}{42}$ *), in Guinea $\frac{1}{25}$, am Congo $\frac{1}{24}$, in Indien nach R. Brown **) einen kleineren Quotienten als am Congo, nach meiner Quelle $\frac{1}{33}$ — $\frac{1}{34}$, in dem nördlichen (tropischen) Neuholland $\frac{1}{16}$ ***); auf den Inseln der Südsee $\frac{1}{18}$. Der Quotient scheint also in der heißen Zone zwischen $\frac{1}{15}$ und $\frac{1}{30}$ zu variiren, und der neue

*) Diese beiden Quotienten sind doch wahrscheinlich zu klein.

**) Observations etc.

***) General remarks etc.

Continent der Form günstiger zu seyn als der alte. Auf den Inseln Bourbon und France an der Grenze der heißen und temperirten Zone ist der Quotient $\frac{1}{14}$. Wenden wir uns gegen Norden und übersteigen den Wendekreis des Krebses, so finden wir in Nordamerika $\frac{1}{6}$ — $\frac{1}{7}$; die Zahl der Syngenesisten ist also von der heißen Zone sehr gestiegen; ferner finden wir in Arabien den Quotient $\frac{1}{11}$ — $\frac{1}{12}$, in der Barbarei $\frac{1}{8}$ — $\frac{1}{9}$, auf den canarischen Inseln $\frac{1}{8}$ — $\frac{1}{9}$, in Conchinchina $\frac{1}{15}$, in Japan $\frac{1}{11}$ — $\frac{1}{12}$, in Aegypten $\frac{1}{7}$, in Griechenland $\frac{1}{7}$, in den caucasischen Ländern und der Krim $\frac{1}{7}$ — $\frac{1}{8}$, in Neapel $\frac{1}{8}$, in Frankreich $\frac{1}{7}$ — $\frac{1}{8}$, in Sibirien $\frac{1}{7}$. In der kälteren temperirten Zone nimmt die Familie wieder ab; so ist der Quotient in Deutschland $\frac{1}{8}$ — $\frac{1}{9}$, in England $\frac{1}{10}$ — $\frac{1}{11}$, in Dänemark $\frac{1}{10}$, in Skandinavien $\frac{1}{10}$, in Kamtschatka $\frac{1}{11}$, in Lappland $\frac{1}{13}$, in Island $\frac{1}{17}$, in Grönland $\frac{1}{18}$ — $\frac{1}{19}$. Noch auffallender steigt in der südlichen Halbkugel die relative Zahl von der heißen nach der wärmeren temperirten Zone; auf der Südspitze Afrikas bilden die Syngenesisten beinahe $\frac{1}{5}$, in Buenos Ayres wie es scheint $\frac{1}{4}$ — $\frac{1}{5}$; in Neuseeland $\frac{1}{4}$. Für Neuholland giebt R. Brown $\frac{1}{12}$ — $\frac{1}{13}$ als Quotient: er bemerkt aber dabei, daß die Familie außerhalb der Wendekreise zahlreicher ist, und daß das Maximum wahrscheinlich in v. Diemens Land fällt.

Die beiden Maxima der Familie scheinen demnach zwischen 30° und 50° der Breite in beiden Hemisphären einzutreffen, und die Familie von diesen Gürteln sowohl gegen den Aequator als gegen beide Pole abzunehmen. Der alte Continent ist durchgehends ärmer als der neue; die nördliche Halbkugel weniger reich als die südliche. —

Mit der Höhe scheinen in den südeuropäischen Alpen die Syngenesisten nicht in demselben Verhältnisse abzunehmen als nach der Breite gegen den Nordpol; denn sie bilden in der Alpenflora $\frac{1}{7}$ — $\frac{1}{8}$, also ohngefähr denselben Quotient als in der Ebene auf gleicher Breite. In Südamerika, wo von 0 — 200 T. der Quotient $\frac{1}{18}$ — $\frac{1}{15}$ beträgt, ist er zwischen 200 und 1100 T. $\frac{1}{7}$ — $\frac{1}{8}$, von 1100 — 1600 T. $\frac{1}{5}$ — $\frac{1}{6}$ und über 1600 T. sogar $\frac{1}{4}$. Was das Verhältniß zwischen dem heißen und temperirten Klima betrift, so ist die Vertheilung nach der Höhe, der nach der Breite ziemlich ähnlich, aber nicht in Hinsicht des temperirten und kalten Klimas. Im indischen Hochlande ist der Quotient $\frac{1}{37}$, also zeigt sich auch hier wie wenig günstig der östliche Theil des alten Continents dieser Pflanzenform ist.

Es würde allerdings bei einer so zahlreichen Familie, sehr interessant seyn, die Verhältnisse der untergeordneten Gruppen in den verschiedenen Erdtheilen zu kennen; allein bei diesen Untersuchungen treten Schwierigkeiten ein. Jussieu unterschied unter den Compositis drei Hauptformen: Cichoraceae, Cynorocephalae und Corymbiferae; von diesen Gruppen ist die erste sehr natürlich, die zweite größtentheils auch, die dritte aber, welche allein $\frac{1}{4}$ sämmtlicher Syngenesisten einschließt, ein unnatürliches Gemisch mehrerer Gruppen. Zwar haben Cassini und Kunth *) neue Eintheilungen in Vorschlag gebracht; allein es fehlt uns bis jetzt noch eine vollständige Aufzählung der Gattungen jeder Gruppe. Ich habe mich daher darauf beschränkt die wichtigsten Verhältnisse der zwei ersten

*) In den bereits gedachten Werken.

Jussieuschen Familien darzustellen, und in Hinsicht der übrigen nur für die größeren Gattungen, welche als Haupttypen der Gruppen zu betrachten sind, einige Bemerkungen hinzuzufügen.

Die Cichoriaceae zeichnen sich durch lauter zungenförmige Kronen aus, die Zwitter sind, mit wenigen Ausnahmen von gelber Farbe, und dachziegelförmig auf einander gelegt; der Stengel enthält einen milchigten Saft. Diese Gruppe ist extratropisch, denn von 360 bei Persoon aufgeführten Arten kommen nur 13 innerhalb der Wendekreise vor, und diese fast alle in Ländern, welche hohe Berge haben. Humboldt Bonpland et Kunth Nova genera enthält nur 5, von welchen aber 3 über 1400 T., eine nur über 800 T. wächst, und die fünfte ohne Höhenbestimmung angeführt wird. Aus Guinea kennen wir nur eine Art; aus Westindien nur 2, die vielleicht hier nicht ihre ursprüngliche Heimath haben, aus Indien 10, von welchen doch einige dem Hochlande gehören. Die Gruppe ist ferner fast auf die nördliche temperirte Zone beschränkt; bei Persoon stehen nur zehn Arten aus der temperirten Zone der südlichen Halbkugel; Brown fand in Neuholland aus dieser Gruppe und der Gruppe der Cynarocephalae zusammen nur 10 Arten, und Thunbergs Prodromus enthält nur 7. In der nördlichen Hemisphäre ist wiederum die Vertheilung nach der geographischen Länge höchst ungleich; denn in Nordamerika bilden die Cichoriaceae nur $\frac{1}{10}$ sämmtlicher Syngenesisten und gehören zu Gattungen die auch in dem alten Continente vorkommen, in Dänemark dagegen bilden sie fast $\frac{1}{3}$, in Frankreich und in den caucasischen Ländern und der Krim ebenfalls fast $\frac{1}{3}$. Diese

Form ist also fast dem nordöstlichen Viertel der Erdoberfläche oder genauer der nördlichen temperirten Zone des alten Continents eigen, und zeigt in den übrigen Welttheilen mit ähnlichem Klima nur Repräsentanten. Mit der Höhe scheint sie keine Veränderung zu leiden, — in der südeuropäischen Alpenflor bildet sie gleichfalls $\frac{1}{3}$ der Syngenesisten, und die Gattung Hieracium ist da so reich an Arten, daß man sie alpinisch nennen kann.

Die Pflanzen der zweiten Gruppe, Cynarocephalae, haben lauter röhrenförmige fünfzähnige Kronen, gewöhnlich von rother Farbe, bald Zwitter bald getrennten Geschlechtes. Stengel und Blätter sind in der Regel mit Stacheln besetzt. Auch diese Pflanzenform ist beinahe auf die temperirte Zone der nördlichen Hemisphäre beschränkt; innerhalb der Wendekreise so wie in der temperirten Zone der südlichen Halbkugel kommen nur sehr wenige Arten vor. Nordamerika ist dieser Form eben so wenig günstig, denn die dahin gehörenden Arten bilden dort $\frac{1}{16}$ sämmtlicher Syngenesisten; die in dem alten Continente so zahlreiche Gattung Centaurea hat in Nordamerika gar keine ursprüngliche Art; die Gattungen Carduus und Cnicus nur wenige Arten. Die Vertheilung dieser Gruppe ist also fast die nämliche als die der Cichoriaceae; doch weicht jene in sofern von dieser ab, daß der Unterschied zwischen der wärmeren und kälteren temperirten Zone bedeutender ist; denn in Skandinavien bilden die Cynarocephalae nur $\frac{1}{6}$ sämmtlicher Syngenesisten, in Dänemark $\frac{1}{5}$, in Frankreich dagegen $\frac{1}{4}$, in Neapel $\frac{1}{4}$, in der Krim und den caucasischen Ländern fast $\frac{1}{3}$. Auch scheint Asien dieser Form etwas günstiger als Europa, denn sie bildet in Sibirien $\frac{1}{5}$ der Compositae. In der alpinischen Flora kommen die Cynarocephalae etwas doch nicht viel sparsamer vor als in der Ebene auf nämlicher Breite; in der temperirten und kalten Region der Andesgebirge trifft man mehrere an. —

Als Ersatz für die Cichoriaceae und Cynarocephalae hat Nordamerika zwei außerordentlich zahlreiche Gattungen Aster und Solidago (bei Pursh zusammen 129 Arten), welche im alten Continente verhältnißmäßig arm ausfallen. Auf dem Cap gehören zu den charakteristischen Formen besonders: Gnaphalium (bei Thunberg 81 Arten), Xeranthemum, Arctotis, Othonna, Osteospermum, denn diese Gattungen sind dem südlichen Afrika entweder völlig eigen, oder haben doch dort ein entschiedenes Maximum. Auf den Inseln Bourbon und France ist die Gattung Conyza sehr zahlreich an Arten. Welche Gattungen in Neuholland vorherrschen, ist mir unbekannt. Die heiße Zone Südamerikas hat vorzüglich die Gattungen Eupatorium, Baccharis, Stevia, Helianthus aufzuweisen, und außerdem viele kleinere. Indien, das wie bereits oben bemerkt, an Syngenesisten sehr arm ist, hat auch wenige eigenthümliche Gattungen, und keine zahlreiche Gattung hat dort ihr Maximum. In der temperirten Zone des alten Continents zeigen sich aus der Gruppe der Corymbiferae die Gattungen Artemisia, Achillea, Anthemis und Chrysanthemum, welche zwar nicht diesem Erdtheile eigenthümlich sind, allein doch dort ihr Maximum erreichen.

Im Ganzen genommen bieten daher die verschiedenen Erdtheile in Hinsicht dieser Familie bedeutende Gegensätze dar; oder die Gruppen und Gattungen dieser Familie haben in der Regel kleine Verbreitungsbezirke die größtentheils außerhalb einander liegen (distributio formis subordinatis disjunctis). doch machen einige Gattungen Ausnahmen; so sind z. B. Senecio, Cineraria, Inula fast über die ganze Erde verbreitet. Es giebt nur wenige sehr verbreitete Arten; eine solche ist Sonchus oleraceus, allein ihr jetziger großer Verbreitungsbezirk ist schwerlich ursprünglich. Da zahlreiche Gattungen oft auf einen kleinen Erdtheil beschränkt sind, so sind die Individuen verschiedener Arten nicht selten vermischt; aber auch gesellschaftliche Arten findet man in dieser Familie. —

Die mehrsten Syngenesisten sind krautartige Gewächse; doch finden wir in der heißen Zone mehrere Sträucher; besonders aber scheinen beide Küsten des atlantischen Meeres und die in diesem liegenden Inseln, sowohl innerhalb als etwas außerhalb der Wendekreise, die baumartigen Syngenesisten zu begünstigen; selbst die Cichoriaceae werden hier holzig. So zeigen sich in Buenos ayres und auf dem Cap sehr viele strauchartigen Boopiden, Gnaphalien, Asteres und andere aus der Gruppe der Corymbiferae; St. Helena erzeugt mehrere baumartige Solidagines *), die canarischen Inseln, Madera und die Nordwestküste Afrikas holzige Arten von Sonchus, Prenanthes, Cacalia. Schon in dem südlichen Europa zeigt sich eine Annäherung hierzu in Artemisia arborea, Inula viscosa, Gnaphalium stoechas und mehreren; so wie sowohl hier als in dem nördlichen Afrika die capschen Gat-

*) Auch auf den Inseln Bourbon und France kommen arborescente Syngenesisten vor (Conyza, Hubertia u. s. w.).

tungen Xeranthemum, Othonna eine Annäherung zur Flora des südlichen Afrikas darbieten.

§. 27.

Kreuzblüthige Pflanzen (Cruciferae) *).

(Atlas Tab. X.)

Die kreuzblüthigen Pflanzen bilden eine sehr natürliche Familie, deren geographische Vertheilung nicht ohne Interesse ist. —

Der Stengel ist fast bei allen diesen Pflanzen krautartig, bei sehr wenigen holzig, und bei keiner in dem Grade, daß der Pflanze der Name eines Baumes oder Strauches beigelegt werden könnte **). Die Blätter sind mit wenigen Ausnahmen einfach und abwechselnd; Nebenblätter, Blüthenblätter und Ranken fehlen der Familie gänzlich; Stacheln und andere Nebentheile kommen selten vor. Die Zwitterblumen bilden gewöhnlich Trauben; der Kelch ist vierblätterig gewöhnlich abfallend, nicht selten gefärbt; die Krone gewöhnlich von gelber oder weißer Farbe, besteht gleichfalls aus vier Blättern, welche mit den Kelchblättern abwechseln und einander kreuzweise gegenüberstehen. Staubträger sind 6 vorhanden, wovon 4 länger sind als die 2 übrigen

---

*) Jussieu genera pag. 237. R. Brown in Hortus Kewensis Edit. 2. Vol. 4. Desvaux Journal de Botanique. nouv. 3. Sprengel Anleitung 2. T. p. 711. Decandolle Systema Vol. 2. Ejusd. mémoire sur la famille des Crucifères.

**) Keine Art erreicht eine größere Höhe als 3. Fuß. Decandolle Systema Vol. 2. p. 141.

und paarweise beisammen stehen. Der Staubweg ist einfach, der Griffel kurz oder fehlt; die Frucht ist eine Schote. Fast bei allen Arten haben die Blätter und der Stengel einen bitteren scharfen und erfrischenden Geschmack, weshalb ein großer Theil unserer Küchengewächse zu dieser Familie gehört (Kohl, Rüben, Kresse, Senf, Cochleare, Meerrettig u. s. w.). Diese Familie liefert daher dem Menschen eine Menge Gemüsearten, und die nordischen Gewürze, den Seefahrern und den Bewohnern der Polarländer besonders antiscorbutische Mittel. Die Saamen vieler dieser Gewächse enthalten Oel (Brassica Napus u. s. w.). Mehrere sind schädliche Unkräuter (Sinapis arvensis, Brassica campestris). —

Persoons Synopsis enthält aus dieser Familie 503 Arten, welche $\frac{1}{43}$ sämmtlicher Phanerogamen bilden; Decandolle Systema 900 bestimmte Arten, welche von der Gesammtzahl der bekannten 40000 Gewächse $\frac{1}{44}$ bilden. —

Die mehrsten kreuzblüthigen Pflanzen sind Landpflanzen; doch kommen einige amphibisch vor z. B. Sisymbrium amphibium, Cardamine pratensis, auch einige uneigentliche Wasserpflanzen z. B. Subularia aquatica.

Die Familie ist hinsichtlich ihres Verbreitungsbezirkes fast von der heißen Zone ausgeschlossen, Persoon führt nur 13 Arten aus dieser Zone auf, und die mehrsten derselben gehören gebirgigten Gegenden an. Swartz westindische Flora, Hornemann, Abhandlung über die Pflanzen Guineas, R. Brown, über die Sammlung aus Congo, Meyer, primitiae Florae Essequeboensis enthalten gar keine Pflanze aus

aus dieser Familie, Forster führt von den tropischen Südsee-Inseln nur 2 an, der Catalog der indischen Pflanzen enthält nur 9; Humboldt nova genera 12, von welchen aber 11 auf einer solchen Höhe vorkommen, daß sie zur heißen Zone nicht gerechnet werden dürfen; nur Cakile cubensis wächst am Niveau des Meeres. Wenn man in Decandolles System diejenigen Cruciaten der heißen Zone abzieht, welche bekanntlich unter einem temperirten oder kalten Klima gedeihen, so bleiben nur 30 zurück, und von diesen kommen 17 in gebirgigen Ländern vor, und daher vielleicht nicht unter einem heißen Klima. Nur 13 fallen gewiß der heißen Zone anheim; allein von diesen finden sich 3 auch außerhalb der Wendekreise, und alle gehören zu extratropischen Gattungen. Sie sind folgende: Cakile americana (C. cubensis Kunth?), C. aequalis in Westindien; Lepidium virginicum eben daselbst. L. piscidium in der Südsee; L. cuneifolium in Neu-Cumberland; L. pubescens und L. chichisara in Para in Brasilien; Sinapis lanceolata und Raphanus lanceolatus in Westindien; Senebiera pinnatifida, S. Heleniana und Brassica Heleniana auf St. Helena; und Nasturtium officinale in Westindien und auf St. Jago. Wenn man also diese wenigen Ausnahmen übersieht, so lassen die Wendekreise sich als die Aequatorialgrenzen dieser Pflanzenform betrachten. Gegen die Pole scheint sie dagegen keine Grenzen zu haben, so wie auch nicht gegen die Schneelinie; denn in den äußersten bekannten Polarländern kommen mehrere Arten von Draba vor; in der Schneeregion des mittleren Europa: Arabis caerulea, Cardamine bellidifolia, Iberis rotundifolia und mehrere Cruciaten. —

In der Nähe der Wendekreise wird in der nördlichen temperirten Zone die relative Zahl der Cruciaten natürlich sehr klein; so bilden sie auf den canarischen Inseln $\frac{1}{18}$, in Arabien $\frac{1}{33}$; plötzlich nehmen sie aber zu und zwischen 30° und 60° bleibt sich das Verhältniß ziemlich gleich. In der Barbarey ist der Quotient $\frac{1}{21}$ — $\frac{1}{22}$, in Aegypten $\frac{1}{26}$, in den caucasischen Ländern und der Krim $\frac{1}{13}$, in Griechenland $\frac{1}{21}$, in Neapel $\frac{1}{18}$ — $\frac{1}{20}$ in Frankreich $\frac{1}{26}$, in England $\frac{1}{25}$, in Deutschland $\frac{1}{17}$, in Dänemark $\frac{1}{21}$, in Skandinavien $\frac{1}{18}$. Selbst in den subpolaren Ländern weicht der Quotient von jenen wenig ab; er ist in Lappland $\frac{1}{22}$ — $\frac{1}{23}$, in Island $\frac{2}{18}$ — $\frac{1}{19}$, in Kamtschatka $\frac{1}{16}$, in Grönland aber $\frac{1}{14}$ — $\frac{5}{15}$ *). Ganz verschieden hiervon ist der Quotient in dem neuen Continente, denn Pursh hat nur 44 Arten, welche zur Totalsumme $\frac{1}{67}$ bilden; dabei wird die Unbequemlichkeit des neuen Continents für diese Form auch daraus klar, daß von jenen 44 Arten beinahe die Hälfte nämlich 19 auch in Europa vorkommen, während von sämmtlichen nordamerikanischen Phanerogamen ohngefähr $\frac{1}{7}$ mit Europa gemeinschaftlich ist; so wie auch daraus, daß sie alle zu europäischen Gattungen gehören. Decandolle hat 55 Arten aus Nordamerika, von welchen keine zu einer diesem Erdtheile eigenthümlichen Gattung gehört. Auch im östlichen Theile des alten Continents nimmt die Familie bedeutend ab, denn in Si-

*) Mehrere Arten von Draba und Alyssum bei einer kleinen Gesammtzahl der Pflanzenarten verursachen diesen größeren Quotienten. —

birien ist der Quotient $\frac{1}{26}$, in Japan $\frac{1}{21}$; doch gilt dies nicht von Kamtschatka. In der temperirten Zone der südlichen Halbkugel zeigt sie sich gleichsam nur sparsam. Auf dem Cap bilden die Cruciferae nach Thunbergs Prodromus nur $\frac{1}{81}$. Decandolle führt von daher 71 Arten an, von welchen 46 zu der Gattung Heliophila gehören, die mit der Gattung Chamira eine für das Cap eigenthümliche Gruppe, Heliophilae, bildet. Die übrigen gehören alle zu europäischen Gattungen. Nach R. Brown ist diese Familie in Neuholland auf sehr wenige Arten beschränkt; Decandolle hat deren 14, welche alle, Stenopetalum lineare ausgenommen, zu europäischen Gattungen gehören. Die Familie ist also hier vielleicht noch ärmer als an der Südspitze Afrikas. Aus dem westlichen Theile der südlichen temperirten Zone nämlich aus dem temperirten Südamerika und Neuzeeland hat Decandolle 20 Arten. Da uns aus diesen Erdtheilen im Ganzen nur sehr wenige Pflanzen bekannt sind, so ist es nicht unwahrscheinlich, daß der Quotient der Cruciaten hier größer ist als in dem östlichen Theile der südlichen Halbkugel. Uebrigens treten da nur europäische Gattungen auf. —

In der südeuropäischen Alpenflor ist der Quotient $\frac{1}{21}$; die Familie nimmt also mit der Höhe nicht ab. In dem südamerikanischen Hochlande kommen die Cruciaten wieder zu Vorschein, doch wie es scheint sparsamer; denn Humboldt hat nur 11 die über 1100 T. vorkommen. Die mehrsten gehören zu der Gattung Draba und der naheverwandten Gattung Eudema; es wiederholen sich also hier die Formen der Polarländer und der südeuropäischen Alpen. Die übrigen Arten gehören zu europäischen Gattungen. Auch im Hochlande Indiens ist diese Familie arm; die benutzte Sammlung aus Napaul enthält nur 4 Arten. —

Die Familie der Kreuzblüthigen hat also ihre wahre Heimath in dem östlichen und extratropischen Theile der nördlichen Halbkugel, und trift in den übrigen temperirten und kalten Erdtheilen fast nur repräsentationsweise auf.

Zwischen den verschiedenen Gruppen ist kein wesentlicher Gegensatz, die Gruppe Heliophilae ausgenommen, welche, wie oben bemerkt, dem südlichen Afrika eigen ist; — auch die Verbreitungsbezirke der Gattungen, wenigstens der größeren, nehmen größtentheils die nämlichen Erdtheile ein; doch kommt die Gattung Biscutella fast nur in der wärmeren temperirten Zone vor, und die Gattung Draba hat in der Alpen- und Polar-Flora ihr Maximum. Die Vertheilung mit gesammelten Gruppen und Gattungen (distributio formis subordinatis conjunctis) ist also hier die vorherrschende. Auch die Arten sind gewöhnlich gesammelt; doch sind die alpinischen Arten von denen der Ebene meistens verschieden. Nicht selten sind die Individuen der Arten vermischt, und keine sehr gesellschaftliche Pflanze findet sich unter den Cruciaten. Die Verbreitungsbezirke der Arten sind in der Regel nicht klein; einige sehr groß z. B. Thlaspi bursa pastoris, eine Pflanze, die nicht nur in ganz Europa und dem nördlichen Asien wächst, sondern auch in Indien, Persien, Isle de Bourbon, auf dem Cap, in Nordamerika und an der magelhanischen Meerenge; Nasturtium officinale, das in Europa, Japan, dem nördlichen Afrika, Madera, auf den canarischen und capverdischen Inseln, auf dem Vorgebirge der guten Hoffnung, der Insel Bourbon, in Nordamerika, Westindien, Chili; Senebiera pinnatifida, welche in Europa, Nordamerika, Montevideo, St. Helena und Neuholland vorkommt.

§. 28.

Hülsenpflanzen (Leguminosae) *).

(Atlas Tab. XI.)

In dieser zahlreichen Pflanzengruppe entwickelt sich eine so große Mannigfaltigkeit der Formen, daß man mehrere Gattungen derselben nicht zur nämlichen Hauptgruppe führen würde, wenn man nicht auf die Uebergänge aufmerksam wäre.

Der Stengel ist bald kraut- bald holzartig und die Familie enthält sowohl kleine unansehnliche Kräuter als Bäume von bedeutender Höhe. Die Blätter sind bei der Mehrzahl zusammengesetzt bei wenigen einfach; jene sind gewöhnlich gefiedert, doch auch nicht selten dreizählig. Nebenblätter sind in der Regel vorhanden; die Blätter endigen sich nicht selten in eine Ranke (cirrhus); der Kelch ist bei allen einblätterig, gewöhnlich fünftheilig oder mit fünf Zähnen versehen die Krone ist bei der größten Menge vielblätterig, nur bei den Mimosen einblätterig; bei den mehrsten vielblätterigen ist sie unregelmäßig und zwar oft eine Schmetterlingsblume. Eine solche Krone betrachtet man gewöhnlich als aus 4 Blättern zusammengesetzt, nämlich aus dem Wimpel (das oberste Kronenblatt)

---

*) Jussieu genera p. 345. Sprengel Anleitung 2. Th. p. 740.

den Segeln (die beiden gleichförmig gebildeten Seitenblätter) und dem Kiele (das unterste Kronenblatt); allein da letzterer eigentlich aus zwei Theilen besteht, die mehr oder weniger parallel stehen, mehr oder weniger mit einander verwachsen sind, und da man in dieser Familie deutlich die allmähligen Uebergänge von der Schmetterlingsblume in die unregelmäßige fünfblätterige Krone und von dieser in die völlig regelmäßige fünfblätterige rosenförmige, aufzuweisen vermag; so ließe sich wohl nicht ohne Grund der Kiel als aus zwei Kronenblättern bestehend, und die Krone also als fünfblätterig ansehen. Die Krone ist übrigens perigynisch nur bei den Mimosen hypogynisch, und enthält in der Regel beide Geschlechter. Die Staubfäden sitzen gleichfalls auf dem Kelche und sind 10 an der Zahl, wovon doch die Mimosengruppe mit 4 bis 100 auf der Krone befestigten Staubfäden eine Ausnahme macht. Wo 10 vorhanden sind, sind die Staubfäden entweder alle frei, oder der eine frei, die übrigen neun verwachsen oder endlich alle in einem Körper verwachsen. Der Staubweg ist einfach und ungetheilt. Die Frucht ist in der Regel eine Hülse; bei einigen ist diese in mehrere Glieder getheilt, die sich, wenn die Frucht reif ist, von einander trennen; sie erhält dann den Nahmen: Gliederhülse (Lomentum); bei einigen wenigen ist eine Steinfrucht oder eine Capsel vorhanden.

Die mehrsten Hülsenpflanzen zeigen was man in dem Gewächsreiche Sensibilität nennt. Mehrere Arten von Mimosa, Aeschynomene sensitiva, Smithia sensitiva, Caesalpinia mimosoides, falten ihre Blätter bei Berührung; die Blätter des Hedysarum gyrans sind in immerwährender Bewegung. Der sogenannte Pflanzenschlaf zeigt sich fast bei allen Arten.

Mehrere Arten aus dieser Familie liefern dem Menschen Nahrungsmittel, z. B.: Bohnen, Erbsen, Linsen, Cytisus Cajan, durch ihre Früchte; Dolichos tuberosus, D. bulbosus, Psoralea esculenta durch ihre Knollen; einige Mimosen geben einen eßbaren Gummi. Mehrere Futterkräuter gehören hierher (Klee, Esparsette, Wicken); bedeutende Färbestoffe erhalten wir aus den Arten von Indigofera und Galega (Indigo), aus Haematoxylon campechianum (Campechenholz) aus Pterocarpus santalinus (Sandelholz); aus vielen Arzneimittel, besonders abführende Mittel (Cassia Senna, Ceratonia siliqua, Tamarindus). Mehrere Astrageln liefern Gummi. Einige Arten von Piscidia und Galega haben betäubende Eigenschaften; eigentliche Giftpflanzen kommen in der Familie nicht vor.

Die Zahl sämmtlicher Hülsenpflanzen beträgt bei Persoon 1900 Arten, das heißt $\frac{1}{11}$ — $\frac{1}{12}$ sämmtlicher Phanerogamen. Die Familie scheint demnach etwas kleiner als die der Syngenesisten; doch wird vielleicht durch spätere Entdeckungen der Quotient ein wenig größer werden, weil diese Familie, wie wir unten sehen werden, in der heißen Zone ihr Maximum hat, und diese Zone weniger untersucht ist als die temperirte; doch wird die relative Zahl schwerlich $\frac{1}{10}$ übersteigen; und die Zahl der jetzt bekannten Arten nicht größer als 4000 seyn können. —

Die Familie enthält, so viel mir bekannt, keine Wasserpflanze, ja wohl nicht einmal eine amphibische Pflanze. Der Verbreitungsbezirk umfaßt beinah die ganze Erdoberfläche, nur in den äußersten Polarländern fehlen sie oder kommen äusserst sparsam vor; unter den Pflanzen aus Spitzbergen und unter denen, die auf der Expedition von Roß gesammelt wurden, war keine Hülsenpflanze, und in Lappland und Grönland sind sehr wenige. In Hinsicht der Höhe erreichen in den skandinavischen und südeuropäischen Gebirgen einzelne Arten von Astragalus und Phaca die Schneeregion, wenn sie auch nicht unmittelbar die Schneelinie berühren; in den Andesgebirgen kommen Astragalus geminiflorus und Lupinus nanus zwischen 2000 — 2460 T., also in der Schneeregion, vor *).

Was die Vertheilung betrifft, bemerkt man leicht, daß die Familie in dem alten Continente zahlreicher als in dem neuen ist; in beiden nimmt sie aber sehr regelmäßig vom Aequator gegen die Pole ab. Dies läßt sich schon mit Hülfe der Synopsis von Persoon beweisen. Die bei ihm aufgeführten Hülsenpflanzen bilden nämlich im Verhältniß zu sämmtlichen Phanerogamen:

im alten Continent	$\frac{1}{9}$
im neuen Continent	$\frac{1}{16}$
in der heißen Zone	$\frac{1}{10}$
in der temperirten und kalten Zone	$\frac{1}{12}$
in der heißen Zone des alten Continents .	$\frac{1}{7}$ — $\frac{1}{8}$
— — — — des neuen Continents . .	$\frac{1}{13}$
in der nördlichen temperirten und kalten Zone des alten Continents	$\frac{1}{9}$ — $\frac{1}{10}$
in der nördlichen temperirten und kalten Zone des neuen Continents	$\frac{1}{30}$
in der südlichen temperirten Zone	$\frac{1}{14}$

*) Humboldt Prolegomena p. XXXIX.

Doch ist die letzte Zahl unzuverläßig, weil Persoon von Neuholland und dem temperirten Südamerika nur sehr wenige Pflanzen hat. —

Diese Vertheilung wird durch Untersuchung der einzelnen Floren bestätigt, und zugleich genauer bestimmt. So bilden die Hülsenpflanzen in Guinea $\frac{1}{6}$, am Congoflusse $\frac{1}{8}$, in der Barbarei $\frac{1}{8}$, in Aegypten $\frac{1}{8}$ — $\frac{1}{10}$, in Griechenland $\frac{1}{11}$, in Neapel $\frac{1}{11}$ — $\frac{1}{12}$, in der Krim und den caucasischen Ländern $\frac{1}{10}$ — $\frac{1}{11}$, in Frankreich $\frac{1}{11}$ —. $\frac{1}{12}$, in Deutschland $\frac{1}{13}$ — $\frac{1}{20}$, in England $\frac{1}{32}$, in Dänemark $\frac{1}{18}$ — $\frac{1}{19}$, in Skandinavien $\frac{1}{20}$, in Lappland $\frac{1}{31}$ (mehrere sind aber durch Cultur eingeführt) in Island $\frac{1}{81}$. In Grönland fand Wormskiold nur eine Art nämlich Pisum maritimum; von andern werden noch Astragalus alpinus, Lathyrus pratensis und Vicia cracca angeführt, die letzteren beiden doch nur als in den südlichsten Theilen Grönlands vorkommend. Im westlichen Theile des alten Continents nimmt die Familie also ganz regelmäßig vom Aequator ab; nur die canarischen Inseln machen eine Ausnahme; denn hier ist der Quotient $\frac{1}{20}$, doch darf dabei nicht übersehen werden, daß Teneriffa sich zu einer bedeutenden Höhe erhebt. In dem östlichen Theile des alten Continents ist die Abnahme gleichfalls deutlich; denn die relativen Zahlen sind: in Indien $\frac{1}{8}$, Arabien $\frac{1}{11}$, Cochinchina $\frac{1}{12}$, Sibirien $\frac{1}{14}$, Kamtschatka $\frac{1}{32}$. Die kältere temperirte Zone wird wegen der vielen Astraglen in Asien reicher als in Europa. In Japan zeigt sich der Uebergang zu dem, an Leguminosen armen, neuen Continent; denn der Quotient ist $\frac{1}{21}$. In der heißen Zone sollte nach den hier angeführten Zahlen Afrika etwas reicher seyn als Asien; wir dürfen indeß dies nicht als entschieden annehmen, weil Afrika zu wenig untersucht ist. —

Für die heiße Zone des neuen Continents giebt Humboldt $\frac{1}{12}$ als Quotient an; er wird indeß ohne Zweifel größer, wenn man ihn nur mit Hülfe der bis zu 200 T. wachsenden Pflanzen bestimmt; in Gujana ist er $\frac{1}{10}$ — $\frac{1}{11}$, am Flusse Essequebo $\frac{1}{16}$, in Westindien nach der Flora von Swartz, die aber zum Theil eine Gebirgsflora ist, $\frac{1}{23}$. In Nordamerika $\frac{1}{26}$, obgleich es sich dem Aequator mehr nähert als Europa. —

In der südlichen Halbkugel scheint die Familie gegen den Pol gleichfalls abzunehmen; auf dem Cap ist der Quotient $\frac{1}{11}$; in Neuholland ist er zwar nach R. Brown $\frac{1}{5}$, allein die Verhältnisse der temperirten und heißen Zone sind nicht besonders angegeben. Aus Neuzeeland führt Forster nur 3 Arten an, und aus der Südspitze Amerikas kennen wir sehr wenige Arten.

Die Vertheilung nach der Höhe scheint der Vertheilung nach der Breite ähnlich zu seyn; denn in der südeuropäischen Alpenflora ist der Quotient $\frac{1}{21}$, in Napaul $\frac{1}{12}$, folglich bedeutend kleiner als auf gleicher Breite in der Ebene.

Auch die Vertheilung der untergeordneten Gruppen wäre interessant; leider haben wir aber noch keine gute Klassification dieser Familie. Brown hat indeß auf 3 natürliche Hauptgruppen aufmerksam gemacht: Mimoseae, Lomentaceae und Papilionaceae, von welchen doch die letztere in mehrere getheilt zu werden verdient. —

Die Mimosen, deren Zahl jetzt ohngefähr 300 beträgt, zeichnen sich nach Brown durch eine völlig regelmäßige einblätterige unter dem Fruchtknoten befindliche Krone aus, deren Theile vor der Entwickelung klappenförmig gelegt sind (aestivatio valvata), ferner durch ihre langen Staubfäden, deren Zahl von 4 — 100 variirt. Alle Arten sind Sträucher oder Bäume, einige von sehr bedeutender Höhe. Die Blätter sind gefiedert, oder zweifach gefiedert; bei einer einzelnen Gruppe (Acaciae aphyllae), sind die Blätter einfach, oder, wie einige wollen, es sind keine Blätter, sondern nur Blatstiele, vorhanden. Die Mimosen sind tropisch und kommen in den drei Continenten ohngefähr im gleichen Verhältnisse vor; zahlreicher sind sie in Neuholland (nach Brown 100 Arten), wo sie auch außer der heißen Zone häufig sind, und wo die sogenannten blattlosen Mimosen sehr vorherrschen, eine Form die für Neuholland fast eigenthümlich ist und wesentlich zum Charakter dieses Landes beiträgt. Mimosen kommen noch vor in v. Diemens Land (41° — 44°), in Chili bis 37° *). In der nördlichen Halbkugel sind in dem westlichen Theile des alten Continents die nördlichsten Mimosen: Acacia nilotica in Nieder-Aegypten **), Acacia gummifera bei Mogador ***). Die Grenze bleibt daher hier 30° — 32°. Auf Japan wächst Acacia Nemu (Mimosa arborea Thunberg) bei Nangasacki 32° — 33° †). Dagegen geht in Nord-

---

*) Humboldt Ansichten p. 261.

**) Delile Description de l'Egypte.

***) Humboldt l. c. Acacia Stephaniana, welche bis 42° hinauf steigt, bildet nach Biberstein Flora Taurico-Caucasica T. 3. p. 283 eine eigene Gattung Lagonychium, welche der Gattung Cassia am nächsten steht.

†) Thunberg Flora Japonica p. 229.

amerika diese Form bis 40° — 41° und scheint hier zahlreicher als im alten Continent *). In der heißen Zone ist zwischen den drei großen Continenten kein auffallender generischer Gegensatz.

Die zweite Gruppe, Lomentaceae, für welche die zahlreichste Gattung Cassia als Typus betrachtet werden kann, und die deshalb und weil nicht alle ein Lomentum haben, vielleicht besser Cassicae hieße, — enthält 2 — 300 bekannte Arten, welche alle Bäume oder Sträucher sind; die Krone ist vielblätterig mehr oder weniger unregelmäßig, doch keine Schmetterlingsblume, die 10 Staubträger stehen alle frey. Die Blätter sind in der Regel gefiedert. Diese Form ist gleichfalls tropisch; unter denen, die bei Persoon angeführt sind, findet sich kaum ⅐ außerhalb der Wendekreise, obgleich die extratropischen Theile der Erdoberfläche größer und besser untersucht sind als die tropischen. Auch diese Gruppe geht in Nordamerika nördlicher als in Europa. In der heißen Zone ist kein bedeutender Gegensatz zwischen den drei Continenten; die zahlreichsten Gattungen Cassia, Bauhinia, Caesalpinia sind allen gemeinschaftlich.

Die dritte Gruppe, Papilionaceae, deren Name schon ihr Hauptkennzeichen andeutet, dehnt sich vom Aequator bis zu dem Polarkreise ja über diesen hinaus. Sie ist die größte, denn sie schließt über ¾ der Hülsenpflanzen ein. Von der temperirten zur kalten Zone nimmt die Gruppe ab; in der heißen und der temperirten ist das Verhältniß ohngefähr gleich; denn auch in der heißen Zone zeigen sich eine Menge Pflan-

*) Humboldt l. c.

zen mit Schmetterlingsblumen und selbst da bilden diese den größeren Theil der Hülsenpflanzen; man würde also irren, wenn man diese Gruppe als das extratropische Substitut jener beiden bereits gedachten Gruppen betrachten wollte. Die Gattungen dieser Gruppe bieten viele Gegensätze dar; tropische und sehr zahlreiche Gattungen sind: Hedysarum, Indigofera, Crotalaria, Dolichos, Phaseolus, welche doch zwischen den verschiedenen Continenten ohngefähr gleichförmig vertheilt sind, — dagegen fehlen innerhalb der Wendekreise die sehr zahlreichen Gattungen Trifolium, Medicago, Astragalus, Aspalathus, — die letztere dieser Gattungen ist fast auf das Cap eingeschränkt; Medicago auf die Länder, welche das mittelländische Meer umgeben, Trifolium kommt fast nur in der nördlichen temperirten Zone des alten Continents vor; Astragalus (Oxytropis incl.) hat in der temperirten Zone Asiens ein entschiedenes Maximum. Ferner sind Vicia, Genista, Lathyrus Formen, welche der temperirten Zone des alten Continents gehören; Ononis ist in den Umgebungen des mittelländischen Meeres und auf dem Cap sehr zahlreich. — Wie wenig Nordamerika dieser Pflanzenform günstig sey, zeigt auch die geringe Eigenthümlichkeit der Formen; die dortigen Papilionaceae sind einzelne Repräsentanten europäischer oder tropischer Gattungen; die letzteren scheinen hier etwas nördlicher zu gehen als in Europa. Robinia ist Nordamerika und Asien gemeinschaftlich, fehlt in Europa; Psoralea scheint auf dem Cap ein entschiedenes Maximum zu haben. Von den schmetterlingsblüthigen Neuhollands haben nach Brown $\frac{1}{3}$ freie Stamina, während man aus der temperirten Zone der nördlichen Halbkugel nur sehr wenige mit freien Staubfäden aufzuweisen vermag. (Anagyris, Cercis); die mehrsten neuholländischen Gattungen sind daher wahrscheinlich eigenthümlich. —

Man scheint folglich annehmen zu dürfen, daß die Hülsenpflanzen, besonders aber die mit Schmetterlingsblumen versehenen, Neigung zur Vertheilung mit getrennten Gattungen (Distributio generibus disjunctis) haben. Die Arten der nämlichen Gattung sind dagegen oft vereinigt und vermischt. Sehr gesellschaftliche oder weit verbreitete Pflanzen trifft man in dieser Familie nicht.

Da in der heißen Zone zwei dieser fast eigenthümlichen Hauptgruppen hervortreten, und außerdem aus der dritten viele zahlreiche eigenthümliche Gattungen, so haben wir hier einen neuen Beweis, daß diese Zone die wahre Heimath der Familie ist. Die heiße Zone erzeugt weit mehr holzartige Hülsenpflanzen; die beiden ersten Gruppen enthalten lauter Bäume und Sträucher und unter den schmetterlingsblüthigen kommen in der heißen Zone mehr holzartige als krautartige vor. Schon im südlichen Europa zeigen sich viele Sträucher; im nördlichen dagegen nur wenige (Ulex europaeus, Spartium scoparium, Genistae).

Die Formvertheilung nach der Höhe scheint auch der ähnlich zu seyn, welche nach der Breite Statt findet. In den südeuropäischen Alpen verschwinden die Gattungen, welche auch in dem nördlichen Europa fehlen (z. B. Cercis, Scorpiurus); die Gattungen, welche sich der Schneelinie am meisten nähern, gehen auch am höchsten gegen Norden (Astragalus, Trifolium, Phaca). Von der Vertheilung in dem südamerikanischen Hochlande wird dereinst Humboldts Werk Aufschluß geben. Die Gattung Astragalus kommt auch da in den höheren Regionen zum Vorschein.

§. 29.

Acotylebonen, Monocotylebonen, Dicotylebonen (Plantae cellulares, vasculares endogenae, vasculares exogenae, Decandolle) *).

Es sind bereits oben die Gründe angegeben, warum die geographischen Verhältnisse sämmtlicher Pflanzenfamilien nicht dargestellt worden, wie großes Interesse auch eine solche Darstellung haben müsse. Von noch größerem Interesse würde eine Vergleichung der geographischen Verhältnisse mit den Entwickelungsstufen des Pflanzenreichs seyn; allein dies ist noch weniger möglich, weil es uns noch durchaus an einer Aufstellung der natürlichen Pflanzengruppen nach ihren Entwickelungsgraden fehlt. Es läßt sich indeß keinesweges läugnen, daß von den drei Hauptgruppen des Pflanzenreichs die Acotyledonen, als Gruppe betrachtet, auf einer weit niederen Stufe stehen, als die Gruppe der Monocotyledonen, und diese wieder niedri-

*) Jussieu genera. Desfontaines mémoires. Decandolle Théorie élémentaire p. 237. Ejusd. Systema T. I. Richard analyse du fruit. Kieser Grundzüge der Anatomie der Pflanzen. Jena, 1815. A. F. Schweigger de plantarum classificatione naturali. Regiomonti, 1820. 8vo. C. Agardh Aphorismi botanici. Lundae 1821. 8vo. Und in Hinsicht der geographischen Vertheilung: R. Brown general remarks, observations. Humboldt Prolegomena, p. XI et XII. Ejusd. Dict. des scienc. natur. T. 18. p. 435. Decandolle ibid. p. 393.

ger als die Dicotyledonen *), wenn auch gleich diese 3 Gruppen sich keinesweges in einer Entwickelungsreihe darstellen lassen, in welcher die vollkommensten der niederen Gruppe den unvollkommensten der höheren nachstehen müssen; denn die Palmen stehen ohne Zweifel höher als viele Familien der Dicotyledonen, die Farrenkräuter höher als einige Monocotyledonen u. s. w. Die Acotyledonen enthalten so heterogene Pflanzen, daß man sie mit Recht zu mehreren Gruppen führen könnte.

Der innere Bau besteht bei den Acotyledonen aus einem wenig entwickelten Zellgewebe; es fehlen die Spiralgefäße, die eigenthümlichen Gefäße, die Poren an der Epidermis (pori corticales, stomata); doch trifft man bei den Farrenkräuten Spuren von Spiralgefäßen, weshalb sie von einigen zu den Monocotyledonen gezogen werden. Die Monocotyledonen haben nicht nur ein regelmäßigeres Zellgewebe, sondern sind mit Luftzellen, Spiralgefäßen und poris corticalibus versehen; sie unterscheiden sich von den Dicotyledonen vorzüglich durch die Lage der Gefäße; die Gefäßbündel sind nämlich zwischen dem Zellgewebe zerstreut, und nicht concentrisch vereinigt. Dieser Unterschied wird vorzüglich bei den holzartigen Monocotyledonen deutlich, wo keine Trennung des Marks, des Holzes und der Rinde wie bei den holzartigen Dicotyledonen Statt findet, auch keine Jahrringe vorhanden sind; die weichsten Theile befinden sich in der Mitte des Stammes, und

*) Ich habe die allgemein gebräuchlichen Namen beibehalten, obgleich sie wenig passend sind.

und dieser nimmt von innen nach außen an Größe zu (Endogenae); während bei den Dicotyledonen der Wachsthum (von der Rinde abgesehen) von außen nach innen geschieht (Exegenae). Ferner ist bei den Dicotyledonen das Zellgewebe sehr dicht; die Spiralgefäße, eigenthümlichen Gefäße und pori corticales sind vorhanden, die Luftzellen dagegen seltner. Die Zahl der holzartigen Gewächse nimmt mit der größeren Entwikkelung zu; unter den Acotyledonen sind nur die Farrenkräuter holzartig; unter den Monocotyledonen die Palmen, Cycadeae und einige andere, bei den Dicotyledonen eine sehr große Menge.

Bei den niedrigen Acotyledonen trifft man entweder gar nichts, welches man als analogon des Stengels und der Blätter ansehen dürfte (Fungi und einige Algae); oder es zeigen sich zwar solche analoga, welche aber von diesen Theilen bei den vollkommneren Pflanzen sehr wesentlich abweichen (Thallus der Lichenen, Frons der Fucoidae und der Ulvoideae).

Bei den etwas mehr entwickelten Acotyledonen treten wohl Blatt und Stengel ähnliche Theile hervor, sind aber in einander verschmolzen (Filices, Hepaticae) oder doch wenigstens wenig unter sich verschieden (Musci frondosi). Bei den niederen Acotyledonen fehlt auch die Wurzel. Die Monocotyledonen haben Wurzel, Stengel und Blätter; die beiden letzteren zeigen eine entschiedene Neigung sich nach der Länge auszubreiten und ungetheilt zu bleiben. Der Stengel ist, selbst bei den holzartigen Monocotyledonen, cylindrisch, nicht zugespitzt oder conisch, selten in Zweige getheilt; die Blätter sind länglich, gewöhnlich einfach, ungetheilt ohne Einschnitte und Zähne; die Nerven laufen nach der Länge und bilden keine netzförmige Verbindung; der Gegensatz des Stengels und der Blätter ist geringer als bei den Dicotyledonen. Bei den Dicotyledonen zeigen Stengel und Blätter die größte Mannigfaltigkeit, die mehrsten Gegensätze und Theilungen; die Nerven bilden gewöhnlich eine netzförmige Verbindung, der Stengel ist conisch. —

Bei den unvollkommneren Acotyledonen fehlen nicht nur die Geschlechtstheile und die Blume, sondern auch die Saamen, oder es ist für letztere höchstens ein unvollkommenes analogon. Bei den unvollkommneren zeigen sich Saamen, aber keine oder wenigstens unvollständige Geschlechtstheile. In der Reihe der Monocotyledonen zeigen sich Geschlechtstheile und Saamen; die Hüllen von beiden sind aber im Ganzen genommen einfacher als bei den Dicotyledonen. Die Gräser und Halbgräser haben keinen eigentlichen Kelch und Krone, sondern nur Schuppen, welche unvollständig die Geschlechtstheile umhüllen; bei den mehrsten übrigen Monocotyledonen finden wir nur eine einfache Hülle, welche doch bei einigen sehr entwickelt erscheint. Bei den Gräsern und Halbgräsern sind die Saamen nur mit einem dünnen Häutchen bedeckt; bei den übrigen ist eine wahre Fruchthülle vorhanden. Ferner ist es auffallend, daß in den Blüthen- und Fruchtheilen die Dreizahl vorherrscht. So haben die Gräser und Halbgräser drei Staubträger, mehrere der letzteren einen dreieckigen Saamen; die Liliengewächse (im weitesten Sinne) 3 oder 6 Staubträger und eine gleiche Zahl von Kronenblättern und von Fächern in der Frucht; — bei den Orchiden zeigt sich dieselbe Zahl in der sechsblätterigen Krone (wenn das Labellum nämlich als ein Kronenblatt betrachtet wird, wozu der allmähliege Uebergang der Orchidenkrone in eine regelmäßige sechsblätterige hinlänglichen Grund gibt), so wie auch in der dreifächerigen Frucht; bei den Palmen zeigt sich die Dreizahl mehr oder weniger deutlich in den Staubträgern, in der Krone und in der Frucht. —

Die Dicotyledonen haben eine einfache oder doppelte Hülle der Geschlechtstheile, das letztere am häufigsten. Die Frucht ist bei den mehrsten mehr zusammengesetzt als bei den Monocotyledonen. Beide bieten übrigens in den verschiedenen Familien eine große Mannigfaltigkeit dar. Die Dreizahl ist hier seltner, die Fünfzahl dagegen und die Vierzahl (oder deren Multiplicationen 10, 20, 8) sind vorherrschend sowohl in der Zahl der Staubträger als in der Zahl der Theile oder Einschnitte des Kelches, der Krone und der Frucht.

Untersuchen wir die örtlichen Verhältnisse der drei Hauptgruppen, so finden wir in Hinsicht des Vorkommens, was oben bereits zum Theil bemerkt ist, daß entophyte, so wie auch unterirdische Pflanzen nur unter den Acotyledonen und zwar nur unter den unvollkommensten derselben angetroffen werden; — ferner eigentliche Wasserpflanzen nur unter den Acotyled nen und den weniger entwickelten Monocotyledonen; Schmarotzerpflanzen sehr häufig unter den Acotyledonen (Fungi, Lichenes, Hepaticae, Musci), einige unter den Monocotyledonen (Epidendrum, Pothos), sehr wenige aber unter den Dicotyledonen. Die unvollkommneren Pflanzen sind weit mehr auf ein gewisses Vorkommen beschränkt als die vollkommneren; Epiphyta und Entophyta auf bestimmte Pflanzenarten; Flechten auf gewisse Erdarten; ja ganze Familien zeigen Neigung zu einer gewissen Art des Vorkommens (Algae im Wasser, Fungi auf verfaulten Körpern u. s. w.). Bei den Monocotyledonen und Dicotyledonen treffen wir solche Uebereinstimmung, wenigstens in den größeren Familien, nicht. —

Umgekehrt verhalten sich die drei Hauptgruppen in Hinsicht des Verbreitungsbezirkes. Es ist nämlich eine allgemeine Regel (die jedoch Ausnahmen erleidet), daß die unvollkommneren Pflanzen größere, die vollkommneren kleinere Verbreitungsbezirke haben; und dies gilt nicht nur von den Arten, sondern auch von den Gattungen und Familien.

R. Brown liefert in general remarks ein Verzeichniß derjenigen neuholländischen Pflanzen, welche auch in Europa vorkommen; die Familien Musci, Hepaticae, Algae, Fungi und Lichenes bieten 118 europäische Arten dar; sämmtliche Phanerogamen nur 45; da nun bei Brown die Gesammtzahl jener Acotyledonen Familien 300, die der Phanerogamen aber 3760 beträgt; so verhalten sich die mit Europa gemeinschaftlichen zu denen, welche nicht in Europa vorkommen in jenen Familien wie 1:1,5, in diesen wie 1:83. Unter 85 Moosen und Flechten, welche in Michaux's Flora von Nordamerika aufgeführt sind, kommen 47 auch in Europa vor *); unter 40 kamtschadalischen Laubmoosen fand Wahlenberg 36, welche auch in Schweden

*) Vergleiche Michaux's Flora mit Weber und Mohrs botanischem Taschenbuche. Kiel, 1807. (worin mehrere Arten, welche Michaux für europäische hielt, von diesen getrennt sind), und mit Acharius Synopsis methodica Lichenum. Lundae, 1814. 8vo. —

wachsen *), unter 18 Flechten aus Kamtschatka fand Flörke keine, die nicht auch in Europa wachsen **), obgleich kaum die Hälfte der kamtschadalischen Phanerogamen europäisch sind. Bory de St. Vincent fand auf den Inseln Bourbon und France eine große Menge acotyledoner Pflanzen, welche auch in Europa vorkommen, aber sehr wenige europäische Phanerogamen ***). In der Sammlung von Bergius von dem Cap fand Hornschuch viele europäische Moose ****), während von dorther nur äußerst wenige europäische Phanerogamen bekannt sind. Swartz fand in den Gebirgen Westindiens 41 europäische Moose und Flechten †), Humboldt mehrere in Südamerika ††); Hooker erhielt aus den Gebirgen Napauls: Dicranum scoparium, Polytrichum aloides und Hypnum proliferum †††). Meyer führt unter 11 Moosen und Lichenen aus Essequebo 5 europäische an ††††). — Folgende Beispiele sehr verbreiteter Flechten können auch als Belege dienen †††††).

---

*) Kamtschadalische Laub- und Lebermoose. Magazin der Gesellschaft naturforschender Freunde. Berlin, 1811. 3. St.

**) Einige Lichenen von Kamtschatka ibid.

***) Voyage aux quatre iles etc. besonders T. 3. p. 166. Note Flörke im Mag. d. Ges. naturf. Fr. 1809. 2. St.

****) Uebersicht der von Chamisso und Bergius gesammelten Moose. Flora oder botanische Zeitung. 1820.

†) Observationes botanicae.

††) Prolegomena p. XXIII.

†††) Linnean Transactions. Vol. IX.

††††) Primitiae Florae Essequeboensis.

†††††) Acharii Synopsis.

Verrucaria stigmatella Europa, Südamerika.
Trypethelium anomalum Guinea, beide Indien.
Pyrenula mastoidea ebendaselbst.
— aspristea Guinea, Westindien.
Parmelia perlata Europa, Westindien.
— perforata Europa, Westindien. Südamerika, Afrika.
Stereocaulon ramulosum, Westindien, Süd- und Nordamerika, die Inseln der Südsee; Afrika, Asien.
Borrera villosa Europa, Peru.
— leucomela Europa, die canarischen Inseln, Bourbon, St. Domingo; Nord- und Südamerika.
— flavicans, Südamerika, Cap.
Sticta filicina Jamaika, Neuseeland.
— crocata Europa, Jamaika, Bourbon, Südamerika.
— aurata, England und Westindien.
— fuliginosa Europa, Bourbon Amerika.
— tomentosa Jamaika, Cap.
Collema tremelloides, Frankreich, Cap, Westindien.
Roccella fuciformis, Europa, Congo, Ostindien.
— phycopsis, Europa, Ostindien.
Cenomyce parecha, Europa, Bourbon.
Sphaerophoron compressum, Europa, Cap, Westindien.
Alectoria Arabum Ostindien, St. Helena, Madagascar.

Eben so wenig fehlt es an Beispielen sehr verbreiteter Algen; folgende aus Turners historia Fucorum entlehnte Beispiele mögen als Belege dienen:

Fucus spinosus Cap, Westindien.
— thyrsoides Neuzeeland, Jamaika, das rothe Meer.
— bracteatus Cap, Nordwestküste Amerikas.
— acanthophorus Jamaika, das rothe Meer.
— triangularis Neuzeeland, Neuholland, Jamaika.
— sinuosus Europa, Kamtschatka.
— acinaria die Südsee, das indische und das rothe Meer.
— taxifolius Westindien, Neuholland, das rothe Meer.
— asplenioides Nordamerika, Neuholland.
— ciliatus England, Neuzeeland.
— flagelliformis Europa, Cap, Kamtschatka.
— membranaceus England, Ceylon.
— musciformis das mittelländische Meer; Westindien, Ceylon, Neuzeeland.
— tomentosus Europa, Cap.
— filicinus ebendaselbst.

Und unter den übrigen Algengattungen, die nicht zu den Fucoideis gehören:

Ceramium diaphanum Europa und Westindien.
Conferva fucicola ebendaselbst.
— albida Europa und Guinea.

Von der Regel, daß die Acotyledonen große Verbreitungsbezirke haben, machen doch die Farrenkräuter eine Ausnahme; denn sie sind gewöhnlich nicht sehr verbreitet. Was in dieser Hinsicht von den Schwämmen gilt, darf ich aus Mangel an Materialien nicht bestimmen; — doch scheinen sie in der Regel nicht so verbreitet zu seyn als die Flechten, Moose und Algen.

Daß auch die Gattungen der Flechten und Moose große Verbreitungsbezirke haben und folglich die verschiedenen Erdtheile nur wenige Gegensätze darbieten, läßt sich leicht beweisen. Acharii Synopsis enthält aus der heißen Zone 157 Flechten; von diesen gehören 143 zu 40 europäischen Gattungen, 14 zu drei den tropischen Ländern bis jetzt eigenthümlichen Gattungen: Trypethelium, Glyphis, Chiadecton. Von Nordamerika enthält dies Werk 61, von dem Cap 20 Arten, welche alle zu europäischen Gattungen gehören. In Hookers musci exotici Vol. 1 — 2. 1819 — 20 gehören unter 65 Moosen aus den tropischen oder subtropischen Gegenden (die mehrsten sind aus Südamerika und Napaul) 62 zu europäischen Gattungen, 3 zu den eigenthümlichen: Calymperes, Lyellia, Drepanophyllum, von welchen doch die letztere Gattung zweifelhaft ist. Aus andern nicht europäischen Erdtheilen hat Hoocker 56 Moose, welche alle zu europäischen Gattungen gehören, außer Dawsonia polytrichoides (aus Neuholland). Da wir bis jetzt keine vollständige Aufstellung der bekannten Algen nach ihren Gattungen besitzen, so läßt sich unser Satz in Hinsicht dieser nicht beweisen; die verschiedenen Erdtheile scheinen indeß einander nicht bedeutend entgegengesetzt zu seyn; doch hat die Gattung Sargassum Agardh *) ihr Maximum in der heißen und der wärmeren temperirten Zone, und dies gilt wohl auch von der Gattung Caulerpa.

Weniger auffallend ist der Unterschied in Hinsicht der Größe des Bezirkes zwischen den vollkommneren

*) Agardh species Algarum. Vol. I. Lundae, 1820. 8vo.

und unvollkommneren Phanerogamen; doch haben wir oben §. 21 et 22 gesehen, daß die Gräser und Halbgräser in der Regel weiter verbreitet sind als die übrigen Monocotyledonen oder Dicotyledonen; dies gilt auch von den Najaden; diese drei Familien stehen aber auch unter den Phanerogamen auf der niedrigsten Stufe; die Palmen dagegen haben kleine Verbreitungsbezirke. —

Die Vertheilung der Acotyledonen auf der Erdoberfläche läßt sich schwerlich bestimmen. Auf die absoluten Zahlen kann man hier durchaus keine Rücksicht nehmen, weil wir noch für kein einziges Land eine vollständige cryptogame Flora besitzen; und wenn wir einige europäische Floren ausnehmen, sind die Pflanzenverzeichnisse an Cryptogamen so arm, daß sie gewöhnlich keinen zehnten ja wohl keinen hunderten Theil der in der That vorhandenen Cryptogamen enthalten. Ebenso wenig läßt sich die Vertheilung mit Hülfe des zwischen den acotyledonen und den cotyledonen Pflanzen Statt findenden Verhältnisses bestimmen, weil jene in jeder Flora mit verschiedener Vollständigkeit behandelt sind. Als wahrscheinlich läßt sich indeß annehmen, daß die Acotyledonen, wenn sie auch nicht absolut betrachtet von den Polarkreisen gegen den Aequator und von der Schneeregion gegen das Niveau des Meeres abnehmen; doch auf jedem Fall in diesen Richtungen nicht in dem nämlichen Verhältnisse zahlreicher werden als die übrigen Pflanzen; und daß also die relativen Zahlen gegen den Aequator und das Niveau des Meeres allmählig kleiner werden. Was die einzelnen Familien betrifft, so scheinen die Flechten, die Moose und Hepaticae ihre Maxima in den polaren und subpolaren Ländern und den Alpenregionen der wärmeren Länder zu haben; denn nicht nur die relativen Zahlen der Arten, sondern selbst die absoluten scheinen in jenen Erdtheilen größer; ferner in die Zahl der Individuen so bedeutend, daß sie zur Charakteristik der Gegenden wesentlich beitragen, und endlich scheinen auch da die mehrsten eigenthümlichen Formen hervorzutreten. Die Schwämme sind von dem Vorkommen gar zu sehr abhängig, um nach einer klimatischen Vertheilung aufgestellt zu werden. Wo ein bedeutender Grad von Feuchtigkeit eintritt, sind sie in großer Menge vorhanden; deshalb ist die Familie in der kälteren temperirten Zone sehr zahlreich besonders im Herbste; vielleicht sind sie aber eben so zahlreich innerhalb der Wendekreise, in solchen Gegenden, wo Schatten und große Feuchtigkeit mit mäßiger Wärme vereinigt sind. In den eigentlichen Polarländern kommen sie sparsamer vor. Die Farrenkräuter scheinen in der Nähe der Wendekreise ihr Maximum zu erreichen; diejenigen Gegenden, welche nach unsern jetzigen Kenntnissen an Farrenkräutern am reichsten sind, sind die westindischen Inseln *), die Inseln Bourbon und France, und das indische Hochland **). Von den Wendekreisen scheinen sie sowohl gegen den Aequator als gegen die Pole abzunehmen. Die absolute Zahl der Algen scheint außer- und innerhalb der Tropen ohngefähr gleich zu seyn; die relative Zahl ist aber in der temperirten und kalten Zone größer. Die Individuenzahl ist in den nordischen

*) In Swartz's Flora $\frac{1}{8}$.

**) Nach Wallich $\frac{1}{10}$. Siehe dessen Brief an Hornemann in „Tidsskrift for Naturvidenskaberne. 1822. 2 Hefte."

Gewässern sehr bedeutend, erreicht aber wohl nicht die der Sargassen-Arten in einigen Gegenden bei dem nördlichen Wendekreise.

Daß sowohl die Monocotyledonen als die Dicotyledonen absolut betrachtet von den Polen gegen den Aequator zunehmen, leidet keinen Zweifel. Was das gegenseitige Verhältniß beider Gruppen betrifft, so läßt sich dies zwar leichter und sicherer bestimmen als das Verhältniß beider zu den Acotyledonen; allein man muß doch auch hier Vorsicht anwenden; denn die Gräser und Halbgräser, welche einen bedeutenden Theil der Monocotyledonen ausmachen, sind nicht überall so genau untersucht als die übrigen Phanerogamen; es lassen sich daher nur solche Floren benutzen, in welchen keine große Unvollständigkeit hinsichtlich dieser Familien zu vermuthen ist. Humboldt, Brown und Decandolle stellen als Regel auf: daß die Monocotyledonen im Verhältniß zu den Dicotyledonen vom Aequator gegen die Pole zunehmen; doch vermuthet Brown, daß sie in den Polarländern wieder abnehmen. Nach meinen Untersuchungen kann ich keinem dieser Sätze beipflichten; ich finde, daß die relative Zahl der Monocotyledonen von dem Polarkreise bis etwa gegen 35° unstreitig kleiner wird, von da aber bis zum Aequator, wenigstens in der nördlichen Halbkugel, wieder etwas größer. Das Minimum fällt in der nördlichen Hemisphäre zwischen 35° — 45°. In Persoons Synopsis verhalten sich die Monocotyledonen zu den Dicotyledonen in der heißen Zone wie 1:5, in den temperirten und kalten Zonen wie 1:6, und doch sind die tropischen Gräser und Halbgräser in diesem Werke sicher weniger vollständig als die dicotyledonen

Familien. Ferner ist das Verhältniß in Congo 1:4,0 *), in Guinea 1:3,6, in Indien 1:3,7 und in Südamerika von 0 bis 200 T. 1:4,1, von 200 bis 1100 T. 1:3,7 (0 — 1100 T. 1:3,9), in Westindien 1:3,1. Dagegen ist das Verhältniß in der Barbarey 1:4,3, am Caucasus und der Krim 1:5,3, auf den canarischen Inseln 1:5,3, in Griechenland 1:5,7, in Neapel 1:4, in Frankreich 1:4,1. Ausnahme macht wegen des Localverhältnisses Aegypten, wo das Verhältniß 1:3,6 ist. Von ohngefähr 45° nehmen die Monocotyledonen im Verhältniß zu den Dicotyledonen immer und ziemlich regelmäßig zu; in Deutschland 1:3,5 in England 1:3,3, in Dänemark 1:2,8, in Skandinavien 1:2,8, in Island 1:2,2, in Lappland 1:2,2, in Kamtschatka 1:2,0, in Grönland 1:2,0 **). Uebrigens ist diese Zunahme der Monocotyledonen eigentlich nur durch die steigende Zahl einer einzelnen Familie oder vielmehr Unterfamilie, nämlich der Cariceae, hervorgebracht. In Nordamerika, welches sowohl in die kältere als wärmere temperirte Zone fällt, ist das Verhältniß 1:3,3.

Größerem Zweifel unterworfen ist die Frage, ob die relative Zahl der Monocotyledonen in der südlichen temperirten Zone kleiner ist als in der heißen. Brown giebt für Neuhollands heiße Zone das Ver-

---

*) In diesem und allen folgenden Zahlenverhältnissen sind die Farrenkräuter nicht zu den Monocotyledonen gerechnet.

**) Browns Vermuthung, daß die Polarländer an Monocotyledonen ärmer seyn sollten, stützt sich auf das Verzeichniß grönländischer Pflanzen in Brewsters Encyclopaedia; allein Wormskiolds vollständigere Sammlung zeigt, daß hier keinesweges eine Abnahme Statt findet.

hältniß 1:4, für die temperirte 1:3 an; diese größere Zahl wird wohl durch die Familie Restiaceae bewirkt, welche hier sehr zahlreich ist; da ferner in v. Diemens Land das Verhältniß 1:4 wird; so mögen vielleicht hier die Verhältnisse wie in der nördlichen Halbkugel seyn, nur daß das Minimum vielleicht dem Pole etwas näher gerückt ist. Auf dem Cap ist nach Thunberg das Verhältniß 1:4,6 also die Zahl der Monocotyledonen geringer als in der heißen Zone; allein jenen Zahlen ist, wegen der wahrscheinlichen Unvollständigkeit in den Familien der Gräser und Halbgräser nicht sehr zu trauen *). Daß das Minimum der Monocotyledonen in die wärmere temperirte Zone fällt, wird auch daraus wahrscheinlich, daß die beiden zahlreichen Familien Cyperaceae und Gramina hier ihre Minima haben, und daß die heiße Zone mehrere monocotyledone Familien besitzt, welche entweder gar nicht oder nur sehr sparsam in der wärmeren temperirten Zone zum Vorschein kommen; auch hat in der nördlichen Hemi-

*) Die von Decandolle (Dict. des scienc. nat. T. 18. p. 397.) angeführte Tabelle beweißt zwar das Gesetz der Abnahme von den Polarländern zu der wärmeren temperirten Zone, aber keinesweges von dieser zu der heißen; denn für die letztere sind keine anderen Zahlenverhältnisse angeführt, als Browns Angabe für Neuholland, Humboldts für Südamerika, und das Verzeichniß, welches in Aublets Flora von Gujana Statt findet; allein bei dem ersteren hat Decandolle übersehen, daß die Farrenkräuter nicht mitgerechnet sind, wie dies in den Beispielen der temperirten Zone der Fall ist, und was Amerika betrifft, daß die Regionen nicht unterschieden sind. Aublets Flora ist sicher an Gräsern und Halbgräsern zu unvollständig, um Zutrauen zu verdienen. —

sphäre keine zahlreiche monocotyledone Familie in dieser Zone ihr Maximum; in der südlichen Halbkugel dagegen ist dies mit den Irideen auf dem Cap und den Restiaceen in Neuholland der Fall, und vielleicht ist deshalb in der südlichen Hemisphäre das Minimum nicht in der wärmeren temperirten Zone, sondern auf etwas höherer Breite.

Die Vertheilung nach der Höhe weicht von der Breiten-Vertheilung bedeutend ab; in der südeuropäischen Alpenflor verhalten sich die Monocotyledonen zu den Dicotyledonen wie 1:4,4; die relative Zahl der ersteren ist also kleiner als in der Ebene auf der nämlichen Breite; und in Südamerika ist das Verhältniß von 1100 bis 1600 T. 1:4,9, von 1600 T. bis zur Schneelinie 1:7,7. Dieser Unterschied der Höhen- und Breiten-Vertheilung rührt daher, daß die Gruppe Cariceae in den Hochländern nicht so reichhaltig ist, als in den Polarländern. —

4tes Stück.

Oertliche Verhältnisse des ganzen Gewächsreiches.

§. 30.

Wir können hier nur die Grenzen der Pflanzenwelt *) (den Verbreitungsbezirk) berücksichtigen, denn die Vertheilung ließe sich erst dann aufstellen, wenn die örtlichen Verhältnisse jeder einzelnen Familie im voraus bestimmt wären. In der drit-

*) Stromeyer specimen historiae vegetabilium geographicae p. 34 — 80.

ten Abtheilung wird sich indeß Gelegenheit darbieten, einige Winke über die Vertheilung sämmtlicher Pflanzenformen mitzutheilen. —

Suchen wir zuerst die Polargrenzen der Pflanzenwelt, so finden wir überall, daß, wo keine ewige Schneedecke den Pflanzen entgegen steht, selbst in den äußersten bekannten Polarländern, Vegetation angetroffen wird. Martens, Phipps, Scoresby *) fanden zwischen 77° 80° n. Br. nicht nur Flechten und Moose, sondern selbst mono- und dicotyledone Pflanzen; an der Ost- und Westseite der Baffingsbucht zwischen 70° — 76° fanden Capitain Sabine und Chirurg Fischer 35 phanerogame und 20 cryptogame Pflanzen; und die Expedition von Parry zeigt uns gleichfalls, daß die Länder, die nördlich von Amerika liegen, von Pflanzen keinesweges völlig entblößt sind **). Es scheint also, daß es gegen den Nordpol nicht die Kälte, sondern der Mangel am schneelosen Boden ist, welcher der Vegetation Grenzen setzt; und möglich ist es immer, daß, wenn am Pole selbst der Boden vom Schnee befreit ist, dort auch wenigstens Flechten und Moose gedeihen. Eben so wenig sind uns gegen den Südpol klimatische Grenzen bekannt; zwar bemerkt For-

*) F. Martens Spitzbergische Reisebeschreibung. Hamburg, 1675. 4to. C. I. Phipps voyage towards the north pole. London, 1774. 4to. W. Scoresby account of the arctic regions. Edinburgh, 1820. 8vo.

**) Roß voyage of a discovery etc. London, 1819. 4to. Parry Journal of a voyage for the discovery of a north-west passage etc. London, 1821. 4to. M. Fischer Tagebuch über die letzte Nordpolsexpedition (Bran Miscellen ausländischer Litteratur, 1821, 8tes Heft.). —

ster *), daß das Sandwichsland von aller Vegetation entblößt ist (59°), er war aber nicht selbst auf dieser Insel, sondern sah sie nur vom Meere aus; und Cook **), sagt, daß auf der Saunders Insel bei dem Sandwichslande Rasen da vorkomme, wo der Boden vom Schnee befreit ist; und auf dem neu entdeckten Neu-Süd-Shetland (62° 26') sind wenigstens Moose und Gräser vorhanden ***). Auch traf man, soviel mir bekannt, im Meere auf den höchsten befahrenen Breiten immer Algen an. Betrachtet man den sogenannten rothen Schnee als einen vegetabilischen Körper, so setzt selbst der Schnee der Pflanzenwelt keine absolute Grenze; dies darf man jedoch noch nicht als entschieden ansehen †). —

Was von den Grenzen der Pflanzenwelt in Hinsicht der geographischen Breite gilt, läßt sich auch hinsichtlich der Höhe über dem Meere behaupten. Ramond fand auf dem Pic du midi auf einer Höhe von 9000 Fuß und folglich über der Schneelinie mehrere phanerogame Pflanzen ††). Saussure traf in den Alpen Aretia helvetica und Ranunculus glacialis bis 10400 F., auf dem Montblanc Silene acaulis bis 10700 F., und bei 14400 F. also nahe an der Spitze die-

*) Bemerkungen p. 29 et 146.

**) Voyage Vol. 2. p. 227.

***) Geographische Ephemeriden. 1821. 8. B. 4. St.

†) Auf jeden Fall ist es gewiß kein Uredo, wie man gemeint hat.

††) Ramond Etat de la végétation au sommet du Pic du midi. Decade philosoph. etc. l'année 4. No. 60.

dieses Berges noch einige Flechten *), und Humboldt sahe auf den Andesgebirgen Umbilicaria pustulata und Verrucaria geographica bis 17100 F. 2340 F. über der Schneelinie **). Es scheint also auch hier der Schnee und nicht das Klima die Grenzen der Pflanzenwelt zu bestimmen. —

So viel mir bekannt trifft man selbst in den tiefsten Gruben und Höhlen noch Cryptogamen, und da die Gruben- und Höhlen-Pflanzen das Licht entbehren können, so werden sie wahrscheinlich auch in die Erde tiefer eindringen, wenn noch tieferes Graben dazu Veranlassung giebt.

Eher möchte man in der Tiefe des Meeres eine Grenze finden. Im freien Meere trifft man in der Regel keine Algen oder nur solche, welche wahrscheinlich von nahen Felsen losgerissen umherschwimmen ***); der Schiffer betrachtet sie daher als Zeichen des nahen Landes. Auf bedeutender Tiefe zieht man mit dem Senkbley zwar Corallen und andere Seethiere aber keine Seepflanzen herauf †). Zwar hat man einen Tang der eine Länge von 300 Fuß erreichen soll; allein er steht gewiß nicht aufrecht und darf daher nicht als Gegenbeweis aufgeführt werden.

*) Voyage T. 4. p. 206 et 229.

**) Tableau physique p. 70.

***) Doch macht vielleicht der Sargasso im atlantischen Meere hiervon eine Ausnahme.

†) Nach Wormskiolds mündlicher Mittheilung.

Ferner kann die Beschaffenheit des umgebenden Mediums der Vegetation Grenzen setzen. So trifft man Quellen von einer so hohen Temperatur, daß keine Pflanze in ihnen gedeiht. Doch fand Forskål *) in Arabien in einer heißen Quelle bei 49° R. noch Conferva thermalis (Oscillatoria), und selbst habe ich in eben so heißen Quellen in Italien eine Oscillatoria (wahrscheinlich die nämliche) angetroffen. Beinahe an der Spitze des Etnas fand ich in einer sogenannten fumarola bei Dämpfen von 40° R. ein Laubmoos (doch ohne Früchte). Schwefel- und andere Dämpfe in der Athmosphäre können auch die Vegetation verrichten; so ist in dem Schwefelthale Solfatara bei Puzzuoli der Boden da, wo die Schwefeldünste unmittelbar emporsteigen, völlig unfruchtbar, und an den übrigen Stellen die Vegetation sehr kümmerlich.

Endlich kann die Beschaffenheit des Bodens der Vegetation entgegen stehen; dies gilt von völlig unvermischtem und dabei sehr beweglichem Sande (die Sandwüsten Afrikas und Arabiens); von einem mit Salzen stark gewürztem Boden (in Arabien nach Forskål); und von der vulkanischen Asche auf den höchsten Theilen des Etna und Vesuv. Auf dem Etna haben die letzten 1000 Fuß keine Vegetation; welches wohl theils in der Härte der Asche seinen Grund hat, theils aber auch darin, daß neue Ausbrüche die Lichenen-Anflüge, welche sich hie und da zu bilden suchen, vernichten. Weiter unten, wo der Aschenregen weniger häufig oder weniger stark ist, bilden sich schon einige Flechten, be-

*) Flora aegyptico-arabica p. 189.

sonders Stereocaulon paschale, und solche Pflanzen, welche durch die neue Asche hervorzusprossen vermögen, z. B. Astragalus siculus Bivona und Senecio chrysanthemifolius. Nach v. Buch sind die letzten 1000 Fuß des Picos auf Teneriffa gleichfalls pflanzenleer *). —

*) Allgem. Uebers. p. 21.

3te Abtheilung.

Vergleichung der verschiedenen Erdtheile in Hinsicht ihrer vegetativen Erzeugnisse.

Botanische Geographie im engeren Sinne (geographia botanica).

In der vorigen Abtheilung bildeten die Pflanzenformen den Gegenstand unserer Untersuchung; ihre Verhältnisse zur Erdoberfläche betrachteten wir als Eigenschaften derselben, hier dagegen vergleichen wir die verschiedenen Theile der Erdoberfläche, und sehen die Vegetation als Eigenschaften an, in jener war die Untersuchung botanisch, hier ist sie physisch-geographisch. Da die Kenntniß der Vegetationsverschiedenheiten, welche uns die verschiedenen Erdtheile darbieten, erst dann ein wahres Interesse erhält, wenn wir sie mit der Kenntniß der klimatischen Verschiedenheiten vereinigen können; so wird in dieser Abtheilung jeder pflanzengeographischen Vergleichung eine klimatische vorausgeschickt. —

Wir können in diesem Handbuche nicht alle Gegensätze der verschiedenen Erdtheile darstellen, sondern nur die wichtigsten; diese scheinen folgende zu seyn:

1. Vergleichung der verschiedenen Breiten-Zonen.
2. Vergleichung der verschiedenen Längen-Zonen.
3. Vergleichung der beiden Halbkugeln.
4. Vergleichung der verschiedenen Regionen auf gleicher Breite und Länge, und ähnlicher Regionen auf verschiedener Breite und Länge.
5. Vergleichung der Zonen und der Regionen.
6. Vergleichung der Continente und der Inseln, der Binnen- und Küsten-Länder.
7. Vergleichung des Landes und des Wassers.

Diesen Vergleichungen wird ein Versuch die ganze Erdoberfläche in pflanzengeographische Reiche zu theilen beigefügt. —

1stes Stück.

Vergleichung der Breitenzonen.

§. 31.

Uebersicht der klimatischen Verschiedenheiten, welche die geographische Breite hervorbringt.

Da die Temperatur für die örtlichen Verhältnisse der Pflanzen das wichtigste klimatische Moment abgiebt, und sie sich vorzüglich nach der geographischen Breite verändert, so wollen wir die Verhältnisse derselben zuerst darstellen. Die Lehre von der Vertheilung der Wärme auf der Erdoberfläche ist erst durch Humboldt so in ein System gebracht, daß man es in der Pflanzengeographie benutzen kann. Unbestimmte Ausdrücke, daß ein gewisses Land ein kaltes oder warmes Klima habe, welche in geographischen Werken häufig vorkommen, oder Angaben der absoluten Maxima und Minima an einen gewissen Orte, können uns hier nicht nützlich seyn. Die theoretischen Berechnungen von Halley, Mairan, Euler und Lambert weichen von den Resultaten der meteorologischen Beobachtungen zu sehr ab, um benutzt werden zu können *); so wie dies auch von den Tabellen Meyers und Kirwans gilt, welche zum Theil auf meteorologische Beobachtungen, größtentheils aber auf theoretische Berechnung begründet sind **). Am mehrsten näheren sich die neuesten Formeln in den Transact. of the society of Edinburgh der Wahrheit; sie sind aber auch zum Theil auf Beobachtungen begründet; spätere Beobachtungen werden aber wahrscheinlich die Formeln noch mehr modificiren; und sie sind doch bis jetzt nur Annäherungen, die wirklichen Beobachtungen nachstehen müssen. —

Humboldt befolgte eine weit bessere Methode; er sammelte an sehr verschiedenen Orten angestellte

*) Cfr. §. 2. und Humboldt lignes isothermes p. 473 — 480.

**) Meyer de variationibus thermometri accuratius definiendis. Opera inedita Vol. I. 1775. Kirwan an estimate of temperature. London, 1787. 2. Edit. 8vo. (verdeutscht durch Crell. Berlin und Stettin, 1778. 8vo. Vergleiche hiermit Humboldt lignes isothermes p. 480 — 487.

meteorologische Beobachtungen, und zog aus denselben allgemeine Gesetze für die Vertheilung der Wärme; bildlich machte er diese Gesetze dadurch anschaulich, daß er durch diejenigen Punkte Linien zog, welche die nämliche jährliche Mitteltemperatur genießen (isotherme Linien) und bezeichnete dabei die Sommer- und Winter-Wärme mittelst zwei Zahlen in Form eines Bruchs. Daß die von ihm aufgestellten Zahlenverhältnisse keinesweges als unumstößlich sondern als mehr oder weniger approximativ zu betrachten sind, versteht sich; diese Zahlen können alsdann erst mit Genauigkeit angegeben werden, wenn wir Beobachtungen von einer größeren Menge von Orten besitzen, denn erst alsdann können die durch Localitäten entstandenen Abnormitäten ohne Wirkung bleiben; bis jetzt haben wir aber aus den mehrsten Theilen der Erde nur wenig Materialien; auch scheint es, daß bei den, in der Humboldtschen Abhandlung aufgestellten, Gesetzen keine Correctionen der Beobachtungen vorgenommen sind, welche doch nach der 1sten Abtheilung §. 2. nothwendig sind *). Da wir aber in gegenwärtiger Untersuchung nur die Temperaturverhältnisse im Großen betrachten, so ist eine solche approximative und provisorische Uebersicht wie die Humboldtsche genügend und sehr schätzbar.

Daß die Temperatur vom Aequator gegen die Pole zu abnimmt, ist durch die gewöhnlichen Erfahrungen zu bekannt um eines Beweises zu bedürfen, der aber in Hinsicht auf das Gesetz der Abnahme nothwendig ist. Nach Humboldt **) ist in dem westlichen Theile des alten Continents:

*) Der Verfasser erwähnt solcher Correctionen nirgends.

**) Lignes isoth p. 502. und die Karte.

Die isotherme	Linie		0° Cent.	auf	66° — 68°		n. Br.
„	„	„	5°	„	„	60°	„
„	„	„	10°	„	„	51°	„
„	„	„	15°	„	„	43°	„
„	„	„	20°	„	„	33°	„
„	„	„	25°	„	„	$23\frac{1}{2}$°	„
„	„	„	27°5	„	„	0°	„

Und die Abnahme folgende:

von	0° — 20°	n. Br.	= 2°	C.
„	20° — 30°	—	= 4°	
„	30° — 40°	—	= 4°	
„	40° — 50°	—	= 7°	
„	50° — 60°	—	= 5°,5	

Diesem Gesetze zufolge wäre denn die Abnahme vom Aequator bis zu dem Wendekreise des Krebses sehr gering, dann bis 40° bedeutend größer, am stärksten aber zwischen 40° und 50°, von wo sie wieder geringer würde. Daß die Temperatur vom Aequator bis zu dem Wendekreise des Krebses und noch etwas über denselben hinaus, weniger stark abnimmt als auf höherer Breite läßt sich nicht bezweifeln, — dagegen finde ich es zweifelhaft, ob die Abnahme von 40° — 50° größer sey als von 30° — 40°. Es scheint als habe Humboldt zur Bestimmung der mittleren Temperatur bei 30° der Breite vorzüglich die von Orotava (28° 25′ n. Br. 21° M. T.) und Funchal (32° 37′ n. Br. und 20°4 M. T.) vor Augen gehabt; so wie zur Bestimmung der mittleren Temperatur bei 40° vorzüglich die von Rom (41°53′ n. Br. 15°8 M. T.) und von Neapel (40°50′ n. Br. 17°4 M. T.); denn die beiden ersteren würden durch Interpolation für 30° B. ohngefähr 21°4, die beiden letzteren für 40° 17°4 geben; wonach der Unterschied 4°0 seyn würde; allein es darf nicht übersehen werden, daß Funchal und Orotava für ihre Breite eine zu niedrige Temperatur haben, weil sie Inseln sind und Orotava auch deshalb, weil diese Stadt 960 Fuß über dem Niveau des Meeres erhaben ist *); und andererseits Rom und Neapel, wegen der Nähe Afrikas und aus andern Ursachen einer etwas zu hohen Temperatur genießen; aus einer doppelten Ursache wird also der Unterschied der Temperatur zwischen 30° und 40° nach den gemachten Punkten zu klein. Ganz verschieden wird das Resultat wenn wir andere Orte wählen z. B.

Cairo	30°2′ n. B.	22°4	M. T.	**)
Neapel	40°50 n. B.	17°4	—	***)
		5°0		

oder	Algier	36°48′	21°1	†)
	Rom	41°53′	15°8	

Unterschied für 5° Br. 5°3 M. T., also für 10° Br. 10°6.

oder	Funchal	32°37′	20°4	
	Lissabon	38°40′	15°0	††)
	für	6°	5°,4	also für 10° Br. 9° T.

*) Humboldt voyage part. hist. Vol. I. p. 248

**) Lign. isoth. die Tafel.

***) Ebendaselbst. Ich habe Ursache diese Angabe für zu hoch zu halten.

†) lign. isoth. Die Tafel.

††) Observações meteorologicas faitas na cidade de Lisboa no anno 1816 por Franzini (Bibliotheca Italiana. 1819. Settembre).

Diese Zahlenverhältnisse will ich keinesweges als die wahren angesehen haben, meine aber doch, daß dadurch der Satz, daß die Abnahme zwischen 40° — 50° stärker seyn sollte als zwischen 30° — 40° zweifelhaft wird. Für den neue Continent giebt Humboldt folgende Abnahme an:

0° — 20°	Br.	2° C.
20° — 30°	—	6°
30° — 40°	—	7°
40° — 50°	—	9°
50° — 60°	—	7°,4

Hier wäre also der Unterschied der Abnahme von 30° — 40° und von 40° — 50° geringer als im westlichen Theile des alten Continents. In dem größten Theile von Asien ist die Abnahme von 30° — 40° gewiß weit größer als die von 40° — 50°, denn in jener Zone liegt die Grenze des Hochlandes; dieses ist aber relativ zur geographischen Breite eine in der Erhebung des Bodens begründete Abnormität. Für die südliche Halbkugel haben wir zu wenig Materialien, um das Gesetz der Abnahme bestimmen zu können. —

In Hinsicht der Vertheilung der Wärme in den verschiedenen Jahreszeiten, ist es gleichfalls bekannt, daß der Unterschied der letzteren mit der Breite zunimmt; eine genauere Bestimmung dieser Verhältnisse dürfte aber auch nicht ohne Interesse seyn. Hier liefert Humboldt folgende Tabelle für den Unterschied der Sommer- und Wintertemperatur *).

---

*) Lign. isoth. p. 515.

		Westlicher Theil des alten Continents	Oestlicher Theil des neuen Continents
Isotherme Linie	0°	22°	30°
	5°	20°	29°
	10°	18°	23°
	15°	16°	22°
	20°	12°	15°

Dies wird vielleicht durch folgende Uebersicht der Sommer- und Wintertemperatur einiger Oerter deutlicher werden *):

	Geographische Breite	Sommer Temp.	Winter Temp.	Unterschied
Cumana	10°27	28°,7	27°,6	1°,1
Funchal	32°37	22°,5	17°,7	4°,8
Rom	41°53	24°,0	7°,7	16°,3
Stockholm	59°20	16°,6	— 3°,6	20°,2
Enontekis	68°30	12°,7	—17°,6	30°,3

Der Unterschied des wärmsten und kältesten Monates steigt gleichfalls gegen den Pol. Folgende Beispiele werden es erläutern **):

	Wärmster Monat	Kältester Monat	Unterschied
Cumana	29°1	26°7	2°4
Funchal	24°2	17°8	6°4
Rom	25°0	5°6	19°4
Stockholm	17°8	— 5°1	22°9
Enontekis	15°3	— 18°1	33°4

*) Nach Humboldts lign. isoth. p. 516 und der großen Tafel p. 602.

**) ibid. p. 518 und Tafel p. 602.

Dies gilt natürlich noch mehr von den absoluten jährlichen Extremen. Auf Parrys Nordpolexpedition war der höchste Thermometerstand +15°5 C. der niedrigste —48°7 C. der Unterschied folglich 64°2 *); am Aequator ist der Unterschied der jährlichen Extreme kaum 10° — 12° C.

Mit jener Regel, daß der Unterschied der Jahreszeiten nach dem Pole zu größer wird, steht eine andere in Verbindung, diese nämlich, daß die Sommertemperatur und die Temperatur des wärmsten Monats bei weitem nicht im nämlichen Verhältnisse abnimmt als die mittlere Temperatur des Jahres. Nach den bereits gedachten Beispielen ist die Abnahme:

	Der mittleren Temp. des Jahres	Der Sommer Temp.	Der Temp. des wärmsten Monats
10°27 — 41°53	11°,9	4°,7	4°,1
42°53 — 59°20	10°,1	7°,4	7°,2
59°20 — 68°30	8°,5	3°,9	2°,5
10°27 — 68°30	30°,5	16°,0	13°,8

Man begreift leicht wie wohlthätig die verhältnißmäßig hohe Sommertemperatur auf die Vegetation der kälteren temperirten und der polaren Zone einwirken muß, und daß nur deswegen die Getraitearten und die Küchengewächse noch an den Orten gedeihen, deren mittlere jährliche Temperatur unter den Gefrierpunkt fällt.

*) Parry Journal of a voyage etc. London, 1821. Die mittlere Sommertemperatur war + 2°8 C., die mittlere Wintertemperatur — 33°3, der Unterschied also 36°1.

So wie zwischen dem wärmsten und dem kältesten Monat der Unterschied gegen den Pol größer wird, so ist dies auch mit dem Unterschiede der übrigen Monate der Fall. Daher ist die Ankunft des Frühlings weit plötzlicher und bemerkbarer in dem nördlichen als in dem südlichen Europa, daher lösen sich in der Polarzone der Winter und Sommer unmittelbar ab. —

Auch die constante Temperatur des Bodens nimmt von dem Aequator regelmäßig ab. Humboldt fand sie in der Ebene des tropischen Amerikas = 25° — 26°, in Cairo ist sie 22°,5 in Geneve 10°,4 in Upsala 6°,5, in Enontekis 1°,7 *). Vergleichen wir hiermit die jährliche Mitteltemperatur der genannten Oerter; Aequator 27°,5, Cairo 22°,6, Geneve 9°,6, Upsala 5°,5 Enontekis — 2°8, so scheint man annehmen zu dürfen, daß die Temperatur des Bodes innerhalb der Wendekreise etwas niedriger ist als die Mitteltemperatur der Atmosphäre, in der wärmeren temperirten Zone dieser gleich und in der kälteren temperirten und der polaren Zone etwas höher **).

Die Ausdünstung scheint von dem Pole gegen den Aequator zuzunehmen. Dies wird schon daraus wahrscheinlich, daß nach der gewöhnlichen Erfahrung eine erhöhte Temperatur die Ausdünstung vermehret und daß nach meteorologischen Beobachtungen die Ausdünstung im Sommer weit bedeutender ist als im Winter. So ist sie z. B. in Rom in den drei Wintermonaten = 9 Zoll 5 Lin. P. M.; in den drei Sommermonaten

*) Humboldt lign. is. p. 599 et seq. Flora Lapponica p. LI.

**) Cfr. Humboldt lign. isoth. l. c.

= 28 Z. 3 L. *). Auch eine Vergleichung der jährlichen Ausdünstung an Orten verschiedener Breite, scheint dies zu beweisen; so ist zum B. die Ausdünstung

in Liverpool	35 Z. 2 L. P. M. **).
in Manchester	41 — 7 — — — ***).
in Turin	42 — 8 — — — †).
in Rom	73 — 5. — — — ††).

Da mir aber aus der heißen Zone keine dergleichen Beobachtungen bekannt sind, und aus der temperirten im ganzen doch nur von wenigen Orten; so wage ich nicht in dieser Hinsicht das Gesetz der Abnahme zu bestimmen.

Der Feuchtigkeitsgrad der Atmosphäre scheint gleichfalls gegen den Aequator zu im Steigen zu seyn. Zwar haben wir mehr hygrometrische Beobachtungen als Beobachtungen über die Ausdünstung, allein die Zahl ist doch nicht hinlänglich um dem Einfluß der Localverhältnisse zu entgehen, auch sind die Instrumente gewöhnlich nicht vergleichbar †††); ich wage daher auch hier kein Gesetz aufzustellen, sondern beschränke mich auf einzelne Beispiele. Da Humboldt den Sauf-

*) Nach 7jährigen Beobachtungen (1811 — 1817) Conti's und Calendrelli's in opuscoli astronomici.

**) Dalton cfr. Robertson Natural history of the atmosphere Vol. I. p. 201. London, 1808, 8vo.

***) ibid. p. 202.

†) Nach 5jährigen Beobachtungen (1807 — 1811); annales de l'observatoire de Turin par Vasalli Eandi.

††) Nach den bereits gedachten Beobachtungen Contis und Calendrellis. —

†††) Cfr. I. Abth. §. 3.

sureschen Hygrometer, womit er in Südamerika beobachtete, mit dem verglichen hat, womit täglich in Geneve Beobachtungen angestellt werden *), so dürfte eine Vergleichung der südamerikanischen und der Genfer-Beobachtungen nicht uninteressant seyn. Nach Humboldt ist der mittlere Stand des Hygrometers in Südamerika zwischen dem Niveau des Meeres und 500 Toisen = 86° Saussure **); in Geneve (203 T.) ist er 84°,4 ***); bringen wir aber den letzteren zu dem nämlichen Thermometerstand als den ersteren (von 9°,7 C. zu 25°,3 †), so wird der mittlere Stand für Geneve nur 59°,5, also weit niedriger als in der heißen Zone.

Die Menge des fallenden Regens gehört zu denjenigen klimatischen Verhältnissen, welche von den localen Beschaffenheiten der Gegend besonders abhängig sind. Die Nähe des Meeres, der Berge, der Wälder vermehrt sie, die Trockenheit, Nacktheit des Bodens vermindert sie, und dies in dem Grade, daß die jährliche Regenmenge an zwei nicht sehr entfernten Orten bisweilen sehr wesentlich verschieden ist. Dies erhellt aus den Sammlungen der Regen-Beobachtungen; die wichtigsten dieser Sammlungen sind ein Verzeichniß von den Regenquantitäten 80 verschiedener meistens europäischer Oerter in Rozier Journal de Physique 1791, mitgetheilt von Cotte; ein anderes von Toaldo

*) Voyage Part. hist. T. 2. p. 104.

**) Tableau physique. p. 97.

***) Bibliothéque universelle.

†) Bei dieser Reduction habe ich mich der Tafel in Saussure Essai sur l'Hygrometrie p. 92. bedient.

ebendaselbst aus 48 italienischen Orten; ein drittes aus 30 Orten in England von Dalton in den memoirs of Manchester Vol. 5., und endlich einige Beobachtungen in den Ephemerides Manheimenses. In Daltons Verzeichniß ist die Regenmenge derjenigen Stadt, wo der mehrste Regen fällt, 62 Paris. Zoll. 8 Lin.; in der wo am wenigsten fällt 18 Z. 3 L.; in dem Verzeichnisse Toaldos ist das Maximum 92 Z. 2 L., das Minimum 23 Z. 3 L.; und zwischen 4 Orten auf St. Domingo, deren Regenmenge Cotte geliefert hat, ist der Unterschied so groß daß sie an einem 214 Z. an einem anderen nur 50 Z. beträgt. Es wird hierdurch klar, daß man die mittlere Regenmenge auf verschiedener Breite nur mit Hülfe einer sehr bedeutenden Zahl von Beobachtungen bestimmen kann. Humboldt bestimmt sie in der heißen Zone zu 70 Zoll, in Nordamerika auf 40° Br. zu 40 Z. in Europa nur zu 18 Zoll *), wonach sie also gegen den Pol zu bedeutend abnimmt. Diese Hauptregel ist allerdings richtig; allein der Unterschied der Zonen doch wohl geringer. Die mittlere Menge der 30 Oerter, deren Regenmenge Dalton liefert, ist 32 Z. 9 L.; diese Zahl ist zwar für das nördliche Europa zu hoch, weil England bekanntlich ein regnigtes Land ist; von den bei Cotte angeführten Orten liegen 73 zwischen 44° und 60° n. Br. folglich in der kälteren temperirten Zone; das Medium dieser ist 24 Z. 5 L.: nehmen wir ferner auch auf einige Beobachtungen in den Manheimer Ephemeriden und anderswo Rücksicht, so

*) Tableau physique p. 100. Auf der beigefügten Karte steht für Europa 25 Zoll.

so glaube ich, daß man für das nördliche Europa (und vielleicht für die ganze kältere temperirte Zone) die mittlere Regenmenge zu 25 Zoll bestimmen darf. Grösser wird sie für das südliche Europa; die Liste Toaldos aus 48 italienischen Orten giebt als Medium 42,7 Zoll, welches jedoch etwas zu hoch seyn dürfte, weil zwischen diesen Orten eine verhältnißmäßig große Zahl von See- und Gebirgsstädten ist. Nach einer Menge neuerer Materialien aus Italien, die ich benutzt habe *), glaube ich die mittlere Menge für Italien (und wahrscheinlich für das südliche Europa überhaupt) zu 35 — 40 Zoll bestimmen zu dürfen. Weiter gegen den Aequator in dem nördlichen Afrika wird zwar die Regenmenge geringer (z. B. Algier 25 Z. 7 L); diese Abnahme ist aber eine Wirkung der afrikanischen Sandwüsten und findet nicht überall auf derselben Breite Statt; so ist z. B. die Regenmenge in Charlestown, 33° n. Br., 47 Z. 11 L. Daß nicht in Südamerika allein die Regenmenge der heißen Zone die, welche außerhalb der Wendekreise Statt findet, so bedeutend übertrifft, erhellt daraus, daß die jährliche Regenmenge in Bombey 96 Z. 1 L. P. M. **) und in Calcutta 74 Z. 3 L. ***) beträgt. Auch an der Westküste Afrikas soll die Menge des Regens bedeutend seyn; im inneren aber von diesem Continente, so wie auch in Persien und

*) Diese werden in meiner Uebersicht der pflanzengeographischen Verhältnisse Italiens aufgeführt werden.

**) Nach zweijährigen Beobachtungen. Journal de Physique 1820. Januar.

***) Gleichfalls nach zweijährigen Beobachtungen. Asiatick researches, T. 2. Calcutta 1790. p. 471.

Arabien ist die Regenmenge wahrscheinlich geringer als in der wärmeren temperirten Zone.

Mit der Regenmenge steht bei einer Vergleichung der heißen und temperirten Zone die Zahl der Regentage im umgekehrten Verhältnisse; nach einer Menge von Beobachtungen; die ich der Weitläuftigkeit halber nicht aufführen kann, glaube ich als eine jährliche Mittelzahl für das nördliche Europa 150 — 160 Tage, für das südliche Europa dagegen 90 — 100 Tage annehmen zu dürfen; für die heiße Zone wird die Zahl wahrscheinlich noch geringer. Auch hier haben die Localverhältnisse einen bedeutenden Einfluß. Aus dem umgekehrten Verhältnisse der Menge des Regens und der Zahl der Regentage folgt, daß die Regenmasse bei einem jeden Regenfalle in der heißen Zone viel größer ist; welches auch die gewöhnlichen Erfahrungen bestätigen; schon bei einer Vergleichung des südlichen und nördlichen Europa ist ein solcher Unterschied bemerklich. In der heißen Zone ist an den mehrsten Stellen der Regen auf eine oder zwei jährliche Perioden (Regenzeiten) beschränkt; welches außerhalb der Wendekreise nicht der Fall ist; doch ist schon in dem südlichen Europa die Vertheilung der Regenmenge zwischen den verschiedenen Jahreszeiten ungleicher als in dem nördlichen.

S c h n e e ist ein unbekanntes Meteor in den Ebenen der heißen Zone; die absolute Aequatorial-Grenze im alten Continente erreicht schwerlich den 30sten Grad; im neuen aber fast den Wendekreis des Krebses; denn man hat auf den nördlichen westindischen Inseln Beispiele von Schnee gehabt; wenn man aber solche Oerter ausschließt, wo der Schnee zu den höchst seltenen

Phänomenen gehört, die in vielen Jahren gar nicht eintreffen, so darf man die Aequatorial-Grenze in Europa auf 40° in Amerika etwa auf 30° bestimmen. —

Die Mittel zur Kenntniß des electrischen Zustandes der Atmosphäre sind noch zu unvollkommen, und die hierher gehörigen Beobachtungen noch zu wenig zahlreich um mit einigem Grade von Gewißheit das gegenseitige Verhältniß der Zonen zu bestimmen *). Da man indeß in den Polarländern eine sehr starke Luftelectricität spürt, diese dagegen nach Humboldts Berichte **) in den niederen Gegenden der heißen Zone gering ist; so scheint man eine Abnahme derselben vom Pole gegen den Aequator annehmen zu dürfen; welches auch durch die feuchte Luft der heißen Zone und die trockne Luft der kalten erklärbar wird. Insofern indeß die Luftelectricität als Blitz hervortritt, scheint das umgekehrte Verhältniß Statt zu haben; doch ist dies Phänomen zu sehr von den Localverhältnissen abhängig, und es sind überhaupt zu wenige Beobachtungen vorhanden, um dies als Gesetz aufstellen zu können. —

Was die Richtung der Winde betrifft, so findet zwischen den tropischen und extratropischen Erdtheilen der Unterschied Statt, daß in jenen die Winde viel regelmäßiger sind, ja die Richtung die nämliche bleibt. Dies gilt zwar im eigentlichsten Sinne nur von den Winden, welche über die großen Weltmeere der heißen Zone wehen; die Regelmäßigkeit zeigt sich aber auch deutlich genug in den Continenten und Inseln. In dem atlantischen und stillen Meere herrscht

*) Siehe 1ste Abth. §. 7.

**) Tableau physique p. 100.

bekanntlich innerhalb der Wendekreise und auch etwas außerhalb derselben ein steter östlicher Wind (Passat), welcher theils nach den Hemisphären theils nach der Breite und den Jahreszeiten bald etwas gegen Norden bald etwas gegen Süden geht; in dem indischen Meere herrscht theils der Passat, theils zwei Winde, welche halbjährig mit einander abwechseln (Moussons) *). Ferner sind an den Küsten viele zwar örtliche aber dabei sehr regelmäßige Winde; worunter auch die täglich wechselnden See- und Land-Winde zu rechnen sind. Diese letzteren finden auch, wenigstens im Sommer, nicht selten an den Küsten des mittelländischen Meeres Statt.

Je mehr man sich den Polarzirkeln nähert, je weniger regelmäßig wird die Richtung des Windes **). Localverhältnisse haben übrigens auch hier einen entschiedenen Einfluß.

Die Stärke des Windes nimmt in der Regel gegen den Aequator zu; die heftigsten Orkane finden innerhalb der Wendekreise Statt. —

Die Durchsichtigkeit der Atmosphäre und die dadurch bedingte Stärke des Lichtes, nimmt gleichfalls gegen den Aequator zu. Schon die gewöhnliche Erfahrung lehrt uns, daß in dem südlichen Europa die Luft heiterer, die Farbe des Himmels dunkler ist als in dem nördlichen. Von zuverlässigen kyanometrischen

*) Halley Philos. Transact. No. 183. p. 153. — Humboldt voyage, Part. hist. Vol. 2.

**) Eine Uebersicht der relativen Verhältnisse der Winde in sämmtlichen Orten, in welchen Beobachtungen angestellt sind, würde doch immer von großem Interesse seyn.

Beobachtungen kenne ich nur die von Humboldt *), nach welchem der mittlere Stand des Saussureschen Kyanometers in der heißen Zone am Niveau des Meeres = 23° ist, in Paris dagegen 16°. Daß die Luft in der heißen Zone durchsichtiger ist, obgleich sie eine größere Menge von Dünsten enthält; rührt wohl daher, daß die Dünste wegen der höheren Temperatur sich in einem durchsichtigeren Zustande befinden. Die Vertheilung des Lichts zwischen den Jahreszeiten ist übrigens nach der Breite verschieden. Die längere ja wohl gar ununterbrochene Gegenwart des Sommerlichtes im Sommer muß in der kälteren temperirten Zone und der Polarzone auf die Pflanzenwelt günstig einwirken.

§. 32.

Vergleichung der Vegetation verschiedener Breiten-Zonen.

Es wird gewöhnlich behauptet: die Vegetation nehme wie die Temperatur von den Polen gegen den Aequator zu. Diese Behauptung ist größtentheils wahr; es darf aber hier der Unterschied zwischen der Masse und der Mannigfaltigkeit der Vegetation nicht übersehen werden. Die Masse wird theils durch Zahl theils durch Größe der Individuen, die Mannigfaltigkeit durch die Zahl der Arten oder Formen überhaupt, entweder im Verhältniß zu dem Areal oder zu den Individuen bestimmt. Eine nur mit Erica vulgaris bewachsene Strecke Landes bietet eine größere Masse dar als eine Wiese von der nämlichen Größe, allein die

*) Tableau physique p. 103.

Mannigfaltigkeit ist in dieser weit größer; ein Tannenwald enthält eine größere Masse als eine Heide, aber eine geringere Individuenzahl; und das nämliche Verhältniß findet Statt zwischen einer Heide und einer mit Rennthiermoos (Cenomyce rangiferina) bewachsenen Strecke.

Die Größe der Individuen nimmt allerdings von dem Aequator gegen die Pole ab; die heiße Zone enthält eine weit größere Menge von Bäumen und Sträuchern als die temperirte; innerhalb des Polarkreises vertreten Sträucher die Stelle der Bäume, und zuletzt kommen nur Staudengewächse und Kräuter vor. Was indeß die Extreme von Größe betrifft, so ist der Vorzug der heißen Zone weniger entschieden. Zwar kommen in dieser Palmen und Eucalypten vor, welche eine Höhe von 150 Fuß erreichen, der Boabab (Adansonia digitata), dessen Stamm einen Durchmesser von 77 Fuß erreicht. Der Drachenbaum (Dracaena Draco) von 45 Fuß *) im Durchschnitt; allein die temperirte Zone hat Nadelhölzer aufzuweisen, welche in Hinsicht der Höhe jenen tropischen Bäumen wenig nachstehen; Ceroxylon andicola vielleicht der höchste bekannte Baum (160 — 180 Fuß) wächst zwar in der heißen Zone aber in einer temperirten ja fast kalten Region; die dickstämmigen Kastanien auf dem Etna lassen sich mit den Adansonien vergleichen **) und Nordamerika

*) Brown general rem. Humboldt voyage part. hist. V. I. p. 248. et seq.

**) Der berühmte Baum Castagno di cento cavalli hat an der Wurzel nach meiner Messung 180 Fuß im Umfange; allein ich finde es noch immer zweifelhaft, ob die einzelnen jetzt vor-

hat Platanen, Europa Eichen von sehr bedeutendem Durchmesser *). —

Was dagegen die Zahl der Individuen betrifft, so scheint sie gegen den Aequator nicht zu wachsen. Schon der Umstand, daß in der heißen Zone die Individuen in der Regel größer sind, leitet uns zu der Vermuthung, daß deren auf gleichem Areal wenigere vorhanden seyn müssen; ferner fehlt in den Ebenen und niederen Regionen der heißen Zone der Rasen welcher in der temperirten eine so große Menge von Individuen enthält; und eben so sind die in den außertropischen Gegenden so zahlreichen Flechten und Moose in den tropischen weit sparsamer vorhanden, und dies überwiegt wohl weder die Dichtigkeit der Wälder, noch der Umstand, daß man in der heißen Zone, wo eine bedeutende Feuchtigkeit sich mit einer hohen Temperatur vereinigt, eine Menge von phanerogamen Schmarotzer- und Schling-Pflanzen findet, welche gleichsam eine zweite Bodendecke bilden.

Die Masse der Vegetation ist jedoch wegen der bedeutenderen Größe der Individuen im heißen Klima überwiegend, abgesehen von der Beschaffenheit des Bodens. Vergleichen wir aber die Masse der wirklich vorhandenen Vegetation in den tropischen und außertropischen Theilen der Erdoberfläche, so wird doch,

---

handenen Theile wirklich nur einen Baum gebildet haben; es sind aber auf dem Etna andere vorhanden, wo der jetzt noch völlig unverletzte Stamm von sehr bedeutendem Umfange ist; so hat der Castagno di St. Agata 70 Fuß, della nave 64 Fuß an der Wurzel, 57 Fuß in einer Höhe von 4 Fuß über dem Boden; della navella 57 Fuß an der Wurzel.

*) Humboldt l. c.

weil in jenen so große Strecken unfruchtbar sind (vornehmlich die Sandwüsten Afrikas) wahrscheinlich die Vegetationsmasse im Verhältniß zum Areal, in den extratropischen Gegenden überwiegend seyn.

Schwieriger noch wird die Untersuchung der vegetativen Mannifaltigkeit. Man sieht leicht ein, daß man hier nicht die allgemeinen, alle bekannten Pflanzen umfassenden Werke benutzen kann; denn da z. B. die temperirte Zone uns viel genauer bekannt ist, als die heiße, so würde dieser nach jenen Werken eine zu geringe Zahl von Pflanzen anheim fallen. So wird man z. B. daraus, daß Persoons Synopsis 14500 Pflanzen von extratropischen 7100 von tropischen Gegenden enthält keinen richtigen Schluß auf die Mannigfaltigkeit jener oder dieser machen können. Allein auch die Vergleichungen der Floren einzelner Länder haben ihre Schwierigkeiten. Erstlich ist es bei einer solchen Vergleichung nothwendig, daß die beiden Länder von gleichem Umfange sind; denn die Mannigfaltigkeit läßt sich nicht nach der Zahl der Arten auf jeder Quadratmeile bestimmen, weil viele Arten sehr verbreitet sind und deshalb das kleinere Land eine verhältnißmäßig größere Zahl bekommt. So enthält z. B. der nordöstliche Theil von Seeland nach Schumachers Enumeratio 900 phanerogame Pflanzen, ganz Dänemark nur 1034. Persoons Synopsis enthält von ganz Europa 4860 Pflanzen; Decandolles Synopsis aber, welche ohngefähr gleichzeitig ist, für Frankreich allein 3200 Pflanzen. Zweitens darf die physische Beschaffenheit der beiden Länder nicht gar zu ungleich seyn. So begreift man leicht, daß ein ebenes von Wäldern entblößtes gleichförmiges Land in

Hinsicht des Vorkommens und deshalb auch in Hinsicht der Vegetation nicht solche Verschiedenheiten darbietet als ein Land, worin Ebenen, Hügel oder Berge und Thäler, Wälder, Seen, Sümpfe u. s. w. mit einander abwechseln. Am reichhaltigsten wird die Vegetation in einem Lande, welches sich über die Meeresfläche so bedeutend erhebt, daß die verschiedenen Regionen, verschiedene Klimate haben. Drittens ist es nothwendig, daß beide Länder ohngefähr mit der nämlichen Sorgfalt in botanischer Hinsicht untersucht sind.

Man wird hieraus leicht schließen, wie unzuverlässig der Beweis für die gegen den Aequator zunehmende Vegetation ist, den Willdenow in seinem Grundrisse der Kräuterkunde führt, und welcher von da in so viele botanische Lehrbücher und geographische Werke übergegangen ist. Dieser Beweis liegt in folgender Vergleichung: Südgeorgien hat 2 Pflanzen, Spitzbergen 30, Lappland 534, Island 553, Schweden 1299, Mark Brandenburg 2000, Piemont 2800, Coromandel 4000, Jamaica 4000, Madagascar 5000. Diese Länder sind erstlich von sehr ungleichem Umfange, und sehr ungleicher physischer Beschaffenheit, z. B. die Mark Brandenburg eine Ebene, Piemont ein Land, das sich bis zur Schneelinie erhebt; bei einigen müssen die cryptogamen mit in Anschlag genommen seyn, bei anderen nicht; daß Spitzbergen nur 30, Südgeorgien nur 2 Pflanzen erhält, liegt ohne Zweifel im Mangel an Untersuchungen; Madagascar werden 5000 Pflanzen zugeschrieben, obgleich Persoons Synopsis, welche vollständiger ist als das Willdenowsche Werk, nur 80 Pflanzen von dieser Insel enthält; Coromandel enthält 4000, obgleich Persoons Synopsis vom ganzen tropischen

Asien nur 1900 enthält, Jamaica eine gleiche Zahl obwohl Swartz Flora von ganz Westindien nur 788 hat. Für die 3 letzteren Länder sind die Zahlen keinesweges nach den aus denselben bekannten Pflanzenarten bestimmt, sondern nach einer bloßen Vermuthung, welche sich wiederum darauf gründet, daß diese Länder als tropische sehr pflanzenreich seyn müssen; und wir haben daher einen so schönen Cirkel im Beweise als man sich nur wünschen kann.

Daß die Zahl der Arten von der Polar-Zone bis zu dem nördlichen Europa, und von da bis zum südlichen wächst, läßt sich nicht bezweifeln. Lappland, dessen Flora jetzt sehr wohl bekannt ist, hat nach Wahlenberg 500 phanerogame und beinahe 600 cryptogame Pflanzen; Dänemark, welches doch bedeutend kleiner ist, dagegen 1034 phanerogame und wenigstens 2000 cryptogame *). Großbrittannien und Skandinavien enthalten zusammen 1600 phanerogame Pflanzen und etwa 3000 cryptogame; die Länder, deren Vegetation Decandolles Flore Française behandelt, selbst nach Abziehung derjenigen Pflanzen, welche nur über 4000 Fuß vorkommen, doch 3498 phanerogame und 2300 cryptogame **). Ferner kennen wir aus Großbrittannien 1430, aus Griechenland 2335 phanerogame Pflanzen ***); obgleich jenes Land viel genauer unter-

*) Schumachers Enumeratio 2 Th. enthält 1300; allein seit der Herausgabe dieses Werkes sind sehr viele Algen, Lichenen und Jungermannien entdeckt.

**) Und doch sind die Cryptogamen in diesen Ländern schwerlich so genau untersucht als in jenen beiden. —

***) Sibthorps Flora enthält zwar eine weit kleinere Zahl

sucht ist. Schwieriger ist es die Frage zu beantworten, ob von der wärmeren temperirten Zone zur heißen die Vegetation mannigfaltiger wird. Es ließe sich gegen eine solche Annahme anführen: daß die Barbarey obgleich ziemlich untersucht nach Desfontaines Flora nur 1443 phanerogame Pflanzen hat, Aegypten, dessen Vegetation auch recht wohl bekannt ist, nur 773; die Sammlung von Smith aus Congo 573, die der dänischen Botaniker aus Guinea 478; Smeathmanns Herbarium aus Sierra Leone 450, W. Brass vom Cap Coast 250 *); ferner daß Swartz's Flora Westindiens nur 788 **), Lunans Flora von Jamaica 1213 ***) und v. Buchs Uebersicht der canarischen Flora nur 513 Pflanzen enthält; endlich daß von den 3880 Pflanzen, welche Humboldt und Bonpland auf ihrer Reise gefunden haben, nur 1262 unter 200 Toisen vorkommen. Dieser Beispiele ungeachtet scheint doch innerhalb der Wendekreise, wo keine von dem allgemeinen Klima unabhängige physische Beschaffenheit der Gegend Ausnahmen verursacht, die Zahl der Arten größer zu seyn als in der wärmeren temperirten Zone der nördlichen Halbkugel; denn erstlich ist

---

von Cryptogamen als wir von England kennen; allein Griechenland ist in solcher Hinsicht gar zu wenig untersucht.

*) R. Brown observations. Hornemann de indole plantarum Guineensium.

**) Doch darf hierbei nicht übersehen werden, daß, wie es scheint, Swartz nicht alle von ihm gefundenen Arten, sondern nur die neuen oder weniger bekannten aufgenommen hat; allein man kannte vor ihm nur wenige Pflanzen aus diesen Gegenden.

***) Decandolle Dict. des sciences nat. T. 18. p. 395.

keine jener tropischen Gegenden so genau untersucht als das südliche Europa, Aegypten ist ein sehr gleichförmiges Land, die Barbarey wegen des Bodens weniger fruchtbar, die Westküste Afrikas vielleicht aus beiden Gründen pflanzenarm, Jamaika und die canarischen Inseln sind es vielleicht, weil sie Inseln sind *); wenn man zweitens bedenkt, daß Humboldt und Bonpland zwar einen großen Theil von Südamerika bereist aber nicht lange an den einzelnen Orten verweilt haben, auch größtentheils die gebirgigten Länder untersuchten, so scheint selbst jene geringere Zahl keine unbedeutende Mannifaltigkeit vorauszusetzen; kommt nun hinzu, daß aus Indien, welches doch bei weitem nicht hinreichend untersucht ist, wenigstens 4000 Pflanzen bekannt sind, und daß Brasilien nach den Berichten der neueren Reisenden einen außerordentlichen Pflanzenreichthum darbieten soll; und endlich der Umstand, daß gegen den Aequator die Pflanzen in der Regel weniger gesellschaftlich werden (siehe unten), welches eine größere Artenzahl voraussetzt, — so darf man wohl selbst von der wärmeren temperirten zu der heißen Zone eine Vermehrung der Arten annehmen **). Wenn man dagegen die Zahl der Arten nicht mit der Zahl der Individuen, sondern mit dem Areal vergleicht, so ist es wohl möglich, daß sie für die temperirte Zone größer wird, denn diese schließt verhältnißmäßig nicht so viele unfruchtbare Landstrecken ein ***).

*) Dies darf ich doch keinesweges als entschieden annehmen. Cfr. unten §. 42.

**) Bestimmte Zahlenverhältnisse wage ich nicht aufzustellen.

***) Humboldt meint, daß die Zahl der Arten mit dem Areal verglichen auf 0°, 46° und 68° n. Br. sich wie 12 : 4 : 1 ver-

Allein obgleich es demnach nicht unwahrscheinlich ist, daß in der nördlichen Halbkugel die Mannigfaltigkeit der Pflanzenwelt von der heißen Zone zu der wärmeren temperirten abnimmt; so glaube ich keinesweges, daß dies in der südlichen Halbkugel der Fall ist; wenigstens bieten die zwei Erdtheile derselben, welche uns in Hinsicht ihrer vegetabilischen Erzeugnisse einigermaßen bekannt sind, nämlich die Südspitze Afrikas und der extratropische Theil von Neuholland, eine solche Mannigfaltigkeit dar, wie sie nirgends in der heißen Zone Statt findet. So hat R. Brown aus Neuholland und v. Diemens Land 3760 phanerogame Pflanzen mitgebracht, von welchen mehr als die Hälfte zwischen 33° — 35° s. Br. gefunden sind; und doch sind nur die Küsten untersucht; von Afrikas Südspitze hatte schon Thunberg 3842 Pflanzen; jetzt kennt man wohl gegen 5000.

Noch schwieriger wird es das relative Verhältniß der Gattungen und Arten, oder die Mannigfaltigkeit im Großen zu bestimmen *). Hier ist es erstlich noch viel nothwendiger, daß das Areal gleich sey; denn da die Gattungen in der Regel sehr große Verbreitungsbezirke einnehmen, so bekommt das kleinere Areal im Verhältniß eine zu große Zahl von Gattungen. Persoons Synopsis enthält 2300 Gattungen mit 21500 Arten; das Verhältniß beider 1 : 9,3 findet

---

halten; welcher Meinung ich dem bereits gedachten zufolge durchaus nicht beitreten kann.

*) Cfr. Humboldt Prolegomena p. XVII. Decandolle in Dictionnaire des scienc. nat. T. 18. p. 100.

man in keiner einzigen Flora. Zweitens ist es auch hier nothwendig, daß die verglichenen Länder in gleichem Grade untersucht sind, denn durch spätere Entdeckungen wird die Zahl der Gattungen nicht in demselben Grade vermehrt, als die der Arten; aus dem Grunde nämlich, daß die älteren Autoren, welche zuerst das Land untersuchten, vorzüglich die Hauptformen beachteten, und nahe verwandte Arten nicht unterschieden. So ist das Verhältniß der Gattungen zu den Arten in Linnés Flora Lapponica 1 : 1,9, in Wahlenberg's dagegen 1:2,3; in Michaux's Flora von Nordamerika 1:2,6 in Pursh's 1:4,1. Endlich wird diese Untersuchung auch deshalb schwierig, weil die Ansicht der Autoren von dem Begriffe Gattung sehr verschieden ist; bei dem, der geneigt ist viele Gattungen anzunehmen, wird natürlich das Verhältniß kleiner, größer dagegen bei demjenigen, der die weniger ausgezeichneten Gruppen lieber als Unterabtheilungen einer Gattung aufstellt.

Daß die Gattungen von der Polarzone zu der kälteren temperirten Zone und von dieser zu der wärmeren temperirten nicht im nämlichen Grade als die Arten an Zahl zunehmen, und daß also insofern die beiden ersteren Zonen eine relativ größere Mannigfaltigkeit der Hauptformen zeigen; kann mit vollem Fuge angenommen werden. So ist das Verhältniß der Gattungen und Arten in Lappland 1 : 2,3, in Grönland 1:2,3, in Dänemark 1:2,7, obgleich letzteres Land kleiner ist und deshalb eine im Verhältniß zu den Arten größere Zahl von Gattungen haben müßte. In Großbrittanien und Skandinavien zusammen ist das Verhältniß 1:3,5, in Frankreich dagegen 1:5; in Großbrittannien 2:3,3, in Griechenland 1:4,2 *), obgleich ersteres Land viel genauer untersucht ist und deswegen eine verhältnißmäßig kleinere Zahl von Gattungen enthalten müßte. Ob aber weiter gegen den Aequator die relative Zahl der Gattungen in Abnahme ist, wage ich aus Mangel an Materialien nicht zu bestimmen. Zwar enthält die heiße Zone eine Menge sehr zahlreicher Gattungen, allein es kommen dort auch nicht wenige vor, welche aus einer geringen Artenzahl bestehen. Uebrigens muß in Hinsicht der relativ größeren Zahl der Gattungen in der polar- und der kälteren temperirten Zone bemerkt werden, daß diese nicht so sehr aus einer großen Zahl diesen Zonen eigenthümlichen Gattungen herrührt, sondern vielmehr daher, daß von einer Menge von Gattungen aus der wärmeren temperirten und der heißen Zone, in jenen Zonen einzelne Repräsentanten vorhanden sind.

Am größten wird aber die Schwierigkeit bei Bestimmung des Verhältnisses, zwischen den natürlichen Familien einerseits und den Gattungen und Arten andererseits. Die Verbreitungsbezirke der Familien sind nämlich noch größer als die der Gattungen, die Ansichten der Autoren noch mehr verschieden; auch besitzen wir bis jetzt keine vollständige Darstellung der natürlichen Familien. Bedienen wir uns der natürlichen Familien von Jussieu, so finden wir hier wie bei den Gattungen, daß die relative Mannigfaltigkeit von der wärmeren temperirten bis zur Polar-Zone zunimmt. Das Verhältniß der Familien zu den Arten ist nämlich:

*) Die Vergleichung verdient um so mehr Vertrauen, da der nämliche Botaniker die Floren beider Länder herausgegeben hat.

in Lappland . . . 1:9
in Dänemark . . . 1:18
in Großbrittanien . 1:20
in Griechenland . . 1:31

In Persoons Synopsis ist es 1:226.

Nachdem wir solchermaßen die Masse der Vegetation und die Mannigfaltigkeit derselben in den Breiten-Zonen verglichen haben; wollen wir jetzt die Verschiedenheiten und Uebereinstimmungen der Pflanzenformen, und zwar zuerst die Familien, welche die verschiedenen Zonen uns darbieten, berücksichtigen. In dieser Hinsicht muß man aber wohl die charakterisirenden und die vorherrschenden (dominirenden) Familien unterscheiden; jene sind die, welche einer Zone entweder ganz eigenthümlich sind oder doch wenigstens in dieser ihr Maximum haben; diese sind solche, welche den größten Theil der Vegetation bilden; und dies zwar entweder in Hinsicht der Artenzahl oder in Hinsicht der Größe und Zahl der Individuen (Masse der Vegetation). —

Die in §. 20 angeführten Ursachen, weshalb nicht die geographischen Verhältnisse aller Familien behandelt sind, verursachen, daß diese Vergleichung weder vollständig noch völlig genau werden kann. Ich muß hier noch mehr als an andern Stellen in diesem Werke daran erinnern, daß dasselbe nur die Grundzüge einer Pflanzengeographie enthält.

I. Die charakterisirenden Familien der verschiedenen Zonen.

a. Folgende Familien gehören der heißen Zone fast ausschließlich an; außerhalb derselben

sind

sind höchstens nur einzelne Repräsentanten vorhanden.

Palmae Jus.

Musae Jus.

Scitamineae (Scitamineae et Cannae Brown).

Piperaceae Kunth.

Nopaleae DCand.

Melastomeae Jus.

Meliaceae Jus.

Guttiferae Jus.

Sapindacae Jus.

Anonaceae Jus.

b. Folgende haben in der heißen Zone ihr Maximum, allein sie kommen in der wärmeren temperirten so häufig vor, daß man die dort wachsenden Arten nicht als bloße Repräsentanten betrachten kann.

Aroideae Jus.

Laurineae Jus.

Apocyneae Jus.

Terebinthaceae Jus.

Aurantia Jus.

c. Folgende haben gleichfalls ihr Maximum in der heißen Zone, kommen aber bis zum Polarkreise vor.

Filices Brown *).

Urticeae Jus. (excl. Piperaceis).

*) Eigentlich ist das Maximum wie es scheint, bei den Wendekreisen. Cfr. §. 29.

Euphorbiaceae Juss.

Solaneae Juss.

Convolvulaceae Juss.

Leguminosae Jus. (die zwei Gruppen Cassieae und Mimoseae fast rein tropisch.

Malvaceae Jus.

d. Von folgenden großen Familien sind eine oder mehrere Gruppen tropisch, eine oder mehrere extratropisch:

Von Gramineis Jus. sind Paniceae, Chlorideae, Sacchorineae, Olyreae, Oryzeae und Bambusaceae Kunth entweder ganz tropisch oder haben in der heißen Zone ihr Maximum.

Von Cyperaceis Jus. ist dies mit den eigentlichen Cyperaceis der Fall.

Von Orchideis Jus. ist es mit einer Gruppe der Fall, für welche die Linnésche Gattung Epidendron als typus zu betrachten ist *).

Von Labiatis im weitesten Sinne **): Verbenaceae Kunth.

Von Boragineis Jus. die welche nicht zu den Linnéschen Asperifolien gehören; also Borragineae non nuciferae.

Von Rubiaceis Jus. die welche nicht zu den Stellatis Lin. gehören.

e. In der wärmeren temperirten Zone haben folgende Familien ihr Maximum:

*) Cfr. Brown gen. rem.

**) ibid.

Restiaceae Brown.
Liliaceae DCand.
Irideae Jus.
Thymelae Jus.
Proteaceae Jus.
Chenopodeae DCand.
Asperifoliae Lin. v. Boragineae nuciferae.
Labiatae Jus.
Ericaceae Jus.
Compositae Adans.
Stellatae Lin. v. Rubiaceae stellatae.
Ficoideae Jus.
Myrtineae Jus.
Geranieae Jus.
Caryophylleae Jus.

f. In der temperirten Zone, überhaupt ohne auffallenden Unterschied des kälteren und wärmeren Theiles derselben, haben folgende Familien ihr Maximum:

Coniferae Jus.
Amentaceae Jus.
Campanulaceae Jus.
Umbelliferae Jus.
Rosaceae Jus.
Cruciferae Jus.
Ranunculaceae Jus.

und von den Gramineis die Gruppen: Bromeae, Agrostideae, Hordeaceae Kunth.

g. Folgende scheinen in der kälteren temperirten und subpolaren Zone einen größeren Quotient zu bilden:

Fungi Jus.

von den Cyperaceis: die Gruppe Cariceae.

h. In der Polarzone scheinen folgende ihr Maximum zu haben *).

Lichenosae Achar.

Musci Jus.

Gentianeae (doch nur Sectio 1ma Brown).

Saxifrageae Jus.

von den Caryophylleis: die Gruppe Alsineae Decand.

von den Amentaceis: die Gruppe Saliceae Richard.

II. Die durch Zahl der Arten herrschenden Familien sind:

a. In der heißen Zone: Leguminosae, Gramina, Rubiaceae, Compositae, Euphorbioceae, Urticeae; und zwar in der hier gewählten Reihenfolge. Doch finden in den verschiedenen Continenten und den verschiedenen Gegenden einige Abänderungen Statt. –

b. In der wärmeren temperirten Zone sind die zahlreichsten Familien: Compositae, Leguminosae, Gramina, und zwar in der nördlichen Hemisphäre in dieser Folge; in der südlichen auch auf dem Cap; in Neuholland aber übertreffen die Leguminosae die Compositas an Zahl. Nach diesen drei Familien fol-

*) Die mehrsten auch in der Alpenregion der temperirten Zone.

gen in der nördlichen Halbkugel im alten Continent: Labiatae, Caryophylleae, Cruciferae, Umbelliferae; und die Zahlen dieser 4 Familien weichen unter sich nur wenig ab; im neuen Continente aber: Amentaceae, Rosaceae, Cyperaceae, Vacciniaceae DC.; im südlichen Afrika: Geranieae, Ericaceae, Eicoideae, Proteaceae *); in dem extratropischen Neuholland: Myrtineae, Proteaceae, Cyperaceae, Epacrideae.

c. In der kälteren temperirten Zone sind, wenigstens in Europa und Asien: Gramina, Compositae, Cyperaceae, Leguminosae, Cruciferae, Amentaceae, Rosaceae, Umbelliferae und Caryophylleae die zahlreichsten Familien. In Nordamerika gehen Umbelliferae und Cruciferae aus dieser Klasse heraus, und die Amentaceae erhalten einen höheren Platz.

d. In der Polarzone scheinen unter den Phanerogamen: Cyperaceae (Cariceae nämlich), Gramina, Compositae, Caryophylleae (Alsineae), Amentaceae (Saliceae) und Saxifrageae die größte Zahl von Arten zu haben; doch werden alle diese Familien von den Mosen und Flechten übertroffen.

III. Was endlich die durch Zahl und Größe der Individuen (Masse der Vegetation) vorherr-

*) Vielleicht übertreffen diese sogar die Gräser.

schenden Familien betrifft; so darf ich sie wegen Mangel sowohl an eigener Beobachtung als hinlänglicher Materialien, für die heiße Zone nicht bestimmen; ohne Zweifel bieten auch die verschiedenen Theile derselben bedeutende Verschiedenheiten dar; doch sind es wahrscheinlich die nämlichen Familien, welche an Arten die reichsten sind, weil in dieser Zone wenige gesellschaftliche Pflanzen vorkommen. In der temperirten Zone der nördlichen Halbkugel scheinen die Gramina und Amentaceae (in dem kälteren Theile zugleich die Coniferae) die vorherrschenden zu seyn; denn jene bilden die Hauptmasse der unmittelbaren Bodendecke, diese die Hauptbestandtheile der Wälder. Nach diesen Familien folgen im alten Continent wahrscheinlich die Ericaceae, weil sie sehr große Strecken fast ausschließend bedecken. An der Südspitze Afrikas scheinen die Proteaceae, Ericaceae, Ficoideae, Jrideae die herrschenden in dem extratropischen Neuholland Proteaceae, Myrtineae und Epacrideae. In den Polarländern bilden wahrscheinlich die Gramina, Cariceae und Amentaceae den größten Theil der Vegetationsmasse. —

Einen genaueren Begriff der Uebereinstimmung und des Unterschiedes der Zonen erhalten wir durch eine Uebersicht der gemeinschaftlichen Gattungen. Unter 372 Gattungen, welche nach Nova gen. etc. in Südamerika bis auf einer Höhe von 200 Toisen angetroffen werden, schließen nur 80, also nicht einmal $\frac{1}{4}$, auch europäische Arten ein *); von 286 westindischen

*) Mit Vorsatz habe ich Südamerika nicht mit Nordamerika, sondern mit Europa verglichen, weil die Länder, deren Vege:

Gattungen sind 72 o. $\frac{1}{4}$ europäisch; von 255 Gattungen aus Guinea 68 o. etwas über $\frac{1}{4}$, von 668 ostindischer 220 o. $\frac{1}{3}$ *). Zur Vergleichung der wärmeren und kälteren temperirten Zone mögen folgende Beyspiele dienen. Von 548 Gattungen in Griechenland und 439 in Großbrittanien sind 380 gemeinschaftlich. Die Uebereinstimmung der kälteren temperirten und polaren Zone wird aus einer Vergleichung Dänemarks und Lapplands sichtbar; die Totalsumme der Gattungen ist in Dänemark 387 in Lappland 214; die Zahl der gemeinschaftlichen 198. —

Nicht unwichtig wäre es zu wissen, welche Zone die mehrsten eigenthümlichen Formen erzeugt. Da die Gesammtzahl der Gattungen von dem Pole gegen den Aequator zunimmt, so ist es begreiflich, daß gleichfalls die Zahl derjenigen Gattungen, welche in Gegenden auf höherer Breite nicht vorkommen, also in so fern eigenthümlich sind, zunehmen muß. Es scheint aber, daß die eigenthümlichen Gattungen, wenigstens von der Polarzone zu den Wendekreisen, sich in einem stärkeren Verhältnisse als die Gattungen überhaupt vermehren.

Da wir bereits oben §. 13. bemerkt haben, daß bei den Arten eine Ausdehnung des Verbreitungsbezirkes von 30 geographischen Breitengraden selten; von 10° — 15° aber gewöhnlich sey; so sieht man leicht ein, daß nur wenige Pflanzen (und dies meistens cryp-

tation Pursh's Flora enthält, sich fast unmittelbar an die von Humboldt untersuchten Gegenden anschließen, und deshalb nothwendig viele Gattungen gemeinschaftlich werden mußten. —

*) Ostindien liegt zum Theil außerhalb der Wendekreise.

togame) in der heißen Zone, und zugleich in der Mitte der temperirten Zone angetroffen werden.

Als Unterschied der heißen und temperirten Zone kann auch bemerkt werden, daß gesellschaftliche Pflanzen in jener weit seltener sind als in dieser. In dieser Hinsicht berufe ich mich unter andern auf Humboldts Bemerkung, daß in der heißen Zone Südamerikas in der Ebene kaum andere gesellschaftliche Pflanzen angetroffen werden als Rhizophora mangle, Sesuvium Portulacastrum, Croton argenteum und Bambusa quiudnensis *).

Die Zahl der holzartigen Gewächse nimmt gegen den Aequator bedeutend zu. Die mehrsten Familien, welche oben als der tropischen Zone eigenthümlich angeführt sind, schließen nur Bäume und Sträucher ein (Palmae, Guttiferae, Anonaceae, Sapindaceae, Melastomeae), Familien, deren Arten in der temperirten Zone entweder völlig oder größtentheils Kräuter sind, bieten in der heißen Zone Bäume und Sträucher dar, z. B. Leguminosae (deren zwei tropische Gruppen Mimosae und Cassieae nur aus holzartigen Gewächsen bestehen, und die dritte Gruppe, Papilionaceae, auch viele dergleichen einschließt), Malvaceae, Compositae, Filices; selbst Gräser nähern sich innerhalb der Tropen der Baumform. Nach Decandolles Bemerkung **) hat Gujana 225 bekannte Bäume, Frankreich 74, — welche zu den Gesammtzahlen der in beiden Ländern vorkommenden phanerogamen Pflanzen $\frac{1}{5}$ und $\frac{1}{38}$ betragen. In der Polarzone verschwinden die

*) Prolegomena XXI.

**) Dict. des scienc. nat. T. 18. p. 398.

Bäume fast gänzlich, doch findet man noch Sträucher und Staudengewächse, besonders Weiden. Merkwürdig ist die Seltenheit der einjährigen Gewächse, sowohl in der heißen Zone als in der Polarzone. Decandolle giebt die Zahl dieser in Lappland zu 36, in Frankreich zu 1073, in Gujana zu 37 an *).

Zu den characteristischen Zügen der Vegetation in der temperirten und kalten Zone gehört auch der Laubfall; in der heißen Zone behalten die Bäume und Sträucher bekanntlich ihre Blätter das ganze Jahr hindurch, in der temperirten, besonders in dem kälteren Theile derselben, so wie in der Polarzone fallen sie im Herbste ab, und kommen im nächsten Frühjahre wieder zum Vorschein. Hiervon machen in der polaren und der kälteren temperirten Zone fast nur die Nadelbäume eine Ausnahme. In der wärmeren temperirten Zone zeigt sich immer mehr und mehr die Annäherung zu der heißen, indem die Zahl der immergrünen Bäume und Sträucher allmählich zunimmt. —

Die Blätter nehmen von dem Pole gegen den Aequator in der Regel an Größe besonders an Breite zu, und werden auch mehr zusammengesetzt; man bedenke die großen Blätter der Palmen und Musae, die vielen breitblättrigen Bäume aus den Familien der Anonaceae, Malvaceae, Melastomeae u. s. w., welche in der heißen Zone vorkommen, ferner die sehr zusammengesetzten Blätter der Mimosen und anderer tropischer Familien. Auch die Blumen nehmen an Größe zu; die größten bekannten Blumen sind wohl die der süd-

*) ibid. p. 399.

amerikanischen Aristolochia, welche nach Humboldt *) so groß sind, daß die Kinder sie als Mütze tragen können, und der Rafflesia Brown, in Java, deren Durchschnitt 3 englische Fuß beträgt **). Man vergleiche die kleinen unansehnlichen Blumen unserer Bäume aus den Familien der Amentaceae und Coniferae mit den großen Blumen der mehrsten tropischen Bäume. Beispiele von Blumen von einem sehr zusammengesetzten Bau liefert die Familie der Apocyneae und andere der heißen Zone. Auch an hohen lebhaften Farben der Blumen übertreffen die tropischen Pflanzen die extratropischen; doch kommen in der Polarzone viele Blumen mit sehr reinen wenn auch nicht so lebhaften Farben vor; in der kälteren temperirten Zone sind die schmutzigen blassen Farben vorherrschend. Die Blumen und Blätter sind innerhalb der Wendekreise glänzender. Getrennte Geschlechter sind unter den tropischen Pflanzen etwas häufiger als unter den extratropischen; in Persoons Synopsis ist die Zahl der tropischen Pflanzen aus den Klassen Monoecia und Dioecia gleich der der extratropischen, während die Totalsummen der tropischen und extratropischen Pflanzen bei Persoon sich wie 1:2 verhalten. In der Polarzone steigt jedoch die relative Zahl der Pflanzen mit getrenntem Geschlechte, hauptsächlich wegen der vielen Salices und Carices. In Hinsicht der Bestandtheile bieten die Tropenpflanzen weit häufiger Beispiele von ei-

*) Ansichten p. 202.

**) R. Brown an account of a new genus named Rafflesia. Transact. of the linnean soc. Vol. XIII. London, 1821. 4to.

genthümlichen Stoffen, aromatibus, kräftigen Arzney-mitteln, starken Giften u. s. w. *) dar.

Bereits oben ist erwähnt, wie schwierig es ist, die geographische Vertheilung der Pflanzen nach ihrer Entwickelung zu bestimmen. Es scheint jedoch hier das Gesetz obzuwalten, daß die Vollkommenheit der Pflanzen im Allgemeinen gegen den Pol zu abnimmt. Doch ist diese Vertheilung nicht dergestalt, daß die vollkommneren Hauptgruppen gänzlich der heißen Zone, die unvollkommneren der temperirten und kalten gehören; sondern es sind aus jeder Hauptgruppe die vollkommneren Untergruppen innerhalb, die unvollkommneren außerhalb der Wendekreise. So hat unter den Acotyledonen die Familie der Farrenkräuter ihr Maximum innerhalb oder in der Nähe der Wendekreise; unter den Monocotyledonen ist dies mit den Palmen der Fall; die Lilien haben in der wärmeren temperirten, die Gräser und Halbgräser in der kälteren temperirten und kalten Zone ihr Maximum; und in den beiden letzteren Familien sind wiederum die mehr entwickelten kleineren Gruppen tropisch, die weniger entwickelten extratropisch. Unter den Dicotyledonen läßt sich der Beweis dieses Gesetzes nicht so leicht durchführen, weil wir bisjetzt keine Uebersicht der Entwickelungsstufe derselben besitzen und weil sie unter sich mehrere Stufenfolgen bil-

*) Es ließen sich gewiß noch sehr viele Verschiedenheiten der tropischen und extratropischen Vegetation angeben; diese werden aber diejenigen, welche selbst die Tropenwelt untersuchten, besser darstellen können. Ich verweise deshalb auf die Werke Humboldts, vorzüglich aber auf seine Ideen zu einer Physiognomik der Gewächse. Ansichten p. 157 et seq.

den; doch ist es merkwürdig, daß die Leguminosae und Malvaceae, welche sehr entwickelte Pflanzenformen sind, in der heißen Zone ihr Maximum haben; die weniger entwickelten Compositae, Cruciferae, Umbelliferae in der temperirten Zone. Freilich kommen auch außerhalb der Wendekreise sehr entwickelte Formen vor, als die Rosaceae, Ranunculaceae, — und diese haben sogar da ihr Maximum; allein alsdann findet man in der heißen Zone gewöhnlich noch vollkommnere analoge Formen, z. B. für die Ranunculaceae die Anonaceae.

Es lassen sich allerdings viele Vegetations-Verschiedenheiten der Breitenzonen durch die klimatischen Verschiedenheiten erklären. So läßt sich wohl aus der gegen den Aequator zunehmenden Temperatur herleiten: daß die Individuen größer werden, daß die holzartigen Monocotyledonen, deren lockerer innerer Bau die Kälte nicht verträgt, fast nur innerhalb der Wendekreise gedeihen, daß die holzartigen Gewächse überhaupt dort häufiger sind; daß eine größere Mannigfaltigkeit der Formen sowohl hinsichtlich der Zahl der Arten als der einzelnen Theile der nämlichen Pflanze sich darbietet; daß lebhaftere Farben und mehrere eigenthümliche Stoffe sich zeigen. Doch wirkt, bei den beiden letzteren Eigenschaften wenigstens, auch die Stärke des Lichts; und so läßt es sich erklären, warum in der Polarzone die Farben reiner werden; denn hier wirkt während des sehr kurzen Vegetations-Cyklusses das Sonnenlicht fast ununterbrochen. Der periodische Laubfall hat in der nach dem Pol zu immer ungleicher werdenden Vertheilung der Wärme, der Mangel des grünen Rasens in der heißen Zone in der ungleichen

Vertheilung des Regens seinen Hauptgrund. Es bleiben aber doch immer sehr viele Verschiedenheiten der Vegetation, vorzüglich in Hinsicht der Formen, welche aus dem Klima keinesweges hergeleitet werden können.

2tes Stück.

Vergleichung verschiedener Längenzonen.

§. 33.

Klima.

Schon lange war es bekannt, daß in der nördlichen Halbkugel die Temperaturverhältnisse der verschiedenen Continente unter sich nicht gleich sind; allein erst Humboldt hat mit Hülfe meteorologischer Beobachtungen diesen Satz außer allen Zweifel gesetzt, ihn genauer bestimmt, und die irrige Meinung gehoben, daß der Unterschied des neuen und alten Continents überall gleich sey. Nach ihm findet zwischen beiden Continenten innerhalb der Wendekreise kein Unterschied Statt, außerhalb derselben wird der Unterschied gegen den Pol zu immer größer. Den ersten Theil dieses Satzes beweist Humboldt durch Vergleichung folgender Oerter, welche in den beiden Continenten ohngefähr auf der nämlichen Breite liegen:

Senegambia	26°5.	Cumana	27°7.
Madras	26°9.	Antilles	27°5.
Batavia	26°9.	Veracruz	25°6.
Manilla	25°6.	Havanna	25°6.

Wozu man noch hinzufügen kann, daß in Calcutta die mittlere Temperatur 27°2 beträgt *); diese Stadt

*) Nach zweijährigen Beobachtungen. Asiatick researches. T. p. 471.

liegt ½ Grad südlicher als Havanna. — Doch bleibt in Hinsicht Afrikas noch mancher Zweifel übrig. Der zweite Theil des Satzes wird durch folgende Beispiele bewiesen:

Isotherme Linie	Westlicher Theil des alten Continents	Oestlicher Theil des neuen Continents
0°	66° — 68° n. Br.	54°
5°	60°	48°
10°	51°	42°30′
15°	43°	36°
20°	33°	29°

Oder

	Mittlere Temperatur		
N. Br.	Im alten Continente	In neuen Continente	Unterschied.
30°	21°4 C.	19°4	2°0
40°	17°3	12°5	4°8
50°	10°5	3°3	7°0
60°	4°8	— 4°6	9°4

Die isothermen Linien laufen also in der heißen Zone ohngefähr mit dem Aequator parallel, weichen in der temperirten und kalten dagegen immer mehr und mehr von dieser Richtung ab, und zwar so, daß sie von den Meridianen Europas und des nördlichen Afrikas gegen Westen bedeutende Aequatorial-Biegungen *) leiden; das nämliche ist gegen Osten der Fall. Schon

*) Ich habe mich der Ausdrücke „Aequatorial- und Polar-Biegung," statt der Humboldtschen „concave und convexe" bedient, weil die letzteren weniger bezeichnend sind.

eine Vergleichung des westlichen und östlichen Europas überzeugt uns davon *).

St. Malo	12°5.	Wien	10°3.
Amsterdam	10°9.	Warschau	9°2.
Kopenhagen	7°6.	Moskau	4°5.
Upsala	5°5.	Petersburg	3°8.

Daß Siberien auf gleicher Breite weit kälter ist als Europa ist bekannt. Pekin liegt einen Grad südlicher als Neapel, und doch hat die letztere Stadt eine mittlere Temperatur von 17°4 jene nur 12°7 **). Im Westen der alleghanischen Gebirge erleiden, Humboldts Meinung zufolge, die isothermen Linien von der Ostküste ab keine Biegungen; er stützt diese Meinung vorzüglich auf die Beobachtungen Drakes in Cincinnati; dagegen kommen sie an der Westküste Nordamerikas dem Pol näher; und demnach werden die Westküsten beider Continenten viel wärmer als die Ostküsten.

Weit geringer scheint der Unterschied zwischen den verschiedenen Theilen der südlichen Halbkugel zu seyn; wenigstens findet in der wärmeren temperirten Zone eine auffallende Uebereinstimmung Statt **):

Port Jackson	33°51′ s. Br.	19°3 C.
Die Capstadt	33°53′ „ „	19°4 „
Buenos Ayres	34°36′ „ „	19°7 „

In Hinsicht der jährlichen Vertheilung der Wärme ist die Hauptregel, daß die Temperatur der Jahreszeiten unter sich bei den Aequatorial-Biegungen einer isothermen Linie mehr abweicht als bei den Polarbie-

*) Humboldt l. c, p. 509.

**) Humboldt l. c.

***) ibid. p. 566.

gungen, und daß auf gleicher Breite in den verschiedenen Continenten die Sommertemperatur weniger als die mittlere jährliche Temperatur abweicht. Folgende Zahlenverhältnisse werden diese Regel erläutern *).

Isoth. Linie	Westlicher Theil des alten Continents.			Oestlicher Theil des neuen Continents.		
	Som. Temp.	Wint. Temp.	Unterschied.	Som. Temp.	Wint. Temp.	Unterschied.
0°	+ 12°	— 10°	22°	+ 13°	— 17°	30°
5°	16°	— 4°	20°	19°	— 10°	29°
10°	20°	+ 2°	18°	22°	— 1°	23°
15°	23°	7°	16°	26°	+ 4°	22°
20°	27°	15°	12°	27°	12°	15°

New York hat einen Sommer wie Rom, einen Winter wie Copenhagen; Pekin einen Sommer wie Cairo, einen Winter wie Upsala **).

Auf den Feuchtigkeitszustand, so wie auf die übrigen klimatischen Verhältnisse scheint die geographische Länge keinen wesentlichen Einfluß zu haben; doch ist das Klima in dem tropischen Südamerika weit feuchter als in Afrika und Neuholland, vielleicht auch als in Indien. —

§. 34.

Vegetation.

In Hinsicht der Masse der Vegetation scheint in der Regel zwischen den verschiedenen Meridianen kein be-

*) ibid p. 515, 519, 521 et seq.

**) ibid p. 522.

bemerkbarer Unterschied zu seyn; doch ist das tropische Afrika wegen seines trocknen Bodens viel ärmer als Südamerika. Auf die Zahl der Arten und die vorherrschenden und characteristischen Formen hat dagegen die geographische Länge einen bedeutenden Einfluß; doch müssen wir hier die verschiedenen Zonen wohl unterscheiden.

Innerhalb des Polarkreises so wie auch in den subpolaren Ländern ist der Unterschied der Vegetation auf verschiedenen Meridianen sehr gering. Von den aus Grönland bekannten Pflanzenarten wächst kaum $\frac{1}{8}$ nicht in Lappland; von grönländischen Gattungen fehlen hier nur 2, Coptis und Streptopus, und diese kommen beide in Nordamerika vor. Unter den auf den Expeditionen Roß's und Parry's entdeckten Pflanzen*) sind wenige vorhanden, welche nicht in Lappland wachsen; von dem nördlichsten Siberien und Nordamerika haben wir keine besonderen Verzeichnisse; es scheint aber die Zahl der eigenthümlichen Pflanzen gering zu seyn. Fast die Hälfte der von Wormskiold in Kamtschatka gefundenen Pflanzen sind europäisch; und von Gattungen fehlen nur 8 — 10 in Europa; und diese sind nordamerikanisch. Geringer ist die Uebereinstimmung Nordamerikas mit Europa; in Pursh's Flora ist $\frac{1}{7}$ der Arten europäisch, und wenn man diejenigen ausschließt, welche vielleicht übergeführt seyn können, nur $\frac{1}{10}$; die mehrsten der gemeinschaftlichen Arten gehören der kälteren temperirten Zone; doch fehlt

*) Die Ausbeute der letzteren Expedition kenne ich, zum Theil wenigstens, aus einer Sammlung, welche Prof. Hornemann besitzt. —

es auch nicht an Beispielen von Pflanzen, die in den südlichen Provinzen Nordamerikas und der wärmeren temperirten Zone des alten Continents vorkommen, in den kälteren Theilen beider Continente fehlen, z. B. Plantago Lagopus, Pancratium maritimum, Stipa juncea, Lithospermum apulum, Malope malacoides, Zapania nodiflora. Unter 716 Gattungen kommen 480 s. $\frac{2}{3}$ auch in Europa oder dem nördlichen Afrika vor. Die wesentlichsten Verschiedenheiten zwischen dem westlichen Theile des alten und dem östlichen des neuen Continents scheinen folgende zu seyn:

1. Die Familien Cruciferae, Umbelliferae, Caryophylleae und Labiatae sind weit zahlreicher im alten Continent. Die Cruciferae bilden, wie bereits in §. 27 gezeigt ist, in Nordamerika $\frac{1}{67}$, in Europa nach einer Mittelzahl $\frac{1}{26}$. Die übrigen 3 Familien verhalten sich folgendermaßen:

	Nordamerika.	Frankreich.	Dänemark.
Umbelliferae	$\frac{1}{34}$	$\frac{1}{21}$	$\frac{1}{23}$
Caryophylleae	$\frac{1}{54}$	$\frac{1}{28}$	$\frac{1}{21}$
Labiatae	$\frac{1}{36}$	$\frac{1}{23}$	$\frac{1}{25}$

2. Von den Compositis sind die Gruppen Cichoriaceae und Cynarocephalae weit sparsamer in Nordamerika vorhanden. Dagegen hat Nordamerika die beiden außerordentlich zahlreichen Gattungen Aster und Solidago (beinahe $\frac{1}{5}$ sämmtlicher Compositae), welche im alten Continente wenige Arten haben. Die ganze Familie scheint im neuen Continente etwas reicher. Cfr. §. 26.

3. Die Familie Campanulacae ist weit zahlreicher im alten Continente; Lobeliaceae dagegen häufiger im neuen; und diese beiden verwandten Familien substituiren einander gegenseitig.

4. Eben so substituiren die Familien Vacciniacae und Ericaceae einander; diese fehlt ganz im neuen Continent; jene ist hier weit zahlreicher als im alten.

5. Die Familien Coniferae und Amentaceae sind in Nordamerika weit zahlreicher. Man bedenke die große Zahl der nordamerikanischen Eichen und Fichten. Doch ist in Hinsicht der Individuen der Unterschied wohl weniger bedeutend; in beiden Continenten bilden die Bäume dieser Familien die Hauptmasse der Wälder.

6. In Nordamerika zeigen sich Repräsentanten mehrerer tropischen Familien, welche auf gleicher Breite in Europa und Nordafrika fehlen; z. B. Nopaleae, Scitamineae, Cycadeae, Anonaceae, Sapindaceae, Melastomeae, andere tropische Familien, welche in beiden Continenten Repräsentanten haben, oder im Allgemeinen vom Aequator abnehmen, sind im neuen Continente zahlreicher z. B. Palmae, Laurineae, Apocyneae, Terebinthaceae, Passifloreae und die Untergruppen Cassieae und Mimoseae. Auch enthält Nordamerika eine größere Menge tropischer Gattungen als Europa und Nordafrika auf gleicher Breite; und die ganze Vegetation hat einen dem tropischen ähnlicheren Anstrich, die Zahl der holzartigen Gewächse ist

größer *), es zeigen sich Bäume mit breiten glänzenden Blättern und prachtvollen Blumen (Magnolia, Liriodendron, Aesculus), mit gefiederten Blättern (Acacia, Schrankia, Gleditschia, Robinia). Weniger entschieden ist es, welche von beiden Continenten eine größere Mannigfaltigkeit im Allgemeinen darbietet; zwar kennen wir eine weit bedeutendere Pflanzenzahl von dem alten, allein es ist auch genauer untersucht. Die Wälder sind ohne allem Zweifel weit mannigfaltiger im neuen; denn sie bestehen hauptsächlich aus den beiden in diesem Continente zahlreichen Familien Amentaceae und Coniferae. Hinsichtlich der Eigenthümlichkeit scheint es zwar, daß Nordamerika eine größere Zahl von Gattungen habe, die in Europa und Nordafrika fehlen, als umgekehrt; allein ein großer Theil dieser Gattungen ist Nordamerika nicht eigen, sondern kommen auch in dem tropischen Amerika vor und haben da ihre Maxima. Anderseits hat Nordamerika den großen Familien der Cruciferae, Umbelliferae, Caryophylleae und Labiatae der alten Welt nichts entgegen zu stellen. —

Weit weniger als Nordamerika unterscheidet sich die Vegetation Sibiriens von der europäischen. Unter 1113 Arten in Gmelins Flora sind fast die Hälfte europäisch, unter 334 Gattungen nur 15, welche nicht in Europa vorkommen. Doch muß bemerkt werden,

*) Nach Humboldt hat Nordamerika 137 Bäume, deren Stamm 30 Fuß übersteigt, Europa nur 45 Prolegomena p. XIX.

daß Sibirien sich dem Aequator nicht so sehr nähert als Nordamerika, und gegen denselben sich über die Meeresfläche erhebt. Uebrigens zeigt Sibirien in einzelnen Gattungen eine Annäherung zur nordamerikanischen Flora; Robinia, Phlox, Aesculus, Mitella, Claytonia u. a. können als Beispiele dienen; die Gattungen Aster, Solidago, Spiraea, welche in Nordamerika ihre Maxima haben, sind in Sibirien zahlreicher als in Europa. Die charakteristischen Züge der sibirischen Flora scheinen folgende: 1. daß die Gattung Astragalus dort ungemein zahlreich ist; 2. daß die Gattung Artemisia auch da ihr Maximum erreicht. 3. daß dort eine große Menge von Salzpflanzen, Halophyten, meistens aus der Familie der Chenopodeae vorkommen, die zugleich hinsichtlich der Individuenzahl vorherrschen; und wozu der salzige Boden die Ursache ist. 4. daß die Familien der Cucurbitaceae und Polygoneae dort zahlreicher sind als sonst wo; welches vielleicht auch von der Gruppe der Cynarocephalae gilt. Wie sehr die Flora Kamtschatkas mit der europäischen übereinstimmt, und daß jedoch zur nordamerikanischen Annäherungspunkte aufzuweisen sind, ist bereits oben bemerkt.

Die Flora Japans scheint dagegen von der des westlichen Theiles der alten Welt ebenso verschieden, als die nordamerikanische es ist. Unter 358 Gattungen kommen 270 s. ¾ in Europa oder Nordafrika vor, und eine gleiche Zahl trifft man in Nordamerika. Von den 88 Gattungen, welche im westlichen Theile des alten Continents fehlen, kommen 43 in Nordamerika vor; die übrigen hat Japan größtentheils mit Indien gemein. Anderseits hat Japan und das westliche alte

Continent 30 Gattungen gemeinschaftlich, welche in Nordamerika vermißt werden. Auch auf Japan nimmt die Vegetation einen mehr tropischen Anstrich an; der tropischen Familien kommen hier mehrere vor und sie sind zahlreicher als in Europa und dem nördlichen Afrika z. B. Cycadeae, Scitamineae, Musae *), Palmae, Anonaceae, Sapindaceae; China ist zu wenig bekannt, um mit den übrigen Welttheilen auf derselben Breite verglichen werden zu können.

In der heißen Zone wollen wir zuerst Asien und Amerika vergleichen. Die mehrsten Familien sind freilich beiden Continenten gemeinschaftlich, und zwischen beiden ohngefähr gleichförmig vertheilt; indeß begegnen uns doch auch Familien-Verschiedenheiten, von welchen die wichtigsten folgende zu seyn scheinen:

1. Die Nopaleae oder Cerei sind Amerika eigen.
2. Die Piperaceae haben in diesem Welttheile ein entschiedenes Maximum; denn sie bilden nach dem Humboldtschen Werke in der untersten Region $\frac{1}{33}$, in Indien nur $\frac{1}{157}$. Humboldt **) meint, daß $\frac{7}{8}$ der Piperaceen in Amerika vorkommen.
3. Auch die Melastomeae sind häufiger in Südamerika. Persoons Synopsis enthält 133 Arten von dem tropischen Südamerika, und nur 7 von dem tropischen Asien. Später sind zwar hier einige neu entdeckt, besonders kommen im indischen

*) Doch wird die Frucht der Musa nicht reif, und diese Pflanze ist daher wohl schwerlich einheimisch. Cfr. Flora Japonica. p. 130.

**) Nova genera T. I. p. 72.

Hochlande mehrere vor; allein Südamerika ist doch immer viel reicher; Humboldt und Bonplands Monographie der beiden Gattungen Melastoma und Rhexia enthält 110 Arten, und neuerdings ist in Brasilien eine große Menge entdeckt.

4. Dies gilt auch von den Solaneis, welche in der heißen Zone Südamerikas etwa $\frac{1}{12}$, in Indien nur $\frac{1}{157}$ bilden; von den Boragineis $\frac{1}{28}$ in Amerika, $\frac{1}{85}$ in Indien; und von den Passifloreis, welche in Asien äußerst sparsam sich zeigen.

5. Ein weniger überwiegendes aber doch immer deutliches Maximum in Südamerika haben die Rubiaceae, welche hier $\frac{1}{15}$ bilden, während sie in Indien nur $\frac{1}{25}$ ausmachen; Compositae dort $\frac{1}{18}$ — $\frac{1}{15}$, hier $\frac{1}{38}$ — $\frac{1}{42}$ (cfr. §. 26.) und die Palmen (cfr. §. 23.). Von den Farrenkräutern und Orchideen dagegen läßt sich dieses wohl nicht behaupten; denn nach Wallichs Entdeckungen in Napaul bilden jene dort $\frac{1}{10}$ der Vegetation, und sind diese auch in sehr bedeutender Menge vorhanden.

6. Dagegen scheinen die Scitamineae in der heißen Zone Asiens ein entschiedenes Maximum zu haben. Roxburghs Flora Indica hat deren 77 (von welchen doch ein paar aus Afrika sind). Humboldts Werk enthält nur 3.

7. Die Leguminosae sind nach §. 28. zahlreicher in Asien, denn ihr Quotient ist da $\frac{1}{8}$, in dem tropischen Amerika wahrscheinlich $\frac{1}{10}$ — $\frac{1}{11}$.

8. Auch die Familien der Tiliaceae, Cucurbitaceae (excl. Passifloreis) und Labiatae scheinen in Asien zahlreicher zu seyn.

Diese Vergleichung führt uns zu der Annahme, daß innerhalb der Wendekreise Amerika einen größeren Grad von Eigenthümlichkeit hat als Asien; dies bestätigt auch eine Vergleichung der Gattungen. In Persoons Synopsis kommen von dem tropischen Asien 644, von dem tropischen Südamerika 928 Gattungen vor; von diesen sind 316 beiden gemeinschaftlich. Doch muß hier bemerkt werden, erstlich daß Persoons Synopsis von Amerika eine größere Zahl von Pflanzen enthält als von Asien, zweitens daß das Hochland von Südamerika schon damals besser bekannt war als das asiatische, und daß daher aus diesen Ursachen eine größere Zahl eigenthümlicher Formen sich dort zeigen muß. Doch kommen von 372 Gattungen, welche nach Nova genera etc. unter 200 T. wachsen, nur 121 o. $\frac{1}{3}$ in Asien vor.

Was endlich die gemeinsamen Arten betrifft, so hat man zwar als Regel aufgestellt, daß keine Pflanzenart im alten und neuen Continent zugleich vorkomme. Es ließen sich indeß etwa 200 Arten angeben, welche von den botanischen Autoren als beiden Continenten gemeinschaftlich aufgeführt werden (z. B. Rhynchospora aurea, Scirpus dichotomus, Eleocharis capitata, Cyperus distans, Paspalus filiformis, Anthistiria ciliata, Hypaelytrum argenteum, Pistia stratiotes, Sphenoclea zeylanica, Rhizophora mangle, Scoparia dulcis). Mehrere dieser 200 sind wohl in dem einen Continente nicht ursprünglich zu Hause; bei anderen sind vielleicht die Arten nicht völlig identisch; allein es läßt sich doch nicht leugnen, daß es, besonders unter den Acotyledonen und Monocotyledonen Arten giebt, welche in beiden Continenten zugleich vorkommen, und bei denen ein fremder Ursprung in dem einen aller Wahrscheinlichkeit beraubt ist *).

Unter den drei großen Continenten scheint in der heißen Zone Afrika oder wenigstens die Küsten desselben den geringsten Grad von Eigenthümlichkeit zu haben. Nach den Sammlungen von der Westküste erscheint dort keine eigenthümliche Pflanzenfamilie, und keine die daselbst ein entschiedenes Uebergewicht hat; die Familien-Aehnlichkeit mit Asien ist größer als die mit Amerika. Die amerikanischen Familien Cacti, Piperaceae, Palmae, Passifloreae u. s. w. werden entweder vermißt oder haben nur wenige Repräsentanten; die Leguminosae sind weit zahlreicher vorhanden als in Amerika, ja übertreffen sogar um etwas die asiatischen. Eine Annäherung zu Amerika zeigt sich in der größeren Menge der Rubiaceae; sie bilden in Guinea $\frac{1}{11}$. Die größere Aehnlichkeit mit Asien zeigt sich auch in den Gattungen; von 258 guineischen kommen 185 o. $\frac{2}{3}$, ja fast $\frac{3}{4}$ auch in Ostindien vor; doch zeigen die Gattungen Schwenkia, Elais, Paullinia, Malpighia u. m. Annäherungen zur amerikanischen Flora. Zu den eigenthümlichen Gattungen gehört Adansonia, welche zur Charakteristik der afrikanischen Vegetation beiträgt. Was die Arten betrifft, so hat R. Brown **) ein Verzeichniß gegeben von 21 Pflanzen, welche am Flusse Congo vorkommen und zugleich in Asien und Amerika gefunden sind, 13 welche Congo und Amerika, 17 welche Congo

*) Cfr. meine Dissertation: de sedibus originariis plantarum, und R. Brown observations etc.

**) Observations etc.

und Asien gemeinschaftlich sind. Da die Zahl dieser Pflanzen, welche Congo mit dem einen oder den beiden andern Continenten gemein hat, $\frac{1}{12}$ der Totalsumme begreift, so haben wir hierin einen neuen Beweis der geringen Eigenthümlichkeit von diesem Theile Afrikas.

Die tropischen Inseln im Südmeere scheinen keine sehr eigenthümliche Vegetation zu erzeugen. Unter 214 bei Forster angeführten Gattungen (die neuseeländischen sind ausgeschlossen) haben 173 o. $\frac{4}{5}$ auch Arten in Indien, Geringer scheint die Aehnlichkeit mit Amerika, doch trifft man dort auch Gattungen, die in diesem Continente und nicht in Asien vorkommen z. B. Chiococca, Weinmannia, Guajacum. Um die Familienverhältnisse aufzustellen, fehlt es zu sehr an Materialien; es scheint aber keine eigenthümliche Familie und keine mit entschiedenem Maximo hervorzutreten. Die mehrsten Arten sind eigenthümlich, allein es fehlt nicht an Beyspielen solcher, die auch in andern tropischen Gegenden wachsen; z. B. Zapania nodiflora, Kyllingia monocephala, Fimbristylis dichotoma, Tournefortia argentea, Plumbago zeylanica, Morinda umbellata, Sophora tomentosa, welche auch in Asien; Dodonaea viscosa, Sapindus Saponaria, welche auch in Amerika; Rhizophora mangle, welche in beiden zugleich; und Daphne indica, welche auch in Neuholland vorkommt. —

Da R. Browns neuholländische Flora noch nicht vollständig ist, so lassen sich auch nicht die charakteristischen Eigenschaften des tropischen Neuhollands bestimmen. In general remarks bemerkt dieser Verfasser, daß die Eigenthümlichkeiten der neuholländischen Flora in ihrer vollen Stärke nur in der temperirten Zone

Statt finden; innerhalb der Wendekreise verschwinden die mehrsten eigenthümlichen Formen, und die Flora erhält eine große Aehnlichkeit mit der indischen. Selbst mehrere Arten hat das tropische Neuholland mit Indien gemein z. B. Flagellaria indica, Burmannia disticha, Melanthium indicum (Anguillara indica R. B.), Dioscorea bulbifera, Caladium macrorhizon, Aristolochia indica, Tetranthera apetala, Plumbago zeylanica, Hottonia indica, Discidia nummularia Br., Trichodesma zeylanica Br. Scaevola Koenigii.

Der Unterschied der Continente nimmt also von dem nördlichen Polarkreise gegen den Aequator immer zu; man möchte daher aus klimatischen Ursachen glauben, daß jenseits des südlichen Wendekreises die Uebereinstimmung wieder größer werde; dies bestätigt aber keinesweges die Erfahrung; sie lehrt uns vielmehr daß im Gegentheil der Unterschied der Continente in der südlichen temperirten Zone größer ist als selbst in der heißen. Die Vegetation von Neuholland und Süd-Afrika ist so wohl bekannt, daß wir dies mit Gewißheit behaupten können; die Familienverhältnisse lassen sich zwar nicht vollständig angeben, weil der zweite Theil von Browns neuholländischer Flora noch nicht herausgekommen ist, und er in general remarks die Zahlenverhältnisse nicht besonders für jede Zone geliefert hat; indeß scheinen folgende Verschiedenheiten dieser beiden Continenten die wichtigsten zu seyn

1. Folgende neuholländische Familien fehlen gänzlich in Süd-Afrika: Epacrideae, Casuarineae, Stylideae, Myoporineae, Tremandreae und Stakhouseae. Von diesen sind

die beiden ersten in Neuholland wichtig hinsichtlich der Rolle, welche sie in der Vegetation spielen; Epacrideae auch an Arten sehr zahlreich (in der temperirten Zone $\frac{1}{24}$); doch wird diese Familie von der verwandten und in Südafrika herrschenden Familie der Ericaceae ersetzt; von den übrigen bilden Stylideae $\frac{1}{68}$; die beiden letzteren sind wenig zahlreich.

2. Die Myrtineae, welche in Neuholland sowohl durch Menge der Arten als durch Individuen vorherrschen (besonders häufig sind die großen Gattungen: Eucalyptus, Melaleuca, Leptospermum), haben in dem südlichen Afrika nur wenige Stellvertreter.

3. Dies gilt auch von der Gruppe Mimosae, welche in Neuholland, besonders wegen der vielen diesem Continent fast eigenthümlichen blattlosen Acacien, sehr vorherrschen. Deshalb wird auch die ganze Familie der Leguminosae häufiger in Neuholland; ferner bemerkt Brown, daß $\frac{1}{4}$ der neuholländischen Papilionaceae freie Staubfäden haben; welches auf dem Cap nicht der Fall ist.

4. Als Ersatz für jene neuholländischen in Südafrika fehlenden Familien hat dieser Welttheil die Ericaceae ($\frac{1}{28}$), die großen Gattungen: Stapelia, Aloë, u. m., welche in Neuholland gänzlich vermißt werden.

5. Auch fehlen in Neuholland die großen Familien Irideae, Geranieae, Oxalideae, Ficoideae (von den letzteren besonders die Gattung Mesembryanthemum) fast gänzlich, während sie in Südafrika sowohl durch Arten als

Individuenzahl vorherrschen (Irideae $\frac{1}{31}$, Geranieae $\frac{1}{21}$, Oxalideae $\frac{1}{80}$, Ficoideae $\frac{1}{34}$). Da ferner die Gattungen Mesembryanthemum, Stapelia und Crassula (letztere fehlt so viel mir bekannt auch in Neuholland) die Hauptmasse der sogenannten Saftpflanzen (plantae succulentae) bilden, so entsteht dadurch der Unterschied, daß Südafrika an diesen Pflanzen reich, Neuholland an denselben arm ist.

6. Die Compositae bilden in Südafrika fast $\frac{1}{5}$, in Neuholland nur $\frac{1}{12}$. Cfr. §. 26.

In Hinsicht der Gattungen ist der Unterschied gleichfalls sehr bedeutend. Unter 437 neuholländischen Gattungen, welche der erste Theil von Browns Prodromus enthält, kommen nur 80 auf dem Cap vor. Doch darf nicht übersehen werden, daß dieser Verfasser mehr geneigt ist Gattungen zu bilden als die älteren. Von Arten sind nur wenige beiden gemeinschaftlich, und mehrentheils nur solche, welche zugleich in Europa angetroffen werden.

Ungeachtet dieser bedeutenden Verschiedenheiten stimmen doch die beiden Continente auch in vielen Stücken überein. Die großen und herrschenden Familien: Proteaceae, Asphodeleae, Restiaceae, Polygaleae, Diosmeae finden sich in beiden in ziemlich gleichem Verhältnisse; und beide unterscheiden sich dadurch von der nördlichen temperirten Zone; in beiden vermißt man die Formen, welche die letztere Zone charakterisiren: Cruciferae, Ranunculaceae, Rosaceae, Umbelliferae, Caryophylleae; in beiden entwickelt sich eine größere Mannigfaltigkeit als in der nördlichen Halbkugel.

Die temperirte Zone Südamerikas ist zu unvollkommen bekannt, um die charakteristischen und vorherrschenden Formen derselben so wie die Abweichungen von den Formen der andern Continente auf gleicher Breite darstellen zu können. An der östlichen Seite, besonders in Buenos ayres, scheinen die für Neuholland und das Cap charakteristischen Formen: Proteaceae, Epacrideae, Ericaceae, Irideae, Ficoideae, Geranieae, Myrtineae, Mimoseae u. s. w. entweder durchaus zu fehlen oder doch wenigstens äußerst sparsam sich zu zeigen; dagegen ist die Uebereinstimmung mit Europa auffallend; unter 109 von dort bekannten Gattungen sind 70 europäisch, und 85 kommen in der nördlichen temperirten Zone vor. Nur durch eine bedeutende Anzahl von arborescenten Syngenesisten, einige Arten von Polygala und Oxalis, so wie durch die Gattungen Gomphrena, Budleja und Gnaphalium findet eine Annäherung zu der südafrikanischen Flora Statt. Die Westküste des temperirten Südamerika oder Chili scheint eine ziemlich eigenthümliche Flora zu besitzen, welche sowohl von der der Ostküste als von der neuholländischen und capischen wesentlich verschieden ist, mit der Flora des amerikanischen Hochlandes aber mehr übereinstimmt (Escallonia Calceolaria, Baea u. s. w.). Doch scheint die Vegetation der Westküste der von Neuholland und von dem Cap ähnlicher zu seyn als die Vegetation von der Ostküste; denn es zeigen sich mehrere Proteaceae, die Gattungen Goodenia, Gunnera u. s. w., ja es kommen sogar Arten vor, welche auch in Neuholland oder v. Diemens Land angetroffen worden (Goodenia littoralis, eine Araucaria, Evolvulus villosus). Die

Länder an der magelhanischen Meerenge scheinen eine sowohl der östlichen als westlichen ähnliche Flora zu haben.

Dagegen nähert sich die Flora Neuseelands ziemlich der neuholländischen und südafrikanischen. Man trifft da die neuholländischen Gattungen: Epacris, Melaleuca, Myoporum; die südafrikanischen: Passerina, Oxalis, Tetragonia, Mesembryanthemum, Gnaphalium, Xeranthemum, und die Familien Proteaceae und Restiaceae; auch kennt man von dort mehrere Arten, welche auch aus Neuholland oder v. Diemens Land bekannt sind: Mniarum biflorum, Echinopogon ovatus, Samolus littoralis Br., Campanula gracilis, Gentiana montana, Dichondra repens, Gualtheria hispida Br., Avicennia resinifera *), obgleich die ganze Anzahl der bekannten neuseeländischen Pflanzen nur 156 beträgt.

Vergleichen wir den Einfluß der geographischen Länge auf Klima und Vegetation, so werden uns mehrere Ungleichheiten auffallend. Zwar geht in dem nördlichsten Theile der Erde die Polarvegetation östlich und westlich von Europa weiter gegen Süden (Kamtschatka, Grönland, Canada), so wie die isothermen Linien gegen beide Weltgegenden Aequatorial-Biegungen erleiden; allein im südlicheren Theile Nordamerikas, in Japan, ja selbst im südlichen Sibirien nimmt die Vegetation einen mehr tropischen Anstrich an, als in dem westlichen Theile des alten Continents auf gleicher Breite; obgleich im letzteren die mittlere Temperatur höher ist. Diese Anomalie wird doch weniger

*) Browns Prodromus.

auffallend, wenn wir bemerken erstlich daß von den Meridianen Europas und Nordafrikas die Sommertemperatur gegen Osten und Westen nicht im nämlichen Verhältnisse abnimmt, als die mittlere Temperatur, und dann daß die Eigenschaften, welche die Vegetation von Sibirien und Nordamerika von der europäischen und nordafrikanischen unterscheiden zum Theil nicht nur der Tropenvegetation, sondern auch der Continental-Vegetation zukommen (breite Blätter, getheilte Blätter, größere Blumen). Sehr merkwürdig wird es doch immer, daß in Japan auf einige und dreißig Grad der Breite, wo nicht selten Schnee fällt *), noch Cycadeae, Palmae und Scitamineae gedeihen.

Ein anderer Mangel an Uebereinstimmung zwischen Klima und Vegetation liegt darin, daß innerhalb der Wendekreise die verschiedenen Continente auf derselben Breite auch ohngefähr eine gleiche Temperatur haben, oder mit anderen Worten, daß die isothermen Linien mit dem Aequator parallel laufen, während in der nördlichen temperirten Zone die Temperaturen der verschiedenen Continente unter sich sehr verschieden sind oder die isothermen Linien bedeutende Biegungen machen; und daß dagegen die Vegetation auf der nämlichen Breite aber verschiedener Länge weit mehr innerhalb als außerhalb der Wendekreise verschieden ist. Freilich mögen die übrigen klimatischen Momente z. B. die größere Trockenheit Afrikas sowohl hinsichtlich des Bodens als der Atmosphäre, so wie auch der Umstand, daß die Vermehrung der Wärme auch eine größere Man-

*) Flora Japonica pag. XII.

Mannigfaltigkeit hervorbringt, zum Theil jene Phänomene veranlassen; allein sie reichen sicher nicht hin, um die große Verschiedenheit hinlänglich zu erklären. Noch auffallender ist es, daß in der südlichen Halbkugel gerade da wo die Temperaturverhältnisse von dem Cap, Port Jakson und Buenos ayres so genau übereinstimmen, der größte Unterschied in der Vegetation hervortritt.

Es wird daher schwerlich möglich seyn die Vegetetionsverschiedenheiten bloß mit Hülfe der jetzigen klimatischen Ursachen zu erklären. Mancher wird hierin einen guten Beweis finden für die Wanderungen der Pflanzen und für die Meinung, daß alle Individuen einer Art aus einem gemeinschaftlichen Punkte der Erde abstammen; indem nämlich vom Nordpole gegen den Südpol die Länder immer mehr und mehr durch zwischenliegende Meere getrennt werden. Allein dieser Beweis verliert sehr an Stärke, wenn man erwägt erstlich, daß der gegen den Südpol zunehmende Unterschied der Vegetation nicht nur die Arten betrifft, sondern auch die Gattungen und Familien, und zweitens daß in der südlichen temperirten Halbkugel selbst zwischen Gegenden, wo Pflanzenwanderung möglich wäre (z. B. zwischen der Ostküste und Westküste Neuhollands, zwischen den verschiedenen Theilen von Süd-Afrika) derUnterschied auffallend ist; die Verbreitungsbezirke der Arten und Gattungen klein; und daß also große Mannigfaltigkeit ein Hauptzug in der vegetativen Charakteristik der südlichen Halbkugel ist (cfr. §. 36.).

3tes Stück.

Vergleichung der beiden Hemisphären.

§. 35.

Klima.

Es ist eine allgemein angenommene Meinung, daß die südliche Halbkugel durchgehends eine weit niedrigere Temperatur habe als die nördliche. Humboldt*) hat bewiesen, daß diese Regel indeß nicht allgemein sondern nur von höherer Breite als 40° — 50° gelten kann. Innerhalb der Wendekreise so wie in deren Nähe läßt sich, wie leicht zu vermuthen ist, kein bedeutender Unterschied wahrnehmen. Die Bucht Atongil auf Madagascar 12° s. B. soll ohngefähr die nämliche Mitteltemperatur haben als Pondichery auf gleicher Breite in der nördlichen Halbkugel; Isle de France (20° s. Br.) die mittlere Temperatur von Domingo und Jamaika (26° 7). Doch hat Rio Janeiro (22° 54′ s. Br.) eine M. T. von 23°5, während in Havanna (23°10′ n. Br.) die M. T. 25°5 beträgt. Auf der südlichen Breite 34° — 35° ist wie oben bemerkt die M. T. von dem Cap 19°,4, von Port Jakson 19°,3, von Buenos ayres 19°,7. Auf gleicher nördlicher Breite ist in dem westlichen Theile des alten Continents die M. T. 21°, in dem östlichen des neuen 16°; nach einer mittleren Zahl von beiden 18°5, folglich sogar etwas niedriger als in der südlichen Halbkugel. Auf 51°25′ s. Br. kennt man die M. T. der malowinischen Inseln 8°,5; auf gleicher nördlicher Breite ist sie im

*) Lign. isoth. pag. 560. et seq. aus welchem Werke die folgenden Angaben entlehnt sind. —

alten Continente 10° — 11° im neuen 2° — 3°. Allein es scheinen doch jene Inseln eine verhältnißmäßig hohe Mittel-Temperatur zu genießen, oder es muß von da gegen Süden die Temperatur ungemein schnell abnehmen; denn am Cap Horn, in Südgeorgien und dem Sandwichslande ist das Klima bekanntlich sehr rauh, und das Meer auf dieser Breite voller Eisschollen. —

Der Unterschied der Jahreszeiten scheint in der südlichen temperirten Zone weit geringer zu seyn als in der nördlichen. So ist nach Humboldts Bemerkung, in Port Jakson die Temp. des wärmsten Monats 25°,2, die des kältesten 13°,8; der Winter ist wie in Cairo, der Sommer wie in Marseille. Auf den malowinischen Inseln ist die Temp. des wärmsten Monats 13°2, die des kältesten 3°; in London ist sie 19° und 2°, in Quebek 23°,0 und 10°,1. Da der größte Theil der südlichen Hemisphäre vom Wasser bedeckt ist, so erhält das Land dort überall den Charakter des Küstenklimas, und zu diesem gehört der geringere Unterschied der Jahreszeiten.

Hinsichtlich der übrigen klimatischen Verhältnisse fehlt es uns fast gänzlich an Materiellen um zwischen beiden Hemisphären Vergleichungen anstellen zu können. Bedeutend scheint indeß der Unterschied nicht.

§. 36.

Vegetation *).

Da innerhalb der Wendekreise selbst, wie man leicht einsieht zwischen den beiden Hemisphären kein bemerk-

*) Cfr. Willdenow allgemeine Bemerkungen über den Unterschied der Vegetation auf der nördlichen und südlichen Halb-

barer Unterschied entstehen kann, und es uns hier auch an speciellen Floren zu einer Vergleichung fehlt, so wollen wir uns auf eine Vergleichung der extratropischen Theile beider Halbkugeln beschränken.

Hinsichtlich der Masse der Vegetation verglichen mit dem Areal scheint kein auffallender Unterschied Statt zu finden, desto größer ist er in Hinsicht der Mannigfaltigkeit. Südafrika und der extratropische Theil von Neuholland sind höchst wahrscheinlich diejenigen Erdtheile, welche auf einem gegebenen Areal die größte Menge von Arten aufzuweisen haben; wenigstens sind sie ohne allen Vergleich reicher als die nördliche Halbkugel auf gleicher Breite. Derjenige Theil von Südafrika der botanisch untersucht ist, beträgt kaum $\frac{1}{10}$ von dem Areal Europens; und ist nicht so genau untersucht wie dies; und doch kennen wir fast eben so viele phanerogame Pflanzen von daher als von Europa; aus Neuholland sind nur einzelne Küstengegenden in botanischer Rücksicht untersucht, und doch hat R. Brown von dort gegen 4000 phanerogame Pflanzen mitgebracht. In Südafrika nehmen 280 Arten von Erica vielleicht kein so großes Areal ein als die einzige Art E. vulgaris in dem nördlichen Europa, oder Erica arborea in den Ländern, welche das mittelländische Meer umgeben. Während die europäischen Wälder aus wenigen Baumarten bestehen, bilden in Neuholland 100 Arten von Eucalyptus, 200 Arten von Proteaceen u. s. w. die Wälder. In Südafrika ist die Zahl der Proteaceen nicht geringer, und eine un-

---

kugel der Erde. Magazin der Gesellsch. nat. Fr. zu Berlin, 1811. 2. Quartal.

geheure Zahl von Ixia, Mesembryanthemum, Stapelia u. s. w. bedecken den Boden und bieten eine Mannigfaltigkeit dar, welche man in der nördlichen Halbkugel nirgends antrifft. Endlich findet, wie schon bemerkt, in der südlichen temperirten Zone ein größerer Unterschied Statt zwischen den verschiedenen Continenten und Inseln. Auffallend ist es, daß Nordamerika (wenigstens hinsichtlich der Wälder) eine größere Mannigfaltigkeit als Europa zeigt (cfr. §. 34.), die temperirte Zone Südamerikas, deren Formen sich den europäischen weit mehr nähern als die der übrigen Theile der südlichen Halbkugel, dagegen eine geringere. Es findet demnach zwischen den verschiedenen temperirten Erdtheilen eine Art von Kreuz-Verhältniß Statt, d. h. diejenigen Theile, welche unter den nämlichen Meridianen aber in einer andern Hemisphäre liegen, sind einander nicht so ähnlich als die, welche einander antipodisch entgegenstehen. Doch müssen wir diese Regel dahin beschränken, daß Nordamerika nur hinsichtlich der Mannigfaltigkeit aber nicht hinsichtlich der Formen Südafrika und Neuholland ähnlicher ist als Europa.

Die wichtigsten Formenverschiedenheiten der beiden temperirten Zonen scheinen folgende zu seyn:

1. Die Familie der Proteaceen, welche in dem extratropischen Neuholland und in Südafrika eine Hauptrolle spielt, und in Südamerika in einzelnen Repräsentanten hervortritt, fehlt gänzlich in der temperirten Zone der nördlichen Hemisphäre.

2. Dies gilt auch von den Epacrideen, deren eigentliche Heimath Neuholland ist, welche sich indeß auch in Neuzeeland zeigen.

3. Die Ficoideae, deren Hauptgattung Mesembryanthemum ist, haben in der südlichen Hemisphäre ein so entschiedenes Maximum, daß die in der nördlichen vorkommenden Arten nur als Repräsentanten zu betrachten sind. Diese letzteren zeigen sich vorzüglich in Nordafrika, auf den nordafrikanischen Inseln und in dem südlichen Europa. Doch gehört diese Form eigentlich nur einem Theile der südlichen Hemisphäre, nämlich Südafrika.

4. Myrtineae, eine in Neuholland ungemein häufige Form, welche in der nördlichen temperirten Zone spärlich hervortritt.

5. Irideae spielen in Südafrika eine große Rolle; in der nördlichen temperirten Zone ist diese Form nur schwach ausgedrückt.

6. Dieses gilt, wenn auch in geringerem Grade, von den Familien: Geranieae und Oxalideae.

7. Auch die Thymeleae haben in der südlichen temperirten Zone ein ziemlich entschiedenes Maximum.

8. Dies gilt auch von den Familien: Polygaleae, Diosmeae, Restiaceae.

9. Dagegen haben die beiden großen Familien Coniferae und Amentaceae in der nördlichen Halbkugel ein so entschiedenes Maximum, daß die der südlichen nur als Repräsentanten zu betrachten sind.

10. Das nämliche gilt von den Familien Cruciferae, Umbelliferae, Ranunculaceae.

11. Gleichfalls, doch in geringerem Grade, von den Rosaceis, Caryophylleis, Labiatis. —
12. Von den Leguminosen ist die Gruppe Mimoseae zahlreich in Neuholland, während sie in der nördlichen temperirten Zone nur repräsentirt wird; die blattlosen Mimosen fehlen in letzterer gänzlich. Ferner haben in Neuholland die Papilionaceae größtentheils freie Staubfäden; in der nördlichen temperirten Zone ist dies mit wenigen Arten der Fall.
13. Von den Compositis sind die Gruppen Cichoriaceae und Cynarocephalae sehr zahlreich in der nördlichen, sehr arm in der südlichen Hemisphäre.
14. In der südlichen temperirten Zone kommen mehr holzartige Gewächse vor, als in der nördlichen. Familien, welche hier nur Kräuter enthalten, schließen dort auch holzartige Gewächse ein. Auch in dieser Hinsicht nähert Nordamerika sich dem östlichen Theile der südlichen Halbkugel.
15. In der südlichen wächst eine größere Menge von Saftpflanzen; doch gilt dies eigentlich nur von dem Cap cfr. §. 34. Repräsentanten zeigen sich in Nordafrika und auf den canarischen Inseln (Sempervivum, Euphorbia, Cacalia).
16. Schmale, trockne, spitzige Blätter sind häufiger in der südlichen Halbkugel.
17. Saftvolle eßbare Früchte findet man dagegen weit seltner unter den wildwachsenden Pflanzen der südlichen Halbkugel. Dies rührt vorzüglich daher, weil die eine Gruppe der Rosaceen: Pomaceae, fehlt.

18. Die tropischen Formen scheinen in der südlichen Halbkugel, freilich nur durch Repräsentanten, sich dem Pole mehr zu nähern als in der nördlichen. So gehen parasitische Orchiden (Epidendreae) in der nördlichen Hemisphäre nur wenig über den Wendekreis hinaus (höchstens zu 30°), während sie in Neuholland den 34°, in Neuzeeland sogar den 45° erreichen (Epidendrum autumnale Forster); und arborescente Farrenkräuter trifft man noch in v. Diemens Land und in Neuzeeland auf 46° s. Br. *).

Ob die südliche oder nördliche Hemisphäre eine größere Menge eigenthümlicher Hauptformen besitzt, ist zweifelhaft. Wir haben gesehen, daß in der südlichen große Familien sich zeigen, welche in der nördlichen nur repräsentirt werden, aber auch umgekehrt in der nördlichen zahlreiche Familien, die in der südlichen äußerst sparsam vorhanden sind. Allein da doch keine der nördlichen Hauptgruppen in der südlichen Halbkugel gänzlich fehlt, aber anderseits die zahlreichen Familien Proteaceae und Epacrideae in der nördlichen ganz vermißt werden, so dürfte man wohl der südlichen in dieser Hinsicht den Vorzug geben.

Ungeachtet dieser vielen und bedeutenden Verschiedenheiten dürfte es nicht schwer fallen zu beweisen, daß die beiden temperirten Zonen unter sich weit genauer übereinstimmen als eine derselben mit der heißen Zone; denn:

1. Die tropischen Familien, welche in der nördlichen temperirten Zone fehlen oder dort nur Repräsen-

*) Brown general remarks.

tanten haben, werden in der südlichen gleichfalls entweder vermißt oder nur sparsam angetroffen; z. B. Palmae, Scitamineae, Musae, Piperaceae, Anonaceae, Sapindaceae, Guttiferae, Melastomeae.

2. Familien, welche in der nördlichen temperirten Zone zahlreich sind, in der heißen Zone aber fehlen, kommen der südlichen temperirten, wenn auch manchmal schwächer, zum Vorschein; z. B. Umbelliferae, Cruciferae, Rosaceae, Ranunculaceae. Selbst subpolare Formen zeigen sich an der magelhanischen Meerenge, im Feuerlande und dem südlichsten Theile von Neuzeeland z. B. Cariceae, Saxifrageae, Gentianeae (sensu strict.).

3. Familien, welche von der nördlichen temperirten Zone gegen den Aequator abnehmen, nehmen jenseits des Wendekreises des Steinbocks wieder zu, z. B. Compositae, Liliaceae, Caryophylleae, Geranieae.

4. Von Familien, welche tropische und extratropische Gruppen einschließen, sind die letzteren in beiden temperirten Zonen vorherrschend, z. B. Bromeae, Agrostideae, unter den Gräsern, und vielleicht Cariceae unter den Halbgräsern.

5. Deutlicher aber wird dieser Satz durch Vergleichung der gemeinschaftlichen Gattungen. Wir haben bereits oben bemerkt (§. 32.), daß in der heißen Zone $\frac{1}{4}$ oder höchstens $\frac{1}{3}$ der Gattungen auch in der nördlichen temperirten Zone vorkommt. Dagegen sind:

Unter 446 Gattungen aus Südafrika 300 o. $\frac{2}{3}$ auch in der nördlichen temperirten Zone zu Hause.]

Unter 109 Gattungen aus Buenos ayres 85 o. $\frac{4}{5}$ auch in der nördlichen temperirten Zone zu Hause.

Unter 283 Gattungen aus dem extratropischen Neuholland 109 o. etwas über $\frac{1}{3}$ auch in der nördlichen temperirten Zone zu Hause.

Unter 133 Gattungen aus v. Diemens Land 61 o. gegen $\frac{1}{2}$ auch in der nördlichen temperirten Zone zu Hause.

Unter 116 Gattungen aus Neuzeeland 77 o. $\frac{2}{3}$ auch in der nördlichen temperirten Zone zu Hause.

Unter 82 Gattungen von der magelhanischen Meerenge und dem Feuerlande 59 o. $\frac{3}{4}$ auch in der nördlichen temperirten Zone zu Hause.

Daß von den neuholländischen bei Brown angeführten Gattungen eine so kleine Zahl auch in der nördlichen temperirten Zone vorkommt, rührt wohl zum Theil von der Ansicht dieses Verfassers hinsichtlich des Begriffs von Gattung, theils aber auch daher, daß der extratropische Theil einen sehr bedeutenden Grad von Eigenthümlichkeit besitzt. Doch ist selbst da die Zahl der mit der nördlichen temperirten Zone gemeinschaftlichen Gattungen größer als in der heißen Zone.

6. Vielleicht ist sogar in Hinsicht der Arten die Uebereinstimmung der beiden temperirten Zonen größer als die der einen und der heißen Zone. Brown führt aus Neuholland 165 europäische Pflanzen an *). Thunberg aus Südafrika 118; nach Brown liegt in dem Herbario von Banks:

*) general remarks.

Phleum alpinum und Botrychium Lunaria von dem südlichsten Theile Amerikas. — Dagegen ist die Zahl der Pflanzen, welche am Aequator und in der Mitte der nördlichen temperirten Zone zugleich vorkommen, sehr gering.

Eine Vergleichung des Klimas und der Vegetation führt uns hier auf die nämlichen Resultate als in dem vorigen Stücke; zum Theil aber nicht gänzlich lassen die Vegetationsverhältnisse sich mit Hülfe der klimatischen erklären. Daß die Vegetation der südlichen temperirten Zone der Vegetation der nördlichen ähnlicher ist, als der tropischen, stimmt mit den Temperaturverhältnissen überein; daß in der südlichen Halbkugel wenige saftreiche Früchte, aber viele schmale trockne Blätter sich zeigen, läßt sich aus dem dort herrschenden Küstenklima herleiten. Dagegen finden wir in den klimatischen Verhältnissen keinen Grund zu der größeren Mannigfaltigkeit der Pflanzenwelt; und nach den Temperaturverhältnissen möchte man nicht errathen, daß die tropischen Formen dem Südpole sich mehr nähern als dem Nordpole. —

4tes Stück.

Vergleichung verschiedener Regionen auf gleicher Breite und ähnlicher Regionen auf verschiedener Breite; oder Uebersicht des Einflusses der Höhe auf die Vegetation.

§. 37.

Klimatisches Verhältniß.

Die Veränderungen in der Vegetation und dem Klima, welche der Höhenunterschied mit sich führt, folgen im Raume so nahe auf einander, daß man nicht selten mit einem Blicke gleichsam im Kleinen mehrere Klimate übersieht. Daher müßten die durch die Höhe bewirkten Verschiedenheiten dem Naturforscher zuerst auffallen, und die Lehre von dem Einflusse des Höhenunterschiedes der erst bearbeitete Theil der Pflanzengeographie werden. Fast alle klimatischen Verhältnisse verändern sich mit der Höhe über dem Meere; wir wollen wie gewöhnlich mit der Temperatur anfangen. Daß diese mit der Höhe abnimmt, ist eine so allgemeine Erfahrung, daß es keines genaueren Beweises bedarf; dagegen sind meteorologische Beobachtungen durchaus nothwendig um das Gesetz der Abnahme zu bestimmen. Wir haben zwei Methoden, durch welche man zur Kenntniß dieses Gesetzes gelangen kann, entweder nämlich durch Vergleichung von Thermometer-Beobachtungen, welche an Orten auf verschiedenem Niveau durch einen längeren Zeitraum regelmäßig fortgesetzt sind, oder auch durch Vergleichung einzelner gleichzeitiger in verschiedenem Niveau angestellten Beobachtungen. Die erste Methode hat natürlich den Vorzug; denn die letztere geht von der unerwiesenen Hypothese aus, daß der an den einzelnen Tagen gefundene Wärme-Unterschied immer Statt findet; bedenkt man indeß, daß um dem Einflusse der Localverhältnisse zu entgehen, Beobachtungen von sehr vielen Punkten nöthig sind, und diese nicht leicht, wenigstens in Europa, wo nur wenige bewohnte Oerter auf bedeutender Höhe liegen, regelmäßig fortgesetzt werden können; so dürfen die einzelnen Beobachtungen, welche leichter anzustellen sind, nicht vernachläßiget werden.

Während von den niederen Gegenden Europens

die Temperaturverhältnisse vieler Oerter bekannt sind, besitzen wir dagegen von Orten über 300 Toisen nur äußerst wenige; und eine solche Höhe wäre doch nothwendig damit das Gesetz der Abnahme unabhängig von den Wirkungen der Localverhältnisse bestimmt werden könnte. Unter den wenigen Beobachtungen dieser Art verdienen diejenigen besonders Vertrauen, welche in den letzteren Jahren auf dem St. Bernhard auf Veranlassung des berühmten Pictets angestellt sind; weil die Instrumente mit denen verglichen sind, womit man in Geneve beobachtet, und die Beobachtungen an beiden Stellen zur nämlichen Zeit und nach der nämlichen Methode angestellt werden. Vergleichen wir dergestalt die Beobachtungen von den beiden Jahren 1818 und 1819 *), so erhalten wir:

St. Bernhardt	1278 Toisen.	M. T.	— 0°,58 C.
Geneve	203 „	„ „	+ 10°,15 C.
	1075 Toisen		10°,73 C.

oder 100 Toisen für 1° Centigr.

Von diesem Resultate weicht dasjenige ab, welches eine Vergleichung der Temperaturverhältnisse von dem St. Gothardt und Milano liefert:

St. Gothardt **)	1065 T. ***).	M. T.	— 0°,84 C.
Milano †)	70 T.	„ „	+ 12°,79 C.
	995 T.		13°,63 C.

*) Bibliothéque universelle.

**) Nach sechsjährigen Beobachtungen in den Manheimer Ephemeriden (1783 — 1788).

***) Humboldt lign. isoth. p. 586.

†) Cesaris del clima della Lombardia. Modena 1818. Nach den Jahren 1783 — 1788. Die Mailänder Beobach-

oder 73 T. für 1°C. Die Ursache dieses nicht Uebereinstimmens liegt darin, daß der St. Gothardt mit dem St. Bernhardt verglichen ein sehr kaltes Klima hat, denn obgleich jener Ort 213 T. niedriger liegt, ist die Mitteltemperatur des letzteren doch 0°26 C. höher.

Außer den bereits gedachten Beobachtungen auf dem St. Bernhardt, sind schon früher auf demselben Thermometer-Observationen angestellt, doch nur in 8 Monaten von Januar bis August 1813. Diese finden sich in einer Abhandlung von Vasalli-Eandi: la meteorologia Torinese (memorie della reale academia delle scienze di Torino. T. 24. Torino 1820. 4to) p. 251, und geben mit den gleichzeitigen Beobachtungen in Turin:

St. Bernhardt	1278 T.	M. T.	+ 0°,11 C.
Turin	143 T.*)	- -	+12°,74 C.
	1135 T.		12°,63 C. oder

90 T. für 1° C.

Die oben gedachten Beobachtungen aus den Jahren 1818 und 1819 geben als Medium der 8 ersten Monate —0,01; stimmen folglich mit diesen wohl überein. Die Ursache der verschiedenen Abnahme (90 T. und 100 T. für 1° C.) muß daher darin gesucht werden, daß Turin an der Südseite der Alpen ein verhältnißmäßig wärmeres Klima hat als Geneve auf der Nordseite.

tungen sind zu den beiden täglichen Extremen angestellt, die auf dem St. Gothardt zu den Stunden 7, 2, 9; die letzteren sind daher corrigirt mit der jährlichen Correctionszahl 0,07.

*) Cr. Zach Correspond. astron. 1818. Cah. 1. p. 95.

In der bereits gedachten Abhandlung Vasalli-Candis werden auch einige auf dem Mont-Cenis in den nämlichen 8 Monaten angestellte Beobachtungen geliefert; diese geben mit den gleichzeitigen in Turin:

Mont-Cenis	1012 T. *)	+ 6°41
Turin	143 T.	+ 12°74
Für	869 T.	6°33 oder 137 T. für 1° C.

Diese Abnahme ist indeß gewiß zu gering, denn der Petit Mont Cenis ist ein kleines von höheren Gebirgen eingeschlossenes Plateau und deshalb wärmer als andere Punkte im gleichen Niveau. In den Annales de l'observatoire de l'academie de Turin 1811 liefert der nämliche Verfasser die aus dem Mont Cenis im ganzen Jahre 1811 angestellten Beobachtungen. Diese geben als M. T. 5°,47 und für die gleichzeitigen Beobachtungen in Turin wird 15°,74 angeführt (wonach die Abnahme 84 T. für 1° C. seyn würde), allein vergleicht man die specielle Tafel für Turin, so sieht man, daß diese Beobachtungen, wenigstens die in Turin, nicht in freier Luft angestellt sind; so wie überhaupt ihr Zweck nur die Bestimmung der Höhe vom Mont Cenis war.

Die Manheimer Gesellschaft hat in dem Convente Peißenberg meteorologische Beobachtungen anstellen lassen; diese liefern:

Peissenberg	511 T.	5°,0 **)
Am Niveau des Meeres auf gleicher Breite		12°,0 ***)
Für	511 T.	7°,0

oder 73 T. für 1° C.

*) Medium aus 5 von mir angestellten Höhenmessungen. Cfr. Zach Correspond. astron. l. c. p. 93.

) Humboldt lign. isoth. p. 586. *) ibid.

In dem sogenannten englischen Hause auf dem Etna, welches nach meiner Messung 1533 T. über dem Meere erhaben ist *); hat Gemellaro vom 30. Juni bis 5. Sept. 1811. 3 Mal täglich das Thermometer beobachtet. Diese Beobachtungen geben mit den gleichzeitigen Beobachtungen in Catania:

Casino del Etna	1533 T.	+ 5°75
Catania	10 T.	+26°80
Für	1523 T.	21°05 oder 72 T.

für 1° C.

Gleichzeitig sind in Nicolosi Beobachtungen angestellt; dieses Dorf liegt nach meiner Messung 364 Toisen über dem Meere **); die mittlere Temperatur während dieser Epoche war 25°15; also

Nicolosi	364 T.	25°15
Catania	10 T.	26°80
	354 T.	1°65 C. oder 214 Toisen

für 1° C.

Man würde indeß aus dieser Vergleichung mit Unrecht schließen, daß die Abnahme in den niederen Regionen geringer sey; denn Nicolosi liegt auf einer großen ziemlich ebenen mit schwarzer vulkanischer Asche bedeckten Fläche, und hat daher besonders im Sommer eine unverhältnißmäßig hohe Temperatur.

Vergleichen wir mit diesem Resultate dasjenige, welches die in Tegernsee gemachten Beobachtungen ausgeben; nämlich 382 T. für 6°, 2 oder 61 T. für 1° C.

*) Bibliothéque universelle. 1819. Septbr.

**) ibid.

1° C. *), so wie sämmtliche vorhergehende, so müssen wir gestehen, daß die in Europa in einem längeren Zeitraume fortgesetzten Beobachtungen nicht hinreichen um das Verhältniß der Abnahme zu bestimmen, welches zwischen den höheren und niederen Regionen obwaltet, und daß wir aus diesen nur sehr approximativ das Gesetz der Abnahme überhaupt ableiten dürfen.

Aus Südamerika haben wir eine größere Zahl von Beobachtungen; es liegen hier mehrere bewohnte Oerter auf bedeutender Höhe, und da hier kein Unterschied der Jahreszeiten Statt findet, so reichen Beobachtungen in einzelnen Monaten hin. Humboldt **) liefert uns in dieser Hinsicht Materialien, und nimmt als Regel an, daß von 0 — 2500 T. die Abnahme 96 T. für 1° C. beträgt, für die einzelnen Regionen aber:

0 — 500 T.	5°,7	oder	88 T. pr. 1° C.
500 — 1000 T.	3°,4	„	147 „
1000 — 1500 T.	4°,1	„	122 „
1500 — 2000 T.	7°,3	„	68 „
2000 — 2500 T.	5°,5	„	91 „

Die an einzelnen Tagen auf verschiedener Höhe gleichzeitig angestellten Beobachtungen betreffend, hat Ramond in den mémoires sur la formule barométrique (Clermont Ferrand. 1811. 4to) p. 189 ein Verzeichniß von 42 Observationen geliefert, welche größtentheils von ihm selbst in den Pyrenäen angestellt sind; das Medium von 38, welche nach ihm von Localver-

**) Humboldt lign. isoth. p. 586. et Ephemerides Manheimenses.

*) ibid p. 592 et 589.

hältnissen am mehrsten unabhängig scheinen *) giebt als Abnahme 165 Meter oder 84 T. für 1° C. — Hierzu kommt noch: Humboldt giebt als Medium von Beobachtungen in der heißen Zone **) 190 Meter oder . . . . 97 T.
Derselbe fand auf Teneriffa ***) eine Abnahme von . . . . 94 T.
Saussure in den Schweitzeralpen nach mehreren Beobachtungen †) im Sommer . . . 82 T.
im Winter . . . 118 T.
d'Aubuisson ††) nach mehreren Beobachtungen . . . . 75 T.
Selbst erhielt ich auf dem Etna als Medium von 20 Beobachtungen †††) . . . . 78 T.

Nach diesen einzelnen und den oben angeführten in einem längeren Zeitraume fortgesetzten Beobachtungen, scheint mir die Abnahme approximativ auf 85 T. für 1° C. bestimmt werden zu können.

---

*) Unter diesen die Beobachtung von Gay Lussac in einem Aerostat. Auf einer Höhe von 3585 T. über Paris war die Temp. = —9°,5, während sie gleichzeitig in Paris +30°,8 betrug; dies giebt 89 T. für 1°C. Nach zwei Beobachtungen von Saussure auf dem Montblanc (—2°,9 und —1°,6) verglichen mit den gleichzeitigen zu Geneve (28°,3 und 27°,6), wäre die Abnahme 74 T. für 1°C.

**) lign. isoth. pag. 693.

***) Voyage, Part. hist. T. I. p. 305.

†) Voyage §. 2051.

††) Journal de Physique. T. LXXI. p. 37.

†††) Bibliothéque universelle l. c. Die Beobachtungen Gemellaros geben, wie bereits bemerkt, 72 T. Saussure fand die Abnahme auf dem Etna 91 T. (Ramond l. c.).

Es fragt sich ferner, ob in der temperirten Zone die Abnahme sich immer gleich bleibt oder nach den Jahreszeiten sich ändert. Die bereits gedachten Beobachtungen Saussures in den Alpen setzen einen sehr bedeutenden Unterschied der Jahreszeiten voraus; und zwar so, daß die Abnahme im Sommer viel bedeutender seyn müßte. Folgende Vergleichungen beweisen daß allerdings die Abnahme in der wärmeren Zeit des Jahres stärker ist als in der kälteren, der Unterschied aber nicht so bedeutend als die Saussureschen Beobachtungen vermuthen lassen.

Unterschied der Temperatur.

	Jährlich.	Im Sommer.	Im Winter	In dem wärmsten Monate.	In dem kältesten Monate.
Zwischen Bernhardt und Geneve	10°,73	11°,61	10°,15	12°,17	8°,98
Zwischen St. Gothardt und Milano	13°,63	17°,40	10°,40	18°,20	9°,50
Zwischen St. Bernhardt und Turin	12°,63			16°,95	9°,80
Zwischen Mont Cenis und Turin	6°,33			5°,37	6°,51 *)

*) Hier findet also eine Ausnahme Statt.

Folglich ist in den höheren Regionen im Verhältnisse zur mittleren Temperatur sowohl die Winterkälte als die Sommerwärme geringer als in der Ebene oder den niederen Regionen.

Auch die Temperatur des Bodens nimmt mit der Höhe ab. Humboldt liefert in seiner Abhandlung lign. isoth. p. 599 folgende Uebersicht:

Temperirte Zone.

Quelle bei Utliberg unweit Zürich .	240 T.	9°,4
„ „ Roßbaden am St. Gothardt	1096 T.	3°,5

Heiße Zone.

Quelle bei Cumanacoa	179 T.	22°,5
„ „ Monteferrate	1671 T.	15°,5
„ „ Hualgayol	1840 T.	11°,8

Auch die Feuchtigkeit der Atmosphäre wird mit dem steigenden Niveau geringer. Für die heiße Zone Südamerikas ist der mittlere Hygrometerstand des Saussureschen Hygrometers *):

Von 0 —	500 T.	. . . .	86°
500 —	1000 —	80° reducirt auf die nämliche Temperatur .	73°,4
1000 —	1500 —	74°	64°,5
1500 —	2000 —	65°	46°,5
2000 —	2500 —	54°	36°,2
2500 —	3000 —	38°	26°,7

Als Medium 45 T. für 1° Sauf.

Vergleichen wir die Hygrometer-Beobachtungen auf dem St. Bernhardt und in Geneve in dem Jahre 1818, so erhalten wir.

---

*) Humboldt Tableau physique. p. 97.

Geneve	203 T.	Mittlerer Stand d. Hygr	84°,4 S.
St. Bernhardt	1278 T.	— 76°9 red. zur gleich. T.	60°,4 S.
	1075 T.		24°,0 S.

oder 44,8 T. für 1° S., also mit jenen Beobachtungen aus der heißen Zone sehr genau übereinstimmend.

Die Menge des fallenden Regens und die Zahl der Regentage für die verschiedenen Regionen kann aus Mangel an Materialien und weil hier die Localverhältnisse einen sehr großen Einfluß haben, nicht bestimmt werden.

Die Menge des Schnees nimmt natürlich mit der Höhe zu. Vom Aequator bis etwa 30° giebt es eine Region wo der Schnee nie fällt; hier sind also zwei Schneegrenzen vorhanden; die, unter welcher nie Schnee angetroffen wird, und die oberhalb welcher der Boden nie vom Schnee frei ist (die ewige Schneelinie); in der temperirten und kalten Zone kann nur von der letzteren die Rede seyn. Mit Hülfe der Abhandlung Humboldts über die Schneelinie *), so wie einiger anderen Materialien, läßt sich folgende Tafel bilden:

Andes in Quito	1° — 1°30	2460 T.	Humboldt
Popoyan	2°,18′	2420 —	„
Tolima	4°,46′	2380?—	„
Nevados in Mexico	18°,59′—19°,12′	2350 —	„
Pico auf Teneriffa (erreicht kaum die Schneelinie)	28°	1908 —	„

*) Annales de Chimie et Physique T. XIV. 1820 Maj. und: Tidsskrift for Naturvidenskaberne 1822. Heft I. p. 86.

Himmalaya südliche Seite	30°,40′—31°,4′	1050 T.	Webb
Himmalaya nördliche Seite		2650 ?	„
Sierra Nevada di Granada	37°,10′	1780 T.	Humboldt
Etna (berührt die Schneegrenze)	37°,30′	1748 —	Schouw
Apenninen (ebenso)	42° — 43°	1489 —	„
Caucasus	42° — 43°	1650 —	Engelhardt u. Parrot
Pyrenäen	42°,30′ — 43°	1375 —	Ramond
Schweitz (nördl.	45°,45′—46°,30′	1370 —	Wahlenberg
Carpathen	49°,10′	1330 —	„
Norwegen	61° — 62°	850 —	Chr. Smith
—	67°	600 —	v. Buch
—	70°	550 —	„
—	71°,30′	336 -	„
Island	63° — 64°	416-430	Mörck

Die Luft-Electricität scheint, besonders nach den Beobachtungen Humboldts in Südamerika *), mit der Höhe zu steigen; doch dürfen wir das Gesetz der Abnahme nicht bestimmen (cfr. §. 7). Dies gilt auch von der Durchsichtigkeit der Atmosphäre. Saussure **) fand durch gleichzeitige Beobachtungen in Geneve und Col de Geant, daß die Farbe des Himmels hier dem 23°,6 seines Kyanometers, dort dem 19°,7 entsprach. Auf dem Montblanc war sie 39°.

*) Tableau physique p. 100.

**) Journal de Physique. Vol. XXXVIII. p. 199. Voyage T. I. p. 309.

Humboldt *) bestimmte sie auf der Spitze von Teneriffa zu 41° in den Andesgebirgen auf einer Höhe von 3000 Toisen zu 46°; am Niveau des Meeres innerhalb der Wendekreise nach einer mittleren Zahl zu 25°.

Daß der Druck und die Dichtigkeit der Luft mit dem steigenden Niveau abnimmt, ist hinlänglich bekannt.

§. 38.

Vegetation *).

Daß die Individuen in der kalten und temperirten Zone von dem Niveau des Meeres bis zur Schneelinie an Größe abnehmen, ist bekannt. Auf einer gewissen Höhe verschwinden alle Bäume, bald verlassen uns auch die Sträucher und die Schneelinie erreichen nur Moose und Lichenen nebst einigen unansehnlichen phanerogamen Pflanzen. Auch die Zahl der Individuen nimmt mit der Höhe ab, doch vielleicht weniger aus klimatischen Ursachen als wegen der Beschaffenheit des Bodens (Vermehrung des nackten Felsbodens). In der heißen Zone fällt die Masse der Vegetation wahrscheinlich nicht in das Niveau des Meeres, sondern vielmehr in die niederen Berggegenden, wo eine hohe Temperatur und ein passender Grad von Feuchtigkeit

---

*) Tableau physique p. 103.

**) Ramond Etat de la végétation au sommet du Pic du midi. Reynier de l'influence du climat sur la forme et la nature des végétaux. Humboldt tableau physique. Ejusd. Prolegomena. Decandolle mémoires sur la géographie des plantes.

vereinigt sind; von dieser Höhe aber nimmt die Masse allerdings ab; die Baumgrenze und die Grenze der Sträucher sind hier noch weiter von der Schneelinie entfernt als in der temperirten und kalten Zone; die kleinen Alpenpflanzen müssen den Gräsern, diese den Cryptogamen weichen; nur die letzteren erreichen die Schneelinie *).

Schwieriger ist die Frage, ob mit der Höhe auch die Mannigfaltigkeit vermindert wird. Ganz in der Nähe der Schneegrenze ist sie allerdings sehr gering; allein schon in der unteren alpinischen und in der subalpinischen Region trifft man eine ziemlich reiche Flora; in der heißen Zone ist die Mannigfaltigkeit ohne Zweifel größer in den niederen Berggegenden als in den Ebenen.

Um den Einfluß der Höhe auf die hervortretenden und herrschenden Pflanzenformen zu zeigen, sind Beispiele aus den polaren und subpolaren Ländern wenig passend, weil der Abstand der Schneelinie von dem Niveau des Meeres so gering ist, daß die Pflanzen der höheren Regionen von denen der Ebenen und Thäler nicht bedeutend abweichen können; wir halten uns daher in dieser Hinsicht vorzugsweise an die temperirte und heiße Zone.

Vergleichen wir die Gebirgsflora des mittleren und südlichen Europa (d. die Pflanzen, welche über 4000 Fuß vorkommen) mit der Flora der Ebenen auf gleicher Breite, so bemerken wir:

1. Daß tropische Familien, von welchen die Ebenen der temperirten Zone noch Repräsentanten aufwei-

*) Humboldt Tableau physique.

sen, in der Gebirgsflora gänzlich verschwinden z. B. Palmae, Aristolochiae; und daß Familien, welche in der heißen Zone ihr Maximum haben, in der Gebirgsflora ganz vermißt werden z. B. Malvaceae, Aroideae, Laurineae, Terebinthaceae.

2. Daß andere Familien, welche in der heißen Zone ihr Maximum haben und in der temperirten abnehmen, in der Gebirgsflora dies in einem noch höheren Grade thun, oder dort wohl gar nur Repräsentanten haben, z. B. Leguminosae in der Ebene $\frac{1}{11}$ — $\frac{1}{13}$, in der Gebirgsflora $\frac{1}{21}$. Euphorbiaceae $\frac{1}{68}$ und $\frac{1}{235}$.

3. Viele Familien, welche in der Ebene der temperirten Zone ihr Maximum haben, bilden in der Gebirgsflora ohngefähr das nämliche Verhältniß z. B. Compositae, Cruciferae, Umbelliferae, Rosaceae, Rubiaceae (Stellatae), Ranunculaceae. Andere dieser Familien nehmen gegen die Schneelinie wie gegen den Pol ab z. B. Liliaceae $\frac{1}{35}$ — $\frac{1}{47}$, Labiatae $\frac{1}{23}$ — $\frac{1}{37}$. Auch die Gräser werden weniger zahlreich $\frac{1}{13}$ — $\frac{1}{18}$. Einige treten in verschiedenen Untergrupen hervor z. B. von den Caryophylleen haben die Alsineae in den höheren Regionen ihr Maximum.

4. Dagegen werden die Quotienten folgender Familien größer in den höheren Regionen: Cariceae, Amentaceae, Primulaceae, Gentianeae, Saxifrageae, Musci, Lichenes.

In Hinsicht der Verhältnisse der Familien leidet folglich die Vegetation in dem mittlern und südlichen

Europa mit der steigenden Höhe ohngefähr die nämlichen Veränderungen als von dem südlichen Europa zu den subpolaren und polaren Ländern. Daß die Primulaceae nicht gegen den Pol zunehmen, daß die Compositae und Stellatae in den Polarländern weniger zahlreich sind als in den südeuropäischen Alpen, und daß dagegen die Carices häufiger hervortreten, sind fast die einzigen Abweichungen von diesem Parallelismus.

Hinsichtlich der Gattungen kommen die mehrsten Alpengattungen auch in den niederen Regionen und Ebenen vor, aber nicht umgekehrt. Doch hat das Hochland seine eigenthümlichen Gattungen; die wichtigsten sind: Kobresia, Androsace, Soldanella, Certusa, Tozzia, Ramondia, Wulfenia, Paederota, Saussurea, Dryas, Azalea, Rhododendron, Arbutus, Cherleria, Moehringia; von diesen kommen Kobresia, Androsace, Dryas, Azalea, Rhododendron und Arbutus auch in den Polarländern vor. Einige Gattungen sind im Hochlande zahlreicher (entweder absolut oder relativ), als in der Ebene z. B. Eriophoron, Carex, Primula, Pedicularis, Gentiana, Hieracium, Saxifraga, Sedum, Phaca, Viola, Phyteuma, Arabis, Draba, Arenaria. Diese Gattungen werden auch mit der geographischen Breite zahlreicher, doch mit Ausnahme der Gattung Phyteuma, welche der polaren Flora gänzlich abgeht. Es findet also im Ganzen genommen ein ziemlicher Grad von Parallelismus zwischen der Breiten- und Höhen-Vertheilung Statt. Die südeuropäische Alpenflora scheint doch eine größere Eigenthümlichkeit zu besitzen, als die Polarflora, ja diese ist sogar, mit der Vegetation der Ebenen auf gleicher

Breite verglichen, nicht unbedeutend. Hinsichtlich der Arten versteht es sich leicht, daß wenn wir der angenommenen Eintheilung in solche Pflanzen, welche ober- und unterhalb 4000 Fuß vorkommen, folgen, alsdann dem Hochlande und den niederen Gegenden viele Arten gemeinschaftlich werden; doch hat die Alpenflora, selbst nach dieser Eintheilung etwa $\frac{1}{3}$ eigenthümlicher Arten. Vergleichen wir aber die Flora über 6000 Fuß mit der, welche in der Ebene Statt findet, so treffen wir fast keine gemeinschaftliche Art. Auf jener Höhe fängt nämlich die eigentliche Alpenvegetation an, und mit ihr erhält die Vegetation einen sehr eigenthümlichen Anstrich.

Nach den oben gemachten Bemerkungen sind die Pflanzenfamilien, welche in der Ebene der wärmeren temperirten Zone durch Zahl der Arten vorherrschen folgende: Compositae, Leguminosae, Graminae, und nach diesen in Europa: Labiatae, Cruciferae, Umbelliferae, Caryophylleae, welche ohngefähr gleich zahlreich sind. In dem Hochlande des südlichen Europa bilden die Compositae durch Arten die vorherrschende Familie, dann folgen in ziemlich gleicher Zahl: Cyperaceae, Alsinoae, Gramineae, Cruciferae, Leguminosae, Rosaceae, Saxifrageae, Umbelliferae.

In Hinsicht der Zahl der Individuen scheinen Amentaceae, Gramineae und Rhododendraceae die vorherrschenden zu seyn. —

Nehmen wir endlich Rücksicht auf den habitus der Vegetation überhaupt, dann scheinen folgende Charakterzüge die südeuropäische Alpenflora vorzüglich auszuzeichnen:

1. Die Zahl der einjährigen Pflanzen ist sehr klein; Ramond fand unter 48 Pflanzen auf der Spitze des Pic du midi nur 3 einjährige Pflanzen *); Decandolle meint, daß unter 1500 phanerogamen Pflanzen, welche über 3000 Fuß über dem Niveau des Meeres wachsen, nur 15 einjährige sind, und daß selbst mehrere von diesen z. B. Thlaspi bursa pastoris, Urtica urens und dioica in die höheren Regionen hinaufgebracht sind **).

2. Die Blumen sind im Verhältniß zur ganzen Pflanze von bedeutender Größe. Beispiele geben Dryas octopetala, Ranunculus glacialis, Gentiana acaulis, G. ciliata, Saxifraga oppositifolia.

3. Die Farben der Blumen, so wie die der Pflanze überhaupt sind lebhafter und reiner; schmutzige gemischte Farben, welche bei den Pflanzen der Ebenen häufig sind, kommen in den Alpen seltener vor. Dieser Unterschied wird besonders auffallend, wenn man die alpinischen Pflanzen mit ihren Artsverwandten in der Ebene vergleicht, z. B. Apargia crocea, A. alpina, Linaria alpina, Gentiana acaulis, G. nivalis, Veronica alpina, V. fruticulosa, Arabis coerulea, Draba pyrenaica, Ranunculus glacialis, Achillea atrata. Selbst die schöne Farbe des Vergiß-

*) Etat de la végétation etc.

**) Mémoires d'Arcueil. T. 5. p. 281.

meinnicht wird in den Alpen durch Myosotis nana übertroffen. Dagegen kann ich die Behauptung einiger, daß die weiße Farbe in den Alpen häufiger seyn sollte, nicht billigen; schon die oben angeführten Beispiele erwecken Zweifel; unter den 48 Pflanzen, welche Ramond auf dem Pic du midi vorfand, waren nur 8 — 9 mit weißen Blumen; und unter einer ohngefähr gleichen Zahl, welche ich auf einer Bergspitze bei dem Simplon sammelte, waren gleichfalls nur 7 — 8, deren Blumen von dieser Farbe sind. Gattungen, deren Arten in der Ebene blasse Farben haben, zeigen in den alpinischen Arten dunkle Farben, z. B. Carex atrata, Juncus Jacquini. Wo aber die weiße Farbe in den Alpen sich zeigt, ist sie reiner als bei den Pflanzen der Ebene, z. B. Dryas octopetala.

4. Die Alpenpflanzen liefern dem Vieh eine kräftigere Nahrung; es kommt unter ihnen eine verhältnißmäßig größere Zahl von bitteren und überhaupt von Arzeney-Gewächsen vor. Beispiele sind die Arten von Achillea, Angelica, Artemisia, Gentiana, Arnica montana, Imperatoria, Ostruthium. Dagegen kommt in der eigentlichen Alpenregion keine einzige Giftpflanze vor. Die Arten von Veratrum und Aconitum gehören zur mittleren Höhe.

5. Pflanzen mit Stacheln und sehr behaarte Gewächse kommen in den Alpenregionen seltener vor.

Gehen wir zur heißen Zone über, so bemerken wir ebenfalls, daß die Vegetation in den höheren Regionen sich mehr als die der Ebene der extratropischen nähert. So verschwinden in Südamerika auf einer Höhe von 1100 Toisen die tropischen Familien gänzlich z. B. Musae, Scitamineae, Cycadeae, Sapotae, Rhizophoreae, Dilleniaceae, Malpighiaceae, Menispermeae, oder sie kommen nur mittelst einzelner Repräsentanten zum Vorschein, z. B. Palmae; Familien, welche innerhalb der Wendekreise ihr Maximum haben, werden mit der Höhe weniger zahlreich z. B. Malvaceae, Leguminosae, Euphorbiaceae, Urticeae, Rubiaceae, Apocyneae, Verbenaceae; extratropische Familien, welche in der Ebene der heißen Zone gänzlich oder fast gänzlich fehlen, kommen auf einer gewissen Höhe wieder zum Vorschein z. B. Umbelliferae, Cruciferae, Amentaceae, Coniferae, Ericaceae, Ranunculaceae; und solche, welche in den extratropischen Gegenden ihr Maximum haben, nehmen mit der Höhe zu, z. B. Compositae, Labiatae, Caryophylleae. Noch deutlicher wird dies durch Vergleichung der Gattungen. Wir haben oben (§. 32.) gesehen, daß unter den südamerikanischen Pflanzen, welche von Humboldt und Bonpland bis 200 T. gefunden sind, kaum $\frac{1}{4}$ der Gattungen auch in der temperirten Zone zum Vorschein kommt; dagegen sind unter 327 Gattungen, zu welchen die Pflanzen über 1100 T. gehören, 180 o. über die Hälfte mit der temperirten Zone gemeinschaftlich. Selbst die polaren und subpolaren Formen zeigen sich in Südamerika, nämlich in den höchsten Regionen, die Gattungen Saxifraga, Gentiana, Draba, Arenaria, Cerastium,

Andromeda, Arbntus, Carex *). Doch scheinen die Compositae und Gramina weit häufiger in den alpinischen Regionen Südamerikas zu seyn als in den Polarländern oder den alpinischen Regionen des südlichen Europas. In wie fern übrigens die charakteristischen Eigenschaften der südeuropäischen Alpenflora auch der südamerikanischen zukommen, darf ich aus Mangel eigener Beobachtungen nicht bestimmen; doch scheint es nach den Berichten anderer der Fall zu seyn.

Daß auch in dem Hochlande Indiens, welches zwar in der temperirten Zone liegt, aber doch in der Nähe der heißen, die Vegetation einen nördlicheren Anstrich annimmt läßt sich schon aus dem Berichte Hamiltons **) schließen. Er theilte Nepaul in drei Regionen; die Ebene, worin die Vegetation in den wesentlichen Stücken mit der von den übrigen Theilen Indiens übereinstimmt, die Bergregion, wo die Wälder aus Eichen, Fichten, Kastanien, Nußbäumen, Birken und Lorbeerarten bestehen, und die Kräuter ebenfalls den europäischen ähnlich sind, — und die Alpenregion, in welcher er eine Pinus traf, die er von P. picea nicht unterscheiden konnte, Taxus baccata, eine Birke, zwei Rhododendra u. s. w.

Noch deutlicher wird dies aus der Sammlung Wallichs. In dieser befinden sich die Gattungen: Quercus (sehr zahlreich), Salix, Betula, Carpinus, Juglans, Pinus, Juniperus, Ilex, Cornus, Berberis, Aira, Avena, Galium, Verbascum, Viburnum,

---

*) Humboldt Prolegomena p. LI. und Nova genera.

**) Francis Hamilton (Buchanan) account of the Kingdom of Nepal. Edinburgh. 1819.

Viola, Campanula, Lysimachia, mehrere Gattungen der Umbellatae, Convallaria, Paris, Chrysosplenium, Stellaria, Alsine, Lychnis, einige Cruciatae, Cnicus, Artemisia u. s. w., ja es sind auch solche vorhanden, die in den Polargegenden und den Gebirgen der temperirten Zone ihre wahre Heimath haben, z. B. Carex, Primula, Gentiana, Androsace, Rhododendron, Uvularia, Arenaria. Unter 227 Gattungen kommen 134 o. fast $\frac{2}{3}$ auch in Europa vor, obgleich die Sammlung, wie bereits oben bemerkt ist, auch viele Pflanzen der unteren Regionen enthält. In den Ebenen Ostindiens ist nur $\frac{1}{3}$ der Gattungen europäisch. – Auf Java scheinen ähnliche Verhältnisse Statt zu finden; diese Insel ist neuerdings von dem Hrn. Reinwardt besucht; nach einem Briefe an Hrn. Westermann fand er auf dem Berge Sallak (7000 Fuß hoch) eine Vegetation, die von der der Ebne durchaus verschieden war, der Berg-Vegetation von Japan und China und der Flora des südlichen Europa aber ähnlicher.

Die älteste Eintheilung nach der Höhe ist wohl die, wonach man drei Regionen: die Hügel- Berg- und Alpen-Region (regio collina, r. montana, r. alpina) annimmt; da diese aber auf die absolute Höhe über der Meeresfläche begründet ist, so wird sie in der Pflanzengeographie von geringer Anwendbarkeit, weil auf derselben Höhe unter verschiedener Breite die Vegetation sehr verschieden ist. Am zweckmäßigsten scheint es mir, die Regionen nach den Vegetations-Verschiedenheiten selbst zu bilden; diese werden allerdings für jedes Bergsystem verschieden, allein einige natürliche Grenzen bleiben doch sämmtlichen Bergge-

gen-

genden gemeinschaftlich; diese sind nämlich die Schneelinie, die Grenze der Sträucher und die Baumgrenze (terminus nivalis, arbuscularum, arboreus). Die Region zwischen der Baumgrenze und der Schneegrenze kann passend die Alpenregion (regio alpina) genannt werden, denn dem Sprachgebrauche zufolge bezieht sich dieser Ausdruck nicht so sehr auf die absolute Höhe als vielmehr auf die klimatischen und botanischen Beschaffenheiten; mit Hülfe der Grenze für die Sträucher läßt diese Region sich gewöhnlich in die untere und die obere theilen (regio alpina inferior et superior); die letztere wird auch die Schneeregion (regio nivalis) genannt, weil dort noch in den Sommermonaten Schnee angetroffen wird. Bis zu einer gewissen Höhe unter der Baumgrenze sind die Bäume noch niedrig und unansehnlich, und einzelne Alpenpflanzen zeigen sich, dies giebt zu einer dritten Region, der subalpinischen (regio subalpina) Veranlassung. Diese Regionen sind nach den wildwachsenden Pflanzen gebildet; es läßt sich aber auch eine Eintheilung nach den wichtigsten angebauten Pflanzen gedenken. Diese wird gleichfalls in den verschiedenen Bergsystemen verschieden ausfallen.

Lappland (64° — 71°) wird von Wahlenberg *) größtentheils nach der Höhe in 6 Regionen getheilt:

1. Die niedere Waldregion (regio sylvatica inferior), wo nicht nur die Tanne (Pinus Abies) vorkommt, sondern auch Trifolium pra-

*) Flora Lapponica pag. XXX — XXXV und Tab. ad. LIV.

tense, Convallaria majalis und Nymphaea alba. 0 — 500 Fuß.

2. Die obere Waldregion, Region der Tanne (regio sylvatica superior, s. regio Abietis), wo die Tanne noch immer gut gedeiht, jene andere Pflanzen aber fehlen. 500 — 800 F.
3. Die Region der Fichte (regio subsylvatica v. regio Pini), wo die Fichte (Pinus sylvestris) aber nicht die Tanne vorkommt. 800 — 1200 Fuß.
4. Die subalpinische Region oder Region der Birke (regio subalpina s. regio Betulae), wo die Birke (Betula alba), aber sonst kein Baum gedeiht. 1200 — 1800 F.
5. Die untere Alpen-Region oder Region der Zwergbirke (regio alpina inferior s. regio Betulae nanae), wo die gemeine Birke nicht länger erscheint, die Zwergbirke (Betula nana) aber häufig ist. 1800 — 2500 F.
6. Die obere Alpenregion oder die Schneeregion (regio alpina superior s. regio nivalis) von der oberen Grenze der Zwergbirke bis zur Schneelinie. 2500 — 3300 F.

Es scheint aber, daß der Raum zwischen dem Meere und der Schneelinie (3300 F.) zu klein ist, um 6 Regionen zu bilden, und daß daher die Grenzen derselben zu sehr in einander laufen. Insofern man also nur auf den Höhenunterschied *) Rücksicht nimmt, glaube ich, daß die 3 ersten Regionen sich füglich in eine ein-

*) Wahlenberg hat bei seiner Eintheilung zugleich die horizontale Ausdehnung berücksichtiget.

zige, die Waldregion (regio sylvatica) vereinigen lassen; wonach man denn nur 4 Regionen zu unterscheiden hätte.

Hiermit stimmen die südlicheren Theile des skandinavischen Gebirges überein, nur daß die absolute Höhe der Regionen verändert wird. Nach den von Prof. Chr. Smith *) und mir angestellten Beobachtungen werden in Norwegen auf 60° — 61° Br. die Regionen folgende:

1. Die Waldregion oder Region der Fichte (regio sylvatica s. regio Pini) 0 — 2400 F. Die Tanne wird auf der Westseite Norwegens fast gänzlich vermißt, und ist daher zur Bestimmung der Region weniger passend. Die obere Grenze der Fichte ist übrigens an der Ostseite der norwegischen Alpenkette 2800 an der Westseite 2000 F. ü. d. M.
2. Die subalpinische Region oder Region der Birke (regio subalpina s. regio Betulae) 2400 — 3200 F. Auch die obere Grenze der Birke sinkt gegen das Meer zu bedeutend; sie ist an der Ostseite der Gebirgskette 3500 — 3600 F., an der Westseite, doch in bedeutender Entfernung vom Meere, 3000 F., in der Nähe desselben 1800 — 1900 F. **).
3. Die untere Alpenregion oder Region der Zwergbirke (regio alpina inferior s. regio Betulae nanae) 3200 — 3800 F.

*) Nogle Jagttagelser etc. in Topographiskstatistiske Samlinger 2. D. 2. B. Cfr. auch v. Buchs Reise a. m. St.

**) Smith l. c. p. 34.

Außer der Zwergbirke gehören einige Weidenarten (Salix glauca, lanata u. s. w.) zu den charakteristischen Gewächsen dieser Region.

4. Die obere Alpenregion oder die Schneeregion (regio alpina superior v. regio nivalis) 3800 — 5100 F. Die Schneelinie ist in dem östlichen Norwegen 5500 F. in dem westlichen 4800 F.

Die Carpathen (49°) schließen nach Wahlenberg *) folgende Regionen ein:

1. Die angebaute Ebene (planities frugifera et pomifera), deren obere Grenze er indeß nicht angiebt.
2. Die Bergregion (regio montana s. regio Fagi) bis zur oberen Grenze der Buche oder 4000 F.
3. Die subalpinische Region (regio subalpina) zwischen der oberen Grenze der Buche und der oberen Grenze der Tanne. 4000 — 4600 F.
4. Die untere Alpenregion oder die Region des Krumholzes (regio alpina inferior s. regio Mughi) zwischen der oberen Grenze der Tanne und des Krumholzes (Pinus Mughus) 4600 — 5600 F.
5. Die obere Alpenregion (regio alpina superior) 5600 — 8000 F. Doch könnte man hier zwei Regionen unterscheiden, nämlich von 5600 bis 6500 F., wo noch Alpenpflanzen vorkommen; und von 6500 bis 8000 F., wo der Boden fast

*) Flora Carpatorum p. LXXVII et seq.

**) Vielleicht besser regio sylvatica oder bloß regio Fagi.

nur mit schwarzen Lichenen bedeckt ist; die erste Region könnte dann die obere Alpenregion, die letztere die Flechtenregion (regio Lichenosarum) genannt werden.

Die Carpathen unterscheiden sich also von den skandinavischen Gebirgen vorzüglich dadurch, daß nicht Laubhölzer sondern Nadelhölzer die Baumgrenze bilden, daß gleichfalls die Grenze der Sträucher von einem Strauche aus der Familie der Coniferen gebildet wird, daß die Alpenpflanzen nicht die Schneelinie berühren (welche überhaupt in den Carpathen kaum vorhanden ist), sondern durch eine nackte Region von ihr getrennt ist.

Nach Wahlenberg *) sind in der nördlichen Schweitz (46° — 48°) folgende Regionen:

1. Die Ebene (planities v. basis Helvetiae septentrionalis v. regio vitifera).
2. Die untere Bergregion oder die Region des Wallnußbaumes (regio montana inferior v. regio Juglandis) **) bis zur oberen Grenze des Wallnußbaumes. 2500 F.
3. Die obere Bergregion oder die Region der Buche (regio montana superior v. regio Fagi) ***) bis zur oberen Grenze der Buche 2500 — 4000 F.
4. Die subalpinische Region (regio subalpina) bis zur oberen Grenze der Tanne, welche

*) Tentamen §. 34 et seq.

**) Vielleicht besser die niedere Waldregion (regio sylvatica inferior).

***) Oder die obere Waldregion (regio sylvatica superior).

nach Wahlenberg die Baumgrenze bildet. 4000 5500 F. Nach meinen Beobachtungen in den mittleren und südlichen Alpen geht die Lerche gewöhnlich höher als die Tanne und Kasthofer *) fand, daß P. Cembra am höchsten steigt. Am besten ist es daher, die obere Grenze dieser Region da zu setzen, wo überhaupt die Nadelhölzer aufhören; und sie verdient daher auch den Namen: Region der Nadelhölzer (regio Coniferarum).

5. Die untere alpinische Region (regio alpina inferior) nach Wahlenberg von der Baumgrenze bis zu der Höhe wo noch einzelne Schneeflocken angetroffen werden (terminus subnivalis) 5500 — 6500 F. Es scheint mir besser hier wie in den vorher genannten Bergsystemen die Grenze der Sträucher zur Bestimmung dieser Region zu benutzen; in dieser Hinsicht scheinen Rhododendron ferrugineum und hirsutum die passendsten Gewächse; ihre obere Grenze ist etwa 7000 F.

6. Die obere alpinische Region oder die Schneeregion (regio alpina superior v. regio nivalis). Nach Wahlenberg von dem termino subnivali bis zum termino nivali 6500 — 8200 F., oder nach meiner Ansicht von 7000 — 8200 F.

Die nämliche Eintheilung ist nach meinen Beobachtungen auf den südlichen Abhang der Alpen (44° — 46°) anwendbar; nur daß die absolute Höhe der Re-

*) Bemerkungen über die Wälder und Alpen des bernerischen Hochlandes.

gionen etwas verändert wird. Es sind demnach die Regionen: 1. Region der Kastanie und des Wallnußbaumes (regio Castaneae et Juglandis). 2. Die Region der Buche (regio Fagi). 3. Die Region der Nadelhölzer oder die subalpinische Region (regio Coniferarum v. regio subalpina). 4. Die Region der Alpenrosen oder die untere Alpenregion (region Rhododendrorum v. regio alpina inferior). 5. Die obere Alpenregion oder die Schneeregion (regio alpina superior v. regio nivalis). In dem untersten Theile der Kastanien-Region zeigen sich, besonders an den Ufern der norditalienischen Seen, Spuren einer Region, die erst in dem südlicheren Theile von Italien vollständig hervortritt, nämlich die immergrüne Region (siehe unten). Die absolute Höhe der hier gedachten Regionen werde ich in meiner Uebersicht der geographischen Verhältnisse Italiens angeben. Sie weicht von der, welche an dem nördlichen Abhange der Alpen Statt findet, nicht sehr ab.

In den Schweitzer-Alpen bilden also ebenso wie in den Carpathen Nadelhölzer die Baumgrenze; allein die Alpenpflanzen erreichen hier die Schneelinie, ja übersteigen dieselbe hie und da.

Für den Caucasus (42° — 43°) sind bei Parrot *) die Regionen nicht vollständig dargestellt; doch scheint man nach seinen Angaben folgende annehmen zu dürfen.

*) Engelhardt und Parrot Reise in die Krim und den Caucasus.

1. Die untere Waldregion oder die Region der Buche (regio sylvatica inferior v. regio Fagi). Die obere Grenze der Buche ist nicht angegeben. Vielleicht ließe sich diese Region in die Kastanien-Region und die Buchen-Region theilen.

2. Die obere Waldregion oder die Region der Fichten und Birken (regio sylvatica superior v. regio Pini et Betulae) von der oberen Grenze der Buche bis zur Baumgrenze d. h. bis etwa 5500 F. Parrot bestimmt die obere Grenze der Fichte zu 5472 Fuß, die der Birke zu 5262 Fuß; doch bemerkt er dabei, daß, wegen günstiger Localverhältnisse, an einem einzelnen Orte ein kleiner Birkenwald noch auf einer Höhe von 6288 Fuß angetroffen wird. Die Fichten und die Birken scheinen also ohngefähr die nämliche Höhe zu erreichen. Es scheint, daß in dieser Region noch keine Alpenpflanzen hervortreten; und sie darf daher wohl nicht wie in der Schweitz die subalpinische genannt werden.

3. Die Region der Sträucher oder die subalpinische Region (regio arbuscularum v. regio subalpina) wird hauptsächlich von Rododendrum caucasicum, einigen Vaccinien und Salices und in dem unteren Theile von Azalea pontica gebildet. Von 5500 Fuß bis zur oberen Grenze des erstgenannten Strauches 8400 Fuß. Doch wäre es vielleicht besser den oberen Theil dieser Region mit der folgenden zu vereinigen.

4. Die Region der Alpenpflanzen (regio alpina); hier zeigen sich Ranunculus caucasicus, Gentiana septemfida, Cerastium alpinum einige Saxifragae und mehrere den europäischen Alpenpflanzen ähnliche Formen. Nach Parrot geht diese Region von 8400 bis 9000 F.
5. Die Region der Alpengräser (regio graminearum alpinarum) 9000 — 9600 F.
6. Die Region der Flechten (regio lichenosarum) 9600 — 9900 F.

Vielleicht ist zur Trennung der beiden letzteren Regionen von der eigentlichen Alpenregion nicht hinlänglicher Grund, denn, nach der Angabe von Parrot selbst, trifft man, wenigstens in der Region der Gräser, noch mehrere Alpenkräuter z. B. Saxifraga caespitosa, S. filamentosa, S. Cotyledon, Arenaria austriaca.

Für die Pyrenäen (42° — 43°) haben wir keine ähnliche Uebersicht; doch scheint man nach den Höhenangaben Ramonds und Decandolles*) folgende Regionen statuiren zu können:

1. Region der Kastanien und Eichen (regio Castaneae et Quercuum). 0 — 4000 F.
2. Region der Nadelbäume oder die subalpinische Region (regio Coniferarum v. regio subalpina). Von 4000 F. bis zur Baumgrenze o. der Grenze der P. rubra (P. sylvestris β.); diese bestimmt Humboldt **) zu 7000 F., welche Angabe vielleicht zu hoch ist; denn

*) Humboldt Prolegomena pag. XLIV. und Tableau physique und Decandolle mémoire sur la géographie etc.

**) Prolegomena p. XLIX.

Decandolle setzt die obere Grenze der Fichte zu 4928 F. (1600 Meter) und der Pinus uncinata zu 5544 F. Die letzte Höhe wird vielleicht die wahre Baumgrenze.

3. Region der Sträucher oder die untere Alpenregion (regio arbuscularum v. regio alpina inferior) von der Baumgrenze bis zur oberen Grenze der Alpenrosen, welche zu 7800 F. bestimmt wird.

4. Die obere Alpenregion oder die Schneeregion (regio alpina superior v. regio nivalis) 7800 — 8250 F.

Obgleich die Apenninen nach der geographischen Breite sich so sehr ausdehnen, daß die absolute Höhe der Regionen sich bedeutend verändert, so bleibt die Vegetation dieser Bergkette sich doch in dem Grade gleich, daß die nämliche Eintheilung überall anwendbar ist. Da in den Abruzzen (42° — 43°) ohngefähr die Mitte der Bergkette liegt, so will ich die Regionen so angeben, wie sie dort erscheinen:

1. Die immergrüne Region (regio sempervirens). Da in dieser Region die mehrsten Bäume und Sträucher ihre Blätter nicht verlieren und die Region dadurch eine charakteristische Physiognomie bekommt, so scheint mir diese Benennung nicht unpassend. Die wichtigsten Bäume und Sträuche sind Quercus Ilex, Q. Suber, Pistacia Lentiscus, P. Terebinthus, Viburnum Tinus, Myrtus communis, Erica arborea, E. scoparia, Phillyrea sp., Arbutus Unedo, Mespilus pyracantha. Auch kommt eine Menge von Cistus Arten, von Labiatae und Caryophyl-

leae vor, und überhaupt von den Pflanzenformen, welche das südliche Europa von dem nördlichen unterscheidet. 0 — 1200 F.

2. Region der Eichen und Kastanien (regio Quercuum et Castaneae). Eichen mit abfallenden Blättern und Kastanien bilden die Hauptbestandtheile der Wälder; die immergrünen Bäume und Sträucher verschwinden; die Kräuter werden den nordeuropäischen ähnlicher. 1200 — 3000 F.

3. Region der Buche (regio Fagi) 3000 — 5000 F. Die Buche ist der vorherrschende Baum; Pinus Picea, P. sylvestris und Taxus baccata kommen vor, aber seltner. Die obere Grenze ist da, wo die Buche nicht mehr aufrecht steht.

4. Die subalpinische Region (regio subalpina) 5000 — 6000 Fuß. Die Buche kommt noch als kriechender Strauch vor, so wie dies auch mit Pinus sylvestris der Fall ist; Alpenpflanzen kommen hie und da zum Vorschein.

5. Die untere Alpenregion (regio alpina inferior) 6000 — 7500 F. Vaccinium Myrtillus, Arbutus Uva ursi, Juniperus nana und viele Alpenpflanzen bilden diese Region.

6. Die obere Alpen-Region (regio alpina superior) 7500 — 8900 F. Nur einzelne Berg-

*) Ich wiederhole die §. 15 gemachte Bemerkung, daß die für Italien hier angegebenen Zahlen nur ohngefährlich sind, und erst in meiner Uebersicht von Italien genauer angegeben werden.

spitzen (Gransasso, la Majella, Velino *) fallen in diese Region.

Diese Eintheilung läßt sich nicht auf dem Etna (37° 30′) anwenden, wegen der besonderen Beschaffenheiten dieses Berges **). Man theilt gewöhnlich diesen Berg in drei sehr natürliche Regionen: regione piemontese, der untere angebaute Theil des Berges; regione boscosa, der mittlere waldbewachsene; und regione scoverta, der obere von Vegetation fast entblößte Theil. Da die erste dieser Regionen im hohen Grade angebaut ist, so fällt es schwer, sie nach der freiwilligen Vegetation zu charakterisiren; doch stimmt sie größtentheils mit der apenninischen regio sempervirens überein, sie dehnt sich vom Niveau des Meeres zu einer Höhe von 2000 F. hinauf. Die Waldregion zerfällt passend in zwei: die untere Waldregion oder die Region der Kastanien und Eichen (regio sylvatica inferior v. Castaneae et Quercuum) 2000 — 3500 F., und die obere Waldregion oder Region der Buchen und Fichten (regio sylvatica superior v. regio Fagi et Pini sylvestris) 3500 — 6000 F. Auch die Birke (Betula alba, Betula ethnensis Rafines) ist häufig in dieser Region. Die dritte Hauptregion hat wegen der Beschaffenheit des Bodens eine sehr dürftige Vegetation; er besteht nämlich größtentheils aus einer harten unfruchtbaren vulcanischen Asche, deren Oberfläche sich bei jedem Ausbruche erneuert, und

*) Gransasso 8935 F., Majella 8770 F., Velino 7684. Cfr. Zach Corresp. astron. 1819. April.

**) Cfr. Rafinesque Chloris Ethnensis.

in welcher keine Quelle und kein Bach zum Vorschein kommt; es bildet sich daher kein Rasen und es zeigen sich nur solche Pflanzen, welche mit starken Wurzeln und Stengeln versehen sind; die ganze Zahl der Phanerogamen beträgt vielleicht kaum 30 — 40; über 7000 F. hinaus steigt die Zahl wohl kaum zu 10. Es läßt sich diese Region in zwei theilen; in der unteren von 6000 bis 7500 F. sind die vorherrschenden Pflanzen: Juniperus communis, Berberis vulgaris und Astragalus siculus Bivona, welche in der schwarzen Asche kleine caespites bilden; auch sind Saponaria depressa Bivona (S. ethnensis Raf.), Tanacetum vulgare, Anthemis petraea Tenore, Senecio chrysanthemifolius Poiret, Seriola uniflora und Viola gracilis Smith in dieser Region nicht selten. In der oberen von 7500 bis 9000 F. fehlen jene Sträucher; nur Anthemis petraea, Tanacetum vulgare, Senecio chrysanthemifolius und Seriola uniflora sprossen hie und da kümmerlich hervor. Von 9000 F. bis zur Spitze (10488 F.) trifft man nur einige Flechten und selbst diese sehr sparsam. Man vermißt folglich auf dem Etna die alpinische und subalpinische Region, obgleich die Höhe dieses Berges für eine solche hinreicht; die erwähnten Pflanzen der nackten Region können nicht alpinisch genannt werden, da sie die Eigenthümlichkeiten derselben nicht haben; höchstens würde dieses mit Saponaria depressa der Fall seyn.

Für die übrigen Gebirge Siciliens (36°30′ — 38°20′), deren keiner höher als ohngefähr 6000 F. ist, lassen sich folgende Regionen unterscheiden:

1. Die subtropische Region (regio subtropica) 0 — 600 F. Große Strecken mit

Chamaerops humilis, Cynara Cardunculus, Scolymus grandiflorus bewachsen, mehrere afrikanische Pflanzen (z. B. Asparagus horridus, Juncus multiflorus, Lavatera flava, Cyperus Papyrus, Salsola fruticosa, mehrere Eryngia) die sehr häufige, wenn auch nicht ursprünglich mische Pflanze Cactus Ficus indica tragen w ntlich dazu bei, der Vegetation der niederen Gegenden Siciliens, besonders im südlichen Theile, einen tropischen Anstrich zu geben.

2. Die immergrüne Region (regio sempervirens) wie in den Apenninen. 600 — 2000 F.

3. Die Region der Eichen und Kastanien (regio Quercuum et Castaneae) 2000 — 4000 F. Doch muß bemerkt werden, daß jetzt der größte Theil dieser Region von Wäldern entblößt ist; da indeß die übrige Vegetation mit der ziemlich übereinstimmt, welche in der Apenninenkette in der Region der Eichen und Kastanien vorherrscht, so habe ich den Namen beibehalten. In den nebrodischen Gebirgen (le Madonie) sind doch noch Wälder vorhanden und der Bosco di Caronia fällt auch in diese Region.

4. Die Region der Buche (regio Fagi) 4000 — 6000 F. ist nur auf den nebrodischen Gebirgen und auf dem Monte Camarata vorhanden. In dem obersten Theile wird die Buche kriechend und einzelne subalpinische Pflanzen (z. B. Draba aizoides, Arabis alpina, Campanula graminifolia) kommen zum Vorschein.

Für Teneriffa (28°) nimmt v. Buch *) folgende Regionen an:

1. Die afrikanische Region oder die Region der Palmen und Bananen (regio africana v. regio Palmarum et Musarum) 0 — 1200 F.
2. Die Region der europäischen Cultur regio europaea); hier ist der vorzüglichste Wein- und Getraide-Bau, und mehrere europäische Gewächse zeigen sich (1200 — 2500 F.
3. Die Region der Wälder (regio sylvatica). Die Wälder sind hauptsächlich von 4 Lorbeerarten, Arbutus Callicarpa, Myrica Faya, Olea excelsa, Ilex Perado, Erica arborea gebildet. 2500 — 4080 F.
4. Die Region der Fichten (regio Pini canariensis) 4080 — 5900 F. Hier kommt auch Erica scoparia vor.
5. Die Region des Spartium nubigenum (regio Spartii). Diese Pflanze bedeckt die nackte Lava und den Bimsstein. 5900 — 10400 F. Von dieser Höhe bis zu der Spitze ist gar keine Vegetation.

Vergleichen wir diese Uebersicht mit der von dem Etna, so finden wir bis zu einem gewissen Grade eine Uebereinstimmung. Auch Teneriffa hat der bedeutenden Höhe ohngeachtet, keine alpinische Vegetation, und die Beschaffenheit des Bodens scheint auch hier die Ursache dieses Mangels zu seyn; die Region des Spartium scheint derjenigen ähnlich zu seyn, wo Juniperus com-

---

*) Allgemeine Uebersicht u. s. w.

munis und Berberis vulgaris in der vulkanischen Asche zerstreut vorkommen. Auch der Etna hat eine Art von Spartium (Sp. ethnense Biv.); diese gehört aber zur Waldregion. Die Fichtenregion auf Teneriffa läßt sich füglich mit der Fichten- und Buchen-Region des Etnas vergleichen. Da die untere Waldregion auf Teneriffa so viele immergrüne Bäume hat, so wird sie wohl der immergrünen Region des Etnas zum Theil entsprechen, jedoch der obere Theil ist vielleicht der Region der Eichen und Kastanien ähnlicher. Die Region der europäischen Kultur gehört mit Hinsicht der wildwachsenden Pflanzen zur regio sempervirens. Die afrikanische entspricht meiner subtropischen Region, und verdient den letzteren Namen mehr als in Sicilien, weil die Vegetation dort der tropischen sich noch mehr nähert.

Nach dem Tableau physique des Hrn. von Humboldt scheint man für die Andesgebirge folgende Regionen annehmen zu dürfen:

1. Region der unterirdischen Pflanzen (regio subterranea). In den Gruben Südamerikas fand Humboldt nur cryptogame Pflanzen und zum Theil die nämlichen, welche in den Bergwerken Europens gefunden sind.
2. Region der Palmen und Scitamineen (regio Palmarum et Scitaminearum) 0 — 3000 F. Hier gedeihen außer den Palmen und Scitamineen auch Rhizophora Mangle, Conocarpus, Mimosa Inga, Laurus Persea, Cecropia peltata, Hymenaea u. s. f.
3. Region der baumartigen Farrenkräuter (regio filicum arborescentium) 3000 — 5000 F.

4. Region der Cinchonen und Melastomen (regio Cinchonarum et Melastomearum) 5000 — 8000 F.

5. Region der Winteren und Escallonien (regio Winterarum et Escalloniarum Paramos) 8000 — 10200 F. Diese kalte feuchte Region erzeugt Sträucher mit kurzen Stämmen und ausgebreiteten Zweigen; Alpenpflanzen fangen an.

6. Region der Alpenpflanzen (regio alpina) 10200 — 12600 F. Mehrere Arten von Gentiana, Draba, Eudema, Ranunculus Gusmanni, Lobelia nana u. s. w.

7. Region der Gräser (regio graminearum, Pajonal) 12600 — 14160. Mehrere Arten von Stipa, Agrostis, Vilfa, Avena bilden eine goldgelbe Decke. —

8. Region der Flechten (regio lichenosarum) 14160 — 14760 F. Nur Flechten bedecken die Felsen.

In den Prolegomenis nimmt Humboldt folgende Regionen an:

1. Die heiße Region (regio calida) 0 — 1200 T. Ueberfluß an holzartigen, Mangel an welcheren Gewächsen; die Bäume haben immer Blätter, die Rasendecke des Bodens fehlt. Region der Palmen und Pisanggewächse. —

2. Die temperirten Region (regio temperata) 1200 — 6600 F. baumartige Farrenkräuter und Cinchona-Arten sind vorherrschend.

3. Die kalte Region (regio frigida) 6600 — 14760 F. Region der Eichen, Winteren und Escallonien. Diese theilt Humboldt wieder in 3 Unterregionen: a) regio subfrigida 6000 — 9600 F. b) Paramos 9600 — 11400 F. und c) die Region, in welcher nur Gräser und Flechten vorkommen: 11400 — 14760 F.

Eine Uebersicht des Einflusses, welchen die Höhe auf die angebauten Pflanzen hervorbringt, und eine Eintheilung in Regionen nur mit Rücksicht auf diese, würde allerdings von Interesse seyn; theils fehlt es aber zu einer solchen an hinlänglichen Materialien, theils liegt sie außerhalb der Grenzen des gegenwärtigen Grundrisses. Die Hauptzüge einer solchen Uebersicht werden für die drei Zonen wohl folgende seyn. In der Polarzone und den subpolaren Ländern würde es hinreichen zwei Regionen zu statuiren; die des Ackerbaues und die, welche nur zur Viehzucht benutzt werden kann. Nach Wahlenberg *) ist die obere Grenze der Gerste in Lappland ohngefähr im nämlichen Niveau mit der Grenze der Tanne, folglich 800 F. über dem Meere; in Norwegen auf 60° — 61° der Breite ist sie nach einer mittleren Zahl 2000 Fuß. In der nördlichen Schweitz lassen sich drei Regionen unterscheiden: die Region des Weins, wo nicht nur Getraide, sondern auch Wein gezogen wird; dies findet nach Wahlenberg **) eigentlich nur in den Ebenen der Schweitz (800 — 1000 F. über dem Meere) Statt;

*) Flora Lappon. Introd. p. XXXI.

**) Tentamen p. XL. et 196.

denn er sieht es als eine Ausnahme an, daß bei Zürich der Wein noch bis zu einer Höhe von 1700 Fuß gedeiht; — die Region des Getraides, wo Ackerbau aber kein Weinbau Statt findet; die obere Grenze dieser Region ist gleichfalls nach Wahlenberg *) 3400 Fuß. Mit gutem Erfolg wird das Getraide nur bis 2700 F. gezogen. Die dritte Region von dieser Höhe bis zur Schneelinie ist nur für Viehzucht anwendbar und kann auch in dieser Eintheilung die Alpenregion genannt werden; weil hier das Alpenleben Statt findet. Am südlichen Abhange der Alpen geht die Region des Weinstocks bis zu 2000 F. **), die des Getraides bis 4000 F. ***). In den Apenninen glaube ich 4 Regionen unterscheiden zu können: 1. Region des Oelbaums, wo doch außer dem Oelbau auch Ackerbau und Weinbau angetroffen wird. Nach der verschiedenen geographischen Breite ist die obere Grenze dieser Region von 1200 bis 2000 F. Ohngefähr in der unteren Hälfte derselben trifft man in dem südlichen Theile Italiens auch die Agrumen. Es ließe sich daher die Region in zwei kleinere theilen, die der Orangen und die des Oelbaums. 2. Region des Weinstocks, die Getraide und Wein, aber kein Oel hervorbringt. Von 1200 (2000) F. bis etwa 3000

*) ibid. pag. 195.

**) Cfr. §. 16.

***) Decandolle (mémoires d'Arcueil T. 3. p. 275) fand zwar Roggen noch auf 6776 F. (2200 M.) und Weitzen auf 5544 F. (1800 M.), aber wahrscheinlich nur unter einzelnen sehr vortheilhaften Localverhältnissen. Nach meinen Beobachtungen darf ich als Regel nur 4000 F. annehmen.

F. 3. Region des Getraides 3000 — 4000 F. 4. Die unbebaute Region, welche nur zu Waldungen und Viehzucht zu benutzen ist. In der heißen Zone Südamerikas scheint, nach den vorherrschend angebauten Pflanzen, folgende Eintheilung die zweckmäßigste *): 1. Region der Bananen 0 — 3000 F. Die Bananen, der Cocos, das Zuckerrohr, der Cacaobaum, Indigo und Manihot sind Hauptgegenstände der Cultur. 2. Region des Mais 3000 — 6000 F. Der Mais ist hier der wichtigste Gegenstand; doch trifft man in dem unteren Theile auch den Caffeebaum, in dem oberen die europäischen Getraidearten. 3. Region der europäischen Getraidearten 6000 — 9240 F. In dem unteren Theile ist der Mais noch häufig. Chenopodium Quinoa gehört zu den angebauten Pflanzen dieser Region. 4. Die unangebaute Region. In dem niedrigsten Theile derselben gedeihen doch Kartoffeln und Küchengewächse.

Stellen wir zwischen den oberen Gränzen, sowohl der angebauten als der wildwachsenden Pflanzen und der Schneegrenze eine Vergleichung an, so bemerken wir, daß jene mit dieser keinesweges parallel sind, sondern vom Aequator gegen den Pol zu convergiren, d. h. die Entfernung jener Grenzen von der Schneelinie wird mit zunehmender Breite immer kleiner.

Folgendes mag als Beispiel dienen:

*) Humboldt Tableau p. 139 et seq. Essai politique T. 3. Cap. 9. et T. I. p. 291. Prolegomena p. XLIX. et LV.

	Geographische Breite	Entfernung der Baumgrenze von der Schneelinie	Bäume welche diese Grenze bilden	
Südamerika	0°	4000 F.	Escallonia. Alstonia	Humboldt
Mexico	20°	2100 -	Pinus occidentalis	id.
Teneriffa	28°	4750 -	Pinus canariensis	v. Buch
Etna	37°-30′	4000 -	Fagus sylvatica	Schouw
Apenninen	42°-43°	3000 -	Fagus sylvatica	id.
Caucasus	42°-43°	3600 -	Betula alba	Parrot
Pyrenäen	42°-43°	2900 -	Pinus uncinata	Decandolle
Nördliche Schweitz	46°-48°	2700 -	Pinus Abies	Wahlenberg
Carpathen	49°	3400 -	Pinus Abies *)	id.
Norwegen	60°-61°	1900 -	Betula alba	Chr. Smith
Lappland	64°-71°	1500 -	Betula alba	Wahlenberg

Diesem zufolge ist von 0° bis 40° die Abnahme der Entfernung weder regelmäßig noch bedeutend; doch darf nicht übersehen werden, daß Escallonia und Alstonia der südamerikanischen Gebirge vielleicht nicht passend mit den nordischen Fichten und Birken vergli-

*) Pinus Mughus 2400 F. von der Schneelinie.

chen werden; da jene kleine unansehnliche Bäume sind. Von 40° an wird die Abnahme sehr bemerkbar. Aehnliches gilt hinsichtlich der Entfernung der Korngrenze von der Schneelinie:

Südamerika	0°	5160 F.	Humboldt
Nördliche Schweitz	46°-48°	4800 -	Wahlenberg
Lappland	64°-71°	2500 -	id.

Die mehrsten der Vegetations-Verschiedenheiten, welche die Höhe hervorbringt, lassen sich aus den mit derselben veränderten klimatischen Verhältnissen füglich erklären. Daß die Größe der Individuen, die Mannigfaltigkeit der Vegetation mit der Höhe abnimmt, daß in der temperirten Zone auf einer gewissen Höhe die Polarformen, in der heißen Zone sowohl diese als die Formen der temperirten, wieder zum Vorschein kommen; kann man aus der abnehmenden Temperatur erklären. Die großen Blüthen und kleinen Stengel und die reineren Farben der Alpenpflanzen, so wie der Mangel an jährigen Pflanzen der Alpenregion, rührt wohl von der Abnahme der Temperatur und der zunehmenden Durchsichtigkeit und dem dadurch verstärkten Lichte her. Daß die Entfernung der Baum- und Korngrenze von der Schneelinie in der heissen und der temperirten Zone größer ist als in der kalten, rührt wohl daher, daß in der letzteren die Vegetation von der jährlichen Mitteltemperatur abhängiger ist als die Schneelinie; denn obgleich auch die letztere in den Polarländern bei einer niedrigeren Mitteltemperatur angetroffen wird als in der temperirten oder heißen, weil die starke Sommerwärme so viel Schnee schmilzt; so ist der Unterschied doch nicht so bedeutend, als der, welcher zwischen den Mitteltemperaturen Statt findet, bei welchen die nämliche Vegetation auf verschiedener Breite angetroffen wird. So ist nach Humboldt *) die M. T. an der Schneelinie unter dem Aequator +1°5, in der temperirten Zone —3°7, in der kalten auf 68°-69° der Breite —6°; die M. T. an der Korngrenze: unter dem Aequator +12°8, in der Schweitz +5°3, in Lappland etwa —1°0; die Baumgrenze findet man an diesen drei Punkten bei +9°,8, +1°,2, —3°,0. —

5tes Stück.

Vergleichung der Zonen mit den Regionen, oder Vergleichung des Einflusses der geographischen Breite mit dem der Höhe.

§. 39.

Klima.

Aus dem vorhergehenden erhellt, daß die jährliche Mitteltemperatur sowohl vom Aequator gegen den Pol, als von dem Niveau des Meeres gegen die Schneelinie abnimmt; es findet hier also ein Parallelismus zwischen beiden geographischen Verhältnissen Statt, wenn auch die Abnahme in der einen Rücksicht räumlich weit langsamer ist als in der andern. Dieser Parallelismus ist doch keinesweges vollständig; die Abnahme der Temperatur nach der geographischen Breite ist von dem Aequator bis zu den Wendekreisen und noch über diese hinaus sehr langsam; dann schneller, auf höherer Breite aber wiederum langsamer; nach der Höhe aber ist, wenigstens unter dem Aequator, die Abnahme erst sehr

*) lign. isoth. p. 588.

schnell, dann langsamer und dann wieder schneller *). Noch geringer ist die Uebereinstimmung hinsichtlich der Vertheilung der Wärme; vom Aequator gegen den Pol werden die Temperaturen der verschiedenen Jahreszeiten immer mehr und mehr verschieden, wogegen die Höhe in dieser Hinsicht keinen bedeutenden Einfluß äußert; und wo ein Unterschied Statt findet, z. B. im südlichen Europa, nimmt die Sommertemperatur schneller ab als die Wintertemperatur; wogegen hinsichtlich der Breite die Wintertemperatur schneller abnimmt (cfr. §. 37 und 31.).

Die Feuchtigkeit der Atmosphäre nimmt sowohl nach der Breite als nach der Höhe ab, allein die Abnahme ist nach dieser bedeutender. Der Regen nimmt gleichfalls mit der Breite ab; nach der Höhe scheint er dagegen wenigstens bis zum mittleren Niveau der Gebirge zuzunehmen. Der Schnee wird nach beiden Richtungen vermehrt; allein unter dem Aequator ist die Entfernung der ewigen Schneelinie von dem Niveau wo der Schnee nie fällt, gering; wogegen die Entfernung der Breite, wo der Schnee ein unbekanntes Meteor ist, und der, wo er nie den Boden verläßt, sehr bedeutend ist. Die Luftelectricität nimmt mit der Höhe über dem Meere zu, wahrscheinlich auch mit der geographischen Breite. Der Druck der Atmosphäre verändert sich wesentlich nach der Höhe, aber nicht nach der Breite; dagegen ist der Barometerstand um so veränderlicher, je mehr man sich vom Aequator entfernt, während das verschiedene Niveau in dieser Hinsicht keinen wesentlichen Einfluß hat. Die Durchsichtigkeit

*) Humboldt lign. isoth. p. 589. Cfr. auch Tafel Fig. 2.

der Atmosphäre wird mit der Höhe größer, mit der Breite dagegen geringer; doch ist in den Polarländern die Wirkung des Sonnenlichtes wegen der Länge der Tage während des kurzen Vegetationscyklus bedeutend.

§. 40.

Vegetation.

Bei Darstellung der Vegetationsveränderungen, welche in der heißen und temperirten Zone die Höhe hervorbringt (§. 38.), haben wir diese mit denen, welche aus der geographischen Breite herrührt zu vergleichen Gelegenheit gehabt. Es wird daher hier hinlänglich seyn zu wiederholen: daß die Größe der Individuen, so wie die Zahl der Arten und Gattungen in der Regel so wohl gegen den Pol als gegen die Schneelinie abnimmt; daß die Alpenflora der temperirten Zone hinsichtlich der Familien und Gattungen mit der Polarflora sehr übereinstimmt, ja daß eine bedeutende Zahl von Arten beiden gemeinschaftlich ist, daß gleichfalls in der heißen Zone mit der Höhe die Vegetation sich allmählig der nördlicheren mehr nähert; daß man indeß auch viele Abweichungen hinsichtlich der Formen bemerkt, wenn man die Breiten- und Höhenvertheilung vergleicht. Mangel an jährigen Gewächsen, größere Blumen und reinere Farben, welche zur Charakteristik der Alpenflora gehören, kommen auch den Polarländern zu.

Man hat gemeint, daß eine Veränderung des Niveaus von 100 Toisen hinsichtlich des Klimas und der Vegetation die nämlichen Veränderungen hervorbringt, als ein Grad der geographischen Breite. Eine Vergleichung aber der Veränderungen vom Aequator gegen den Pol und vom Niveau des Meeres zur Schneelinie unter dem Aequator, wird uns bald überzeugen wie irrig diese Meinung ist. Am Aequator trifft man die Baumgrenze auf 1800, die Korngrenze auf höchstens 1600 Toisen; es müßte also die Polargrenze der Bäume auf 18°, die des Getraides auf 16° der Breite fallen, in der That fällt jene auf 71°, diese auf 70°. Selbst in dem südlichen Europa würde eine solche Annahme nicht richtig seyn. So ist die Baumgrenze in der nördlichen Schweitz (47°) auf 916 T. die Korngrenze auf 566 T.; demnach würden die polaren Grenzen auf 56 bis 57° und 53° zu suchen seyn, das heißt in Norwegen würden keine Bäume, in Dänemark kein Getraide zu finden seyn. Diese Beispiele werden uns übrigens überzeugen, daß, wenn man hier Zahlenverhältnisse wünscht, es nothwendig wird für die verschiedenen Breiten verschiedene Zahlen zu bestimmen. —

Sehr würde man irren, wenn man die Vegetation einer gewissen Breite in wärmeren Ländern auf derjenigen Höhe suchen würde, wo dieselbe jährliche mittlere Temperatur Statt findet; denn, wie bereits oben mehrmals bemerkt ist, hängt die Vegetation auf bedeutender Breite weniger von der mittleren Temperatur des Jahres ab, als von der Temperatur während des kurzen Vegetationscyklus. So ist die M. T. an der Baumgrentze unter dem Aequator + 9°,8, in der Schweitz + 1°,2; während sie an der Polargrenze der Bäume — 3°,0 ist. Die obere Grenze des Getraides trifft man am Aequator bei + 12°,8 in der Schweitz bei + 5°,3 während bei der Polargrenze die M. T. gleichfalls unter dem Gefrierpunkte sich befindet.

6tes Stück.

Vergleichung der Continente und Inseln, der Binnen- und Küstenländer.

§. 41.

Klima.

Der wichtigste Unterschied zwischen Continenten und Inseln, Binnenländern und Küstenländern ist ohne Zweifel die verschiedene Vertheilung der Temperatur in den verschiedenen Jahreszeiten; daß nämlich an den Küsten und auf den Inseln der Sommer weniger warm, der Winter weniger kalt ist als in den Binnenländern; und daß folglich die Jahreszeiten unter sich in jenen weniger abweichen. Diesen Satz beweisen sowohl gewöhnliche Erfahrungen als meteorologische Beobachtungen. Die Faröer haben bekanntlich milde regenvolle Winter, aber im Sommer keine bedeutende Wärme; während in Norwegen und Schweden die Winterkälte weit strenger, die Sommerwärme weit bedeutender ist; in Norwegen selbst ist in Bergen der Sommer nicht so warm, der Winter nicht so kalt, als im Osten der Hauptgebirgskette, welche das südliche Norwegen in das östliche und westliche theilt. Aehnliche Resultate liefern uns eine Vergleichung zwischen England, Holland, Dänemark einerseits, und Schweden, Preußen, Rußland andererseits. In Dänemark ist die Winterkälte in der Regel geringer als in Sachsen oder Böhmen; in Neapel ist der Sommer nicht so warm, der Winter aber weit gelinder als in Rom u. s. w. Folgende Zahlenverhältnisse, welche auf meteorologischen Beobachtungen begründet sind, und von Humboldts lignes isothermes *) entlehnt, werden den nämlichen Satz beweisen:

	Breite.	Jährl. Mit. T.	Sommer=T.	Winter=Temp.	Wärmest. Monat.	Kältester Monat.
Mager=öe	71° 0'	+ 0°0	+ 6°3	— 4°6	+ 8°1	— 5°5
Enon=tekis	68° 30'	— 2°8	+12°7	—17°6	+15°3	—18°1
Kopen=hagen	55° 41'	+ 7°6	+17°0	— 0°7	+18°7	— 2°7
Mos=kau	55° 45	+ 4°5	+19°5	—11°8	+21°4	—14°4
Amster=dam	52° 22	+10°9	+18°8	+ 2°7	+19°4	+ 1°9
War=schau	52° 14'	+ 9°2	+20°6	— 1°8	+21°3	— 2°7
St. Malo	48° 39'	+12°3	+18°9	+ 5°7	+19°4	+ 5°4
Wien	48° 12'	+10°3	+20°7	+ 0°4	+21°4	— 3°0

Was die jährliche Mitteltemperatur betrifft, so scheint diese in der kalten und temperirten Zone, wenigstens bis 30° — 35° der Breite, in den Küstenländern und auf den Inseln höher zu seyn, als in den Binnenländern; die angeführten Beispiele und mehrere bei Humboldt scheinen dieses wenigstens für das alte Continent zu beweisen. Von dem 30° oder 35° bis zum Aequator scheint das umgekehrte Verhältniß Statt zu finden; doch fehlen uns hinlängliche Materialien um solches als eine entschiedene Regel anzunehmen. —

Ein zweiter wesentlicher Unterschied zwischen den Binnenländern auf der einen, den Küstenländern und Inseln auf der anderen Seite, ist der, daß unter dem letzteren geographischen Verhältnisse Nebel und Regen

*) Tab. p. 602.

häufiger sind, und der Himmel weniger klar. In England und Holland ist die jährliche Regenmenge bedeutender als in den östlicheren Theilen Europas; in England selbst ist sie größer in den Städten, welche an der Küste liegen *). Die Oerter in der heißen Zone, welche sich durch eine ungemeine Regenmenge auszeichnen, liegen in der Regel in der Nähe des Meeres. Was den Nebel betrifft, so ist der Satz aus der gewöhnlichen Erfahrung so wohl bekannt, daß hier kaum meteorologische Beobachtungen nöthig sind. —

§. 42.

Vegetation.

v. Buch **) äußert die Meinung, es seyen die Inseln ärmer an Pflanzen als die Continente, und führt als Belege an, daß die canarischen Inseln nur 371 ursprüngliche Arten besitzen, Tristan d'Acunha nur 25 phanerogame und St. Helena nur 34. Ich darf zwar das Gegentheil von diesem Satze nicht behaupten, glaube aber doch auch nicht, daß er durch diese Beispiele bewiesen ist. Die Flora der canarischen Inseln ist sicher nicht hinlänglich bekannt, in Hinsicht vieler von denjenigen Pflanzen, welche v. Buch als eingeführt betrachtet, wird der Beweis für den fremden Ursprung sehr schwer zu führen seyn; diese Inseln haben vielen unfruchtbaren vulkanischen Boden; auch die Westküste Afrikas scheint arm an Gewächsen ***).

---

*) Dalton memoirs of Manchester. Vol. V.

**) Allgemeine Uebersicht p. 21.

***) Cfr. §. 32.

kleine unfruchtbare Felsen als Tristan d'Acunha und St. Helena dürfen wohl nicht als Beweise angeführt werden *). Auf der andern Seite ist Island fast eben so reich an Pflanzen als Norwegen unter gleicher Breite, besonders wenn man von der norwegischen Flora diejenigen Pflanzen ausschließt, welche mit dem Getraide eingeführt sind; Großbritannien hat keine geringere Pflanzenzahl als das Continent auf gleicher Breite: Siciliens Flora ist reich, und dies scheint auch mit der Flora von Ile de Bourbon und France der Fall zu seyn. Neuholland bietet eine sehr große Mannigfaltigkeit dar, obgleich es das kleinste Continent ist; und das Südende Afrikas hat vielleicht die reichste Flora in der Welt, obgleich es gegen Norden von Gebirgen, übrigens vom Meere umgeben, und daher von der übrigen Welt inselartig getrennt ist.

Noch weniger kann ich einem anderen Satze beitreten, den Decandolle **) neuerdings etablirt hat, nämlich daß Inseln verhältnißmäßig an Monocotyledonen reicher seyn sollten als die Continente. Seine Beweise sind: daß auf Jamaica die Monocotyledonen sich zu den Dikotyledonen wie 100:194 verhalten, auf St. Helena wie 100:103, und auf Tristan d'Acunha sogar wie 100:49, ein für die Monocotyledonen weit günstigeres Verhältniß als in irgend einem Continente (cfr. §. 29). Allein die große Zahl der Monocotyle-

---

*) Diese Inseln sind auch reicher an Pflanzen, als jene Zahlen angeben. Decandolle Dict. des sc. nat. T. 18. p. 395 et 396 giebt für Tristan d'Acunha 113 Pflanzen (55 phanerogame) für St. Helena 61 phanerogame an.

**) Dictionnaire des sciences nat. T. 18. p. 397.

donen auf Jamaica rührt nicht daher, daß alle oder die mehrsten monocotyledonen Familien dort an Arten reich sind, sondern nur von einem ungemeinen Reichthum an Farrenkräutern, welche Decandolle zu den Monocotyledonen gezählt hat. Die ganze Zahl von phanerogamen Pflanzen auf Tristan d'Acunha, welche Decandolle seiner Berechnung zum Grunde legte, ist nur 55, auf St. Helena nur 61 *); bei so kleinen Zahlen sind die Verhältniße immer mißlich; gesetzt z. B. Petit Thouar hätte außer den angegebenen 18 Dicotyledonen noch einige gefunden, von den Monocotyledonen einige weniger, so würde das Verhältniß sehr wesentlich verändert seyn. Die oben §. 29 angegebenen Verhältnisse der Monocotyledonen und Dicotyledonen verschiedener Gegenden scheinen auf keinen solchen Unterschied der Continente und Inseln hinzudeuten.

Dagegen muß ich mit Wahlenberg **) und anderen einig seyn, daß zur Charakteristik der Küstenvegetation schmale ungetheilte Blätter, ziemlich kleine Blüthen von weniger reinen Farben, und wenige saftvolle Früchte; zur Charakteristik der Continental-Vegetation die entgegengesetzten Eigenschaften gehören. Diese Unterschiede lassen sich mit Hülfe der Verschiedenheiten der klimatischen Verhältnisse, besonders der Temperatur und des Lichtes, recht wohl erklären. Die Küsten und Inseln sind denjenigen angebauten Pflanzen günstig, welche die Winterkälte nicht ertragen aber keines

*) ibid. pag. 395 et 396.

**) Kamtschadalische Laub- und Lebermoose u. s. w. und an mehreren Orten.

warmen Sommers bedürfen, die Binnenländer dagegen solchen, welche in einer gewissen Jahreszeit eine hohe und anhaltende Temperatur erfordern, durch die Winterkälte aber nicht leiden. So zieht man in den südlichsten Provinzen Englands die Myrte und Camellia japonica im Freien, die Trauben reifen aber nicht; während im Innern von Deutschland, wo der Weinbau gedeiht, jene Pflanzen nicht im Freien ausdauern.

7tes Stück.

Vergleichung des Meeres mit dem festen Boden.

§. 43.

Der wichtigste Unterschied der unter diesen beiden geographischen Verhältnissen auf die Pflanzen wirkenden Momente, ist ohne Zweifel der Unterschied des umgebenden Mediums; dieses ist in dem einen Falle die Luft, in dem andern das Wasser, ein an Dichtigkeit und Schwere jene übertreffender, an Beweglichkeit ihr nachstehender, und aus andern Bestandtheilen gebildeter Körper. Doch machen in dieser Hinsicht die Pflanzen des süßen Wassers eine Ausnahme; diejenige nämlich, welche als wahre Wasserpflanzen von diesem Medio gänzlich umgeben sind; — die Zahl dieser ist aber im ganzen genommen gering und sie nähern sich sehr den Meerpflanzen.

Die Temperatur des Meeres ist in den verschiedenen Jahreszeiten weniger verschieden als die der über dem festen Lande ruhenden Atmosphäre. Zwischen 63°

und

und 70° n. Br. ist nach Humboldt *). Die Temperatur des Meeres nie unter 0° oder — 1°, während man auf gleicher Breite in den Continenten Beispiele von — 20° oder — 30° hat, und die mittlere Temperatur der kältesten Monate —10°, —12°, ja noch niedriger seyn kann. Zwischen 46° und 50° n. Br. ist die höchste und niedrigste Temperatur des Meeres +20° und +5°5; auf der Breite der canarischen Inseln 23°8 und 20°; auf dem Continente ist die Temperatur des wärmsten und kältesten Monates auf jener Breite 19° und 2°, auf dieser 24°2 und 18°0, und die Extreme weichen natürlich noch mehr von einander ab. Daß die jährliche Mitteltemperatur des Meeres von dem Pole gegen den Aequator abnimmt, ist allerdings gewiß; es fehlt uns aber noch gar zu sehr an Materialien um das Gesetz der Abnahme aufzustellen. Wir haben nämlich nur Beobachtungen von Seefahrern an einzelnen Tagen angestellt; Strömungen und die verschiedene Tiefe bringen auch große Abweichungen von dem Normalstande hervor **). Doch scheint der Unterschied der Temperatur auf verschiedener Breite und Länge in dem Meere geringer zu seyn als auf dem festen Lande.

Daß die Temperatur des Meerwassers mit der Tiefe geringer wird, darf man wohl jetzt als entschieden ansehen. Horners genaue und zahlreiche Beobachtungen im atlantischen und dem stillen Meere zwi-

*) Lign. isoth. p. 575.

**) Cfr. §. 10 und die in der zweiten Not. p. 133. angeführten Werke; so wie auch Humboldt lignes isoth. p. 571. et seq.

schen 59° s. und 53° n. Br., die Beobachtungen von Phipps, Roß und Parry in der Baffins-Bucht, von Humboldt in dem atlantischen und von Saussure in dem mittelländischen Meere überzeugen uns hiervon. Zwar fanden Franklin und Fischer in dem Eismeere zwischen 76° und 80° n. Br. fast immer das Wasser in der Tiefe wärmer als an der Oberfläche; allein das Schiff, worauf sie sich befanden, war, wie Gilbert schon richtig bemerkt hat, größtentheils von Eisschollen umgeben oder wenigstens in deren Nähe, ein Umstand, wodurch die Oberfläche kälter werden muß. Es scheinen daher diese Beobachtungen jenen Satz als allgemeine Regel nicht umstoßen zu können *). Dagegen haben wir nicht hinlängliche Materialien um das Gesetz der Abnahme zu bestimmen. —

Hinsichtlich des Salzgehaltes des Meerwassers in verschiedenen Meeren und auf verschiedener Breite sind zwar besonders in neueren Zeiten viele Untersuchungen von Horner, Marcet, Gay Lussac **) und mehreren angestellt; doch sind wir keinesweges mit diesem Gegenstande völlig im Reinen; denn die verschiedenen Beobachtungen widersprechen zum Theil einander. Nähe der Flüsse, ein kürzlich gefallener Regen, schwimmende Eisschollen, vielleicht auch Strömungen von verschiedenem Salzgehalte, — bringen Abweichungen hervor, und einzelnen Beobachtungen ist daher nicht zu trauen. Als entschieden darf man indeß annehmen, daß kleinere

*) Cfr. Gilberts Annalen 1819. St. 10 und 11. und die dort angeführten Werke.

**) Vergleiche hiermit die Werke, welche oben §. 10. Note pag. 151 angeführt sind.

eingeschlossene Meere in der Regel weniger salzig sind als die großen Oceane; ein Umstand der sicher auf die Meerpflanzen Einfluß haben muß. Untersuchungen in der Ostsee, im schwarzen Meere, im Meere von Ochotzk überzeugen uns hiervon, und die Theorie setzt dies schon voraus. Doch soll nach einigen Versuchen das mittelländische Meer einen höheren Salzgehalt haben als der Ocean auf derselben Breite. Bouillon Lagrange und Vogel *) fanden nämlich in jenem Meere den Salzgehalt =0,041, während er im atlantischen nur 0,038 beträgt. Diese Anomalie ließe sich vielleicht dadurch erklären, daß das mittelländische Meer im Verhältniß zu seiner Größe nur wenige Flüße aufnimmt, die Ausdünstung dagegen bedeutend ist, weshalb auch bekanntlich das Wasser vom Atlantischen Meere durch die Meerenge von Gibraltar hineinströmt. Auf welcher Breite im freien Meere das Maximum und das Minimum des Salzgehaltes Statt findet, ob er ferner, wie man gewöhnlich behauptet, von den Wendekreisen gegen die Pole abnimmt, und in der südlichen Halbkugel größer ist als in der nördlichen u. s. w. dürfen wir auch nicht bestimmen. Doch darf man wohl annehmen, daß der Unterschied auf verschiedener Breite und Länge in der Regel nur klein ist, gewöhnlich nur einige Tausendtheile, und daß daher der Einfluß dieses Unterschiedes auf die Meerpflanzen von keiner Bedeutung seyn kann. Humboldt nimmt als Medium für die ganze Erde 0,035 an. —

*) Annales de Chimie Août 1803.

§. 44.

Hinsichtlich der Größe der Individuen übertreffen zwar im Allgemeinen die Landpflanzen die Pflanzen des Meeres; doch gilt dieses nicht von den absoluten Extremen; denn Fucus pyriferus *) erreicht nach Peron eine Länge von 250 — 300 Fuß. Die Zahl der Individuen ist allerdings an einzelnen Stellen im Meere z. B. in felsigten Meerbusen, sehr beträchtlich; allein da die Meergewächse wahrscheinlich bei großer Tiefe gänzlich fehlen und auf Sandboden sehr sparsam sind, so läßt sich wohl nicht bezweifeln, daß die Masse der Meervegetation, verglichen mit dem Areal, weniger beträchtlich ist, als die Masse der Landvegetation. Noch ungünstiger fällt die Vergleichung für das Wasser aus, wenn man die Mannigfaltigkeit, d. h. die Zahl der Arten, Gattungen und Familien berücksichtigt.

Von Landpflanzen kennen wir jetzt wenigstens 40000 Arten, von Meerpflanzen kaum 400 **) und wenn auch die Meervegetation weniger untersucht ist, als die Vegetation des festen Landes, so wird die Zahl der Meerpflanzen nach erweiterten Forschungen sich doch nie der Zahl der Landpflanzen nähern können. Ferner sind die Meerpflanzen fast auf eine einzige Familie beschränkt, nämlich die Familie der Algen; denn der Meerpflanzen aus andern Familien z. B. Zostera, Caulinia sind so äußerst wenige, daß sie in der großen Masse der Algenarten verschwinden. Da die Pflanzen dieser Fami-

---

*) Fucus giganteus Peron. Voyages aux terres australes. Cfr. die allgemeine Recension von Turners Historia Fucorum in der allg. Litt. Zeit. 1810. Septbr. 244.

**) Cfr. §. 12. Note ad p. 17.

lie, so wie auch die wenigen aus den übrigen auf einer niedrigen Stufe der Entwicklung stehen, so darf man wohl als allgemeine Regel aufstellen, daß das Wasser ein für die Pflanzenwelt weniger günstiges Medium abgiebt. Die Eigenthümlichkeit ist bei den Meerpflanzen nicht unbedeutend, denn die große Gruppe Fucoideae so wie mehrere andere Gattungen aus der Familie der Algen kommen nur im Meere vor; und diejenigen Gattungen, welche auch außerhalb des Meeres vorkommen, es sey nun unter verschiedenen Arten, oder, was mit sehr wenigen der Fall ist, in den nämlichen Arten, zeigen sich doch nur unter ähnlichen Verhältnissen, nämlich im süßen Wasser.

Die Pflanzen des Meeres weichen allerdings auf verschiedener Breite und Länge weniger unter sich ab, als die Landpflanzen; man darf hiebei aber nicht übersehen, daß jene fast auf eine Familie beschränkt sind, und nur zu den unvollkommneren gehören, die auch auf dem festen Lande in verschiedenen Erdtheilen weniger abweichen.

Daß die Meerespflanzen mit der Tiefe abnehmen, und am Ende gänzlich fehlen, ist wenigstens höchst wahrscheinlich.

8tes Stück.

Versuch einer pflanzengeographischen Eintheilung der Erdoberfläche.

(Atlas Tab. XII.)

§. 45.

Bisher haben wir die Gegensäze der Vegetation untersucht, welche die verschiedenen geographischen Breiten- und Längen-Zonen, die Regionen, die beiden Halbkugeln, die Küsten- und Binnen-Länder, das Meer und das feste Land darbieten; es wäre aber wünschenswerth die Pflanzenvertheilung zu kennen, welche ohne alle Rücksicht auf diese geographischen Verhältnisse Statt findet, um nach dieser Vertheilung die Erdoberfläche in mehrere pflanzengeographisch verschiedene Theile, die man wohl pflanzengeographische Reiche nennen dürfte, theilen zu können. Eine solche Uebersicht würde besonders in der Geschichte der Pflanzen von großer Bedeutung seyn.

Willdenow ist, soweit mir bekannt, der erste, der einen Versuch dergleichen Reiche oder Hauptfloren aufzustellen wagte; er fehlte aber ohne Zweifel wesentlich darin, daß er, anstatt von der wirklich jetzt Statt findenden Pflanzenvertheilung von einer willkührlichen pflanzengeschichtlichen Hypothese ausging. Er meinte die Pflanzen, welche jetzt die Thäler und Ebenen bedecken, wären früher von den Urgebirgen heruntergekommen, jede Hauptkette von Urgebirgen hätte ihre eigenthümlichen Pflanzen erzeugt, und so wären jetzt eben so viele Hauptfloren zu unterscheiden, als es Hauptketten von Urgebirgen giebt. Das nördliche Europa hätte nach dieser Ansicht seine Flora von den skandinavischen und schottländischen Gebirgen, das südliche Deutschland von den Alpen, Spanien von den Pyrenäen, Italien von den Apenninen, u. s. w. Hier ist nicht der Ort, jene pflanzengeschichtliche Hypothese genauer zu prüfen; wie wenig aber jene Eintheilung der jetzigen geographischen Vertheilung entspricht, werden ohne Zweifel folgende Beispiele erläutern. Die sogenannte skandinavische Flora hätte nach Willdenow in den skandinavischen und schottländischen Gebirgen ihre ursprüngliche Heimath, und wohl vorzüglich in den Gebirgen Norwegens als den höchsten; demnach müßte man aber auch erwarten, daß diese Flora am reinsten in den Ebenen und Thälern Norwegens, besonders in den eingeschlossenen der Hauptkette am nächsten liegenden Thälern anzutreffen wäre; untersuchen wir aber die Flora des südlichen Norwegens (von ohngefähr 64° bis zur südlichen Grenze) und schließen die alpinischen Pflanzen, welche nicht in die Thäler und Ebenen hinunter gekommen sind, so wie auch die Strandpflanzen aus; so sind unter 600 bis 700 phanerogamen Pflanzen kaum 50 die nicht zugleich in den Thälern und Ebenen der Schweitz vorkommen, obgleich dieses Land zu einer andern Hauptflora gehört; und kaum 30, die nicht auch in Ländern angetroffen werden, welche zur skandinavischen Flora nicht gehören. Auf meiner Reise in Norwegen zeichnete ich, ohne gegenwärtige Frage im Gedanken zu haben, in dem engen Thale Tind in Tellemarken alle dort bemerkten Pflanzen auf; unter 126 Pflanzen dieses Verzeichnisses waren nur 5, die nicht in der Schweitz vorkommen. Unter 46 Pflanzen, welche ich in dem noch mehr abgesonderten Thale am Gousta bemerkte, war keine Pflanze, welche nicht in der Schweitz vorkommt. Also selbst da, wo die skandinavische Flora sich am deutlichsten zeigen müßte, ist es nur eine äußerst geringe Pflanzenzahl, die den andern Hauptfloren abgeht. Um die Hypothese der Wanderung von den Gebirgen zu vertheidigen, müßte man also annehmen, daß die größte Zahl der skandinavischen Pflanzen später entweder von der Schweitz nach Norwegen oder umgekehrt gewandert sey; das heißt, um eine Hypothese zu vertheidigen, welche die gegenwärtige Pflanzenvertheilung nicht begünstiget, bedarf man einer neuen Hypothese, die eben so wenig von der Erfahrung unterstützt ist. Auch war Willdenow bei Aufführung der für die skandinavische Flora eigenthümlichen Pflanzen wenig glücklich; als solche giebt er nämlich folgende an: Satyrium repens, Arbutus Uva ursi, Vaccinium Vitis idaea, V. Myrtillus, V. Oxycoccos, Andromeda polifolia, Linnaea borealis, Malaxis Loeselii, Ledum palustre, Tofieldia borealis, Malaxis paludosa, von diesen kommen aber die 4 ersten auch in Italien vor, die 8 ersten in der Schweitz, Ledum palustre in den Carpathen und Tofieldia borealis in den salzburger Alpen. Eben so wenig ließe es sich aus der gegenwärtigen Vertheilung beweisen, daß die Pflanzen Italiens in den Apeninen ihre Heimath haben, denn mehr als $\frac{3}{4}$ der italienischen Pflanzen zeigen sich auch im südlichen Frankreich, Spanien, Griechenland oder dem nördlichen Afrika.

Treviranus *) versuchte eine andere Eintheilung der Erdoberfläche in Hauptfloren, und nahm nur auf die Vegetation Rücksicht; allein der damalige unvollkommene Zustand der Pflanzengeographie macht, daß seine Eintheilung nicht befolgt werden kann.

Im Dictionnaire des sciences naturelles T. 18. p. 411 et 412 nimmt Decandolle 20 dergleichen Floren, oder, wie er sie nennt, Regionen an. Das Verfahren, welches er bei Bildung dieser Floren beobachtet hat, und welche Formen jede charakterisiren soll, giebt er nicht an; doch scheint die Hauptbasis der Eintheilung die gegenwärtige Vertheilung zu seyn. Meine

*) Biologie 2ter B. p. 53. et seq.

unten angeführte Eintheilung hatte ich eher entwikkelt als diese Angaben Decandolles mir bekannt waren; es freute mich daher später in manchen Stükken Uebereinstimmung der Decandolleschen und der meinigen anzutreffen. —

Um so viel möglich jeder Willkührlichkeit zu entgehen, und damit sämmtliche Floren oder Reiche ohngefähr im nämlichen Grade von einander abweichen können, sah ich es als nothwendig an, mir bestimmte Regeln zu bilden, wonach die Reiche festgesetzt werden könnten. Um ein pflanzengeographisches Reich zu bilden verlange ich von einem Theile der Erdoberfläche 1. daß wenigstens die Hälfte der bekannten Arten diesem Erdtheile eigenthümlich gehöre; 2. daß wenigstens $\frac{1}{4}$ der Gattungen entweder völlig eigenthümlich sey oder doch wenigstens in dem Erdtheile ein so entschiedenes Maximum habe, daß die in anderen Erdtheilen vorkommenden Arten nur als Repräsentanten zu betrachten sind. 3. Daß einzelne Pflanzenfamilien gleichfalls entweder diesem Erdtheile eigenthümlich seyen, oder wenigstens ein entschiedenes Maximum dort haben. Doch dürfte man wohl, selbst wo das letztere Requisit fehlt, den Erdtheil als ein besonderes Reich ansehen, wenn die Verschiedenheiten der Gattungen bedeutend sind.

In den mehrsten Fällen begegnet aber hierbei eine bedeutende Schwierigkeit in dem Umstande, daß der Uebergang von einer Vegetation zur andern gewöhnlich nicht scharf, sondern allmählig ist, und daß daher in zwei Reichen, die unmittelbar an einander stoßen, an den Grenzen die mehrsten Pflanzen gemeinschaftlich sind. Um diese Schwierigkeit zu heben, bediene ich mich folgenden Verfahrens. Wenn nach einer vorläufigen Uebersicht zwei Erdtheile mir so verschieden scheinen, daß sie muthmaßlich nach den gedachten Regeln zwei Reiche bilden können, so vergleiche ich die speciellen Floren von Gegenden in der Mitte der beiden Erdtheile, z. B. wenn ich vermuthe, daß die Länder, welche das mittelländische Meer umgeben, ein anderes Reich bilden müssen, als das nördliche Europa, so vergleiche ich Sicilien mit dem nördlichen Deutschland, England mit Griechenland, und Spanien mit dem nördlichen Rußland; finde ich alsdann, daß bei diesen Vergleichungen die verlangten Unterschiede hervortreten, so nehme ich die gedachten Erdtheile als zwei Reiche auf. Man wird indeß leicht einsehen, daß es nach unsern jetzigen unvollständigen Kenntnissen nur bei sehr wenigen Erdtheilen möglich wird, die pflanzengeographischen Reiche mit dieser Genauigkeit zu bestimmen. Bei den übrigen muß ein fleißiges Studium der vorhandenen Materialien uns der Wahrheit so nahe als möglich bringen; und viele Reiche können daher nur provisorisch aufgestellt werden. Wenn ein Erdtheil sich bedeutend über die Meeresfläche, erhebt, z. B. die Schweitzer-Alpen Mexiko, Peru; alsdann begreift man leicht, daß das nämliche Bergsystem zwei oder mehrere Reiche einschließen kann *), wenn nämlich die Vegetation der unteren Regionen von der der oberen so bedeutend abweicht, daß die Bedingungen für die Bildung eines Reiches vorhanden sind. Aus dieser Ursache und weil auch nach der geographischen Breite und Länge eine gleiche Entfernung nicht immer einen gleichen Unterschied der

*) Dies ist von Decandolle nicht beachtet

Gewächse hervorbringt, — erhalten die Reiche einen sehr verschiedenen Umfang. Die Reiche lassen sich übrigens, nach einer geringeren Vegetationsverschiedenheit, wiederum in Provinzen theilen; $\frac{1}{4}$ eigenthümlicher Arten und einige eigenthümliche Gattungen könnten zur Bildung von einer Provinz gefordert werden.

In einer vollständigen Uebersicht sämmtlicher Reiche und Provinzen müßte man bei jedem Reiche und jeder Provinz die Grenzen derselben bestimmen, die klimatischen und übrigen physischen Verhältnisse beschreiben, die charakterisirenden und herrschenden Familien, Gattungen und Arten, und überhaupt die Gesammt-Charakteristik der Vegetation angeben. Zu einer solchen Uebersicht ist das folgende nur eine Skizze. Die Reiche und Provinzen lassen sich meiner Meinung nach am besten nach den charakterisirenden Pflanzenformen benennen (die herrschenden sind oft in verschiedenen Reichen dieselben), und ich habe deshalb solche bei den mehrsten vorgeschlagen; doch habe ich gewöhnlich allgemein benutzte geographische Benennungen *) beigefügt. Nur in Fällen, wo ich wohl vermuthete, daß der Erdtheil ein Reich bilden müßte, aber die Flora nicht hinlänglich kannte, um die charakteristischen Formen angeben zu können, habe ich die letzteren Namen allein angeführt:

I. Reich der Saxifragen und der Moose (Alpinisch-arctische Flora. Regnum Saxifragarum et Muscorum, v. Flora alpino-arctica). Dies Reich schließt alle Länder innerhalb des nördlichen Polarkrei-

*) Willdenow, Treviranus und Decandolle haben sich nur dieser letzteren bedient.

ses ein, und in Amerika und Asien auch solche, welche obgleich auf niederer Breite ein Polarklima haben (Lappland, der nördlichste Theil von Rußland und Sibirien, Kamtschatka, Canada, Labrador, Grönland, Island), ferner einen Theil der schottländischen und skandinavischen Gebirge, nämlich in so weit sie sich zur alpinischen Region erheben; und endlich die Alpenregionen des mittleren und südlichen Europas. Zwar haben diese letzteren Gebirge eine Menge von Pflanzen, die den nördlichen Polarländern abgeht, ja die Zahl dieser Pflanzen beträgt vielleicht $\frac{1}{4}$ der ganzen Alpenflora; allein da die Gattungen mit wenigen Ausnahmen dieselben sind als die, welche in den Polarländern vorherrschen, auch der ganze Habitus in beiden sehr übereinstimmt, so darf man diese beiden Erdtheile wohl nur als Provinzen des nämlichen Reichs betrachten. Dies Reich zeichnet sich vorzüglich durch die Menge von Moosen und Flechten aus, durch die charakterisirenden Familien Saxifrageae, Gentianeae, Alsineae, Saliceae, Cariceae; durch gänzlichen Mangel an tropischen Familien, durch bedeutende Abnahme derjenigen Familien, welche der temperirten Zone angehören, durch Wälder von Nadelbäumen oder Birken oder durch gänzlichen Mangel an Bäumen; ferner durch Ueberfluß von cäspitösen Gewächsen, Mangel an einjährigen, durch große Blumen von reinen Farben. Die beiden Provinzen sind: a. Provinz der Riedgräser (arctische Flora; Provincia Caricum, Flora arctica). Die überwiegende Zahl der Cariceae und einige eigenthümliche Gattungen (Diapensia, Coptis) bieten die Hauptkennzeichen dar. Unterprovinzen bilden folgende Länder, deren Floren sehr übereinstimmen und nur durch einige eigenthümliche Arten unter sich abweichen: Lappland, Island, Grönland, der nördlichste Theil von Nordamerika, das nördliche Sibirien und Kamtschatka. b. Provinz der Primulaceen und Phyteumen (südeuropäische Alpenflora. Provincia Primulacearum et Phyteumatum. Flora alpina). Die wichtigsten Merkmale sind: eine größere Zahl von Primulaceae (nämlich viele Arten der Gattungen Primula und Androsace von welchen die Polarländer wenige haben, und die Gattung Aretia, welche in letzteren gänzlich vermißt wird). Die ziemlich zahlreiche Gattung Phyteuma, die Gattungen Soldanella, Cherleria u. m., die gleichfalls in den Polarländern nicht vorkommen; mehrere Arten von Rhododendron u. s. w. Unterprovinzen werden: die Alpenregion der Pyrenäen, der Schweizer-Gebirge, Tyroler-Gebirge, der Carpathen, der griechischen Gebirge, der Apenninen, wahrscheinlich auch der Gebirge in der spanischen Halbinsel, — und, soweit man sowohl aus Bibersteins Flora als Engelhardt und Parrot's Reise schließen darf, auch die Alpenregion des Caucasus.

II. Reich der Umbellaten und der Cruciaten (Regnum Umbellatarum et Cruciferarum). Hierzu gehört das nördliche Europa mit Ausschluß der bereits gedachten Polarländer, bis zu den Pyrenäen, den Gebirgen des südlichen Frankreichs, den Alpen und dem griechischen Hochlande; ferner der größte Theil von Sibirien und den Ländern am Caucasus. Die östliche Grenze darf ich nicht genau angeben; zwar sagt Gmelin, in seiner Flora von Sibirien *), daß die

*) Flora Sibirica T. I. Praef. p. XLIII.

Vegetation an dem Flusse Jenisey sich wesentlich verändere; allein da diese Flora eine so große Menge von europäischen Arten und fast keine eigenthümliche Gattung enthält, darf jener Ausdruck wohl nicht im buchstäblichen Sinn genommen werden. Die Länder am Caucasus und die Krim gehören nur zum Theil zu diesem Reiche; die südlicheren Theile scheinen, nach Bibersteins Flora zu dem folgenden Reiche gerechnet werden zu müssen.

Es ließen sich Zweifel erheben, ob die so begrenzten Theile der Erdoberfläche wirklich ein eigenes Reich zu bilden verdienen, oder ob sie vielleicht eher in pflanzengeographischer Hinsicht nur als eine Provinz des folgenden Reichs anzusehen wären; denn obgleich dies letztere Reich, welches die Länder am mittelländischen Meere umfaßt, eine sehr große Menge von Arten und Gattungen, ja sogar einige Familien hat, die in dem nördlichen Europa und dem nördlichen Asien fehlen; so haben dagegen diese Erdtheile einen so geringen Grad von Eigenthümlichkeit, daß nicht nur mehr als die Hälfte der Arten auch in dem südlichen Europa angetroffen wird, sondern auch äußerst wenige Gattungen und keine eigenthümliche Familie hervortreten. Da indeß die Uebereinstimmung nicht gegenseitig ist, und einige Familien doch in dem nördlichen Europa zahlreicher sind, als in dem südlichen; so scheint man doch wohl die Trennung vertheidigen zu können. Doch darf nicht übersehen werden, daß dies Reich eine sehr geringe Eigenthümlichkeit besitzt. Ich nenne es das Reich der Umbellaten und Cruciaten, erstlich weil diese beiden Familien in diesem Reiche größere Quotienten bilden als in allen übrigen Reichen, und zweitens weil es sich durch diese Familien wesentlich von Nordamerika unterscheidet (cfr. §. 34). Von dem folgenden Reiche unterscheidet es sich hauptsächlich durch folgende Kennzeichen. Die Zahl der Fungi wird größer, auch die Amentaceae, Coniferae, Ranunculaceae und Rosaceae bilden etwas größere Quotienten, die Annäherung zu den Polarformen ist bedeutender (besonders werden die Cariceae häufiger). Die Wiesen sind üppiger, fast alle Laubhölzer verlieren ihre Blätter im Winter. Hiezu kommen noch viele negative Merkmale, der Mangel an tropischen Formen, welche in dem folgenden Reiche noch Repräsentanten haben, eine geringere Menge Arten von denjenigen Familien und Gattungen, die letzteres Reich charakterisiren. Von dem vorhergehenden Reiche unterscheidet es sich durch Mangel an den mehrsten gedachten Polarformen, und durch größere Annäherung zu dem folgenden Reiche. Es lassen sich passend zwei Provinzen unterscheiden: a. Provinz der Cichoraceen (Provincia cichoracearum, nordeuropäische Flora). Die genannte Untergruppe der Compositae scheint hier etwas zahlreicher als in Asien, wo dagegen die Cynarocephalae häufiger sind. Uebrigens unterscheidet diese Provinz sich nur durch einige eigenthümliche Gattungen. Die hieher gehörigen Länder, Großbritannien, das nördliche Frankreich, Holland, Deutschland, Dänemark, die skandinavische Halbinsel, insofern sie nicht zu dem vorigen Reiche gehört, Polen, Ungern, der größte Theil des europäischen Rußlands, weichen in Hinsicht der Vegetation sehr wenig von einander ab. b. Provinz der Astragalen, Halophyten und Cynarocephalen (Provincia Astragalorum, Halophytarum et Cynarocephalarum, nordasiatische Flora) schließt den größten Theil von Sibirien, den caucasischen Ländern und dem übrigen europäischen Rußland ein. Das häufige Vorkommen der gedachten drei Hauptgruppen unterscheidet diese Provinz von der vorhergehenden.

III. **Reich der Labiaten und Caryophyllaceen** (Regnum Labiatarum et Caryophyllearum; die mittelländische Flora, Flora mediterranea). Die Grenzen dieses Reiches gegen Norden sind die Pyrenäen, die Gebirge des südlichen Frankreichs, die Alpenkette und die nördlichen Gebirge Griechenlands; es gehören daher zu demselben die drei südeuropäischen Halbinseln: die pyrenäische, italienische und griechische; ferner liegt in diesem Reiche Kleinasien und die zwischen demselben und Griechenland belegenen Inseln, Aegypten und das ganze nördliche Afrika bis zu den Sandwüsten, endlich die canarischen und azorischen Inseln und Madeira. Vorzüglich wird dieses Reich durch die große Menge der Labiaten (im engeren Sinne) und der Nelkenblüthigen charakterisirt; diese Familien nehmen von da sowohl gegen Norden als gegen Süden ab und sind auch auf gleicher Breite in andern Erdtheilen weit weniger zahlreich. Ferner gehören zu den charakteristischen Formen dieses Erdtheils (welche jedoch auch in anderen Erdtheilen mit ähnlichem Klima, im ähnlichen Verhältnisse vorkommen). Die Compositae Stellatae und Asperifoliae. Mehrere tropische Familien treten entweder mit einzelnen Repräsentanten oder mit einigen Arten auf, z. B. Palmae, Laurineae, Aroideae, Terebinthaceae, Paniceae, Cyperaceae propriae. Familien, welche vom Aequator gegen den Pol zu abnehmen, sind hier zahlreicher als in

dem

dem nördlichen Europa z. B. Solaneae, Leguminosae, Malvaceae, Urticeae, Euphorbiaceae. Die Wälder bestehen größtentheils aus Amentaceis und Coniferis, das Unterholz aus Myrtineis, Ericaceis, Terebinthaceis u. m. Viele immergrüne Laubbäume kommen zum Vorschein, die Vegetation wird nie gänzlich gehemmt; die grünen Wiesen werden seltener. Die hieher gehörigen Floren sind die portugiesische und spanische, die italienische, wozu die des südlichen Frankreichs gerechnet werden kann, die griechische, die levantische, die ägyptische, atlantische, und die canarische, zu welcher vielleicht die von Madeira und den azorischen Inseln zu rechnen ist. Diese Floren verlaufen sich aber so allmählig in einander, daß es schwer hält hier eine Eintheilung in Provinzen zu bewerkstelligen. Doch ließen sich vielleicht folgende 5 Provinzen unterscheiden: a. Provinz der Cisten (Provincia Cistorum) Spanien und Portugal einschließend. Obgleich die Gattung Cistus über das ganze Reich sehr verbreitet ist, so ist sie doch in der pyrenäischen Halbinsel häufiger als in den übrigen Theilen. b. Provinz der Scabiosen und Salvien (Provicia Scabiosarum et Salviarum) das südliche Frankreich, Italien, Sicilien. c. Provinz der strauchartigen Labiaten (Provincia Labiatarum frutescentium, levantische Flora), Griechenland, Kleinasien, der südlichste Theil der caucasischen Länder. d. nordafrikanische Provinz (Provincia atlantica). Für diese weiß ich kein charakteristische Formen anzugeben; vielleicht ist sie nur ein Theil der zweiten Provinz. e. Provinz der Semperviven (Provincia Sempervivorum) die canarischen Inseln, vielleicht auch Madera, die azorischen Inseln und die Nordwestküste von Afrika. Eine Menge Semperviven, einige succulente Euphorbien und Cacalien charakterisiren diese Provinz.

IV. Der östliche temperirte Theil des alten Continents, nämlich Japan, das nördliche China und die chinesische Tartarei bildet vielleicht ein eigenes Reich; wir kennen aber zu wenig diese Gegenden um dies mit Gewißheit zu behaupten und die Charakteristik desselben anzudeuten. Unter 358 Gattungen Japans zeigen 270 sich auch in Europa und Nordafrika; und eine gleiche Zahl von Gattungen hat dieses Land mit Nordamerika gemein; ihre Flora scheint daher zwischen denen der beiden Continente in der Mitte zu stehen. Sie nähert sich übrigens der tropischen Flora mehr als die europäische, denn man trifft dort die Familien Scitamineae, Cycadeae, Musae, Palmae, Anonaceae, Sapindaceae; besonders auffallend ist die Annäherung zu der indischen Flora. Die im ganzen wenig zahlreichen Familien Rhamni (Frangulaceae DC) und Caprifolia sind hier zahlreich an Arten und haben einige eigenthümliche Gattungen; vielleicht möchte dies Reich daher den Namen das Reich der Rhamnusarten und Caprifolien verdienen.

V. Reich der Asterarten und Solidaginen (Regnum Asterum et Solidaginum). Der östliche Theil von Nordamerika bildet, außer den Gegenden, welche zur Polarflora gerechnet sind, ohne Zweifel zwei Reiche, denn unter 417 Gattungen in Walters Flora von Carolina, fehlen 117 in Bartons Flora von Philadelphia. Anderseits haben freilich die nördlicheren Gegenden Nordamerikas sehr wenige Gattungen, die in den südlicheren nicht vorkommen; dies zeigt aber doch nur, daß hier ein ähnliches Verhältniß Statt findet als zwischen dem nördlichen und südlichen Europa. Das südliche Reich schließt Florida, Neu-Orleans, Georgien und Carolina ein; das nördliche die übrigen nordamerikanischen Staaten. Die Charakterzüge des letzteren sind hauptsächlich: viele Aster- und Solidago-Arten, viele Eichen und Fichten, Mangel an Cruciaten und Umbellaten, Cichoraceen und Cynarocephalen; Mangel an Heiden und Ueberfluß an Vaccinien.

VI. Reich der Magnolien (Regnum Magnoliarum). So dürfte vielleicht das zweite nordamerikanische Reich genannt werden, obgleich die Magnolien auch in den südlicheren Theilen des vorigen Reiches angetroffen werden. Von dem vorhergehenden unterscheidet dieses Reich sich vorzüglich durch die tropischen Formen, die hier auftreten (Scitamineae, Cycadeae, Anonaceae, Sapindaceae, Melastomeae, Cacti etc.); von der mittelländischen Flora durch eine größere Menge von tropischen Formen, Bäumen mit breiten glänzenden Blättern und prachtvollen Blüthen (Magnolia, Liriodendron, Aesculus) oder gefiederten Blättern (Gleditschia, Acacia, Schrankia, Robinia) und durch eine kleine Zahl von Labiaten und Caryophyllaceen.

VII. Reich der Cactus- und Piper-Arten und der Melastomen (Regnum Cactorum, Piperacearum et Melastomearum). Hieher gehören die Ebenen und niedrigeren Theile von Mexico, Westindien, Neugranada, Gujana, Peru, vielleicht auch von Brasilien. Die drei genannten Familien scheinen besonders diesen Theil der heißen Zone von den übrigen zu unterscheiden; die erste ist Amerika eigenthümlich, die beiden anderen haben in diesem Continente ein entschiedenes Maximum. Ferner sind die Palmen, Rubiaceae, Solaneae, Boragineae, Passifloreae, Compositae häufiger. Man scheint mehrere Provinzen annehmen zu dürfen: a, Provinz der Farrenkräuter und der Orchiden (Provincia Filicum et Orchidearum) Westindien. b. Provinz der Palmen (Provincia Palmarum). Das Continent von Südamerika. Brasilien bildet wahrscheinlich eine eigene Provinz, wenn nicht gar ein eigenes Reich. Die Melastomen und Palmen scheinen indeß auch hier sehr zahlreich.

VIII. Reich der Cinchonen (Regnum Cinchonarum). Zufolge der humboldtschen Werke scheinen die mittleren Regionen von Südamerika ein eigenes Reich zu bilden, welches von dem vorhergehenden sehr abweicht. Die Benennung scheint die passendste wenigstens insofern es Peru und Neugranada betrifft; in Mexiko kommen die Cinchonen freilich nicht vor, und doch müßen wohl die mittleren Regionen dieses Landes zur nämlichen Hauptflora gezogen werden.

IX. Reich der Escallonien, Vaccinien und Winteren (Regnum Escalloniarum, Vacciniorum et Winterarum). Hieher gehören nach Humboldts Werken die höchsten Regionen von Südamerika. Außer den genannten Pflanzen kommen vor eine Menge Arten von Lobelia, Gentiana, Calceolaria, Salvia, mehrere europäische Gattungen von Gräsern, Bromus, Festuca, Poa; auch Cichoraceen, Hypochaeris, Apargia. Selbst alpinische Formen erzeugt das Hochland der Anden, Saxifraga, Draba, Arenaria, Cerastium, Carex, Gentiana. Wahrscheinlich gehört Mexicos Hochland, wo die Eichen und Fichten vorherrschen, zu diesem Reiche; bildet dann aber eine eigene Provinz, der man wohl den Namen; Provinz der Eichen und Fichten (Provincia Quercuum et Pinorum) beilegen kann.

X. Chilisches Reich (Regnum chilense). Chili scheint ein eigenes Reich zu seyn, denn unter den von diesem Lande bekannten Gattungen kommt nicht die Hälfte in den niederen Gegenden des tropischen Südamerikas vor; ähnlicher scheint es dem tropischen Hochlande, so wie es selbst hohe Gebirge einschließt; gemeinschaftliche Gattungen sind z. B. Calceolaria, Escallonia, Baea, Campanula, Budleja; allein die Aehnlichkeit ist doch nicht groß genug, um dies Reich als Provinz zu betrachten; vielleicht aber schließt Chili wegen seiner verschiedenen Regionen mehrere Reiche ein. Ihre Flora weicht von den Floren Neuhollands, Südafrikas und Neuzeelands sehr wesentlich ab. Annäherungen sind indeß: Proteaceae, Araucaria, Ancistrum, Gunnera, Goodenia.

XI. Reich der baumartigen Syngenesisten (Regnum Compositarum arborescentium) schließt Buenos Ayres und überhaupt den temperirten östlichen Theil von Südamerika ein. Die Flora dieser Länder scheint mit der europäischen viel ähnliches zu haben; unter 109 von dort bekannten Gattungen, sind 70 europäisch, und 85 kommen in der nördlichen temperirten Zone überhaupt vor. Dagegen weicht sie sehr wesentlich von der südafrikanischen und neuholländischen ab; denn die Proteaceae, Epacrideae, Ericaceae, Irideae, Ficoideae, Geranieae, Myrtineae, Mimoseae werden entweder gänzlich vermißt oder kommen nur sehr sparsam vor. Auch von der Westküste Amerikas ist dies Reich, in pflanzengeographischer Hinsicht sehr verschieden. Unter 109 Gattungen kommen nur 35 in Chili vor. Dieses Reich charakterisirt die große Menge von baumartigen Compositis (besonders aus der Unterfamilie der Boopiden) und von Compositis überhaupt; doch ist dies nicht ausschließend mit dem östlichen temperirten Südamerika der Fall, sondern auch, wenn auch nicht in gleichem Grade, mit dem Cap und mit Chili. Spätere Entdeckungen werden vielleicht einen zweckmäßigeren Namen darbieten.

XII. Antarctisches Reich (Regnum antarcticum). Die Länder an der magelhanischen Meerenge. Die Vegetation dieses Reiches nähret sich auch der der nördlichen temperirten Zone, denn unter 82 von da bekannten Gattungen haben 59 auch Arten in der nördlichen Halbkugel; es zeigen sich sogar Formen der nördlichen Polarländer z. B. Cariceae, Saxifrageae, Gentianeae, Arbutus, Primula. Einige Annäherungspunkte zur Flora des südamerikanischen Hochlandes liefern die Gattungen Calceolaria, Ourisia, Baea, Bolax, Wintera, Escallonia; zur südafrikanischen Flora: Gladiolus, Witsena, Gunnera, Ancistrum, Oxalis; zur neuholländischen: Proteaceae, Mniarum. Die charakteristischen Formen kann ich nicht angeben, da aber die mehrsten von daher bekannten Arten und ein Theil der Gattungen eigenthümlich sind, so können diese Gegenden von keinem andern Reiche einen Theil bilden.

XIII. Neuzeeländisches Reich (Regnum novae Zeelandiae) verdient wohl aus ähnlichen Gründen von den übrigen getrennt zu seyn; wenn auch seine

Flora hinsichtlich der Hauptformen gleichsam ein Gemisch von denen der drei nächsten Continente, Südamerika, Südafrika und Neuholland zu seyn scheint. Mit Südamerika gemein sind die Gattungen Ancistrum, Weinmannia, Wintera; mit Südafrika: Mesembryanthemum, Gnaphalium, Xeranthemum, Tetragonia, Oxalis, Passerina; mit Neuholland: Epacris, Melaleuca, Myoporum; mit den beiden letzteren die Familien: Proteaceae und Restiaceae. Auch einige neuzeeländische Arten kommen in Neuholland und van Diemens Land vor, z. B. Mniarum biflorum, Samolus littoralis, Gentiana montana; die erstere Pflanze wächst auch an der magelhanischen Meerenge.

XIV. Reich der Epacriden und Eucalypten (Regnum Epacridearum et Eucalyptorum). Der temperirte Theil von Neuholland nebst van Diemens Land. Dies Reich ist sehr ausgezeichnet. Die Familien Stakhouseae und Tremandreae sind ihm ganz und die Epacrideae fast eigenthümlich: Proteaceae, Acaciae aphyllae, die große Menge von Myrtineis (besonders aus den Gattungen Eucalyptus, Leptospermum, Melaleuca), Stylideae, Restiaceae, Casuarineae, Diosmeae unterscheiden Neuholland und van Diemens Land von den mehrsten übrigen Erdtheilen. Das tropische Neuholland scheint nach R. Brown nicht wohl hiermit vereinigt werden zu können, sondern muß entweder ein eigenes Reich bilden, dessen Flora der indischen ähnlich ist, oder wohl gar nur eine Provinz des indischen Reiches. (Cfr. §. 34).

XV. Reich der Mesembryanthema und der Stapelien (Regnum Mesembryanthemorum et Stapeliarum), der südliche Theil von Afrika, dessen

Flora sehr ausgezeichnet ist. Durch die Familien Proteaceae, Polygaleae, Diosmeae, Restiaceae, unterscheidet diese Flora sich von den mehrsten übrigen außer der neuholländischen; von der letzteren durch die zahlreichen Gattungen: Mesembryanthemum, Stapelia und die Familie der Ericaceae, die überhaupt hier zahlreicher ist als irgendwo. Ferner gehören zu den charakteristischen Eigenschaften dieses Reichs: die vielen Irideae, Geranieae, Oxalideae und die große Menge von Compositis. Dagegen kommen sowohl hier als in Neuholland die charakteristischen Formen der nördlichen temperirten Zone, die Cruciferae, Ranunculaceae, Umbelliferae, Caryophylleae, Rosaceae nur sparsam zum Vorschein.

XVI. Westafrikanisches Reich (Regnum Africae occidentalis). Wir kennen fast nur Guinea und Congo; deren Vegetation, wie bereits oben bemerkt, nur geringe Eigenthümlichkeit darbietet, ein Gemisch von der amerikanischen und asiatischen enthält, dieser letzteren jedoch ähnlicher ist. Die tropisch amerikanischen Familien Nopaleae, Piperaceae, Palmae, Passifloreae fehlen entweder oder treten sparsam auf; die Leguminosae sind zahlreicher als in Amerika. Mehr als $\frac{2}{3}$ der guineischen Gattungen und verschiedene Arten kommen in Ostindien vor. Die Flora nähert sich der amerikanischen durch eine größere Menge von Rubiaceae, als Asien aufzuweisen hat, und die Gattungen Elais, Paullinia, Schwenkia, Malpighia, welche in Asien vermißt werden. Auch einige amerikanische Arten kommen vor. Zur Charakteristik dieser Küstenländer (denn mehr als diese kennen wir eigentlich nicht) gehört die außerordentliche Menge von Gräsern fern und Halbgräsern (besonders Paniceis und Cyperaceis propriis) und die Gattung Adansonia.

XVII. Ostafrikanisches Reich (Regnum Africae orientalis). Von der Ostküste Afrikas und den an derselben liegenden Inseln kennen wir Ile de Bourbon und France ziemlich wohl, Madagascar nur wenig, die Ostküste selbst fast gar nicht. Die Flora der beiden ersteren Inseln ist der indischen ziemlich ähnlich. Unter 290 Gattungen kommen 196 o. ⅔ auch in Indien vor; und auch von Arten ist keine geringe Anzahl gemeinschaftlich; aber mehrere derselben sind wohl nicht ursprünglich, sondern wegen des großen Verkehrs zwischen beiden Ländern aus Indien hinübergebracht. Zahlreich an Arten sind die Gattungen Eugenia, Ficus, Urtica, Euphorbia, Hedysarum, Pan'cum, Andropogon, Sida, Pandanus, Dracaena, Conyza; welche größtentheils auch in Indien viele Arten haben. An Farrenkräutern sind diese Inseln ungemein reich. Dagegen weicht ihre Flora von der südafrikanischen sehr wesentlich ab. Doch findet man eine schwache Annäherung in einzelnen Repräsentanten der capischen Gattungen Erica, Jxia, Gladiolus, Blaeria, Mesembryanthemum, Seriphium und in der bedeutenden Menge von holzartigen Syngenesisten. Noch geringer ist die Uebereinstimmung mit dem extratropischen Neuholland; bedeutender aber mit dem tropischen Neuholland, weil dasselbe sich in Rücksicht der Vegetation Indien nähert. Einzelne Gattungen sind vorhanden, die sonst nur in Amerika vorkommen z. B. Melicocca, Ruizia, Dodonaea, Dichondra, Weinmannia (letztere doch auch in Neuzeeland und auf den Südsee-Inseln). Eigenthümlich sind vielleicht: Latania, Hubertia, Poupartia, Tristemma, Fissilia, Cordyline, Assonia, Fernelia, Lubinia u. m. Die Flora von Madagascar scheint sehr eigenthümlich; am meisten ist sie der Flora der bereits gedachten Inseln ähnlich und mehrere Gattungen scheinen diesen beiden Floren eigen zu seyn, z. B. Danais, Ambora, Dombeja, Dufourea, Didymeles, Senacea; auch mehrere Arten sind gemeinschaftlich z. B. Danais fragrans, Didymeles madagascariensis, Cinchona afro-inda; allein unter 161 Gattungen aus Madagascar kommen doch nur 54 auf den Inseln Bourbon und France vor, und es ist daher wahrscheinlich, daß Madagascar ein eigenes Reich ausmacht, wenn es nicht etwa eine Provinz des ostafrikanischen Continental-Reiches seyn sollte. Mit Neuholland und dem Cap hat Madagascar noch weniger Aehnlichkeit als die beiden anderen ostafrikanischen Inseln.

XVIII. Reich der Scitamineen (Regnum Scitaminearum, indisches Reich). Hieher gehören die beiden indischen Halbinseln und die Inseln zwischen diesen und Neuholland, vielleicht auch derjenige Theil des letzteren Continents, welcher innerhalb der Wendekreise liegt. Die Scitamineae sind hier weit zahlreicher als in Amerika, ebenso, obgleich in geringerem Grade, die Leguminosae, Cucurbitaceae und Tiliaceae; wogegen die südamerikanischen Formen entweder sparsamer vorkommen oder durchaus fehlen. Dies Reich muß sicher in mehrere Provinzen getheilt werden; die Gegenden sind uns aber zu wenig bekannt, um eine solche Eintheilung mit Genauigkeit durchzuführen.

XIX. Das indische Hochland, dessen Vegetation von der der Ebene so bedeutend abweicht, bildet ein, vielleicht zwei besondere Reiche. In den mittleren Regionen scheinen Melastomen, Orchiden und Farrenkräuter vorherrschend; in den höheren nähert sich die Vegetation sehr der europäischen und nordasiatischen, zum Theil der japanischen; und vielleicht bilden sie mit dem ganzen Mittelasien ein Reich.

XX. Cochinchina und das südliche China nähern sich in Hinsicht ihrer Flora allerdings bedeutend Indien, vorzüglich was die Familien betrifft; allein Loureiros Flora enthält eine sehr bedeutende Anzahl von Gattungen die diesen Erdtheilen eigenthümlich sind. Zwar ist es nicht unwahrscheinlich, daß durch spätere Untersuchungen viele von diesen von Loureiro aufgestellten Gattungen reducirt werden müssen; allein es wird doch dessenungeachtet die Vegetation wahrscheinlich noch so viel Eigenthümliches behalten, daß diese Gegenden ein besonderes Reich bilden können.

XXI. Die Flora von Arabien und Persien, wenn auch gleichfalls der indischen ähnlich, scheint doch als eigenthümlich aufgestellt werden zu müssen. Von der mittelländischen Flora unterscheidet sie sich hinlänglich, denn unter 281 von Forskål aufgestellten arabischen Gattungen kommen nur 109 in dem südlichen Europa vor. Eher wäre sie mit der Flora Nubiens und einem Theil des mittleren Afrikas zu vereinigen. Wegen der vielen Arten von Cassia und gummitragenden Mimosen möchte vielleicht der Name: Reich der Cassien und Mimosen, nicht unpassend seyn.

Abyssinien, welches als Hochland ein von jenen abweichendes Klima hat, macht wahrscheinlich ein eigenes Reich aus.

XXII. Die Inseln der Südsee innerhalb der Wendekreise bilden ein eigenes pflanzengeographisches Reich, doch von geringer Eigenthümlichkeit. Unter 214 Gattungen kommen 173 in Indien vor; der größte Theil der übrigen ist americanisch, z. B. Chiococca, Weinmannia, Guajacum. Beispiele von Arten, welche die Südsee-Inseln mit Amerika, Asien oder Neuholland gemein haben, sind oben (§. 34.) angeführt. Eigenthümliche Familien oder solche, die ein entschiedenes Maximum haben, kommen nicht vor; die Arten dagegen sind größtentheils eigenthümlich. Der Brodfruchtbaum (Artocarpus) trägt zur Charakteristik dieser Inseln bei, ist ihnen aber nicht völlig eigenthümlich. —

In dem Atlasse sind die Reiche durch besondere Farben angegeben, auch die hier angenommenen Benennungen beigefügt. —

Zusätze.

Zu den Seite 26—31 angeführten Schriften füge:
Jacob Bigelow. Nachricht von den weißen Bergen von Neu Hampshire. Neue geographische Ephemeriden. 4ter Bd.
Dr. Kuhl. Die Insel Madera. Morgenblatt 1822. Nr. 250.
C. Ritter. Sechs Karten von Europa. Schnepfenthal 1820.
Willbrand und Ritgen. Gemälde der organischen Natur und ihrer Verbreitung auf der Erde. Giessen 1821.

Seite 51. Auch Professor Possett hat mehrere Formeln vorgeschlagen. Frorieps Notizen. Nr. 45.

— 55 Dewey hat in Williamstown in mehreren Tagen zu verschiedenen Jahreszeiten stündliche Thermometer-Beobachtungen angestellt, und Brewstar glaubt daraus schließen zu dürfen, daß 10 Uhr v. M. und 10 Uhr n. M. die zweckmäßigsten Beobachtungszeiten seyen (Edinburgh Philosophical Journal No. XII.); allein theils sind die angestellten Beobachtungen zu wenig zahlreich, theils zeigen sie, daß die media der Monate nach dieser Methode von den wahren sehr abweichen, und endlich kann diese Methode weder die maxima noch die minima geben.

— 112 Note, füge hinzu: Marqué Victor. Resultats moyens d'observations barométriques à Toulouse. Biblioth. univ. 1822. Août.

— 113 Note ***), füge hinzu. Chr. Romme. Tableaux des vents des marées et des courans. T. 1—2. Paris 1806. 8vo; und Lambert sur les observations du vents. Nouv. mem. de Berlin. 1777. 4to.

— 119 Note **), Schübler in Schweiggers Journal 1813. 1. Heft und 3. B. 2. Heft.

— 194. Nach Hookers Flora Scotica. London 1821 p. 274 soll die Buche in Schottland in Wäldern vorkommen.

— 341 Note, füge hinzu: H. G. Brown de formis plantarum leguminosarum primitivis et derivativis. Heidelb. 1823. 8vo.

— 369. Am Schlusse füge hinzu: Nach Beobachtungen im Biscajischen Meere, meint Orbigny, daß die Algen nur eine mittlere Tiefe erreichen. (Essai sur les plantes marines. Mémoires du museum. T. VI.)

— 480 füge hinzu: Für Madeira 32°. 33° bestimmt Dr. Kuhl folgende Regionen: 1) Die Cactus-Region, 0—630 F. 2) Region des Weinstocks 630—2030 F. 3) Der Kastanie 2030—2950 F. 4) Der Spartien 2950—3920 F. 5) Der Haiden 3920—5300 F. (Morgenblatt 1822. Nr. 250.)
Für die weißen Berge in New Hampshire 44°—45° n. Br. nimmt Bigelow 3 Regionen an. 1) Region der gewöhnlichen Waldbäume (Acer rubrum, saccharinum, Pinus balsamea, canadensis, nigra, alba, Strobus; Fagus ferruginea etc.), 0—4000 F. 2) Region der Zwergfichten (Pinus balsamea und nigra, klein und mit horizontalen Zweigen). 3) Region der Alpenpflanzen. (Neue geogr. Ephemerid. 18 8. 4r B.)

— 501. Nach der verschiedenen Tiefe des Meeres ließen sich auch Regionen mit verschiedener Algenvegetation bilden. Cfr. Orbigny l. c.

Druckfehler.

Seite 3 Linie 2 statt Benennung lese Trennung.
— 5 — 19 st. Schotenpflanzen l. Hülsenpflanzen.
— 8 — 8 st. welche l. über.
— 14 — 1 st. wirklich l. willkührlich.
— 18 — 4 st. organischen l. örtlichen.
— 21 — 15 del. nur.
— 29 — 11 st. Reså l. Resa.
— 29 — 16 st. Bemerkninger l. Bemärkninger.
— 39 — 18 st. Mainan l. Mairan.
— 39 — 25 st. Apinus l. Sepinus.
— 39 — 26 st. celoris l. caloris.
— 39 — 26 st Cotta l. Cotte.
— 48 — 29 st. Marima l. Maxima.
— 52 — 9 st. 1715 l 1751.
— 56 — 20 st. Abtheilungen l. Abhandlungen.
— 65 Note †) st. 147 l. 62.
— 68 Linie 28 st. M. und 9 Uhr l. M., 2 und 9 Uhr..
— 69 Note st. Fol. l. Tafel.
— 73 Linie 20 st. B l. A.
— 73 — 28 st. in diesen durch l. in diesen Durch rc.
— 74 — 20 st. Pizzani l. Piazzini.
— 81 — 18 st. enthalten l. entfalten.
— 85 — 25 st. §. 38 l. §. 83.
— 100 — 21 st. 1791 36 l. 1792. 30.
— 101 — 8 st. aber l. als.
— 116 — 13 st. 245 l. 295.
— 116 — 27 st. 268 l. 368.
— 116 — 28 st. 357 l. 351.
— 127 — 30 st. einige l. einzelne.
— 129 — 18 st. auch l. und.
— 159 — 17 st. epyphylae l. epiphyllae.
— 162 — 27 st 6 l. b.
— 165 — 7 st. 6 l. b.
— 165 — 9 st. Polygonum l. Convolvulus
— 166 — 32 st. wir l. nur.

Seite 183 Linie 23 st. alteren l. kälteren.
— 189 Note **) st. 209 l. 269.
— 193 Linie 4 st. Schottland l. Seeland.
— 199 — 6 st. andere l. untere.
— 199 — 26 st. CCCVIII. l. 308.
— 199 — 32 nach: Verhältnisse setze: Italiens und ....
— 201 — 15 st. 84 l. 48.
— 204 — 8 setze §. 16.
— 204 Die Tafel zu Seite 204 ist irriger Weise Tafel I. bezeichnet.
— 207 Linie 19 st. ganzen l. geringen.
— 209 — 10 st. Posso l. Passo.
— 212 — 17 st. höher als die von Zürich und Geneve l. höher als die von Zürich und nur wenig niedriger als die von Geneve.
— 212 Die Tafel zu Seite 212 ist irriger Weise Tafel III. bezeichnet.
— 213 Linie 23 st. 1905 l. 19,5.
— 215 — 19 st. Rhapis l. Raphia.
— 221 — 22 st. die Arten aber ꝛc. l. deren Arten aber in jedem Welttheile verschieden sind.
— 238 — 24 st. Siberien l. Iberien.
— 245 Note †) st Irland l. Island.
— 248 Note *) st. Sochusboe l. Schousboe.
— 251 Linie 26 nach: vermischt seyn, setze: in einer anderen nicht.
— 264 — 17 st. F. E. Smith l. J. E. Smith.
— 265 — 16 st. America l. Americae.
— 266 — 11 st. 6tem Bande l. 5. Bande.
— 272 — 1 st. 537 l. 573.
— 273 Note st. 2871 l. 2682.
— 274 Linie 3 st. 2871 l. 2682.
— 288 — 9 st. $\frac{1}{16}$ l. $\frac{1}{10}$.
— 288 — 24 st. $\frac{1}{15}$ l. $\frac{1}{13}$.
— 338 — 15 st. $\frac{5}{15}$ l. $\frac{1}{18}$.
— 340 — 6 st. trift l. tritt.
— 348 — 8 st. Cassicae l. Cassieae.
— 354 — 11 st unvollkomneren l. vollkomneren.
— 360 — 8 st. Chiaducton l. Chiodecton.
— 362 — 4 st. in l. ist.
— 365 Note Linie 7 st. Verzeichniß l. Verhältniß.
— 366 Linie 16 st. Cariceee l. Cariceae.
— 367 Note **) Linie 3 st. M l. Alex.
— 370 Linie 12—13 st. verrichten l. vernichten.
— 377 — 10 st. gemachten l. gewählten.
— 382 Note *) Dabson l. Dobson.
— 382 Note †) Faudi l. Eandi.
— 389 Linie 11 st. Sommerlichtes l. Sonnenlichtes.
— 393 — 31 st. enthält l. erhält.
— 396 Note ***) st 46° l. 45°.
— 399 Linie 1 st. 2:3,3 l. 1:3,3.
— 409 — 6 st. 37 l. 73.
— 411 — 23 st. weit l. weil.
— 413 — 28 st. 27° 2 l. 26' 2.
— 435 — 17 st. 10,1 l. —10,1.

Seite 441 Linie 8 st. kommen der l. kommen in der.
— 449 st. Note **) l. Note *), und st. Note *) l. Note *
— 450 Note **) st. 693 l. 593.
— 452 Linie 10 st. Roßbaden l. Roßboden.
— 452 — 14 st. Hualgayol l. Hualgayoc.
— 454 — 2 st. 1050 l. 1950.
— 454 Note **) streiche aus: Voyage T. I. p. 309.
— 455 Note *) füge hinzu: Voyage T. I. p. 309.
— 461 Linie 24 st. Imperutoria Ostruthium l. Imperatoria Ostruthium.
— 468 Note *) st. LXXVII. l. LXVII.
— 470 Linie 13 st. Schneeflocken l. Schneeflecken.
— 471 — 9 st. region l. regio.
— 475 — 3 nach: 1200 F. setze: *).
— 481 — 24 st. T. l. F.
— 481 — 28 st. temperirten l. temperirte.
— 497 — 1 streiche aus: . —
— 497 — 1 st. abnimmt l. zunimmt.
— 500 Note *) Linie 2 streiche aus: allgemeine.
— 509 Linie 11 nach: wird streiche aus: . —
— 512 — 26 nach: vorkommen streiche aus: . —
— 518 — 14 st. nähret l. nähert.
Tafel II. Rubrike 16 Linie 1 st. 73 l. 3.

Nachricht für den Buchbinder.

Die 3 Kupfertafeln I., III., IV. und die gedruckte Tafel II. werden dem Buche hintenangefügt, und zwar so, daß II. zwischen I. und III. steht. Die 2 gedruckten Tafeln dagegen, welche auch Tafel I. und III. bezeichnet sind, gehören Seite 204 und 212, wie auf denselben angegeben ist.

Noch wird bemerkt, daß die hierzu gehörigen $2\frac{1}{8}$ Bogen Cartons an den gehörigen Stellen eingeschaltet werden müssen.

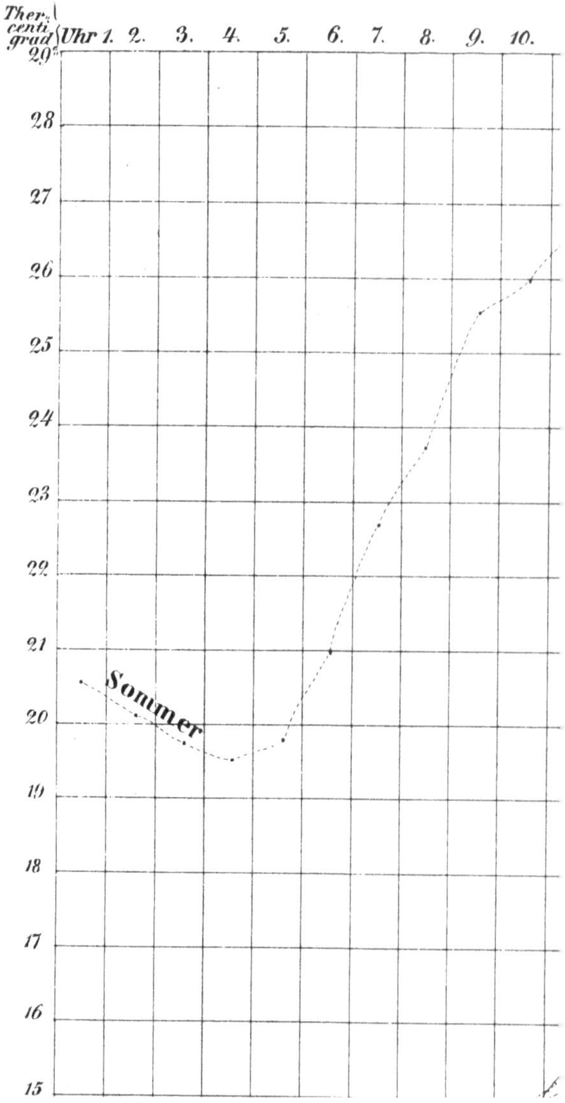

Ther. centigrad
Uhr 1. 2. 3. 4. 5. 6. 7. 8. 9. 10.
29°
28
27
26
25
24
23
22
21
20
19
18
17
16
15
Sommer

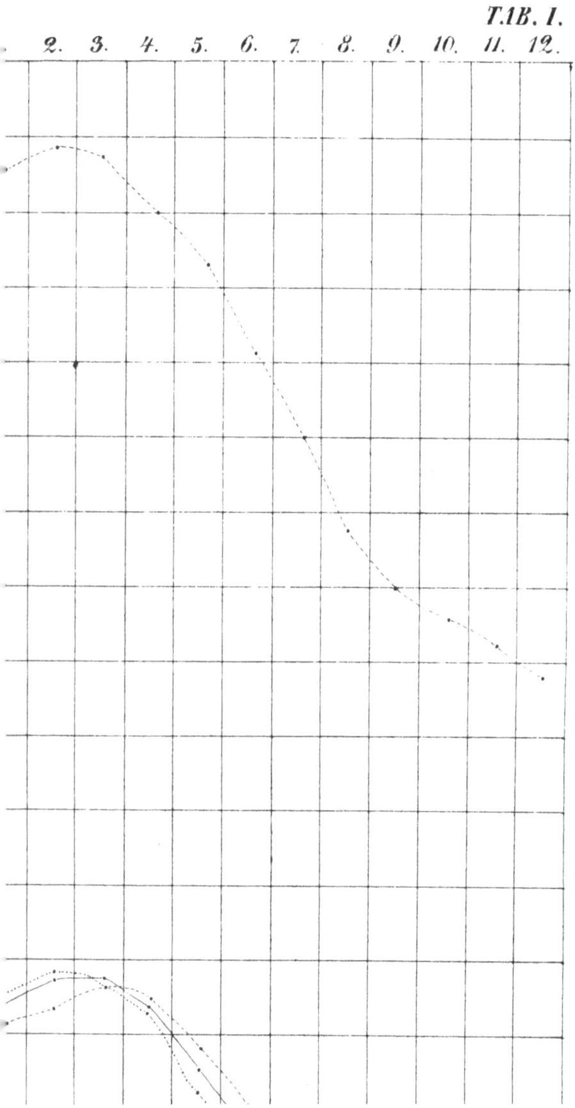
TAB. I.
2. 3. 4. 5. 6. 7. 8. 9. 10. 11. 12.

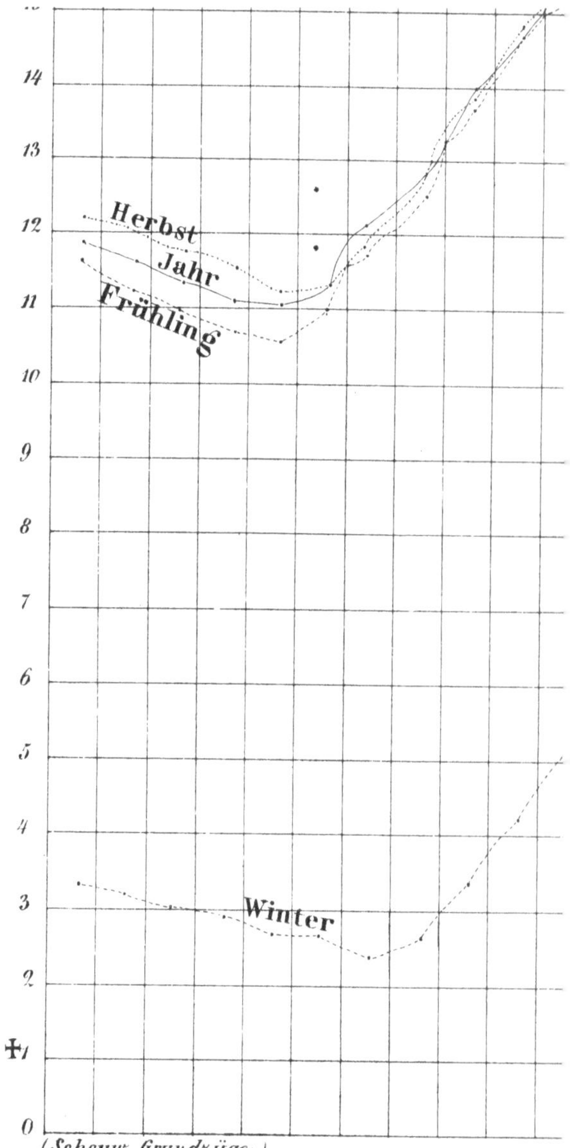

(Schouw, Grundzüge.)

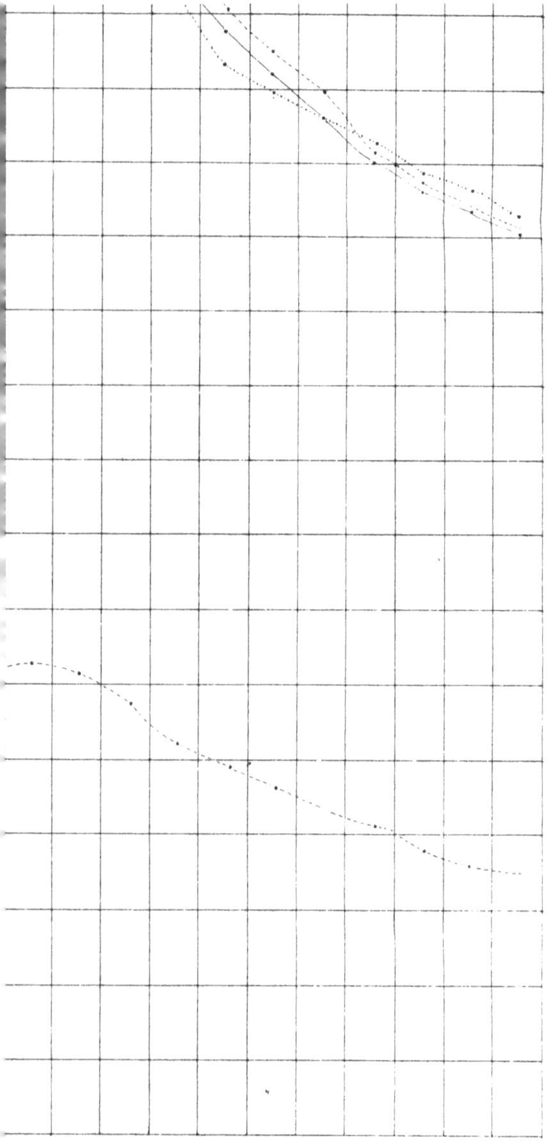

Stunde	1	2	3	4
Januar . .	2,98 C.	2,98	2,76	2,72
Februar . .	4,18	3,88	3,68	3,48
März . .	6,62	6,23	5,96	5,63
April . . .	11,49	11,17	10,95	10,57
Mai . . .	16,93	16,60	16,22	16,05
Juni . . .	19,17	18,93	18,58	18,54
Juli . . .	22,49	22,06	21,65	21,34
August . .	19,95	19,42	18,98	18,49
September .	16,39 .	16,07	15,76	15,46
October . .	13,85	13,63	13,42	13,18
November .	6,43	6,28	6,15	6,04
December .	2,80	2,64	2,61	2,53
Winter . .	3,32	3,17	3,02	2,91
Frühling .	11,68	11,33	11,04	10,75
Sommer .	20,54	20,14	19,74	19,46
Herbst . .	12,22	11,99	11,78	11,56
Jährliches Medium der vorigen . . .	11, 94	11, 66	11, 39	11, 17
Jährliches Medium nach Chiminello . .	11, 91	11, 63	11, 37	11, 15

Tafel

tag

6	7	8	9	10	11	12
,30	2,15	2,37	2,84	3,58	4,43	4,9
,06	2,91	3,12	3,86	4,99	5,67	6,4
,16	5,40	6,91	6,97	8,77	8,82	9,3
,25	10,76	11,74	12,80	13,56	14,09	14,6
,52	19,14	20,26	21,31	22,09	22,85	23,3
,40	21,83	22,74	23,48	24,00	24,72	25,
,47	25,36	26,37	28,10	28,92	29,52	30,
,13	20,52	22,06	24,85	25,17	25,76	26,
,20	16,15	17,39	19,11	19,67	20,33	21,
,00	13,21	13,91	14,69	15,56	16,16	16,6
,87	5,75	6,52	7,70	8,74	9,62	10,
,39	2,30	2,59	3,43	4,16	5,15	5,7
,58	2,45	2,69	3,38	4,24	5,08	5,7
,98	11,77	12,97	13,69	14,80	15,25	15,
,00	22,57	23,72	25,48	26,03	26,67	27,
,36	11,70	12,61	13,83	14,66	15,37	16,
,48	12,12	12,99	14,09	14,93	15,59	16,
,45	12,09	12,86	13,99	14,74	15,48	16,

[II.

	1	2	73	4	5	6
4	5,44	5,60	5,52	5,19	4,80	4,45
4	6,70	6,91	6,95	6,56	6,11	5,88
8	9,66	9,91	10,10	9,87	9,47	9,01
2	15,13	15,43	15,70	15,65	15,50	14,92
9	23,57	23,65	23,65	23,31	22,57	21,47
8	25,19	25,21	25,17	24,68	23,93	23,18
1	30,47	30,73	30.48	29,59	29,11	27,82
0	26,97	27,45	27,55	26,83	25,90	24,46
6	21,56	21,93	21,97	21,35	20,38	19,42
8	17,10	17,43	17,47	17,34	16,23	15,60
5	10,75	10,92	10,50	9,64	8,64	7,92
1	6,21	6,41	5,94	5,27	4,76	4,25
0	6,12	6,31	6,14	5,67	5,22	4,86
0	16,12	16,33	16,48	16,28	15,85	15,13
0	27,54	27,79	27,73	27,03	26,31	25,15
0	16,47	16,76	16,65	16,11	15,08	14,31
17	16, 56	16, 79	16, 75	16, 27	15, 61	14, 86
05	16, 43	16, 67	16, 63	16, 16	15, 53	14, 80

tag

8	9	10	11	12	Media
3,80	3,65	3,49	3,35	3,25	3,71
5,42	5,07	4,78	4,50	4,28	4,89
8,27	7,86	7,43	7,13	6,83	7,73
13,62	13,17	12,69	12,28	11,97	13,03
20,14	18,58	18,17	17,78	17,44	19,97
21,45	20,21	19,78	19,61	19,31	21,93
24,80	24,14	23,97	23,39	23,02	26,06
22,17	21,53	21,09	20,57	20,00	22,79
18,50	18,09	17,65	17,33	16,68	18,38
14,86	14,59	14,27	14,07	13,94	14,92
7,32	7,12	6,83	6,66	6,56	7,73
3,79	3,52	3,26	3,10	2,97	3,84
4,34	4,06	3,84	3,65	3,50	4,15
14,01	13,20	12,76	12,40	12,08	13,57
22,81	21,96	21,61	21,19	20,78	23,59
13,56	13,27	12,92	12,69	12,39	13,68
13, 68	13, 12	12, 78	12, 48	12, 19	13, 75
13, 61	13, 09	12, 75	12, 45	12, 15	13, 67

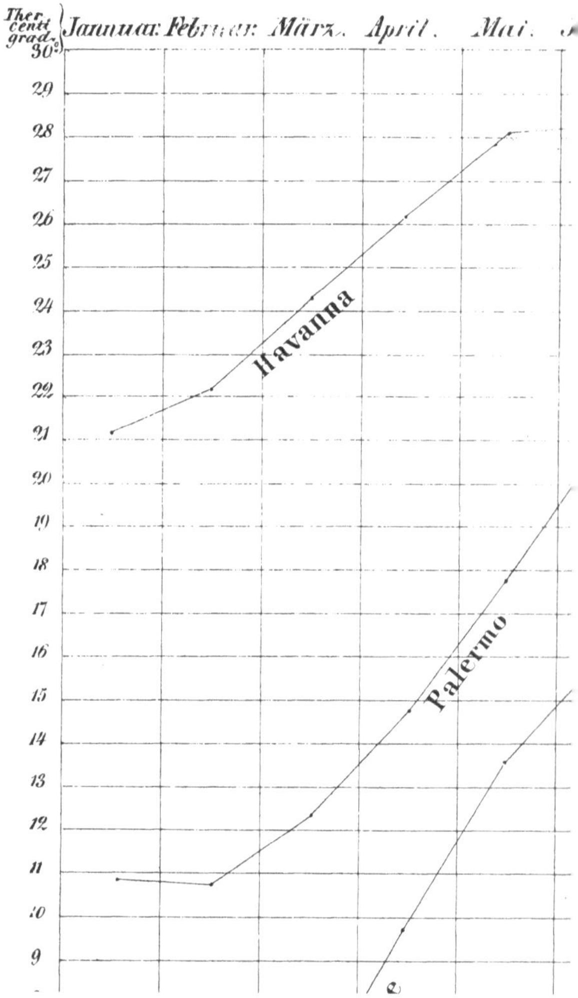

Ther. centi grad.
Januar.
Februar.
März.
April.
Mai.
30°
29
28
27
26
25
24
23
22
21
20
19
18
17
16
15
14
13
12
11
10
9
Havanna
Palermo

TAB. III.

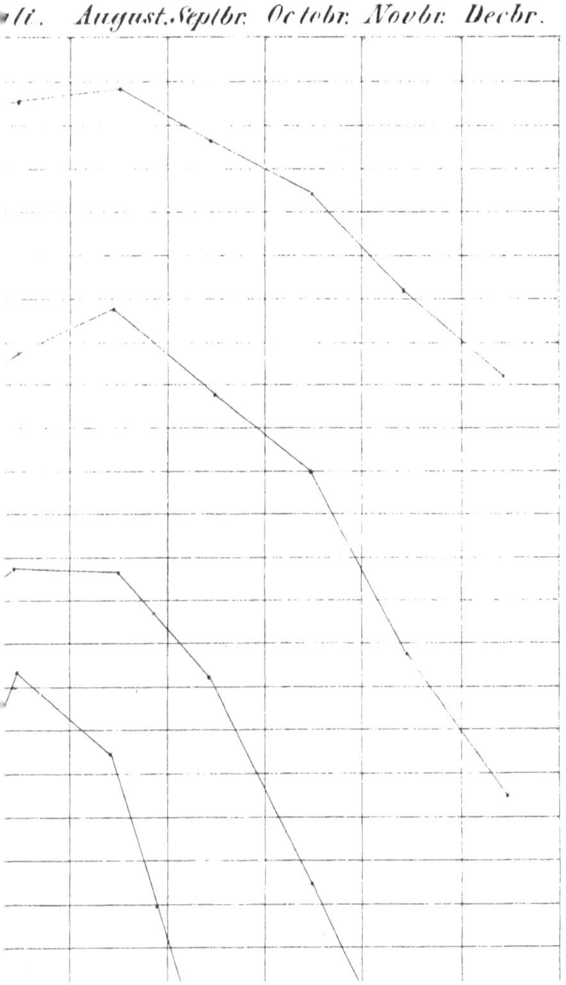

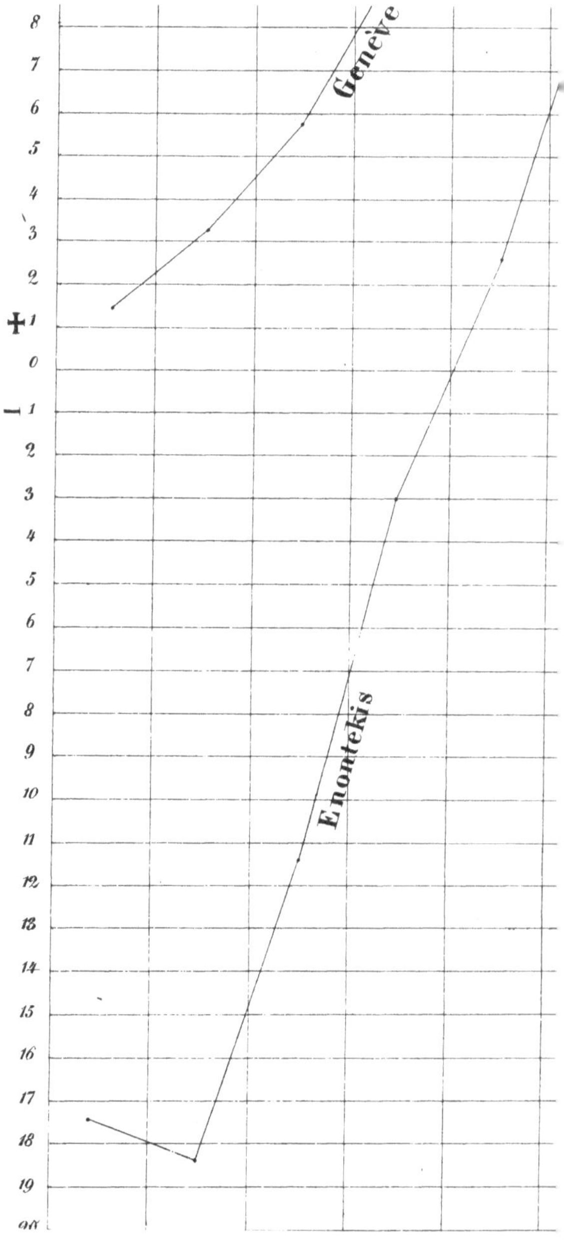
Genève
Enontekis
+
−
8
7
6
5
4
3
2
1
0
1
2
3
4
5
6
7
8
9
10
11
12
13
14
15
16
17
18
19

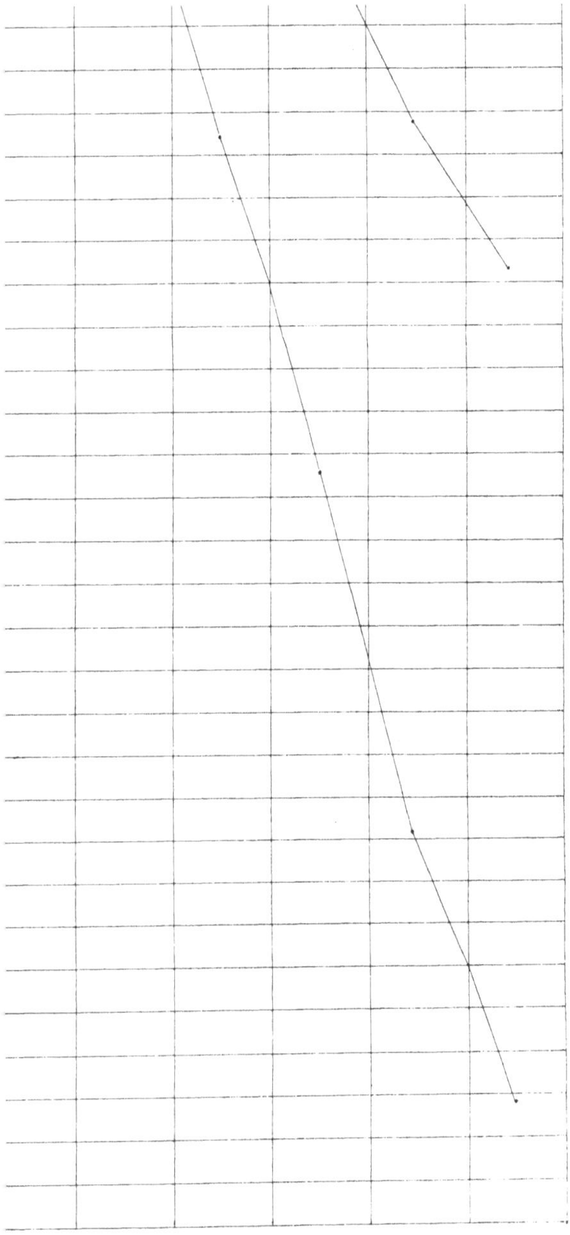

PALERMO

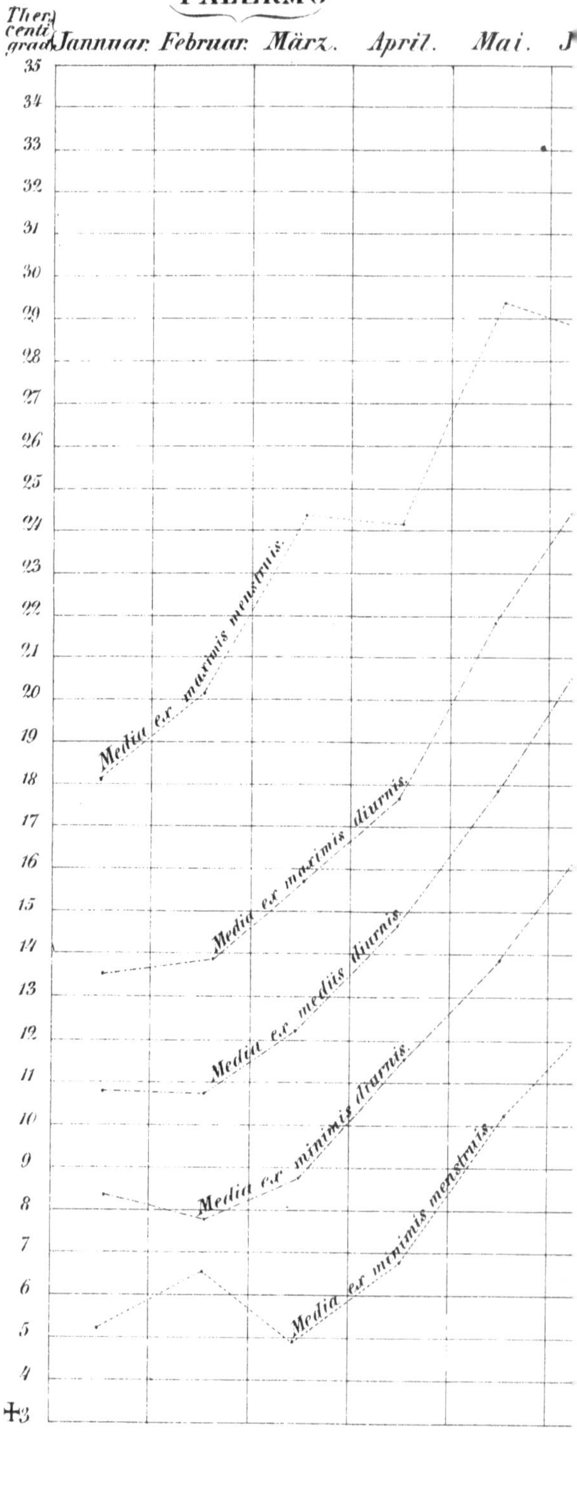

Ther. centi grad.
Jannuar.
Februar.
März.
April.
Mai.
35
34
33
32
31
30
29
28
27
26
25
24
23
22
21
20
19
18
17
16
15
14
13
12
11
10
9
8
7
6
5
4
+3
Media ex maximis menstruis.
Media ex maximis diurnis.
Media ex mediis diurnis.
Media ex minimis diurnis.
Media ex minimis menstruis.

TAB. IV.

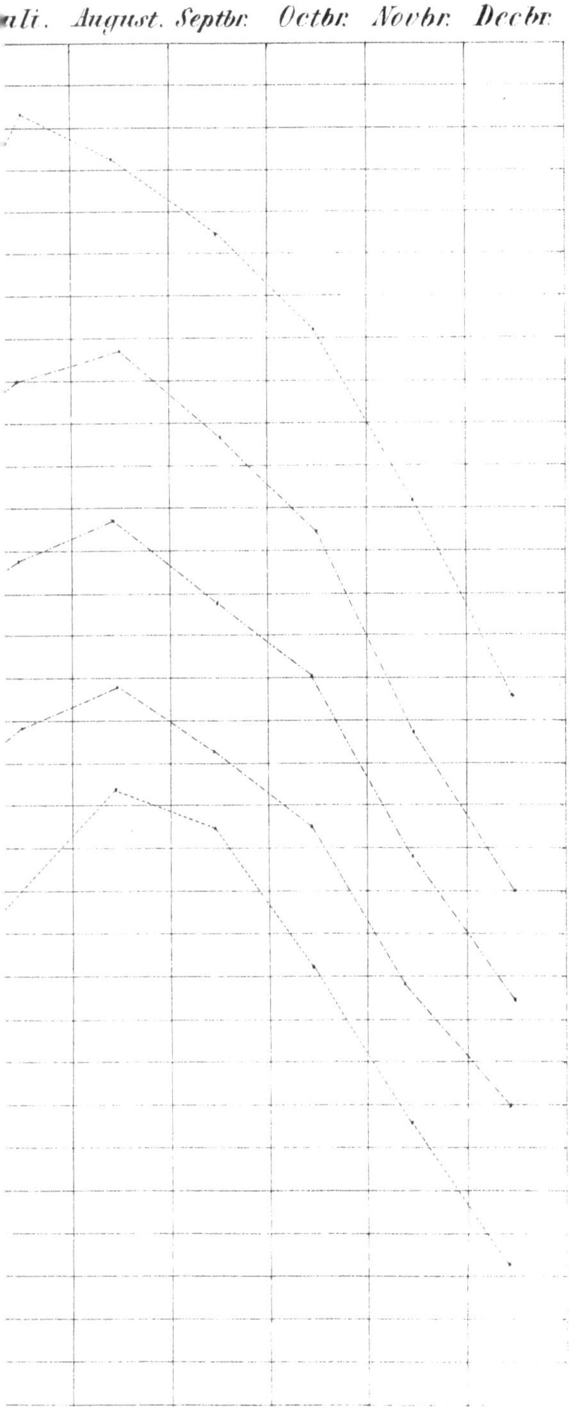

Kolibri 360 GmbH
Ferdinand-Jühlke-Straße 7
99095 Erfurt, Deutschland
produktsicherheit@kolibri360.de